U0192271

图书在版编目(CIP)数据

太赫兹雷达与通信技术 / 张健等著. —上海：华东理工大学出版社，2021.9
战略前沿新技术：太赫兹出版工程 / 曹俊诚总主编
ISBN 978 - 7 - 5628 - 6418 - 9

Ⅰ. ①太…　Ⅱ. ①张…　Ⅲ. ①电磁辐射—雷达—通信技术　Ⅳ. ①TN958

中国版本图书馆 CIP 数据核字(2021)第 162266 号

内 容 提 要

　　自 21 世纪初以来，太赫兹雷达与通信技术成为继太赫兹光谱检测与成像技术之后的又一个重要应用领域，得到了世界各国的高度重视，并逐渐从实验室演示阶段走向了实际应用推广阶段。本书对国内外太赫兹雷达与通信领域的研究进展进行了归纳总结，较为全面地阐述了太赫兹雷达与通信的基本原理、关键技术、典型系统与应用场景。本书太赫兹雷达与通信的实现技术以电子学方法为主，同时也兼顾了电子学与光子学的交叉融合实现方法。

　　本书可供从事太赫兹雷达与通信相关研究与应用领域的本科生、研究生及相关研究人员阅读参考。

项目统筹 / 马夫娇　韩　婷
责任编辑 / 韩　婷
装帧设计 / 陈　楠
出版发行 / 华东理工大学出版社有限公司
　　　　　 地址：上海市梅陇路 130 号,200237
　　　　　 电话：021 - 64250306
　　　　　 网址：www.ecustpress.cn
　　　　　 邮箱：zongbianban@ecustpress.cn
印　　刷 / 上海雅昌艺术印刷有限公司
开　　本 / 710mm×1000mm　1/16
印　　张 / 30.75
字　　数 / 511 千字
版　　次 / 2021 年 9 月第 1 版
印　　次 / 2021 年 9 月第 1 次
定　　价 / 368.00 元

　　太赫兹是频率在红外光与毫米波之间、尚有待全面深入研究与开发的电磁波段。沿用红外光和毫米波领域已有的技术,太赫兹频段电磁波的研究已获得较快发展。不过,现有的技术大多处于红外光或毫米波区域的末端,实现的过程相当困难。随着半导体、激光和能带工程的发展,人们开始寻找研究太赫兹频段电磁波的独特技术,掀起了太赫兹研究的热潮。美国、日本和欧洲等国家和地区已将太赫兹技术列为重点发展领域,资助了一系列重大研究计划。尽管如此,在太赫兹频段,仍然有许多瓶颈需要突破。

　　作为信息传输中的一种可用载波,太赫兹是未来超宽带无线通信应用的首选频段,其频带资源具有重要的战略意义。掌握太赫兹的关键核心技术,有利于我国抢占该频段的频带资源,形成自主可控的系统,并在未来 6G 和空-天-地-海一体化体系中发挥重要作用。此外,太赫兹成像的分辨率比毫米波更高,利用其良好的穿透性有望在安检成像和生物医学诊断等方面获得重大突破。总之,太赫兹频段的有效利用,将极大地促进我国信息技术、国防安全和人类健康等领域的发展。

　　目前,国内外对太赫兹频段的基础研究主要集中在高效辐射的产生、高灵敏度探测方法、功能性材料和器件等方面,应用研究则集中于安检成像、无线通信、生物效应、生物医学成像及光谱数据库建立等。总体说来,太赫兹技术是我国与世界发达国家差距相对较小的一个领域,某些方面我国还处于领先地位。因此,进一步发展太赫兹技术,掌握领先的关键核心技术具有重要的战略意义。

　　当前太赫兹产业发展还处于创新萌芽期向成熟期的过渡阶段,诸多技术正处于蓄势待发状态,需要国家和资本市场增加投入以加快其产业化进程,并在一些新兴战略性行业形成自主可控的核心技术、得到重要的系统应用。

　　"战略前沿新技术——太赫兹出版工程"是我国太赫兹领域第一套较为完整

的丛书。这套丛书内容丰富,涉及领域广泛。在理论研究层面,丛书包含太赫兹场与物质相互作用、自旋电子学、表面等离激元现象等基础研究以及太赫兹固态电子器件与电路、光导天线、二维电子气器件、微结构功能器件等核心器件研制;技术应用方面则包括太赫兹雷达技术、超导接收技术、成谱技术、光电测试技术、光纤技术、通信和成像以及天文探测等。丛书较全面地概括了我国在太赫兹领域的发展状况和最新研究成果。通过对这些内容的系统介绍,可以清晰地透视太赫兹领域研究与应用的全貌,把握太赫兹技术发展的来龙去脉,展望太赫兹领域未来的发展趋势。这套丛书的出版将为我国太赫兹领域的研究提供专业的发展视角与技术参考,提升我国在太赫兹领域的研究水平,进而推动太赫兹技术的发展与产业化。

我国在太赫兹领域的研究总体上仍处于发展中阶段。该领域的技术特性决定了其存在诸多的研究难点和发展瓶颈,在发展的过程中难免会遇到各种各样的困难,但只要我们以专业的态度和科学的精神去面对这些难点、突破这些瓶颈,就一定能将太赫兹技术的研究与应用推向新的高度。

中国科学院院士

2020 年 8 月

太赫兹频段介于毫米波与红外光之间,频率覆盖 $0.1 \sim 10$ THz,对应波长 3 mm ~ 30 μm。长期以来,由于缺乏有效的太赫兹辐射源和探测手段,该频段被称为电磁波谱中的"太赫兹空隙"。早期人们对太赫兹辐射的研究主要集中在天文学和材料科学等。自 20 世纪 90 年代开始,随着半导体技术和能带工程的发展,人们对太赫兹频段的研究逐步深入。2004 年,美国将太赫兹技术评为"改变未来世界的十大技术"之一;2005 年,日本更是将太赫兹技术列为"国家支柱十大重点战略方向"之首。由此世界范围内掀起了对太赫兹科学与技术的研究热潮,展现出一片未来发展可期的宏伟图画。中国也较早地制定了太赫兹科学与技术的发展规划,并取得了长足的进步。同时,中国成功主办了国际红外毫米波-太赫兹会议(IRMMW‐THz)、超快现象与太赫兹波国际研讨会(ISUPTW)等有重要影响力的国际会议。

太赫兹频段的研究融合了微波技术和光学技术,在公共安全、人类健康和信息技术等诸多领域有重要的应用前景。从时域光谱技术应用于航天飞机泡沫检测到太赫兹通信应用于多路高清实时视频的传输,太赫兹频段在众多非常成熟的技术应用面前不甘示弱。不过,随着研究的不断深入以及应用领域要求的不断提高,研究者发现,太赫兹频段还存在很多难点和瓶颈等待着后来者逐步去突破,尤其是在高效太赫兹辐射源和高灵敏度常温太赫兹探测手段等方面。

当前太赫兹频段的产业发展还处于初期阶段,诸多产业技术还需要不断革新和完善,尤其是在系统应用的核心器件方面,还需要进一步发展,以形成自主可控的关键技术。

这套丛书涉及的内容丰富、全面,覆盖的技术领域广泛,主要内容包括太赫兹半导体物理、固态电子器件与电路、太赫兹核心器件的研制、太赫兹雷达技术、超导接收技术、成谱技术以及光电测试技术等。丛书从理论计算、器件研制、系统研发到实际应用等多方面、全方位地介绍了我国太赫兹领域的研究状况和最新成果,清晰地展现了太赫兹技术和系统应用的全景,并预测了太赫兹技术未来的发展趋势。总之,这套丛书的出版将为我国太赫兹领域的科研工作者和工程技术人员等从专业的技术视角提供知识参考,并推动我国太赫兹领域的蓬勃发展。

太赫兹领域的发展还有很多难点和瓶颈有待突破和解决,希望该领域的研究者们能继续发扬一鼓作气、精益求精的精神,在太赫兹领域展现我国科研工作者的良好风采,通过解决这些难点和瓶颈,实现我国太赫兹技术的跨越式发展。

中国工程院院士

2020 年 8 月

　　　　　　　　　　　　　　　　　　　丛
　　　　　　　　　　　　　　　　　　　书
　　　　　　　　　　　　　　　　　　　前
　　　　　　　　　　　　　　　　　　　言

　　太赫兹领域的发展经历了多个阶段,从最初为人们所知到现在部分技术服务于国民经济和国家战略,逐渐显现出其前沿性和战略性。作为电磁波谱中最后有待深入研究和发展的电磁波段,太赫兹技术给予了人们极大的愿景和期望。作为信息技术中的一种可用载波,太赫兹频段是未来超宽带无线通信应用的首选频段,是世界各国都在抢占的频带资源。未来 6G、空-天-地-海一体化应用、公共安全等重要领域,都将在很大程度上朝着太赫兹频段方向发展。该频段电磁波的有效利用,将极大地促进我国信息技术和国防安全等领域的发展。

　　与国际上太赫兹技术发展相比,我国在太赫兹领域的研究起步略晚。自2005 年香山科学会议探讨太赫兹技术发展之后,我国的太赫兹科学与技术研究如火如荼,获得了国家、部委和地方政府的大力支持。当前我国的太赫兹基础研究主要集中在太赫兹物理、高性能辐射源、高灵敏探测手段及性能优异的功能器件等领域,应用研究则主要包括太赫兹安检成像、物质的太赫兹"指纹谱"分析、无线通信、生物医学诊断及天文学应用等。近几年,我国在太赫兹辐射与物质相互作用研究、大功率太赫兹激光源、高灵敏探测器、超宽带太赫兹无线通信技术、安检成像应用以及近场光学显微成像技术等方面取得了重要进展,部分技术已达到国际先进水平。

　　这套太赫兹战略前沿新技术丛书及时响应国家在信息技术领域的中长期规划,从基础理论、关键器件设计与制备、器件模块开发、系统集成与应用等方面,全方位系统地总结了我国在太赫兹源、探测器、功能器件、通信技术、成像技术等领域的研究进展和最新成果,给出了上述领域未来的发展前景和技术发展趋势,将为解决太赫兹领域面临的新问题和新技术提供参考依据,并将对太赫兹技术的产业发展提供有价值的参考。

本人很荣幸应邀主编这套我国太赫兹领域分量极大的战略前沿新技术丛书。丛书的出版离不开各位作者和出版社的辛勤劳动与付出,他们用实际行动表达了对太赫兹领域的热爱和对太赫兹产业蓬勃发展的追求。特别要说的是,三位丛书顾问在丛书架构、设计、编撰和出版等环节中给予了悉心指导和大力支持。

这套丛书的作者团队长期在太赫兹领域教学和科研第一线,他们身体力行、不断探索,将太赫兹领域的概念、理论和技术广泛传播于国内外主流期刊和媒体上;他们对在太赫兹领域遇到的难题和瓶颈大胆假设,提出可行的方案,并逐步实践和突破;他们以太赫兹技术应用为主线,在太赫兹领域默默耕耘、奋力摸索前行,提出了各种颇具新意的发展建议,有效促进了我国太赫兹领域的健康发展。感谢我们的丛书编委,一支非常有责任心且专业的太赫兹研究队伍。

丛书共分 14 册,包括太赫兹场与物质相互作用、自旋电子学、表面等离激元现象等基础研究,太赫兹固态电子器件与电路、光导天线、二维电子气器件、微结构功能器件等核心器件研制,以及太赫兹雷达技术、超导接收技术、成谱技术、光电测试技术、光纤技术及其在通信和成像领域的应用研究等。丛书从理论、器件、技术以及应用等四个方面,系统梳理和概括了太赫兹领域主流技术的发展状况和最新科研成果。通过这套丛书的编撰,我们希望能为太赫兹领域的科研人员提供一套完整的专业技术知识体系,促进太赫兹理论与实践的长足发展,为太赫兹领域的理论研究、技术突破及教学培训等提供参考资料,为进一步解决该领域的理论难点和技术瓶颈提供帮助。

中国太赫兹领域的研究仍然需要后来者加倍努力,围绕国家科技强国的战略,从"需求牵引"和"技术推动"两个方面推动太赫兹领域的创新发展。这套丛书的出版必将对我国太赫兹领域的基础和应用研究产生积极推动作用。

曹俊诚

2020 年 8 月于上海

自 21 世纪初以来,随着太赫兹物理特性研究的深入以及太赫兹器件技术的突破,太赫兹逐渐从学术研究走向了应用研究,太赫兹雷达与通信技术成为继太赫兹光谱检测与成像之后的又一个重要应用领域,得到了世界各国的高度重视,并逐渐从实验室演示阶段走向了实际应用推广阶段。

太赫兹频段的雷达和通信,需要吸取微波雷达与通信、激光雷达与通信的各自所长,同时也要避免其各自的劣势,达到扬长避短;同时由于太赫兹是电子学与光子学的交叉领域,太赫兹雷达与通信的实现也充分体现了电子学与光子学交叉融合的特点。

本书对国内外太赫兹雷达与通信领域的研究进展进行了归纳总结,较为全面地阐述了太赫兹雷达与通信的基本原理、关键技术、典型系统与应用场景。全书共分 8 章。第 1 章是概述;第 2～4 章分别介绍了太赫兹雷达原理与系统设计,太赫兹雷达成像、层析成像、全息成像机理与成像技术,典型太赫兹雷达系统;第 5 章、第 6 章分别介绍了太赫兹通信原理与系统设计,典型太赫兹通信系统;第 7 章介绍了太赫兹雷达与通信系统中的信道技术;第 8 章是发展展望。书中也介绍了作者所在团队近十年左右在太赫兹雷达与通信领域的研究工作,比如 0.14 THz、0.34 THz、0.67 THz 的太赫兹 ISAR 成像、雷达层析成像、雷达全息成像、稀疏 MIMO 雷达成像技术研究,0.14 THz、0.34 THz 的 16 - QAM 高阶调制体制太赫兹高速通信技术研究,基于太赫兹肖特基二极管倍频器/混频器、共振隧穿二极管振荡器、集成电路与集成微系统的太赫兹雷达与通信信道技术研究等。

本书由张健、成彬彬负责策划。第 1 章及第 8 章由张健、成彬彬、邓贤进负责编写,第 2～4 章由成彬彬、江舸、喻洋、安健飞负责编写,第 5 章及第 6 章由林长星、吴秋宇负责编写,第 7 章由邓贤进、蒋均负责编写。谭为、苏娟、程序、韩江安、曾建平、唐杨、黄昆、何月、郝鑫、尹格、周人、吴强等参与了部分章节内容的编写。

太赫兹雷达与通信涉及的学科专业和研究面较广,本书只能是对目前太赫兹雷达与通信技术发展的一个初步介绍。由于太赫兹雷达与通信技术仍然处于发展过程之中,有些问题不同学者有不同看法,加上作者水平有限,书中不妥和疏漏之处在所难免,敬请广大读者批评指正。

作者

2020 年 6 月

Contents

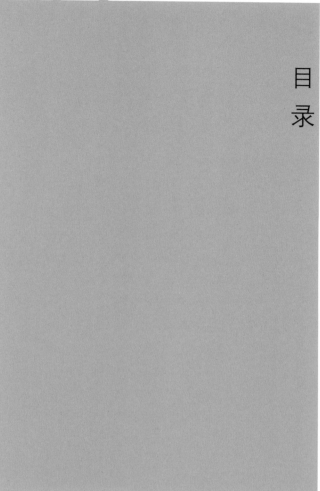

目 录

1

概述

太赫兹波泛指频率在 $10^{11} \sim 10^{13}$ Hz,即 $0.1 \sim 10$ THz(1 THz$=10^{12}$ Hz)内的电磁波,波长对应 3 mm$\sim$30 μm,其频率位于微波和红外之间,处于电子学向光子学过渡的频段。太赫兹波在无线电领域被称为亚毫米波,在光学领域则习惯称为远红外光,由于其特殊的频谱位置,在物理、化学、生命科学、材料科学、天文学、大气与环境监测、通信、雷达、国家安全与反恐等多个领域已逐步显示出独特的优势和巨大的应用前景。

对太赫兹波的研究可以追溯到 120 多年前的 1897 年,Rubens 和 Nichols 对该波段进行了先期探索。1920 年代美国学者最早提出"红外与电波的结合",人们对其认识进一步加深,但直到 1970 年代才正式出现"太赫兹"一词。随后,太赫兹科学技术的研究大致经历了三个阶段:第一阶段始于 20 世纪中后期天文学领域对太赫兹光谱及其检测技术的研究(至今仍是太赫兹的一个重要研究方向),当时还不叫"太赫兹",一般称为"亚毫米波"或"远红外光";第二阶段是 20 世纪 90 年代以来,由于飞秒激光、光电导开关、光整流等技术的发展,超宽谱太赫兹源、时域光谱分析、光谱成像等技术迅速发展并开始得到一定的应用,同时自由电子激光、量子级联激光、激光泵浦等太赫兹源也得到较大发展,形成了太赫兹光电子学与太赫兹光子学等重要研究方向;第三阶段是近十几年来,基于化合物半导体、锗硅、体硅的固态电子学太赫兹源与检测器件,以及电真空太赫兹器件取得了重要突破,工作频率已达到 1 THz 以上,并推动了太赫兹通信、雷达和成像等技术的发展,太赫兹电子学及其在通信、雷达与成像中的应用技术成为太赫兹的重要研究方向,掀起了太赫兹研究的新高潮。

美国从 20 世纪 90 年代开始,逐步加大对太赫兹频段的研发投入力度,21 世纪初美国陆军研究室、美国国防高级研究计划署(Defense Advanced Research Projects Agency,DARPA)及美国国防部等一些重要部门开始大力支持太赫兹技术的研究。2004 年美国麻省理工学院(Massachusetts Institute of Technology,MIT)《技术评论》杂志将太赫兹技术列为全球十大新兴科技领域之一。2002 年以来美国 DARPA 实施了一系列太赫兹技术研发计划,积极推进以国防应用为主要目标的尖端技术研发和超高速电子技术的相关项目研究,布局了包括太赫兹电子学计划(THz-E)等在内的一批重要项目,有效推动了太赫兹核心器件的开发及其在成像、雷达、化学武器探测、太赫兹波谱和太赫兹通信中的应用关键技术研发。2017年,美国启动了电子复兴计划(Electronics Resurgence Initiative,ERI),在其联合大学微电子项目(Joint University Microelectronics Program,JUMP)中,"RF to Terahertz Sensors and Communication Systems"是其六大资助领域之一。

欧盟从第五框架计划开始,实施了一系列太赫兹技术研究计划,支持基于太赫兹技术的雷达成像与安检、无线通信、生物与生化检测等应用方面的关键技术与系统集成技术研究。欧盟和欧洲航天局成立了多项太赫兹跨国大型合作研究计划和项目组。如2001年开始实施的THz-Bridge计划,非保密部分主要研究0.1～20 THz频段的生物效应。THz-Bridge后续新的研究计划称为THz-Beam,通过欧洲国家的多学科融合,发展太赫兹基础技术,目的是探索太赫兹在生物医学、材料科学、通信技术及国家安全等方面的应用。欧洲航天局(European Space Agency,ESA)2002年实施了STARTIGER研究计划,主要研究太赫兹在空间中的应用,并于2009年5月将大型太空天文台"赫歇尔"(Herschel)成功发射上天,其中包含三套太赫兹望远镜。

在亚洲,日本、韩国和新加坡等国家都在积极开展太赫兹技术的研究。日本于2005年1月公布了日本十年科技战略规划,提出十项重大关键技术,并将太赫兹技术列为首位。2006年,日本研制出0.12 THz通信系统,实现了10 Gb/s的高速数据传输,通信距离达到1.5 km,并于2008年在北京奥运会上进行了试用,目前正在开发相关产品,计划大规模应用于东京奥运会。韩国于2009年设立了为期10年的全国性太赫兹技术发展战略,集合国内十家最有实力的科研单位和数十名韩国知名教授,制定了韩国太赫兹科学技术发展十年规划(每年投入约1 500万美元支持该研究工作),主要研究太赫兹在生物学上的应用。

我国于2005年召开了以"太赫兹科学技术的新发展"为主题的第270次香山会议,为我国太赫兹科学技术的体系化发展奠定了良好的基础。随后,国家各部委逐步加大了对太赫兹研究的投入力度,先后支持多项863项目、973项目、重大仪器专项等,有效推动了我国太赫兹技术的快速发展;同时,太赫兹技术也引起了多个科研院所、高校、企业等广泛关注，先后成立了多个研究机构专门从事太赫兹研究。近年来，我国在太赫兹物理、太赫兹器件、太赫兹通信、太赫兹雷达、太赫兹光谱、太赫兹成像应用等方面取得了一系列突破。

目前，科学家和工程师正在致力于把电磁理论与量子理论结合起来形成新的太赫兹物理理论，把电子学、光电子学与光子学结合起来形成太赫兹产生、调控、传输与检测的新技术，期望真正解决太赫兹源的功率和效率难以提高、太赫兹波难以调控以及太赫兹检测灵敏度低等难题，从而填补"太赫兹间隙（THz Gap）"，实现太赫兹的广泛应用，太赫兹正逐渐成为一门相对独立的新学科。

太赫兹雷达和通信是太赫兹技术应用的两个重要研究方向，近年来得到了飞速发展，部分已进入实用化阶段。

1.1　太赫兹雷达技术发展简介

太赫兹雷达以太赫兹波作为信息载体实现对目标的探测。与微波雷达相比，太赫兹雷达具有载频高、带宽大的特点，因而具备高的时间、空间和频率分辨能力，从而可对目标位置、速度和形貌实现更精确、更高帧率的探测。高的时间分辨力可形成快速高帧率成像能力，对于高速机动目标可实现实时成像和精确导引；高的空间分辨力可形成对目标的高分辨成像和细微结构辨识能力，实现对目标特征的精细刻画和精确识别，空间分辨力的优势另外还体现在相同的天线口径下，太赫兹雷达具有更窄的波束宽度从而可实现更高的角跟踪精度；高的频率分辨力可提升对目标微多普勒的敏感性，从而更好地实现对低速运动目标的探测和目标微动特征的提取。

此外，太赫兹雷达还具备良好的抗干扰特性，首先，频率高使其更容易设计成宽带工作模式，带宽可达到数十吉赫兹，从而难以被侦察或者受到压制干扰；其次，由于太赫兹波在大气中传输的衰减严重，也在客观上形成了对太赫兹雷达的保护；最后，由于在同等条件下太赫兹雷达具有更窄的天线波束，可以对各种干扰和杂波产生有效的屏蔽作用。

太赫兹雷达的其他优势还体现在：器件特征尺寸小，更易形成高集成度的微型系统,进而在同等的尺寸边界下形成规模化、阵列化的探测模式;波长短使其能够在一定程度上实现反材料和反外形隐身等。

与激光雷达相比,太赫兹雷达具有更好的穿透性,可透过云雾、烟尘及隐蔽遮挡物等对目标实现探测,且对空间高速运动目标的气动光学效应与热环境效应不敏感,可用于复杂环境与空间高速运动目标探测。

美国最早提出太赫兹雷达的概念,1988 年,Massachusetts 大学的 McIntosh R.E.和 Narayanan R.M.等最早报道了基于扩展互作用振荡器(Extended Interaction Oscillator,EIO)实现的频率为 215 GHz 的非相干脉冲雷达,实现了距离为 3.5 km、散射截面积为 30 m^2 的目标探测;随后,1991 年佐治亚理工学院的 McMillan 等提出并为美国军方实现了 225 GHz 相干脉冲雷达,他们利用该雷达对坦克等目标进行了多普勒回波测量,分析了坦克车体和履带等不同部位的多普勒回波特性。但是,上述系统受当时的太赫兹源、探测器等核心器件的限制,不能产生和探测瞬时带宽很宽,且频率、幅度和相位具有瞬时线性可调的太赫兹雷达发射信号,影响了其进一步走向应用。

为了解决核心器件问题,自 2004 年以来,美国 DARPA 通过多项专项研究计划,支持关键单元技术研究,经过多年的积累,使美国太赫兹关键单元技术居世界领先地位,具体包括:2004 年的太赫兹焦平面阵列成像技术(Terahertz Imaging Focal-plane-array Technology,TIFT)项目,主要开发频率大于 0.557 THz 的太赫兹源及高灵敏度接收机;2005 年的亚毫米波焦平面阵列成像技术(Submillimeter Wave Imaging FPA Technology,SWIFT)项目,主要研制紧凑型 0.34 THz 源、集成化的高灵敏度大容量接收系统阵列;2007 年的高频集成真空电子学(High Frequency Integrated Vacuum Electronics,HIFIVE)项目,主要研究中心频率 0.22 THz、带宽大于 5 GHz、功率大于 50 W 的电真空放大器;2008 年的下一代氮化物电子学(Nitride Electronic Next Generation Technology,NEXT)项目,主要研究频率大于 0.2 THz 的氮化物晶体管器件;2009 年的太赫兹电子学计划(Terahertz Electronics),主要是研发 0.67 THz、0.85 THz 与 1.03 THz 频段的接收器、激励器、TMIC 芯片、THz 收发机阵列、紧凑型高功率放大模块和标定技术;2012 年的视频合成孔径雷达(Video Synthetic Aperture Radar,ViSAR)

计划,主要研发 231.5～235 GHz 的视频合成孔径雷达系统,以使美军飞机能够克服天气的影响,透过云雾、沙尘等对地面的机动目标进行成像、跟踪和瞄准;2014 年推出成像雷达先进扫描技术(Advance Scanning Technology for Imaging Radar,ASTIR)计划;2016 年在专门雷达特征解决方案(Expert RADar Signature Solution,ERADS)中加强亚毫米波目标特性测量雷达研究。

欧盟在其第七框架计划(2007—2013 年)和第八框架计划(地平线 2020)也相继布局了太赫兹雷达成像应用及相关核心芯片的研究,大力发展太赫兹人体安检、通信、微制造、芯片等技术。

随着太赫兹固态电子学源、相干检测器、电真空器件等核心器件取得里程碑式的突破,太赫兹雷达及其成像技术重新成为太赫兹研究的前沿热点。国内外已有的太赫兹雷达实验系统主要有美国 Jet Production Laboratory 的人体隐藏目标雷达成像系统、德国应用科学研究所(Forschungs Gesellschaftfür Angewandte Naturwissenschaften,FGAN)的 COBRA 和 Miranda 逆合成孔径雷达(Inverse Synthetic Aperture Radar,ISAR)成像系统、美国亚毫米波技术实验室(Submillimeter-wave Techniques Laboratory,STL)的基于量子级联激光器的二维 ISAR 雷达成像系统、欧洲 TeraScreen 计划的多频段多模式快速人体安检成像雷达系统、美国 DAPAR 太赫兹视频 SAR 计划、以色列 Ariel University Center of Samaria 的雷达成像系统,以及中国科学院电子学研究所、电子科技大学、国防科技大学、中国工程物理研究院微系统与太赫兹研究中心的系列太赫兹雷达成像系统等。

目前,太赫兹雷达的室内短程应用已逐步走向成熟,有望在人体安检应用方面率先获得突破。同时太赫兹雷达的基础研究和应用基础研究也展现出蓬勃发展的态势,随着核心器件的发展和应用模式的开发,有望在智能驾驶、精确传感等更多领域发挥作用。

1.2　太赫兹通信技术发展简介

太赫兹无线通信在传统无线电通信的基础上,从微波、毫米波频段向太赫兹频段发展,同时结合了激光无线通信的部分思想。太赫兹通信不是代替微波通信和激光通信,但它具有很多微波通信和激光通信所不具备的独特优势。

微波无线通信发展很早,已得到广泛应用,是目前无线通信的主要频段。30 GHz以上毫米波无线通信也逐步得到广泛应用,如空间通信(天—地:31 GHz、45 GHz;天—天:60 GHz)、无线接入与无线局域网通信(60 GHz)等。近年来,载频在100 GHz以下的Ka、Q、V、E等频段的毫米波通信技术开始在5G移动通信、低轨卫星互联网等领域中应用。太赫兹通信相比较于微波通信而言,有如下特点:① 太赫兹通信传输的速率高、容量大,太赫兹波的频段在$10^{11}\sim10^{13}$ Hz,具有很宽的瞬时带宽,可提供1 Gbps~100 Gbps,甚至更高的无线传输速率,这是目前微波通信难以实现的;② 太赫兹波束更窄,方向性更好,还可采用扩频、跳频技术实现更好的保密性及抗干扰抗截获性能;③ 太赫兹波长更短,太赫兹器件、天线和系统可以做得更小更紧凑。

激光有线通信(光纤通信)可实现很高的速率,已得到了广泛应用。激光无线通信包括空间激光通信、大气激光通信、水下激光通信等。空间激光通信对瞄准捕获跟踪(Pointing Acquisition and Tracking,PAT)要求很高。大气激光通信尽管在调制解调技术方面可实现很高的速率,但由于大气湍流闪烁效应,会引起折射率波动,激光传输一定距离后,其平坦波前受到破坏,传输速率和传输距离受到极大制约。太赫兹通信相比较于激光通信而言,具有如下特点:① 太赫兹传输的闪烁效应远小于红外激光,传输速率可以更高;② 太赫兹波具有很好的穿透沙尘烟雾的能力,可在恶劣环境下进行正常通信;③ 太赫兹通信对PAT的要求相对较低。

目前国际上完成的太赫兹无线通信验证系统主要包括光电混合太赫兹通信系统、全电子学太赫兹通信系统(基于肖特基二极管或基于太赫兹TMIC集成电路)、QCL太赫兹通信系统、时域脉冲太赫兹通信系统等。国外典型的系统主要有日本NTT的0.12 THz和0.3 THz通信系统、德国IAF的0.22 THz和0.24 THz通信系统、法国IEMN的0.28 THz通信系统以及美国Bell实验室的0.625 THz通信系统等。国内的中国工程物理研究院微系统与太赫兹研究中心、中国科学院上海微系统与信息技术研究所、电子科技大学、天津大学、复旦大学、浙江大学等单位都开展了太赫兹无线通信技术的研究。

目前,从远距离星地通信角度,国际电信联盟已对 300 GHz 以下的空间无线电频谱进行了划分,123～130 GHz、158.5～164 GHz、167～174.5 GHz、232～240 GHz 等频带为卫星到地面站的下行频段,209～226 GHz、265～275 GHz 等频带为地面站到卫星的上行频率;从地面短程通信角度,适用于 300 GHz 频段的无线通信标准 IEEE 802.15.3d‒2017 已发布,太赫兹无线通信的应用已提上日程。同时国内外正在探讨研究太赫兹在后 5G(Beyond 5G)或 6G 移动通信中的应用。

参考文献

[1] Wiltse J C. History of millimeter and submillimeter waves[J]. IEEE Transactions on Microwave Theory and Techniques, 1984, 32(9): 1118 ‒ 1127.

[2] 张健,邓贤进,王成,等.太赫兹高速无线通信:体制,技术与验证系统[J].太赫兹科学与电子信息学报,2014,12(1): 1 ‒ 13.

[3] 郑新,刘超.太赫兹技术的发展及在雷达和通讯系统中的应用(Ⅰ)[J].微波学报,2010,26(6): 1 ‒ 6.

[4] 张怀武.我国太赫兹基础研究[J].中国基础科学,2008,10(1): 15 ‒ 20.

[5] 韩存志.香山科学会议第 267 ‒ 270 次学术讨论会简述[J].中国基础科学,2006,8(2): 24 ‒ 27.

[6] Yun-Shik Lee. Principles of Terahertz Science and Technology[M]. New York: Springer Science & Business Media, 2009.

[7] Lewis R A. Terahertz Physics[M]. Cambridge: Cambridge University Press, 2013.

[8] Kleine-Ostmann T, Nagatsuma T. A Review on Terahertz Communications Research[J]. Journal of Infrared Millimeter and Terahertz Waves, 2011, 32(2): 143 ‒ 171.

[9] 王宏强,邓彬,秦玉亮.太赫兹雷达技术[J].雷达学报,2018,7(1): 1 ‒ 21.

[10] Mcintosh R E, Narayanan R M, Mead J B, et al. Design and performance of a 215 GHz pulsed radar system[J]. IEEE Transactions on Microwave Theory and Techniques, 1988, 36(6): 994 ‒ 1001.

[11] Siegel P H. Terahertz technology[J]. IEEE Transactions on Microwave Theory and Techniques, 2002, 50(3): 910 ‒ 928.

[12] Horiuchi N. Terahertz technology: Endless applications[J]. Nature Photonics, 2010, 4(3): 140.

［13］ Appleby R，Wallace H B. Standoff detection of weapons and contraband in the 100 GHz to 1 THz region［J］. IEEE Transactions on Antennas and Propagation，2007，55(11)：2944－2956.

［14］ 张彪.太赫兹雷达成像算法研究［D］.成都：电子科技大学,2014.

［15］ Dhillon S S，Vitiello M S，Linfield E H，et al. The 2017 terahertz science and technology roadmap［J］. Journal of Physics D：Applied Physics，2017，50(4)：043001.

［16］ Seeds A J，Shams H，Fice M J，et al. Terahertz Photonics for Wireless Communications［J］. Journal of Lightwave Technology，2014，33(3)：579－587.

［17］ Hirata A，Kosugi T，Takahashi H，et al. 120 GHz-band millimeter-wave photonic wireless link for 10－Gb/s data transmission［J］. IEEE Transactions on Microwave Theory and Techniques，2006，54(5)：1937－1944.

［18］ Tan Z Y，Chen Z，Cao J C，et al. Wireless terahertz light transmission based on digitally-modulated terahertz quantum-cascadelaser［J］. Chinese Optics Letters，2013，11(3)：031403.

［19］ Yao J Q，Chi N，Yang P F，et al. Study and outlook of terahertz communication technology［J］. Chinese Journal of Lasers，2009，36(9)：2213－2233.

太赫兹雷达原理与系统

2.1 太赫兹雷达探测原理与目标特性

2.1.1 太赫兹雷达探测原理

"雷达"一词是按照 IEEE 686-2017(IEEE 686-2008 的修订版)标准的英文 Radar(Radio Detection and Ranging)音译而来,该标准认为"雷达是以电磁波对目标进行包含搜索和跟踪在内的探测、定位(距离、角位置等)的传感器","可分为本身带辐射源的有源雷达(含半有源雷达)和不带辐射源的无源雷达"。

将雷达按照工作频段来分类是常用的一种分类方法,如 S 波段雷达、C 波段雷达、X 波段雷达、Ku 波段雷达、Ka 波段雷达、W 波段雷达等,工作于太赫兹频段的雷达称为太赫兹波段雷达。太赫兹波段雷达同样有有源雷达和无源雷达之分,分别习惯称为主动式太赫兹雷达(或简称为太赫兹雷达)和被动式太赫兹探测系统(部分应用中称为辐射计)。本书主要讨论主动式太赫兹雷达。

主动式太赫兹雷达根据太赫兹波产生方式的不同,一般又可分为电子学和光学两类。目前已有的太赫兹雷达多数采用电子学的方式实现,是目前太赫兹雷达发展的主流,也是本章重点讨论的内容。只有少数几家单位,如美国 University of Massachusetts 的 Submillimeter-wave Techniques Laboratory(STL)先后开发了基于 CO_2 激光器泵浦的 0.32 THz、0.52 THz、0.58 THz、1.56 THz 雷达,以及基于 QCL 的 2.4 THz 相干雷达,主要用于目标雷达散射截面积(Radar-Cross Section,RCS)的缩比测量和成像。

1. 太赫兹雷达探测基本原理

利用雷达进行探测的目的是从目标回波中获取目标的相关信息,这些信息包括目标的距离、空间角度,以及速度和姿态等。除基本的探测功能外,雷达还可通过合成孔径、逆合成孔径、孔径编码、阵列探测等方式将目标视为多个散射点的叠加,从而对目标进行二维或三维成像,得到目标的尺寸、形状等信息。另外,对于多普勒雷达来说,还可通过目标回波的多普勒信息获取转动、振动等微动特征,从而获得目标更多的细节信息。

(1) 测距原理

当目标尺寸小于雷达距离分辨单元时,目标可以当作点目标。雷达接收目标反射回来的回波时,将滞后于发射脉冲一个时间 t_r,如图 2-1 所示。假定目标距离为 R,那么应该有

$$R = \frac{ct_r}{2} \tag{2-1}$$

式中,$c \approx 3 \times 10^8$ m/s,为电磁波在真空中的传播速度;因子 1/2 为考虑到雷达发射电磁波往返于目标。当回波滞后于发射 1 μs 时,对应的目标距离为 0.15 km。目前监视雷达的测距精度约为几十米,精密雷达系统的测距精度可达亚米量级。

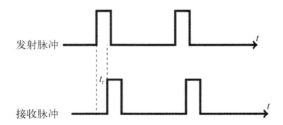

图 2-1
脉冲雷达距离
探测示意图

假设雷达带宽为 B,则雷达距离分辨力为 $c/2B$。对太赫兹雷达而言,其带宽要远高于其他频段的雷达,因而太赫兹雷达具有更好的距离分辨力。例如,带宽为 10 GHz 的太赫兹雷达的距离分辨力理论上可以达到 1.5 cm,远远高出微波雷达和毫米波雷达。

在实际的雷达系统中,受限于雷达本身发射机、雷达天线、接收系统等性能和目标性质、环境因素的影响,雷达本身存在最远作用距离。

假定雷达发射功率为 P_t,雷达天线增益为 G_t,则与雷达天线距离为 R 处的目标功率密度 S_1 为

$$S_1 = \frac{P_t G_t}{4\pi R^2} \tag{2-2}$$

当目标散射截面积为 σ 时,目标散射功率为

$$P_2 = \sigma S_1 = \frac{P_t G_t \sigma}{4\pi R^2} \qquad (2-3)$$

到达雷达天线处的回波功率密度为

$$S_2 = \frac{P_2}{4\pi R^2} \qquad (2-4)$$

假定接收天线与发射天线相同(即收发共用天线),则接收天线增益 $G_r = G_t = G$。由于天线有效面积 $A = G_t \lambda^2 / 4\pi$,其中,λ 为波长,雷达接收功率可以表示为

$$P_r = \frac{P_t G_t^2 \lambda^2 \sigma}{(4\pi)^3 R^4} \qquad (2-5)$$

假定雷达最小可检测信号为 S_{min},可以得到雷达最大作用距离为

$$R_{max} = \left(\frac{P_t \sigma A^2}{4\pi \lambda^2 S_{min}} \right)^{1/4} \qquad (2-6)$$

由式(2-6)可以看到,当雷达天线有效面积不变,波长减小时,最大作用距离会增加。由于在太赫兹频段,存在着大气中水汽损耗等因素的影响,太赫兹雷达的作用距离方程中通常不能忽略大气的衰减损耗,因此使得作用距离比式(2-6)要小。

(2)测角原理

雷达角坐标测量的物理基础是电磁波在均匀介质中匀速直线传播特性和天线的方向性。当目标相对雷达存在一个方位角时,可以利用天线的方向性来实现角度的测量。雷达天线可以将辐射电磁能聚集在一个窄波束内,当波束轴线对准目标时,回波信号最强,接收回波最强时的天线指向即为目标方向,如图 2-2 所示。雷达的角度分辨力由天线半功率波束宽度决定。频率不变时,增加天线孔径,雷达发射波束变窄,测角精度提高。相同的孔径下,由于太赫兹雷达的中心频率更高,波束宽度更窄,测角精度也就更高。

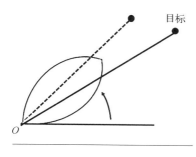

图 2-2
雷达角坐标测量示意图

目标

（3）测速原理

基于多普勒原理，雷达可以用来测量移动目标的径向速度。多普勒原理是指当目标相对辐射源产生运动时，会产生中心频率移动，频移的大小和方向取决于目标的运动速度和方向。假定目标相对雷达的径向速度为 v，则产生的多普勒频移的大小为

$$f_{\mathrm{d}} = \frac{2v}{\lambda} \tag{2-7}$$

式中，λ 为雷达中心频率所对应的波长，多普勒频移量的正负与目标和雷达的相对运动方向有关。当目标向着雷达运动时，频移为正；当目标背离雷达运动时，频移为负，如图 2-3 所示。由式（2-7）可以看到，当雷达中心波长越小时，产生的频移量越大，即多普勒效应越明显。太赫兹雷达相对其他波段雷达来说中心波长小很多，因而具有更高的多普勒频移。需要说明的是，当目标的运动方向与雷达之间存在一个夹角时，式（2-7）中速度值应取目标的径向速度分量。

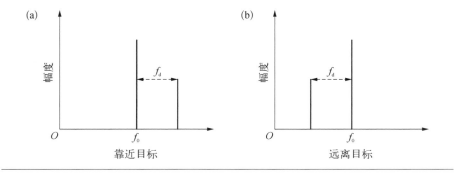

图 2-3
存在多普勒频移时的雷达接收信号频谱

（4）雷达成像

高分辨力成像雷达可以提供目标尺寸和形状的测量。当雷达具有较高的分辨力时，目标不可以再简化为点目标，应视为具有多个散射点的复杂目标。此时，利用雷达去探测复杂目标可以获取目标尺寸和形状。高分辨力雷达成像包含高距离向分辨力和高方位向分辨力。雷达的距离向分辨力，需要雷达具有宽频带发射信号，信号带宽越宽，分辨力越高。方位向分辨力可以利用增加观测孔径，即增加方位向多普勒带宽来获取。目前，世界上很多国家已有机载、星载和

空间站合成孔径雷达(Synthetic Aperture Radar，SAR)，分别用于不同的探测目的。利用载体上的雷达与目标的相对运动可实现方位向的高分辨力，达到成像的目的。当雷达不动，目标运动时，为逆合成孔径雷达（Inverse Synthetic Aperture Radar，ISAR)。图2-4给出了中心频率为94 GHz(带宽2 GHz)的毫米波雷达与中心频率为220 GHz(带宽5 GHz)的太赫兹雷达在同样场景下的ISAR成像相比。从图2-4中可以明显看到，太赫兹雷达的成像分辨力更高，可以呈现更多的目标细节信息。太赫兹雷达具备的宽带宽和高频率使得其在相同的观测角度下可以实现更高分辨力的成像，这是其他低频段成像雷达所不具备的巨大优势。

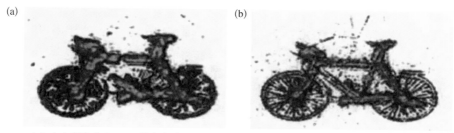

图2-4　(a) 中心频率为94 GHz的毫米波雷达对自行车的 ISAR 成像图；(b) 同一目标场景，中心频率为220 GHz的太赫兹雷达对自行车的 ISAR 成像图(Essen H., 2008)

2. 太赫兹雷达特点分析

与微波和毫米波频段雷达相比，太赫兹雷达具有频率高、带宽大、波束窄的特点，这也是太赫兹雷达所具备的优势，这些优势让太赫兹雷达不仅在军事上极具应用潜力，在安检、探测等民用方面也具备重要的应用价值。

（1）频率高：与微波和毫米波相比，太赫兹雷达的工作频率更高，具有更高的多普勒带宽，多普勒分辨力更好，测速精度也就更高。由于太赫兹雷达波长更短，当使用太赫兹雷达进行探测时，可以更好区分目标的形状细节。此外，频率更高也意味着太赫兹雷达系统的体积可以做得更小，更容易实现系统集成。

（2）宽频带：由于频率更高，相同的相对带宽条件下，太赫兹雷达的绝对带宽更大。由于雷达的距离分辨力可以表示为 $c/2B$，当带宽值较大时，分辨力会相应地提高。

（3）方向性：当天线孔径相同时，由于频率更高，太赫兹波的波束宽度较窄，相同条件下的角分辨力要高于微波和毫米波。另外，由于发射波束窄，更难被截获，因而具有更好的抗干扰性能。

除了以上这些特点外，太赫兹雷达在军事上还具有独特的反隐形能力。目前的隐形技术包含隐形外形技术和隐形材料技术。对隐形外形技术，太赫兹雷达可以从不同角度探测并通过逆合成孔径算法进行目标成像，目标体的不平滑部位产生的角反射在太赫兹频段更明显，所以太赫兹雷达具有反外形隐形能力。对隐形材料技术，目前电磁隐形材料的吸收频率多集中在 1～20 GHz，这些材料对太赫兹波难以形成有效的吸收效果。试验表明，太赫兹波可以较好地穿透微波频段隐形材料，实现隐形目标的探测。

此外，由于太赫兹雷达易于集成的特点，将太赫兹雷达装载于小型飞机上形成太赫兹小型 SAR 系统，具有体积小、成本低、分辨力高的诸多优点，可以满足小型飞行平台的需求。

除了上面提到的优点外，太赫兹雷达的发展也受到一些重要制约。与微波不同的是，太赫兹波在大气中传输时有着严重的衰减，并且随着频率的升高，衰减会变得更加严重，这将大大缩短太赫兹雷达的作用距离。同时，太赫兹雷达还受限于目前太赫兹基础器件的发展水平。主要瓶颈是太赫兹源和探测，需要发展高功率、高效率且能在室温下稳定工作的太赫兹源和高灵敏度的太赫兹探测器。在设计太赫兹雷达应用场景时，应尽量克服或避开其弱点，发挥长处。

2.1.2　太赫兹雷达目标特性

太赫兹波入射到目标表面，存在散射/反射、吸收等过程，对电磁波的强度、相位、极化等参数产生改变，如果目标在运动，还会引起电磁波频率的变化，这些变化与目标的外形、材质、运动状态等密切相关，也是雷达反演目标信息的基础，因此雷达的发展与雷达目标特性的研究是相辅相成的，太赫兹频段的目标特性是太赫兹雷达系统论证、方案设计以及实际应用的基础，对太赫兹雷达的研究至关重要。本节主要从太赫兹频段的目标散射特性、目标微动特性和太赫兹波的穿透特性等方面展开讨论。

1. 太赫兹频段的目标散射特性

太赫兹波所处频段的特殊性,决定了其目标散射特性及相应研究方法与微波和激光雷达的差异性。在太赫兹频段,一般金属材料的介电特性处于从理想导体到介质的过渡,而常规目标的细微结构处于从可忽略到不可忽略的过渡,目标表面的散射行为处于从镜面反射到漫反射的过渡。很长时间以来,对于这个过渡频段的研究并不充分,使得研究者对太赫兹频段目标散射机理、目标散射特性等问题的认知并不全面。近些年来,由于各国研究机构的高度重视,这一方面研究有了较大的进展。

（1）太赫兹频段目标的散射机理

在太赫兹频段,目标材料的介电特性和相对粗糙度均与微波和红外频段有差异。太赫兹频段的介电响应已跨入微观理论区域,太赫兹波与目标材料的相互作用能够激发晶格振动声子,其中的耦合相互作用会产生特殊的效应,因此,太赫兹波的散射特性不是微波的简单高频外推,需要把宏观电磁理论与材料的微观机理相结合,建立太赫兹频段的介电特性和电磁响应模型。

① 太赫兹频段材料的电磁特性

材料的介电常数表示材料对外界电场的响应,是描述材料电磁特性的关键参数。通常情况下材料的介电常数随频率而变化,即材料有色散特性。理论上,当材料的介电常数和边界条件已知时,可以通过麦克斯韦方程组计算目标的散射场（假设材料是非磁性的）。

以金属材料为例,根据金属中束缚电子的谐振模型和电子位移极化理论,金属相对介电常数可以表示为

$$\varepsilon(\omega) = 1 + \frac{Ne^2}{m\varepsilon_0} \sum_{j=1}^{K} \left[\frac{f_j}{\omega_j^2 - \omega^2 - \mathrm{i}\gamma_j\omega} \right] + \mathrm{i} \frac{Nf_0 e^2}{m\varepsilon_0 \omega(\gamma_0 - \mathrm{i}\omega)} \qquad (2-8)$$

式中,N 为单位体积原子数;e 为电子电量;m 为电子质量;ε_0 为真空介电常数;具有束缚频率 ω_j、阻尼系数 γ_j 的电子有 $f_j(j = 1, 2, 3, \cdots, K)$ 个;f_0 为自由电子个数;γ_0 为自由电子在外场作用下的阻尼系数,约为 10^{13} Hz;ω 为外场频率;i 为虚数单位。

在低频入射条件下（$\omega \ll \gamma_0$），一般取 $\omega < 10^{11}$ Hz，金属相对介电常数为复数，虚部近似为无穷大，表明电磁波在金属中不断产生焦耳热。在红外、可见光频段（10^{13} Hz $< \omega < 10^{15}$ Hz），相对介电常数是负数，电磁波几乎全部被金属反射出去，金属显示出镜子般反射特性，此时金属与绝缘体没有本质区别。而在太赫兹频段（10^{11} Hz $< \omega < 10^{13}$ Hz），根据相对介电常数公式，既会产生表面感应电流辐射场，又会产生反射，需同时考虑两部分的贡献。

在红外以下的频段，Drude 模型可以很好地用来描述金属的相对介电常数。Drude 模型是在 1900 年由德鲁特（Drude）基于金属的自由电子气体假设提出的。这种模型将金属看成自由电子组成的电子气体，不考虑电子与电子和电子与原子核间的相互作用，是一种简化的模型。此外，这种模型假定电子会发生碰撞，碰撞频率为 τ，这也是金属介电损耗的由来。Drude 模型下，金属的相对介电常数为

$$\varepsilon_r = 1 - \frac{\omega_p^2}{\omega^2 + \tau^2} \tag{2-9}$$

式中，ω_p 是金属的等离子体振荡频率，与金属中的自由电子密度相关。

通过上式可以得到金属从高频到低频的介电常数。在微波频段，金属的相对介电常数实部远大于虚部且为负，这时金属可以看成理想导体，具有接近百分之百的反射率。在红外或可见光高频段，由于金属介电常数的虚部与实部相比不可忽略，此时金属表现为有一定损耗的材料。在太赫兹频段，金属处于这两者之间的过渡阶段。

图 2-5 给出了金属铝在 10^{10} Hz～10^{14} Hz 频率内的衰减系数 α 和相位系数 β、趋肤深度随入射波频率的变化，其中给出了测量结果、Drude 模型拟合结果和良导体条件的结果。可以看到，在 100 GHz 以下时，铝的参数基本符合良导体条件。当频率大于 1 THz 时，两者之间开始产生偏离，铝的衰减系数逐渐增加，趋肤深度逐渐减小。当频率进一步增加到紫外光频段时，铝具有介质的特性，电磁波的趋肤深度明显增加。图 2-6 给出了铝板在正入射时的反射率随入射波频率的变化，可以看到在 100 GHz 以下时，反射率都接近为 1，在频率为 10^{14} Hz 以下时，Drude 模型拟合结果与测量数据差别很小，利用 Drude 模型可以很好地描述铝的电磁性质。其他金属如金、银等有着类似的性质。

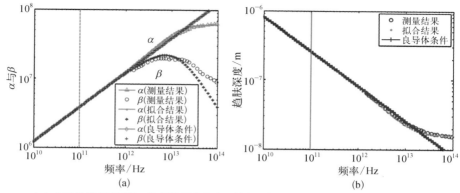

图 2-5

（a）金属铝的衰减系数 α 和相位系数 β 随入射波频率的变化；（b）金属铝的趋肤深度随入射波频率的变化，图中分别给出了测量结果、使用 Drude 模型拟合的结果与良导体条件的结果（王瑞君，2014）

图 2-6
铝板在正入射时反射率随入射波频率的变化，其中圆点为测量结果，实线是 Drude 模型拟合结果（王瑞君，2015）

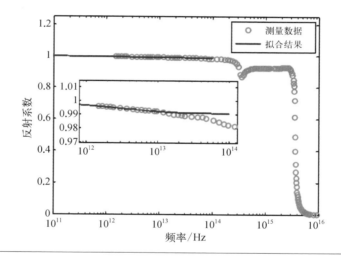

由于太赫兹频段材料的介电响应已经跨入了材料的微观理论区域，材料的电磁响应在该频段的变化规律对于开展太赫兹相关研究十分重要。太赫兹波与材料相互作用时，激发材料的晶格振动产生声子，此时需要对经典 Drude 模型进行推广延伸来建立太赫兹频段的电磁响应模型。此外，太赫兹频段材料的介电性质测试结果也呈现出许多不同寻常的行为，这些新现象需要从更为基本的层面上去解释。

② 太赫兹波的散射理论

太赫兹波的散射理论以微波和红外波的散射理论作为基础，而微波和红外波的散射特性目前都已经有了较为成熟的研究方法。考虑一束平面波入射到相对介电系数为 ε_r 的颗粒上的情形,其中背景的相对介电常数为 ε。入射波表示为 $E_0 \exp(ikr_0)$,其中 k 是波数,r_0 是位移矢量。在远场时,散射场分布表现为球面波的形式,r 是到颗粒的距离。通常来说,颗粒会将入射波散射到各个方向,假定 E_s 是远场的散射场,那么有

$$E_s = f(k_s, k_i)E_0 \exp(ikr) \cdot r^{-1} \quad (2-10)$$

式中,系数 $f(k_s, k_i)$ 为方向 k_i 到 k_s 方向的散射幅值。微分散射截面可以表示为

$$\sigma_d(k_s, k_i) = |f(k_s, k_i)|^2 \quad (2-11)$$

总散射截面 σ 是微分散射截面在立体角上的积分。

对于颗粒为理想金属球的情形时,通常称为米散射。图 2-7 给出了表面光滑的金属球的雷达散射截面 $\sigma_{球}$ 相对金属球截面积的比值随金属球半径 r 与入射波长 λ 的比值的变化。可以看到,随着频率的增加,雷达散射截面逐渐趋于一个稳定值——金属球的截面积 πr^2。

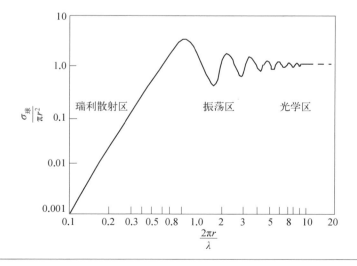

图 2-7
表面光滑的金属球的雷达散射截面与金属球截面积比值随 r/λ 的变化。其中三个区域分别表示瑞利散射区($r/\lambda < 0.1$)、振荡区($0.1 \leqslant r/\lambda \leqslant 2$)和光学区($r/\lambda > 2$)

一般情况下,如果目标表面是光滑的,仅存在镜面反射。如果目标表面粗糙面较小,则会出现漫反射。如果目标表面非常粗糙,那么漫反射占据主导地位。

根据瑞利假设,目标的表面粗糙度是一个依赖于入射波的波长与入射角的参数。入射波长越小、入射角越垂直入射面,表面粗糙度越小。对于太赫兹波而言,由于其波长比微波小,同一目标的散射特性与微波也有着较大的区别。波长较小的电磁波的散射截面随着入射角的变化更容易发生抖动。另外,更复杂的目标也会使散射截面产生更大的抖动。很多时候可以将尺寸较大的复杂反射体分解为许多独立的散射体,这样复杂目标的雷达截面积就是各部分雷达截面积的矢量和,即

$$\sigma = \left| \sum_k \sqrt{\sigma_k} \exp\left(\frac{4\pi \mathrm{j} d_k}{\lambda}\right) \right|^2 \qquad (2-12)$$

式中,σ_k 为第 k 个散射体的截面积;j 为虚数计算单位;d_k 为第 k 个散射体与接收机之间的距离。

因此,太赫兹频段的目标散射特性与目标的表面粗糙度密切相关。在红外光区域,目标表面的粗糙状况是影响雷达散射截面的关键因素,这时物体可以视为朗伯体;在微波段,当目标体是粗糙度不十分大的表面时,由于微波波长通常远大于粗糙表面的起伏,这一表面对微波而言是近似光滑的,这时,微波中的粗糙表面可以被看成准镜面,表面的漫反射可以看作一个微扰,是对解析解的一个额外修正项,多数情况下可以忽略;但对太赫兹波来说,一般面临的情况是波长和表面粗糙度可比拟,目标既不是完全的朗伯体,漫反射的贡献也不能忽略,需同时从电磁波传播和光反射两方面考虑。

综上所述,金属导体对雷达散射截面的贡献都来自两部分,一部分是导体内感应电流的贡献,另一部分是粗糙表面的雷达散射截面的贡献。在高频时,粗糙表面的散射作用是主要的,而感应电流项可以忽略;在低频时,感应电流的散射场是主要贡献,而导体粗糙表面的散射作用可以忽略不计。而对于太赫兹波,表面感应电流辐射和粗糙表面散射的贡献均不可忽略,近似条件不再成立,因此不能单纯使用微波或光学理论进行分析。

(2)太赫兹频段的目标散射特性建模与计算

目标散射特性建模与计算长期以来都是获取目标散射特性的有效方法。在太赫兹频段,实际目标的表面细微结构对太赫兹波的散射较强,从而不可忽略;而且,相对于太赫兹波的波长,目标尺寸通常会远大于波长,属于超大尺寸目标。

这两方面因素成为制约太赫兹频段目标散射特性建模与计算的瓶颈问题。目前的研究还是主要集中于基于经典电磁理论的计算电磁学方法，包括精确数值计算法、高频近似法等。

精确数值计算法的基础是麦克斯韦方程，典型的算法包括矩量法、有限元法、时域有限差分法等，这些算法并非严格意义上的精确算法，存在截断近似误差，但这些误差在通常情况下可以忽略不计。精确数值计算法往往具有更精确的计算结果，但必须以强大的计算能力为基础，因此，该方法也存在明显的局限性，主要适用于太赫兹低频段作用与小尺寸目标的情形，对于飞机、坦克、舰船等大尺寸目标，其计算量是难以通过常规手段实现的。

高频近似法主要包括几何光学法、物理光学法、弹跳射线法、等效电磁流法等，相比于精确数值计算方法，其计算速度快，对内存等硬件资源的消耗量小，可以更好地解决复杂电大尺寸目标的散射问题。

高频近似法一般用于理想光滑导体目标的研究，对于更接近实际情形的粗糙表面目标，相关测量表明太赫兹频段下目标表面的亚波长粗糙结构对电磁散射行为有重要影响，因此需要对目标表面的粗糙起伏进行建模处理，主要方法包括微扰法（Small Perturbation Method，SPM）、基尔霍夫近似（Kirchhoff Approximation，KA)法、小斜率近似法（Small Slope Approximation，SSA)、全波法（Ful-Wave Approach，FWA)、双尺度法（Two Scale Method，TSM)等。

电磁仿真软件是研究目标散射特性的重要工具，目前的专业计算软件主要基于高频近似法，典型软件是由美国电磁代码联合体（Electro Magnetic Code Consortium，EMCC 组织）开发的 X-Patch 电磁软件，该软件基于弹跳射线方法，可以完成复杂目标雷达散射截面的计算、雷达成像的计算等，但该软件仅能计算小尺寸目标。除此之外，美国表面光学公司开发的 RadBase、Remcom 公司开发的 XGTD，以及 FEKO、CST 等均可提供对目标散射特性的仿真计算。

但是目前基于计算电磁学的方法大多数局限在较为理想的条件下，太赫兹频段目标特性建模仿真的发展，特别是对实际目标散射特性的仿真分析，还依赖于太赫兹频段目标介电特性变化规律的认识和目标表面粗糙度对太赫兹波散射影响规律的认识。

（3）目标散射特性的测量

太赫兹频段目标散射特性测量的主要目的是获得目标的雷达散射截面积，即目标的 RCS 值。由于太赫兹"Gap"的存在，目前太赫兹雷达的发射功率往往还比较低，检测灵敏度不高，且在大气中的传输损耗也比较明显，这就使得太赫兹雷达目标散射特性测试平台要达到较高的精度和信噪比比较困难。正是由于这些局限的存在，太赫兹频段目标散射特性测试技术与微波频段的目标特性测试技术有所区别。目前，太赫兹频段目标散射特性测量中一类是基于透镜或反射镜的测量系统，这类系统通过透镜或反射镜将球面波转化为平面波来减少测量距离，以达到目标散射特性的测量要求；另外一类是基于 ISAR 成像的测量系统，这类系统需要对转台上的目标进行 ISAR 成像，然后从图像中获取目标的散射特性。在第二种系统中，当雷达发射功率较大时，可以将目标置于远场区域进行测量；当雷达发射功率较小时，可以测量近场的目标散射特性，之后通过距离校正算法转换为远场的目标散射特性。

太赫兹频段目标特性测量装置从实现方式上通常可分为光学和电子学两大类。光学方式主要包括基于飞秒激光器的太赫兹时域光谱测量系统和基于连续波光学太赫兹源（量子级联激光器、光泵浦源等）的散射测量系统，电子学方式主要为基于固态倍频/混频的发射和接收链路。

① 基于太赫兹时域光谱的测量系统

最早的 RCS 测量系统都是基于太赫兹时域光谱系统来实现的。这类系统通常采用飞秒激光器产生太赫兹时域光谱，通过光学系统产生高斯波束对目标进行照射，对目标产生的反射/散射信号进行采集处理，从而获得目标的 RCS，典型系统如图 2-8 所示。由于太赫兹时域光谱系统在宽频段的波束特征，将其用于 RCS 测量至今仍存在一定的争议。

② 基于连续波光学太赫兹源的测量系统

基于连续波光学太赫兹源的 RCS 测量系统主要应用于太赫兹高频段（大于 1 THz）的目标特性研究，测量系统中一般采用光泵浦太赫兹源（Optical Pumping Laser, OPL）产生连续波的太赫兹辐射，通过紧缩场将波束变换为近似的平面波，照射目标后，通过相干或非相干探测器对回波进行测量。

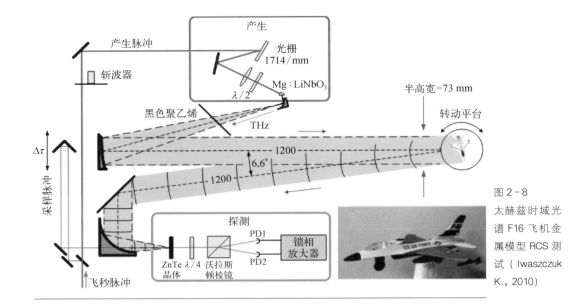

图 2 - 8
太赫兹时域光谱 F16 飞机金属模型 RCS 测试（Iwaszczuk K., 2010）

③ 基于电子学太赫兹源的测量系统

基于电子学的太赫兹源多采用微波源倍频的方式实现太赫兹频段的输出，工作频率靠近太赫兹低频段（一般小于 1 THz）。利用该方法进行太赫兹目标 RCS 测量可适应相对较大的目标尺寸，测量中采用相干检测的方式可获得散射回波的相位信息。

总体来看，太赫兹频段目标散射特性的测量目前还存在着波束静区小、光学方法功率较低、电子学方法频段低等方面的问题，实验的测量精度均偏低（简单形体目标在 3 dB 左右），缩比测量相关技术与近远场变换方法的研究也有待进一步加强。

（4）随机粗糙面的太赫兹散射特性与相干斑效应

当目标表面为随机粗糙表面时，目标表面的随机粗糙特征在太赫兹相干成像中表现为散斑（相干斑），散斑的存在降低了观察者从图像中提取细节的能力。在太赫兹成像的研究中，存在一种被广泛观测到的现象，即图像中存在对比度高而尺寸细微的颗粒图样，这种颗粒结构在光学成像中称为散斑，在合成孔径成像中称为相干斑。这是由于相对于微波频段，成像物体的光滑表面的小尺寸纹理特征对太赫兹散射的影响更加突出,表现出随机粗糙特征。粗糙表面上的多种多样的微小面积对散射场提供了随机相位的基元。当单个像素单元内的信号是由大量的具有独立相位的分量矢量叠加而成时,图像就会出现散斑,典型结果如图 2-9 所示,350 GHz 雷达对吸波材料进行的成像可以观测到显著的散斑效应,左图为用具有显著散射特性的吸波材料制作的字母 F,右图为在 4.60 m 处良好聚焦后的实孔径成像结果,右图可以观测到显著的随机分布的颗粒状噪声现象(相干斑效应)。

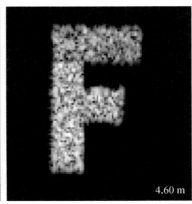

图 2-9
对漫反射物体的 350 GHz 成像实验(David M. Sheen, 2009)

2. 太赫兹频段的目标微动特性

太赫兹雷达探测目前的研究对象主要还是静止目标或者简单运动目标,对微动信息提取的研究还比较少。但分析表明,与微波雷达相比,太赫兹雷达频率较高,因此对微小的运动更敏感,可产生更明显的多普勒效应,从而为目标检测和识别提供一个额外维度的信息,是太赫兹目标特性的一个重要研究领域。

当目标或目标组成部分在径向相对雷达存在小幅非匀速运动或运动分量时,会在目标回波中产生多普勒频率的展宽或周期性变化,称之为微多普勒。微动是普遍存在的自然现象,例如导弹飞行过程中的进动和章动、车体振动、人体四肢的运动、雷达天线的转动等。微动目标的微多普勒特征可以反映出目标的电磁特性、几何结构和运动特征,为雷达目标特征提取和目标识别提供新的途径。在微波毫米波频段,目标微动特征和微多普勒的建模、分析和提取取得了诸多进展,从而使其成为目标识别的有效方法和重要补充手段。但是,太赫兹频段的目标微动特征出现了一些微波频段所没有的新现象和新问题,需要开发相应的微动目标特征提取方法。

太赫兹频率高,目标运动产生的多普勒特征更加明显,为微弱振动的观测提供了技术途径。最早的太赫兹微动研究是 1991 年美国佐治亚理工学院的 Robert W. McMillan 等通过一部 225 GHz 的脉冲相干雷达测得的,实验中测试了静止货车的引擎转动,履带车车体的运动、履带的转动等,证实了在太赫兹频段可以通过目标微小的多普勒特征,识别不同运动部件,通过多普勒分析雷达还准确给出了引擎的转速、履带的卷速等细节信息,如图 2-10 所示。图 2-11 为相同的目标微动在 X 波段和太赫兹频段差异性的直观示意。

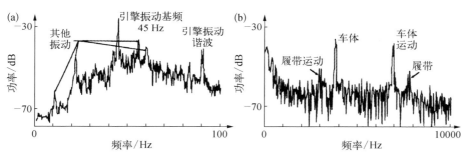

（a）引擎启动的货车的微多普勒谱和（b）低速运动时的履带车的微多普勒谱（Mcmillan R. W., 1991) 图 2-10

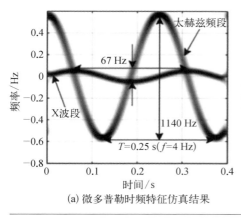

（a）微多普勒时频特征仿真结果

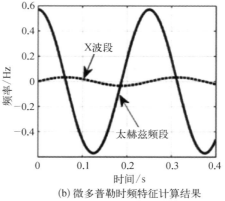

（b）微多普勒时频特征计算结果

图 2-11 太赫兹频段目标微多普勒与 X 波段的比较示意图（Li J, 2015)

太赫兹频段的微多普勒敏感特性有利于微弱微动信号分量的探测,可被用于人体微动特征提取研究,包括人体运动微动特征、人体生命微动特征等。图 2-12 为 228 GHz 太赫兹雷达系统对人体生命和运动信号进行探测的结果,经过对测试数据的处理,可以从回波信号时频分布中清晰地看出呼吸、心跳和身体其他部位的微多普勒特征,该实验也证实了可以利用太赫兹雷达进行人体生命信号探测和人体肢体运动信号探测。

太赫兹频段的微多普勒敏感性同时也会在一些方面给微动特征提取带来困难,如微多普勒混叠等,需要在实际应用中采用适当的方法解决。同时在太赫兹频段,由于目标表面粗糙度与波长可比拟,其对微动特征的影响不可忽略,等效散射中心的近似会失效,在微动时频分布上开始出现块状结构,这给目标微动特征提取带来了极大困难,但是如果能够解决这一难题并对其加以利用,就可以在研究中进行特征提取的同时反演出目标表面粗糙度。

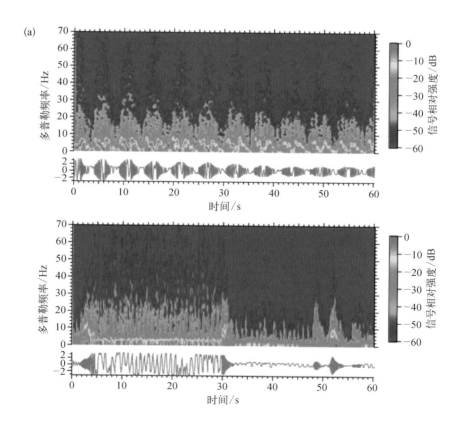

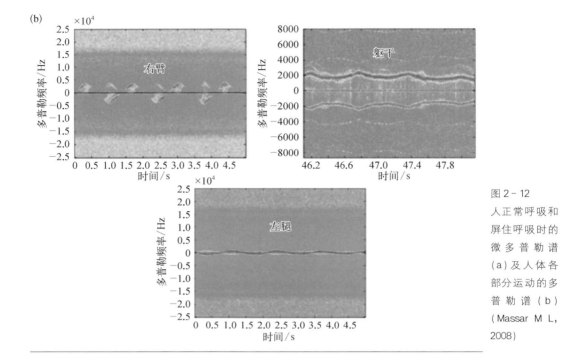

图 2 - 12
人正常呼吸和屏住呼吸时的微多普勒谱（a）及人体各部分运动的多普勒谱（b）
（Massar M L, 2008）

太赫兹频段的目标微动特性是一个有价值的研究领域,其未来应用领域包括：① 弱小微动特征提取,用于生命与步态探测、远程医疗以及产品质量控制等；② 非刚体目标的微动特征提取,用于直升机、行人等的检测和成像等。

3. 太赫兹波的穿透特性

本节主要从太赫兹波的大气传输特性和材料的穿透特性两方面对太赫兹波传输过程中的透射特性进行简单介绍。

（1）太赫兹波的大气传输衰减

在大气中传播时,太赫兹波相比微波来说,衰减更加严重,这也在很大程度上制约了太赫兹波,特别是高频段太赫兹波在大气层内的远程应用。图 2 - 13 给出了 1 THz 频率内不同天气条件下大气的衰减系数随频率的变化,其中各实线和虚线依次表示的天气条件为标准大气（STD）、冬季（Winter）、热和潮湿（HHH）、雾天（Fog）和雨天（Rain）。可以看到随着频率的升高,衰减整体呈现增加的趋势,且部分频段存在大气吸收峰和传输窗口,可根据实际应用的需求对雷达的工作频段进行选择。

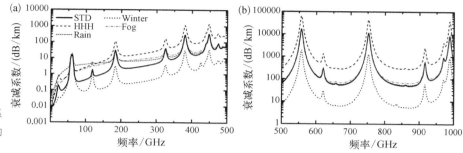

图 2 - 13
大气的衰减系数随频率的变化

（2）常见材料的太赫兹穿透特性

对于介质材料,表 2 - 1 列出了生活中常见的材料在 100 GHz、500 GHz 和 1 000 GHz 频率下的吸收率、反射率和透射率,材料的厚度均为 5 mm。可以看到,对于棉布、T 恤衫和皮革,频率为 100 GHz 时都有很好的穿透特性。皮肤的吸收率随着频率的升高而增加,厚度为 5 mm 的皮肤在太赫兹频段吸收率较高,透射率为 0,电磁辐射不能穿过身体。从表中可以看到,生活中的很多物质与皮肤的反射率在太赫兹频段都有着明显的差别。在 100 GHz 时,金属的反射率为 1,皮肤的反射率仅为 0.35,有着较大的吸收,而 5 mm 厚度的衣物的透射率在 0.9 以上。利用皮肤和其他物品的电磁性质差异可以区分它们,配合衣物的穿透性,即可实现人体隐藏危险品的探测,这是现今各种主动式人体安检设备的工作原理。

表 2 - 1
部分生活中常见的材料在太赫兹频段的电磁学性质
(Peiponen, 2012)

频率/GHz	吸收率			反射率			透射率		
	100	500	1 000	100	500	1 000	100	500	1 000
皮肤上的硝基高能化合物	0.76	0.95	0.94	0.24	0.05	0.06	0	0	0
金属	0	0	0	1	1	1	0	0	0
陶瓷	0	0	0	0.9	0.9	0.9	0	0	0
皮肤	0.65	0.91	0.93	0.35	0.09	0.07	0	0	0
棉布	0.09	0.49	0.85	0.01	0.01	0.05	0.9	0.5	0.1
T 恤衫	0.04	0.2	0.3	0	0	0.05	0.96	0.8	0.65
皮革							0.8	0.42	0.09

由于毫米波和太赫兹波可以透射很多非极性介质,利用这个特点可以将太赫兹波用于隐藏物品的成像。最初的毫米波成像系统是在 20 世纪 50 年代开发出来的。到 90 年代,35 GHz 和 90 GHz 的快速成像设备相继推出,而进入 21 世纪,由于安全检查的迫切需求,太赫兹成像系统由于其高分辨的特征而成为开发热点,在过去十多年里取得了重要突破,相关产品已逐步推出。

近些年伴随着雷达成像技术的发展,使用成像的方法来分析和理解太赫兹波的传播与散射现象成为一个重要途径,为散射特性测试提供了新途径。现代雷达成像技术可以获取目标的高分辨图像,可将目标从背景中区分开来,通过散射信息来区分不同目标,因此高分辨雷达图像广泛应用于目标识别、目标散射特性和目标特征获取等方面的研究,基于雷达成像技术的太赫兹频段目标特性研究将成为一个重要手段。

2.2　太赫兹雷达系统结构与参数论证

目前,太赫兹雷达从类型与结构的实现方式上可分为电子学方式、光学方式与准光方式三类。其中电子学太赫兹雷达主要包括全固态雷达与固态源加电真空放大雷达;光学太赫兹雷达主要包括时域雷达、远红外激光雷达、微波/太赫兹光子学雷达、QCL 雷达与相干焦平面雷达;准光太赫兹雷达的实现方式主要为利用电子学系统与光学雷达的光路结构混合实现的逐点扫描雷达和孔径编码雷达等。本书主要讨论电子学方式实现的全固态太赫兹雷达系统。

2.2.1　太赫兹雷达系统结构

常规雷达系统主要包括如下几个部分:天线、发射机、接收机、信号处理与显示系统,其中发射机通过混频、倍频等方式将信号源产生的信号调制成为雷达发射所需要的电磁波信号;天线将发射机产生的电磁波信号定向发射至自由空间中,并接收来自目标的反射信号,送至接收机进行处理;接收机将目标回波信号进行混频、解调,最终由信号处理系统利用基带信号的相位、幅度等信息完成对目标各项指标的测量或成像,并在显示系统中进行显示。

对于太赫兹雷达而言,由于太赫兹信号频率较高,通常需要经过多次倍频或混频将基带信号调制到太赫兹频段,所以太赫兹雷达系统的发射机一般由波形产生器、倍频器、混频器组成;此外,为了得到更高的距离分辨力,太赫兹雷达系统发射信号带宽通常较高,一般可达 10 GHz,甚至几十吉赫兹。对于这种大带宽信号,目前没有足够高采样率的 AD 芯片能满足波形全采的要求,所以一般的太赫兹雷达接收机均采用零中频或超外差的接收方式,将宽带太赫兹信号进行去调频处理,变频为频率较低、带宽较窄的差拍信号,最终由 AD 芯片采集为数字信号进行信号处理。在采集到的差拍信号中,目标的距离信息转化为差拍信号的频率,回波的强度信息转化为差拍信号的振幅。

按照雷达信号回波的接收与采集方式,雷达系统通常可分为基于零中频接收机的太赫兹雷达系统和基于超外差接收机的太赫兹雷达系统,下面将对这两种雷达系统结构进行讨论。

1. 基于零中频接收机的太赫兹雷达系统

在常规零中频接收式雷达系统结构的基础上,将发射信号频率提高至太赫兹频段,可得到相应的基于零中频接收机的太赫兹雷达系统结构。

（1）发射机结构

对于基于零中频接收机的太赫兹雷达系统而言,其发射机主要包括三个部分:频率调制器、频率综合器和倍频放大链路。频率调制器根据系统需求输出线性调频(Linear Frequency Modulation,LFM)、脉冲调制或相位调制等不同的调制信号;频率综合器利用石英晶体振荡器产生频率稳定的连续波信号,与频率调制器产生的调制信号进行混频,产生倍频放大链路所需的前级信号,之后经过倍频放大链路产生太赫兹信号,经天线辐射至自由空间,如图 2 - 14 所示。

在很多基于零中频接收机的太赫兹雷达系统中,发射机倍频放大链路中最后一级倍频器常采用二倍频器,这是由于在该类型的太赫兹雷达接收机前端采用了二次谐波混频器,为了能够获得雷达回波的基带信号,则输入混频器的本振信号频率应为射频信号的二分之一。

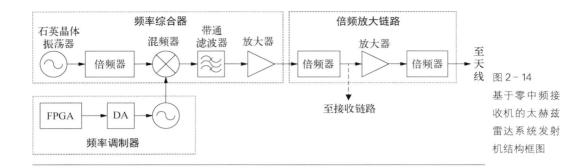

图2-14
基于零中频接收机的太赫兹雷达系统发射机结构框图

（2）接收机结构

基于零中频接收机的太赫兹雷达系统接收机根据所选用的第一级混频器的不同，可分为两种，如图2-15所示。

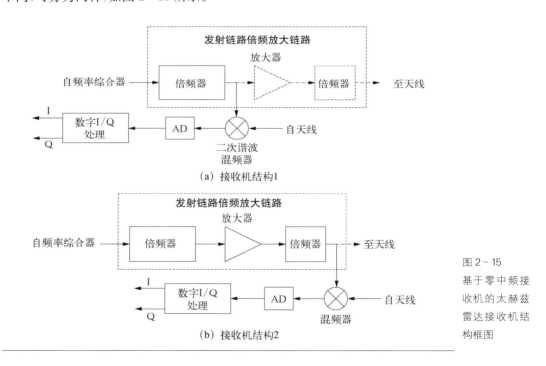

（a）接收机结构1

（b）接收机结构2

图2-15
基于零中频接收机的太赫兹雷达接收机结构框图

图2-15中两种接收机的主要区别在于所使用的第一级混频器不同，图2-15(a)中所使用的是二次谐波混频器，所以输入混频器的本振信号由发射链路倍频放大链路中最后一级倍频器之前的信号引出；图2-15(b)中未使用二次谐波混频器，其本振信号与射频信号的频率相同，所以由最后一级倍频器之后

引出。最终混频器输出的零中频信号经由 AD 芯片采样之后,进入数字信号处理模块,与数字控制振荡器(Numberically Controlled Oscillator,NCO)提供的数字信号混频并经 FIR 滤波器滤波之后,输出 I/Q 两路信号。

该类型的接收机可以实现相干接收,方案较为简单,节约了软硬件开销。

(3)基于零中频接收机的太赫兹雷达系统总体结构

基于零中频接收机的太赫兹雷达系统总体结构如图 2-16 所示。

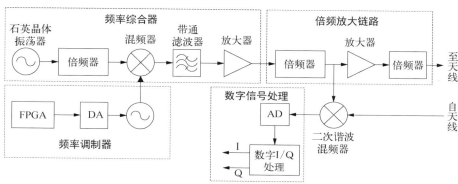

图 2-16 基于零中频接收机的太赫兹雷达系统总体结构框图

频率调制器基带信号与经过倍频的石英晶体振荡器信号混频,通过带通滤波器之后得到所需要的中频信号,再通过发射链路将信号倍频至太赫兹频段,然后至天线发射;接收天线将太赫兹目标回波接收,并与由发射链路经功分器和耦合器分配后提供的本振信号进行混频,输出零中频信号。之后,经过 AD 模块数字化的信号与 NCO 混频,得到 I/Q 信号供后续应用。

这种结构的太赫兹雷达系统中,具有一个频率调制器和一个频率综合器,这两者共同构成了该类系统的频率源,所以基于零中频接收机的太赫兹雷达系统也被称为单频率源驱动的太赫兹雷达系统。

2. 基于超外差接收机的太赫兹雷达系统

在现有的技术水平下,太赫兹频率源的功率较低,倍频器、混频器等关键器件的损耗较大,单个频率源产生的信号在经过多次倍频之后,虽然可以产生频率较高的太赫兹信号,但是其功率无法同时驱动发射链路和接收链路,所以在设计工作频率较高的太赫兹雷达系统时,通常可考虑使用两个频率源分别驱动发射链路和接收链路,这类太赫兹雷达系统通常采用了超外差接收机对回波信号进行接收。

(1)发射机结构

目前,太赫兹雷达系统常用线性调频信号。实际应用时,压控振荡器(Voltage Controlled Oscillator,VCO)、直接数字合成器(Direct Digital Synthesis,DDS)与锁相环(Phase-Lock Loop,PLL)合成器这三种方式使用较多。无论采用 VCO 或 DDS、PLL 作为基带调制信号源,基于超外差接收机的太赫兹雷达系统发射机结构均可由图 2-17 实现。

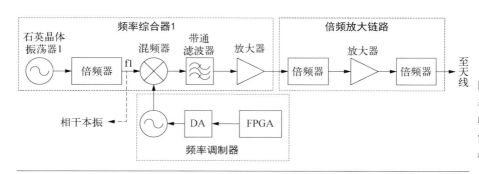

图 2-17 基于超外差接收机的太赫兹雷达系统发射机结构框图

与图 2-14 不同之处在于,基于超外差接收机的太赫兹雷达系统发射机中的频率综合器与接收机采用的是不同频率的石英晶体振荡器。

(2)接收机结构

在太赫兹雷达系统中,由于发射信号频率高、带宽大,不能使用 AD 芯片对回波信号直接进行采样处理,所以通常采用具有超外差结构的接收机,并且先将信号降到零中频。

基于超外差接收机的太赫兹雷达系统接收机结构如图 2-18 所示。频率综合器 2 中的连续波信号和频率调制器生成的信号通过混频器、带通滤波器、放大器,传至接收链路,再通过倍频器和放大器后得到第一级本振。射频信号和第一级本振通过混频器混频,得到中频信号。中频信号与相干本振信号通过二级混频器后得到零中频基带信号,最终由 AD 芯片转换为数字信号以供后续处理。

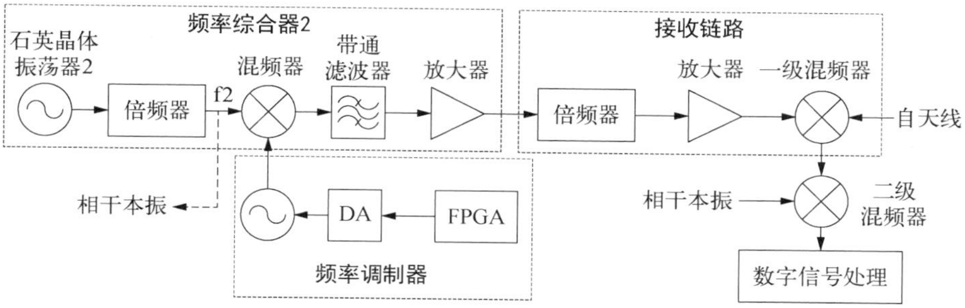

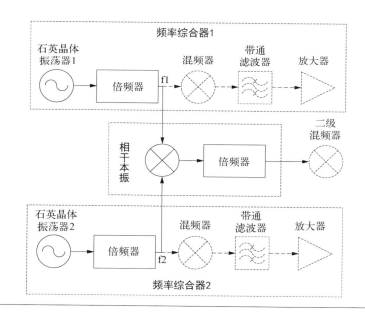

图 2-18
基于超外差接
收机的太赫兹
雷达系统接收
机结构框图

相干本振信号的产生如图 2-19 所示。

图 2-19
基于超外差接
收机的太赫兹
雷达系统相干
本振结构框图

（3）基于超外差接收机的太赫兹雷达系统总体结构

基于超外差接收机的太赫兹雷达系统总体结构如图 2-20 所示。该雷达系统主要由频率综合器、频率调制器、相干本振、发射链路、接收链路和数字信号处理几个部分组成。在频率综合器中，使用稳定点频源 f1 驱动发射链路，使用稳定点频源 f2 驱动接收链路。调制信号源与两个点频源进行混频后，分别被送至发射链路和接收链路。发射链路和接收链路通过多级倍频和功率放大器将信号倍频放大至太赫兹频段。

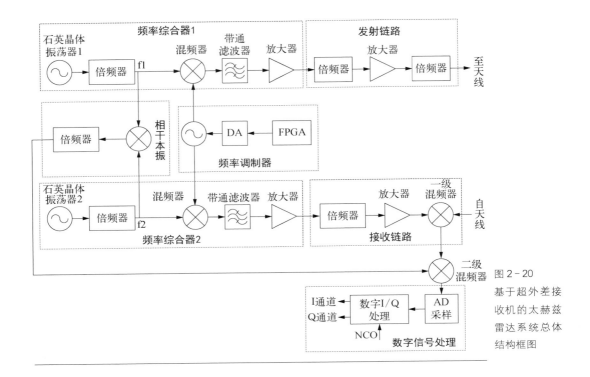

图 2 - 20
基于超外差接收机的太赫兹雷达系统总体结构框图

这种结构的太赫兹雷达系统中,具有两个工作于不同频率的频率综合器,分别与同一个调制频率源的信号进行混频,并分别驱动了发射倍频链路与接收倍频链路,所以基于超外差接收机的太赫兹雷达系统也被称为双频率源驱动的太赫兹雷达系统。

2.2.2 太赫兹雷达系统参数论证

在设计一个太赫兹雷达系统之前,首先需要根据雷达的应用场景和需求对雷达系统的主要参数进行相应的分析与论证,这其中包括雷达工作频率、体制、作用距离以及发射功率等。

1. 雷达工作频率

水蒸气和氧气会使太赫兹波严重衰减。其中水分对于太赫兹波的衰减最高可达 100 dB/km 以上,如图 2 - 21 所示。

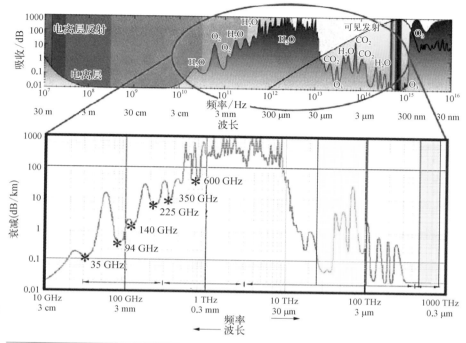

图 2-21
太赫兹频段大
气吸收曲线

由图 2-21 可以看出,在 600 GHz 以下的太赫兹频段,其大气衰减相对较小,约为 5～6 dB/km。同时,由于高海拔地区的大气水分含量较低,太赫兹波的大气衰减也将较小。比如,对于 220 GHz 的电磁波,在海拔 0.1 km 处,其大气衰减系数为 4.8 dB/km,而在 7 km 的高空,其大气衰减系数为 0.06 dB/km。

根据太赫兹雷达的应用场景和大气吸收特性,可以选择不同的频段对太赫兹雷达进行实现。如果对距离分辨力有较高要求,并且应用场景中的大气吸收较低,如空对空雷达、天基雷达以及临近空间雷达等,可考虑选取 600 GHz 附近的发射频率;对于地面远距离探测雷达,应考虑使用较低频段的太赫兹波;对于近场探测的太赫兹雷达,由于其探测距离较近,大气衰减对其探测性能的影响较小,所以在选择信号频段时,主要应考虑距离分辨力和探测效率等因素的影响。

根据国际电信联盟关于无线电传播的相关文献(ITU-R P.676-5),大气衰减(dB/km)可由式(2-13)给出

$$\gamma = \gamma_{\text{o}} + \gamma_{\text{w}} = 0.182\,0f\,N''_{\text{w}}(f) \tag{2-13}$$

式中，γ_{o} 与 γ_{w} 分别为干燥空气和水汽分别引起的衰减，dB/km；f 为频率，GHz；$N''_{\text{w}}(f)$ 为与频率有关的复折射率的虚部。

$$N''(f) = \sum_i S_i F_i + N''_D(f) + N''_{\text{w}}(f) \tag{2-14}$$

式中，S_i 为第 i 条氧气或水汽吸收谱线强度；F_i 为第 i 条氧气或水汽吸收谱线形状因子；$N''_D(f)$ 为由大气压造成的氮气吸收及 Debye 频谱产生的干空气连续吸收谱。

其曲线如图 2-22 所示。结合图中大气衰减曲线，可选择适合系统使用环境的频率。

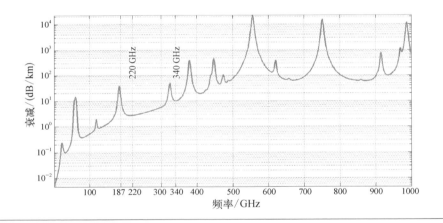

图 2-22
电磁波大气衰
减曲线

2. 雷达信号体制

常用的雷达信号体制从信号的调制上可分为频率调制信号、相位调制信号和幅度调制信号；从时间的调制上可分为脉冲信号和连续波信号。在太赫兹雷达的应用中，主要采用调频连续波或调频脉冲信号两种。这种信号体制对信号的频率进行调制，从而获取目标的距离与速度信息。对于信号的频率调制可采用多种方式，最常用的是线性调频和正弦调频，其中线性调频得到了广泛关注。

线性调频信号配合不同的时间调制方式，可分为线性调频连续波信号、脉内线性调频脉冲信号以及步进频脉冲信号。这些信号体制仅仅在后续的信号处理

方式上有所不同,其均具有高距离分辨力、低发射功率、高接收灵敏度等优点,可概括为如下三点:

（1）线性调频调制易通过固态发射机实现。无论是连续波信号还是脉冲调制信号,均可以通过基带 DDS、VCO 实现频率的快速变换,从而实现线性调频。

（2）线性调频体制系统中可以通过快速傅里叶变换(Fast Fourier Transform,FFT)来提取距离信息。

（3）太赫兹线性调频体制信号具有高带宽的特性,所以很难用传统的干扰手段对其进行干扰。

以脉内线性调频脉冲信号为例,雷达发射与接收的时序图如图 2-23 所示。图中,f_t 为线性调频信号的上升频率,f_r 为线性调频信号的下降频率,B 为带宽,$\tau(t)$ 为目标回波延时,T 为信号周期,Δf 为差频,T_t 为线性调频信号的上升时间。

图 2-23
脉内线性调频脉冲信号时序图

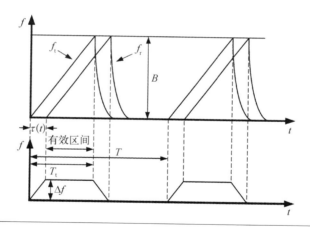

该体制的雷达又被称为差拍-傅里叶体制,因为它通过测量发射信号与接收信号之间的差拍频率来测量距离。该体制降低了采样带宽,使得接收机处理接收到的信号更容易。

3. 雷达发射功率与作用距离

雷达的发射功率,可根据雷达方程计算得到

$$P_{ave} = \frac{2(4\pi)^3 R^3 kFT_0 \upsilon l_s l_a}{G_t G_r \lambda^3 \sigma_0 \delta_{gr}} \cdot SNR \qquad (2-15)$$

式中，P_{ave} 为发射机平均功率；R 为作用距离；k 为玻耳兹曼常数；F 为接收机噪声系数；T_0 为接收机温度；υ 为平台速度；l_s 为系统损耗；l_a 为大气损耗；G_t、G_r 分别为收、发天线增益；λ 为发射信号波长；σ_0 为归一化截面积；δ_{gr} 为地面分辨力；SNR 为信号噪声比。

雷达作用距离可根据式（2-15）及相关参数进行估算。当然，在实际设计过程中，雷达发射功率的估算要根据雷达功能、体积功耗限制条件进行合理设计。

2.3 太赫兹雷达信号处理

2.3.1 太赫兹宽带信号产生与处理

太赫兹雷达的主要优势就是其可达到毫米级的距离分辨力，对于发射简单单频矩形脉冲信号的雷达来说，距离分辨力主要取决于脉冲宽度 τ，此时，距离向分辨力 ρ_r 可表示为

$$\rho_r = \frac{c}{2}\tau \qquad (2-16)$$

式中，c 为光速。

而对于采用脉冲调制信号进行目标探测的雷达，可以采用发射高瞬时带宽的宽带脉冲信号，以获取更高的距离向分辨力。在太赫兹雷达系统中，雷达发射机通常采用脉内线性调频信号或步进频信号提高工作宽带，以保证大脉宽条件下的高距离分辨力。参照前述太赫兹雷达架构，发射链路一般会对基带的宽带调频或步进频信号进行多次倍频，从而进一步增加信号带宽，并在接收端完成脉冲压缩，获得高的距离分辨力。其距离向分辨力由宽带决定。

$$\rho_r = \frac{c}{2}\frac{1}{B} \qquad (2-17)$$

式中，B 为带宽。

太赫兹雷达对于大带宽的发射信号多采用去调频的方式。如图 2-24(a)所示是一个典型的太赫兹雷达去调频过程。不同距离目标的去调频过程有着不同的混频时间长度。图中，T_x 为发射的调频过程。

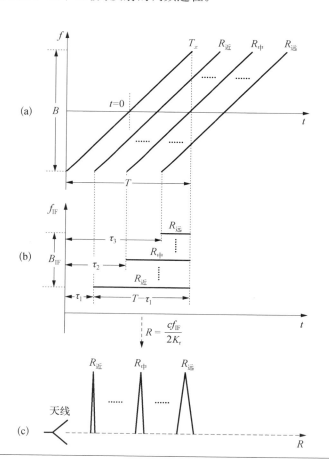

图 2-24
太赫兹雷达去
调频处理

作用距离 R 与去调频后的信号频率 f_{IF} 的关系为

$$R = \frac{cf_{IF}}{2K_r} \qquad (2-18)$$

式中，c 为光速；K_r 为发射信号的调频斜率。由此可得去调频处理后的距离向分辨力为

$$\rho_r = \frac{c}{2}\frac{\Delta f}{K_r} = \frac{c}{2}\frac{1}{K_r(T-\tau)} \qquad (2-19)$$

式中，Δf 为频率分辨力；T 为脉冲调频时间。不同目标往返时间延迟不同，距离向分辨力会稍有差异。

2.3.2 太赫兹雷达杂波特性建模

1. 太赫兹雷达杂波模型

杂波为雷达信号中的干扰成分，根据不同的观测目标和观测环境，杂波的产生原理也有所不同：在对地探测和对海探测中，感兴趣的目标通常为车辆、舰船、建筑等人造目标，此时的干扰信号主要为地面、海洋、建筑物与雷达发射信号相互作用后产生的回波信号；而在对空探测应用中，感兴趣的目标通常为飞行器，此时没有其他环境因素的回波信号，所以此时的干扰信号主要为接收机噪声。对于不同类型的杂波，由于其特征不同，需要使用不同的检波器或者检测算法将其与目标信号进行区分，此时就需要对不同类型的杂波进行建模。同时，对于太赫兹雷达而言，地面、海面和建筑物均为复杂的大目标，其回波与雷达参数、电磁波入射角度等因素密切相关，具有高可变性，所以通常使用概率密度函数或者概率分布对杂波的统计特性进行建模。对于不同情况下的地杂波与海杂波，可以用以下几种常用的分布模型表征杂波单位横截面积 σ^0 的起伏。

（1）高斯/瑞利分布

对于早期的雷达系统，由于其工作频率与距离分辨力较低，单个距离单元中的散射点数量非常大，并且散射点之间的回波幅度没有显著的差别，回波满足中心极限定理。在这种情况下，地物杂波的统计特性服从高斯模型，其概率密度函数为

$$f(x;\mu,\sigma) = \frac{1}{\sqrt{2\pi}\sigma}\exp\left[-\frac{(x-\mu)^2}{2\sigma^2}\right] \qquad (2-20)$$

式中，σ 为样本 x 的标准差；μ 为均值。对于均值为零的高斯噪声，即高斯白噪

声,其功率可以用方差 σ^2 表示。

高斯噪声的概率密度函数结构简单,参数可以很便捷地从样本中估计得到,它是雷达目标检测中最基础的噪声模型。所以在早期的目标检测算法研究中,常使用这种噪声模型。同时,杂波的包络满足瑞利分布模型,其概率密度函数为

$$f(x\,;\,\sigma) = \frac{x}{\sigma^2}\exp\left(-\frac{x^2}{2\sigma^2}\right)\,,\ x \geqslant 0 \qquad (2-21)$$

式中,σ 为高斯分布的标准差,在瑞利模型中被称为尺度因子。

雷达技术的不断发展使得单个距离单元内的散射点类型和数量发生了变化,回波亦变成具有长拖尾的统计模型。

(2)对数-正态分布

对于雷达照射区域中包含大量散射体,且各散射体的回波能量相当的情况,瑞利模型可以很好地描述杂波的幅度统计特性。但是当分辨单元的尺寸或掠射角很小时,高散射能量的散射体更多,杂波的统计特征不再满足瑞利模型。对于这种情况,研究者们提出了对数-正态分布模型,其概率密度函数为

$$f(x\,;\,\mu,\,\sigma) = \frac{1}{\sqrt{2\pi}\sigma x}\exp\left[-\frac{(\ln x - \mu)^2}{2\sigma^2}\right]\,,\ x \geqslant 0 \qquad (2-22)$$

式中,σ 为 $\ln x$ 的标准差,也被称为形状参数;μ 为 $\ln x$ 的均值,也被称为尺度参数。对数-正态分布与正态分布之间可以快速转换,即如果随机量 X 服从对数正态分布,则随机量 $Y = \ln X$ 服从正态分布。

(3)韦布尔分布

韦布尔分布是由瑞典物理学家 Waloddi Weibull 于 1939 年提出的一个用于可靠性分析及寿命检验的基础模型,当高分辨力雷达近距离照射时,可用于描述杂波的幅度统计特性。与对数正态分布和瑞利分布相比,韦布尔分布能够适应更多情况下的杂波特性,其概率密度函数为

$$f(x\,;\,k,\,\lambda) = \frac{k}{\lambda}\left(\frac{x}{\lambda}\right)^{k-1}\exp\left[-\left(\frac{x}{\lambda}\right)^k\right]\,,\ x \geqslant 0 \qquad (2-23)$$

式中，k 为形状参数，λ 为尺度参数，并且 $k > 0$，$\lambda > 0$。通过改变参数的值，韦布尔分布可以趋近于其他的分布模型，如当 $k = 1$ 时，韦布尔分布的概率密度函数就成为了指数分布模型；当 $k = 2$，$\lambda = \sqrt{2}/\sigma$ 时，其又成了瑞利分布模型。

（4）K 分布

与韦布尔分布类似，K 分布的统计矩处于瑞利分布与对数正态分布之间，可以较好地描述海杂波和地杂波的分布特性，但大多数时候都被应用于海杂波的特性研究中，其概率密度函数为

$$f(x \,;\, \alpha, \, b) = \frac{2b}{\Gamma(x)} \left(\frac{bx}{2} \right)^{\alpha} K_{\alpha-1}(bx) \qquad (2-24)$$

式中，b 为仅与杂波单位横截面积的平均值 σ^0 相关的尺度参数；α 为形状参数，它依赖于平均值相关的更高阶矩；$K_{\alpha-1}(z)$ 为修正的第二类贝塞尔函数。

对于海杂波而言，K 分布的两个分量中，其中一个为快速变化分量，可通过频率捷变的方法将其在脉冲间去相关，并且其统计特性可以用瑞利分布描述。另一个分量有更长的去相关时间，不受频率捷变的影响，可以用 Gamma 分布描述。因此，K 分布模型可以看作是由一个服从瑞利分布的快速变化分量和一个服从 Gamma 分布的慢变化分量组成。

（5）其他分布模型

根据雷达应用场景的不同，其他用于描述杂波统计特性的分布模型还包括广义高斯瑞利分布模型、Rice 模型、G0 分布模型等具有长拖尾的概率分布模型。从形状上看，这些分布模型的概率密度函数都是指数分布模型到瑞利分布模型的过渡过程。事实上，随着参数的变化，这几种模型都可以无线逼近指数分布模型或者瑞利分布模型。

2. MoLC 参数估计方法

由于概率密度函数的特征函数和二次特征函数均可以通过概率密度函数的傅里叶变换得到，所以在传统的统计建模中，常使用傅里叶变换对随机变量的概率密度函数进行分析。例如，X 是一个随机量，其概率密度函数为 $f_X(u)$，则特

征函数 $\Phi_X(v)$ 可表示为 $f_X(u)$ 的傅里叶变换,即

$$\Phi_X(v) = \int_{-\infty}^{+\infty} f_X(u) \exp(jvu) \mathrm{d}u \qquad (2-25)$$

二次特征函数定义为特征函数的对数,可表示为

$$\Psi_X(v) = \ln[\Phi_X(v)] \qquad (2-26)$$

通过傅里叶变换的性质不难发现,其 n 阶矩可以通过对特征函数求导得到,即

$$m_n = \int_{-\infty}^{+\infty} u^n f_X(u) \mathrm{d}u = (-j)^n \left. \frac{\mathrm{d}^n \Phi_X(v)}{\mathrm{d}v^n} \right|_{v=0} \qquad (2-27)$$

同时,n 阶矩积累量可以通过对二次特征函数求导得到

$$\kappa_n = (-j)^n \left. \frac{\mathrm{d}^n \Psi_X(v)}{\mathrm{d}v^n} \right|_{v=0} \qquad (2-28)$$

在对雷达杂波幅度统计特性的分析中,由于回波幅度均为正实数域的样本,而傅里叶变换是定义在整个实数域上的变换,常造成矩估计的结果有较大的偏差;而且对于某些特定的分布模型,很难计算其定义在正实数域上的特征函数,有些甚至根本不存在;虽然在统计理论中常使用自然对数变换将定义域转移到正实数域上,但是对于在对数尺度上的矩计算,需要对式(2-27)进行变量代换,增加了计算的复杂性。

对于样本量定义域正实数域的问题,可以采取 Mellin 变换代替传统矩估计方法中的傅里叶变换,由此得到第二类特征函数。令 X 为定义在正实数域的随机量,其概率密度函数为 $f_X(u)$,其中 $u \in \mathbb{R}^+$,则第二类特征函数定义为概率密度函数的 Mellin 变换,即

$$\phi_X(s) = \mathscr{M}[f_X(u)](s) = \int_0^{+\infty} f_X(u) u^{s-1} \mathrm{d}u \qquad (2-29)$$

当 s 定义域由两条平行于纵轴的直线所限定的区域内时,式(2-29)中的积分收敛,这个定义域可表示为

$$s = a + \mathrm{j}b, \ a \in (a_1, a_2) \quad b \in \mathbb{R} \tag{2-30}$$

由于 Mellin 变换存在逆变换,所以 a_1 可趋近于 $-\infty$,而 a_2 可趋近于 $+\infty$,此时,当已知第二类特征函数为 $\phi_X(s)$ 时,其概率密度函数为

$$f_X(u) = \frac{1}{2\pi\mathrm{j}} \int_{c-\mathrm{j}\infty}^{c+\mathrm{j}\infty} u^{-s} \phi_X(s) \mathrm{d}s \tag{2-31}$$

式中,c 为定义域边界以内的数,即 $c \in (a_1, a_2)$。

由第二类特征函数得到的第二类矩可表示为

$$\widetilde{m}_v = \frac{\mathrm{d}^v \phi_X(s)}{\mathrm{d}s^v} \bigg|_{s=1} \tag{2-23}$$

由于 Mellin 变换具有以下性质

$$\mathscr{M}\big[f(u)(\ln u)^v\big](s) = \frac{\mathrm{d}^v \mathscr{M}\big[f(u)\big](s)}{\mathrm{d}s^v} \tag{2-33}$$

所以,第二类矩也可以被表示为如下方式

$$\widetilde{m}_v = \frac{\mathrm{d}^v \phi_X(s)}{\mathrm{d}s^v} \bigg|_{s=1} = \int_0^{+\infty} (\ln u)^v f_X(u) \mathrm{d}u \tag{2-34}$$

从式(2-34)可以看到,第二类矩实际上是求原随机变量对数的矩,所以第二类矩也可以被称作对数矩(Log-Moments),对式(2-29)求对数则可以得到第二类二次特征函数

$$\psi_X(s) = \ln\big[\phi_X(s)\big] \tag{2-35}$$

则可以得到第二类积累量为

$$\widetilde{\kappa}_n = \frac{\mathrm{d}^n \psi_X(s)}{\mathrm{d}s^n} \bigg|_{s=1} \tag{2-36}$$

与第一类积累量相同,第二类积累量也是通过对第二类二次特征函数进行求导得到的,对数矩与第二类二次特征函数的关系和第一类矩与第一类积累量的关系相同,如

$$\widetilde{\kappa}_1 = \widetilde{m}_1$$

$$\widetilde{\kappa}_2 = \widetilde{m}_2 - \widetilde{m}_1^2$$

$$\widetilde{\kappa}_3 = \widetilde{m}_3 - 3\widetilde{m}_1\widetilde{m}_2 + 2\widetilde{m}_1^3 \tag{2-37}$$

与对数矩类似的,第二类积累量也可以被称作对数积累量。根据对数累积量参数估计方法(Method-of-Log-Cumulant,MoLC),各种常用分布模型的 MoLC 估计量列于表 2-2 中。

杂 波 模 型	MoLC 估计量
瑞利分布模型	$\widetilde{\kappa}_1 = \ln(\sigma) + \dfrac{1}{2}\Psi(1)$
Gamma 分布模型	$\widetilde{\kappa}_1 = \ln(\mu) + \Psi(L) - \ln(L),\ \widetilde{\kappa}_2 = \Psi(1, L)$
对数正态分布模型	$\widetilde{\kappa}_1 = \mu,\ \widetilde{\kappa}_2 = \sigma^2$
韦布尔分布模型	$\widetilde{\kappa}_1 = \ln\lambda + \dfrac{\Psi(0, 1)}{\lambda},\ \widetilde{\kappa}_2 = \dfrac{\Psi(1, 1)}{\lambda^2}$
K - root 分布模型	$2\widetilde{\kappa}_1 = \Psi(v) + \Psi(L) + \ln\mu L,\ 4\widetilde{\kappa}_2 = \Psi(1, v) + \Psi(1, L)$ $8\widetilde{\kappa}_3 = \Psi(2, v) + \Psi(2, L)$
G0 分布模型	$2\widetilde{\kappa}_1 = \ln\gamma/L + \Psi(L) - \Psi(-\alpha)$ $2^i\widetilde{\kappa}_i = \Psi(i-1, L) + (-1)^i\Psi(i-1, -\alpha),\ i = 2, 3, \cdots$

其中,$\Psi(x)$ 为双 Gamma 函数(Digamma Function),可表示为

$$\Psi(x) = \frac{\mathrm{d}\ln[\Gamma(x)]}{\mathrm{d}x} = \frac{\mathrm{d}\Gamma(x)/\mathrm{d}x}{\Gamma(x)} \tag{2-38}$$

$\Psi(r, x)$ 表示第 r 阶多 Gamma 函数(Poly Gamma Function),其表达式为

$$\Psi(r, x) = \frac{\mathrm{d}^r\Psi(x)}{\mathrm{d}x^r} = \frac{\mathrm{d}^{r+1}\ln[\Gamma(x)]}{\mathrm{d}x^{r+1}} \tag{2-39}$$

2.3.3 太赫兹雷达目标检测方法

雷达的主要作用是对环境中可能存在的潜在目标进行有效的探测,主要使用的信号处理方法就是目标检测算法。雷达目标检测算法的研究从固定门限检测到恒虚警检测,从针对点目标的检测算法到扩展目标检测算法,逐步提高了检

测器的检测性能与检测效率,并发展出一整套基于统计学的检测理论。

1. 固定门限检测算法

固定门限检测算法的核心在于通过已知的杂波分布特性和预先设定的虚警概率推算门限值 T,并在整个检测过程中保持 T 恒定。令雷达回波中仅存在干扰时为 H_0,回波中同时存在干扰和目标回波时为 H_1。 则对于目标回波样本 $\boldsymbol{x} = [x_1, x_2, \cdots, x_N]^T$,目标不存在时其概率密度函数为 $p_{\boldsymbol{x}}(\boldsymbol{x} \mid H_0)$,目标存在时其概率密度函数为 $p_{\boldsymbol{x}}(\boldsymbol{x} \mid H_1)$。 由于所设定的门限为 T,那么检测概率 P_d 和虚警概率 P_{fa} 可以分别表示为

$$P_d = \int_T^{+\infty} p_{\boldsymbol{x}}(\boldsymbol{x} \mid H_1) \mathrm{d}x$$

$$P_{fa} = \int_T^{+\infty} p_{\boldsymbol{x}}(\boldsymbol{x} \mid H_0) \mathrm{d}x$$

$$(2-40)$$

根据 Neyman-Pearson 准则,在保证虚警概率 P_{fa} 低于容忍值 α 的条件下,为了使得检测概率 P_d 达到最大,则需要对门限值 T 进行选择。将上述问题转化为最优化问题,并建立拉格朗日乘子方程可得

$$F = P_d + \lambda(P_{fa} - \alpha) \qquad (2-41)$$

将式(2-40)代入式(2-41)中可得

$$F = \int_T^{+\infty} p_{\boldsymbol{x}}(\boldsymbol{x} \mid H_1) \mathrm{d}\boldsymbol{x} + \lambda \left(\int_T^{+\infty} p_{\boldsymbol{x}}(\boldsymbol{x} \mid H_0) \mathrm{d}\boldsymbol{x} - \alpha \right)$$

$$= -\lambda\alpha + \int_T^{+\infty} [p_{\boldsymbol{x}}(\boldsymbol{x} \mid H_1) + \lambda p_{\boldsymbol{x}}(\boldsymbol{x} \mid H_0)] \mathrm{d}\boldsymbol{x}$$

$$(2-42)$$

由于式(2-42)中 $-\lambda\alpha$ 与门限值 T 无关,所以要使得 F 最大,需要所选择的 T 应使得积分内的值最大,即当 $x \geqslant T$ 时,有 $p_{\boldsymbol{x}}(\boldsymbol{x} \mid H_1) + \lambda p_{\boldsymbol{x}}(\boldsymbol{x} \mid H_0) > 0$,则可推导出决策准则为

$$\frac{p_{\boldsymbol{x}}(\boldsymbol{x} \mid H_1)}{p_{\boldsymbol{x}}(\boldsymbol{x} \mid H_0)} \underset{H_0}{\overset{H_1}{\gtrless}} -\lambda \qquad (2-43)$$

式(2-43)即为似然比检验(Likelihood Ratio Test,LRT),对其两边同时取

自然对数，并令 $\Lambda(\boldsymbol{x}) = p_x(\boldsymbol{x} \mid H_1)/p_x(\boldsymbol{x} \mid H_0)$，$\eta = -\lambda$，可得对数似然比为

$$\ln \Lambda(\boldsymbol{x}) \underset{H_0}{\overset{H_1}{\gtrless}} \ln \eta \qquad (2-44)$$

在很多实际应用情况下，可以将对数似然比的具体形式进行整理，将其中包含数据 $\boldsymbol{x}$ 的项整理在一起从而形成对数据的充分估计，用 $\Upsilon(\boldsymbol{x})$ 表示，经过整理之后的式(2-44)可重新写成

$$\Upsilon(\boldsymbol{x}) \underset{H_0}{\overset{H_1}{\gtrless}} T \qquad (2-45)$$

由于 $\Lambda(\boldsymbol{x})$ 和 $\Upsilon(\boldsymbol{x})$ 由样本数据 $\boldsymbol{x}$ 决定，所以它们也是随机变量，在对门限 η 和 T 进行求解时，直接用它们代替样本数据代入虚警概率的表达式中即可，即

$$P_{\text{fa}} = \int_{\eta = -\lambda}^{+\infty} p_{\Lambda}(\Lambda \mid H_0) \mathrm{d}\Lambda = \alpha$$
$$\qquad (2-46)$$
$$P_{\text{fa}} = \int_{T}^{+\infty} p_{\Upsilon}(\Upsilon \mid H_0) \mathrm{d}\Upsilon = \alpha$$

在实际应用中，对于已知的杂波和干扰分布模型，可以通过式(2-46)推导得出具体的门限值。

在实际的雷达探测应用中，由于干扰功率的波动通常非常剧烈，其最大值有可能会超过一些回波能量较小的目标，如果在检测过程中一直保持检测门限不变，则会导致虚警率增加或者检测率降低的问题出现。

典型的固定门限检测仿真示例如图 2-25 所示，其中噪声的平均功率约为 0.5 dBm，4 个点目标分别位于距离目标 2 m、4 m、6 m 和 8 m 的位置，当使用固定检测门限为 1 dBm 进行检测时，会造成目标 1 的漏检，检测率降低；另一方面，如果降低检测门限，则噪声的波动将会大大提高虚警概率。

实际上，在使用固定门限进行检测时，对于干扰功率为 σ_0^2 的情况，其虚警概率为

$$P_{\text{fa0}} = \frac{1}{2} - \frac{1}{2} \operatorname{erf}\left(\frac{T}{\sqrt{2N}\sigma_0}\right) \qquad (2-47)$$

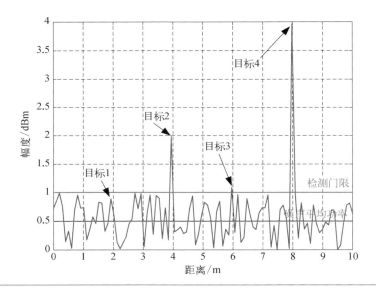

图 2 - 25
固定门限检测
仿真示意图

并且门限值为

$$T = \sqrt{2N}\,\sigma_0\,\mathrm{erfc}^{-1}(2P_{\mathrm{fa0}}) \tag{2-48}$$

假设实际干扰功率为 σ^2，而预设的固定门限仍然使用在干扰功率为 σ_0^2 时计算得到的门限大小，则此时的虚警概率为

$$P_{\mathrm{fa}} = \frac{1}{2} - \frac{1}{2}\mathrm{erf}\left[\frac{\sigma_0\,\mathrm{erfc}^{-1}(2P_{\mathrm{fa0}})}{\sigma}\right] \tag{2-49}$$

在不同的虚警概率设计下的虚警概率增量变化因子 $P_{\mathrm{fa0}}/P_{\mathrm{fa}}$ 的变化曲线如图 2 - 26 所示。由图可见，即使噪声功率只提高 2 dB，对于预期虚警概率为 10^{-8} 的情况，实际虚警将提高接近 10^8 倍，即使对于较高的预期虚警概率 10^{-3}，也将提高将近 10^3，而此时的虚警概率已经接近于 1 了。很明显，在固定门限检测中，很小的干扰功率变化就会对雷达检测性能造成巨大的影响。

所以，为了获得稳定的检测性能，通常在雷达系统的设计中，都使用恒定的虚警概率。为此，需不断从实测数据中获取实际的干扰噪声功率，以调整雷达检测门限，以获得所期望的虚警概率，这种处理方式被称为恒虚警率（Constant False-Alarm Rate，CFAR）检测算法，或自适应门限检测算法。

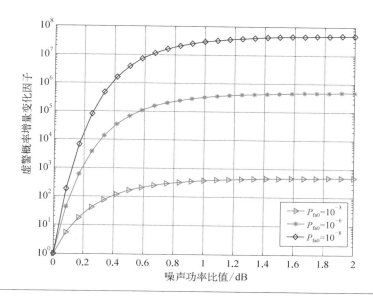

图 2 - 26
固定门限条件
下虚警概率增
量变化因子的
变化曲线

2. 恒虚警率检测算法

根据对参考单元中干扰功率的估计方式不同,CFAR 检测器可划分为空间域 CFAR 检测器和时域 CFAR 检测器两种。空间域 CFAR 检测器中最具代表性的是单元平均(Cell Average,CA)CFAR 检测器和有序统计(Ordered Statistics,OS)CFAR 检测器,而时域 CFAR 检测器主要以杂波图(Clutter Map,CM)CFAR 检测器为主。另外,针对不同的应用场景和杂波类型,根据这几种基本 CFAR 检测算法,还衍生出了许多其他的 CFAR 检测算法,图 2 - 27 为 CA - CFAR 检测器示意图,雷达接收信号通过匹配滤波器和检波器之后,对其中某个待检单元进行检测以判定有无目标存在,门限由待检单元周围的参考单元内的采样值确定。为了设定待检单元所需的门限电平,同一个单元中的干扰功率必须已知。同时,由于干扰功率不断变化,在计算时需要通过数据估计获取。

CFAR 处理中所使用的方法基于两种主要的假设,即:① 邻近单元中杂波的统计特性和待检测单元杂波的统计特性相符;② 邻近单元仅存在干扰噪声而没有目标。

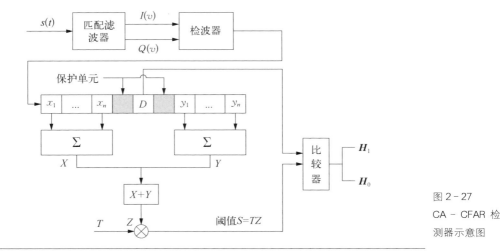

图 2-27
CA - CFAR 检测器示意图

在上述条件下,待检单元的干扰杂波统计特性可以从邻近单元的数据中估计得到。

CA-CFAR 检测器利用参考单元中采样数据的均值对干扰的功率进行估计,假设在高斯背景噪声中,不同距离单元内的噪声是独立同分布的,并且噪声功率为 β^2,经过线性检波器之后,各参考单元中的采样服从 Rayleigh 分布,即当参考单元中不存在目标时,其概率密度函数为

$$p_x(\boldsymbol{x} \mid H_0) = \frac{2x}{\beta^2} \exp\left(-\frac{x^2}{\beta^2}\right), \ x \geqslant 0 \qquad (2-50)$$

而当目标存在时,假设信噪比为 χ,则此时单元的采样服从 Ricean 分布模型,其概率密度函数为

$$p_x(\boldsymbol{x} \mid H_1) = \frac{2x}{\beta^2} \exp\left[-\left(\frac{x^2}{\beta^2} + \chi\right)\right] I_0\left(\frac{2x\sqrt{\chi}}{\beta}\right), \ x \geqslant 0 \qquad (2-51)$$

式中,$I_0(x)$ 为零阶第一类贝塞尔函数。对于 N 个参考单元组成的数据向量 $\boldsymbol{x} = [x_1, x_2, \cdots, x_N]$,其联合概率密度函数为

$$p_x(\boldsymbol{x} \mid H_0) = \prod_{i=1}^{N} \frac{2x_i}{\beta^2} \exp\left(-\frac{x_i^2}{\beta^2}\right)$$

$$p_x(\boldsymbol{x} \mid H_1) = \prod_{i=1}^{N} \frac{2x_i}{\beta^2} \exp\left[-\left(\frac{x_i^2}{\beta^2} + \chi\right)\right] I_0\left(\frac{2x_i\sqrt{\chi}}{\beta}\right) \qquad (2-52)$$

将式(2-52)代入式(2-44)可得对数 LRT 为

$$\ln \Lambda = -\chi + \sum_{i=1}^{N} \ln\left[I_0\left(\frac{2x_i\sqrt{\chi}}{\beta}\right)\right] \mathop{\gtrless}\limits_{H_2}^{H_1} \ln(-\lambda) \qquad (2-53)$$

由于贝塞尔函数的标准级数展开式为

$$I_0(x) = 1 + \frac{x^2}{4} + \frac{x^4}{64} + \cdots \qquad (2-54)$$

并且当 x 较小时,其可近似化简为 $I_0(x) \approx 1 + x^2/4$,代入式(2-53)则可将其化简为

$$\sum_{i=1}^{N} \frac{x_i^2 \chi}{\beta^2} \mathop{\gtrless}\limits_{H_2}^{H_1} \ln(-\lambda) + \chi \qquad (2-55)$$

最终通过化简可得

$$\sum_{i=1}^{N} x_i^2 \mathop{\gtrless}\limits_{H_2}^{H_1} \left(\frac{\ln(-\lambda)}{\chi} + 1\right)\beta^2 = T \qquad (2-56)$$

式(2-56)说明,对各单元的幅度进行平方求和,并与门限进行比较即可完成对目标的检测,另外也可以看到,门限 T 与噪声功率 β 的平方呈正比,可以写成如下形式

$$T = \alpha\beta^2 \qquad (2-57)$$

并且,式(2-57)中的 α 为虚警概率期望值的函数,即 $P_{fa} = \exp(-\hat{T}/\hat{\beta}^2)$。

当使用平方率检波器时,待检单元 x_i 服从指数分布,其概率密度函数为

$$p_{x_i}(x_i) = \frac{1}{\beta^2}\exp\left(-\frac{x_i}{\beta^2}\right) \qquad (2-58)$$

其相邻的 N 个参考单元的联合概率密度函数为

$$p_x(\boldsymbol{x}) = \frac{1}{\beta^{2N}} \prod_{i=1}^{N} \exp\left(-\frac{x_i}{\beta^2}\right) \qquad (2-59)$$

对式(2-59)取对数则可得观测数据矢量 x 的对数似然函数,即

$$\ln \Lambda = -N\ln \beta^2 - \frac{1}{\beta^2}\sum_{i=1}^{N}x_i \qquad (2-60)$$

通过式(2-60)可以得到 β^2 的极大似然估计为

$$\hat{\beta}^2 = \frac{1}{N}\sum_{i=1}^{N}x_i \qquad (2-61)$$

则通过式(2-57)可得,在检测中使用的门限的估计值为

$$\hat{T} = \alpha\hat{\beta}^2 \qquad (2-62)$$

令 $z_i = \alpha x_i/N$,则其概率密度函数可以表示成

$$p_{z_i}(z_i) = \frac{N}{\alpha\beta^2}\exp\left(-\frac{Nz_i}{\alpha\beta^2}\right) \qquad (2-63)$$

则门限的估计值 $\hat{T}$ 的概率密度函数为

$$p_{\hat{T}}(\hat{T}) = \left(\frac{N}{\alpha\beta^2}\right)^N \frac{\hat{T}^{N-1}}{(N-1)!}\exp\left(-\frac{N\hat{T}}{\alpha\beta^2}\right) \qquad (2-64)$$

由于虚警概率 P_{fa} 为门限 $\hat{T}$ 的函数,所以也是一个随机变量,其数学期望为

$$\bar{P}_{fa} = \int_{-\infty}^{+\infty}\exp\left(-\frac{\hat{T}}{\hat{\beta}^2}\right)p_{\hat{T}}(\hat{T})\mathrm{d}\hat{T} \qquad (2-65)$$

通过式(2-64)和式(2-65)可得,虚警概率的数学期望为

$$\bar{P}_{fa} = \left(1+\frac{\alpha}{N}\right)^{-N} \qquad (2-66)$$

同样的,当信噪比为 χ 时,检测概率的数学期望可以表示为

$$\bar{P}_{d} = \left[1+\frac{\alpha}{N(1+\chi)}\right]^{-N} \qquad (2-67)$$

从式(2-66)可以看到,CA-CFAR 的虚警概率与噪声功率的估计值无关,所以其具有恒虚警的特性。在对 CA-CFAR 检测器进行设计时,需要预先设定虚警概率的预期值 $\bar{P}_{fa} = P_{fa0}$,通过式(2-66)和 P_{fa0} 便可计算得到门限的乘积因子 α。

3. 宽带目标检测算法

太赫兹由于其波长短的特点,易实现大带宽信号,所以太赫兹雷达通常具有较高的距离向分辨力,目前最高的距离向分辨力可达毫米级,这就使得常规目标在太赫兹雷达信号回波中分布于不同的距离单元上,此类目标被称为距离扩展目标。同时,运动目标在太赫兹雷达回波中的多普勒现象更加明显,会使得目标信号不仅仅分布于不同的距离单元中,还会在多普勒频域出现扩展,从而形成距离-多普勒扩展目标。对于此类目标,传统针对点目标的 CFAR 检测性能将大大降低,甚至无法进行检测。

广义似然比检验(Generalized Likelihood Ratio Test,GLRT)是一种次优检测算法,这种检测算法在似然比检测的基础上,利用对参数的最大似然估计代替似然比中的未知参数,从而实现对目标的检测。该算法被广泛地应用于距离扩展目标的检测中。Burgess 等将 GLRT 算法与子空间分解融合在一起,提出了基于子空间分解的 GLRT 算法,该算法具有恒虚警的性质,并且利用子空间分解技术提高了 GLRT 的检测性能。

(1) 太赫兹宽带雷达目标信号模型

当电磁波的波长小于目标尺寸时,目标的散射场可以看成由目标上的多个散射中心的散射场相干叠加而成。太赫兹波的波长通常都为毫米级甚至更小,远小于常规目标的尺寸,所以在太赫兹频段,可以认为目标的回波信号由多个散射中心的子回波信号相干叠加而成。同时,太赫兹雷达通常具有较高的发射带宽,其距离向分辨力也可达到毫米级,所以,目标在距离像中往往占据了多个距离单元,而单个距离单元中目标的回波信号又由多个散射中心构成。对于时刻 t 的脉冲,假设其中第 m 个距离单元的回波由 N_m 个散射中心的子回波构成,则此时该距离单元中目标的回波信号可表示为

$$e_m(t) = \sum_{i=1}^{N_m} \sqrt{\sigma_i} \exp\left\{-\mathrm{j}\left[\frac{4\pi}{\lambda}r_i(t) + \psi_{i0}\right]\right\} = \sum_{i=1}^{N_m} a_{mi} \exp[\mathrm{j}\phi_{mi}(t)]$$

$$(2-68)$$

式中,a_{mi} 为第 i 个散射中心的回波幅度,$a_{mi} = \sqrt{\sigma_i}$;$\phi_{mi}(t)$ 为第 i 个散射中心回

波在时刻 t 的相位 $\phi_{mi}(t)=4\pi r_i(t)/\lambda+\psi_{i0}$。对于 N_a 个脉冲形成的观测信号矩阵，其第 m 个距离单元的观测信号向量为

$$\boldsymbol{s}_m=[e_m(0),\ e_m(1),\ \cdots,\ e_m(N_a-1)]^T \qquad (2-69)$$

通过式(2-68)可知，对于第 n 个脉冲，其第 m 个距离单元的目标回波信号可以表示为

$$e_m(n)=\sum_{i=1}^{N_{nm}}a_{nmi}\exp[j\phi_{mi}(n)],\ n=0,\ 1,\ \cdots,\ N_a-1 \qquad (2-70)$$

式中，N_{nm} 为第 n 个脉冲的第 m 个距离单元中所包含的目标散射中心数量；a_{nmi} 和 $\phi_{mi}(n)$ 分别为第 n 个脉冲的第 m 个距离单元中第 i 个散射中心回波的幅度和相位。当目标的旋转角度足够小时，目标上的散射中心不会发生距离徙动现象，从而可以认为距离单元中所包含的目标散射中心数量不变，并且单个散射中心的回波幅度在整个观测过程中保持恒定，由此可以认为

$$\begin{cases} N_{nm}=N_m \\ a_{nmi}=a_{mi} \end{cases} n=1,\ 2,\ \cdots,\ N_a \qquad (2-71)$$

则可以令 $\boldsymbol{a}_r=[a_{m1},\ a_{m2},\ \cdots,\ a_{mN_m}]^T$，并且传递矩阵 $\boldsymbol{T}_m$ 为

$$\boldsymbol{T}_m=\begin{bmatrix} 1 & 1 & \cdots & 1 \\ \exp[j\phi_{m1}(1)] & \exp[j\phi_{m2}(1)] & \cdots & \exp[j\phi_{mN_m}(1)] \\ \vdots & \vdots & \ddots & \vdots \\ \exp[j\phi_{m1}(N_a-1)] & \exp[j\phi_{m2}(N_a-1)] & \cdots & \exp[j\phi_{mN_m}(N_a-1)] \end{bmatrix}$$

$$(2-72)$$

则观测信号矢量可表示为

$$\boldsymbol{s}_m=\boldsymbol{T}_m\boldsymbol{a}_m \qquad (2-73)$$

在太赫兹频段，由于其信号带宽通常较大，距离像分辨力较高，所以不发生距离徙动时目标的旋转角度通常极小。例如，对于载频为 0.3 THz、带宽为 30 GHz 的发射信号，距离分辨力为 5 mm，根据不发生距离徙动的条件，当目标

方位向宽度 $L_a = 40\ \text{cm}$ 时,其不发生距离徙动的最大转动角度为

$$\delta\phi_{\text{MTRC}} = \frac{c}{2BL_a} = 0.012\ 5\,\text{rad} \tag{2-74}$$

由于目标的转动角度极小,所以可以认为各散射中心子回波的相位在不同脉冲之间呈线性变化,即

$$\phi_{mi}(n) = 2\pi n \frac{f_{\text{dmi}}}{f_s},\ n = 0,\ 1,\ \cdots,\ N_a - 1 \tag{2-75}$$

式中,f_{dmi} 为第 m 个距离单元中第 i 个散射中心的多普勒频率,f_s 为雷达脉冲重复频率。

对阵列流型矩阵进行特征值分解,则有

$$\boldsymbol{T}_m = \boldsymbol{U}_m \boldsymbol{S}_m \boldsymbol{V}_m^H \tag{2-76}$$

式中,$\boldsymbol{U}_m$ 由左奇异矢量构成,维数为 $N_a \times N_m$;$\boldsymbol{S}_m$ 为 N_m 个特征值构成的对角矩阵,维数为 $N_m \times N_m$;$\boldsymbol{V}_m$ 由右奇异矢量构成,维数为 $N_m \times N_m$。 注意,此处对阵列流型矩阵的分解与第三章中对目标回波信号矩阵的分解不同,式(2-76)是对目标信号的阵列流型矩阵进行分解,而第三章中则是对回波信号矩阵进行分解。将式(2-76)代入式(2-73),并进行化简可得 $\boldsymbol{s}_m$ 的第二种表示方式为

$$\boldsymbol{s}_m = \boldsymbol{U}_m \boldsymbol{b}_m \tag{2-77}$$

式中 $\boldsymbol{b}_m = \boldsymbol{S}_m \boldsymbol{V}_m^H \boldsymbol{a}_m$,被称作位置矢量;$\boldsymbol{U}_m$ 被称为模式矩阵。从式(2-77)可以看到,目标的回波信号矢量 $\boldsymbol{s}_m$ 位于由模式矩阵 $\boldsymbol{U}_m$ 的列矢量张成的信号子空间中,其在信号子空间中的位置由 $\boldsymbol{b}_m$ 表示。信号子空间的维数由模式矩阵 $\boldsymbol{U}_m$ 的秩确定,并且当 $N_a > N_m$ 时,有

$$\text{rank}(\boldsymbol{U}_m) = \text{rank}(\boldsymbol{T}_m) = N_m \tag{2-78}$$

式(2-78)说明,距离单元中目标的散射点数量 N_m 等于信号子空间的维数。

对于高分辨力太赫兹雷达而言,其杂波信号可以使用复合高斯分布模型进行建模,即杂波矢量 $\boldsymbol{x}$ 可以表示为

$$\boldsymbol{x} = \sqrt{\tau}\boldsymbol{s} \tag{2-79}$$

式中，τ 为纹理分量，表示距离单元中杂波的局部功率；矢量 s 是均值为零的复合圆高斯矢量，协方差矩阵为 $\boldsymbol{M}_x = E[\boldsymbol{s}\boldsymbol{s}^H]$，通常称为散斑分量。对于同一个距离单元的 N_a 个采样数据，在给定一个 τ 值的条件下，其概率密度函数可以表示为

$$f(\boldsymbol{x} \mid \tau) = \frac{1}{(\pi\tau)^{N_a} \mid \boldsymbol{M}_x \mid} \exp\left(-\frac{\boldsymbol{x}^H \boldsymbol{M}_x^{-1} \boldsymbol{x}}{\tau}\right) \qquad (2-80)$$

由式(2-80)可得杂波向量 $\boldsymbol{x}$ 的概率密度函数可以表示为

$$\begin{aligned} f(\boldsymbol{x}) &= E_\tau \left[f(\boldsymbol{x} \mid \tau) \right] \\ &= \int_0^\infty \frac{1}{(\pi\tau)^{N_a} \mid \boldsymbol{M}_x \mid} \exp\left(-\frac{\boldsymbol{x}^H \boldsymbol{M}_x^{-1} \boldsymbol{x}}{\tau}\right) f(\tau) \mathrm{d}\tau \end{aligned} \qquad (2-81)$$

式中，$f(\tau)$ 为纹理分量 τ 的概率密度函数，当 $f(\tau) = \delta(\tau - \sigma^2)$ 时，式(2-81)变为高斯分布模型的概率密度函数，此时杂波功率为 σ^2。

（2）确定散射中心模型 GLRT 检测器

根据以上的分析可知，高分辨力太赫兹雷达的回波信号可以分解为信号子空间与噪声子空间，假设在回波信号中共有 N_r 个距离单元，已知目标占据了其中的 L 个距离单元，并且共观测了 N_a 个脉冲，则第 m 个距离单元的回波信号可表示为

$$\boldsymbol{z}_m = \left[z_m(0), z_m(1), \cdots, z_m(N_a - 1) \right]^T \qquad (2-82)$$

观测矩阵为

$$\boldsymbol{Z} = \left[\boldsymbol{z}_1, \boldsymbol{z}_2, \cdots, \boldsymbol{z}_L \right] \qquad (2-83)$$

则对于太赫兹雷达距离扩展目标检测的问题可归结为如下的二元假设检验问题

$$\begin{aligned} H_0 &: \boldsymbol{z}_m = \boldsymbol{x}_m \qquad\qquad m = 1, 2, \cdots, L \\ H_1 &: \boldsymbol{z}_m = \boldsymbol{s}_m + \boldsymbol{x}_m \quad m = 1, 2, \cdots, L \end{aligned} \qquad (2-84)$$

在本节中，假设信号回波幅度矢量 $\boldsymbol{a}_m$ 为未知的确定矢量，则此时在 H_1 假设下，有

$$p_{z_m}(\boldsymbol{z}_m \mid \tau_m, \boldsymbol{b}_m, \boldsymbol{U}_m, H_1) = \frac{1}{(\pi \tau_m)^{N_a} \mid \boldsymbol{M}_x \mid}$$

$$\times \exp\left(-\frac{(\boldsymbol{z}_m - \boldsymbol{U}_m \boldsymbol{b}_m)^H \boldsymbol{M}_x^{-1}(\boldsymbol{z}_m - \boldsymbol{U}_m \boldsymbol{b}_m)}{\tau_m}\right)$$

$$(2-85)$$

在 H_0 假设下的条件概率密度函数为

$$p_{z_m}(\boldsymbol{z}_m \mid \tau_m, H_0) = \frac{1}{(\pi \tau_m)^{N_a} \mid \boldsymbol{M}_x \mid} \exp\left(-\frac{\boldsymbol{z}_m^H \boldsymbol{M}_x^{-1} \boldsymbol{z}_m}{\tau_m}\right) \quad (2-86)$$

根据 NP 准则,最优检测器为似然比检测可得最优检测准则为

$$\Lambda_{\mathrm{NP}}(\boldsymbol{z}_1, \boldsymbol{z}_2, \cdots, \boldsymbol{z}_L) = \frac{\prod_{m=1}^{L} p_{z_m}(\boldsymbol{z}_m \mid \tau_m, \boldsymbol{b}_m, \boldsymbol{U}_m, H_1)}{\prod_{m=1}^{L} p_{z_m}(\boldsymbol{z}_m \mid \tau_m, H_0)} \underset{H_0}{\overset{H_1}{\gtrless}} G \quad (2-87)$$

根据 E. Conte 提出的两步法 GLRT 检测理论,可以首先假设散斑分量 $\boldsymbol{x}_m$ 的归一化协方差矩阵 $\boldsymbol{M}_x$ 已知,并使用其他位置参数的极大似然估计(Maximum Likelihood Estimation,MLE)代替式(2-87)中对应参数,便可以得到基于两步法的 GLRT 检测准则为

$$\Lambda_{\mathrm{GLRT}}(\boldsymbol{z}_1, \boldsymbol{z}_2, \cdots, \boldsymbol{z}_L) = \frac{\max\limits_{\tau_m, \boldsymbol{b}_m, \boldsymbol{U}_m} \prod_{m=1}^{L} p_{z_m}(\boldsymbol{z}_m \mid \tau_m, \boldsymbol{b}_m, \boldsymbol{U}_m, H_1)}{\max\limits_{\tau_m} \prod_{m=1}^{L} p_{z_m}(\boldsymbol{z}_m \mid \tau_m, H_0)} \underset{H_0}{\overset{H_1}{\gtrless}} G$$

$$(2-88)$$

由于假设信号回波幅度矢量 $\boldsymbol{a}_m$ 为未知的确定矢量,所以位置矢量 $\boldsymbol{b}_m = \boldsymbol{S}_m \boldsymbol{V}_m^H \boldsymbol{a}_m$ 同样也为未知的确定矢量。同时,对于纹理分量 τ_m,可以将其看作确定性参数并利用其极大似然估计 $\hat{\tau}_m$ 进行代替,从而式(2-88)可以写成

$$\Lambda_{\mathrm{GLRT}}(\boldsymbol{z}_1, \boldsymbol{z}_2, \cdots, \boldsymbol{z}_L) = \frac{\prod_{m=1}^{L} \frac{1}{\hat{\tau}_{m|H_1}^{N_a}} \exp\left[-\frac{(\boldsymbol{z}_m - \hat{\boldsymbol{U}}_m \hat{\boldsymbol{b}}_m)^H \boldsymbol{M}_x^{-1}(\boldsymbol{z}_m - \hat{\boldsymbol{U}}_m \hat{\boldsymbol{b}}_m)}{\hat{\tau}_{m|H_1}}\right]}{\prod_{m=1}^{L} \frac{1}{\hat{\tau}_{m|H_0}^{N_a}} \exp\left(-\frac{\boldsymbol{z}_m^H \boldsymbol{M}_x^{-1} \boldsymbol{z}_m}{\hat{\tau}_{m|H_0}}\right)}$$

$$(2-89)$$

由于式(2-89)所示的 GLRT 检测器是在假设各散射中心子回波的幅度矢量 $\boldsymbol{a}_m$ 为确定矢量的前提下得到的，所以被称为确定散射中心模型(Deterministic Scatterer Model，DSM)GLRT 检测器。

在 H_1 假设下，对 $\boldsymbol{b}_m$ 的极大似然估计 $\hat{\boldsymbol{b}}_m$ 可以表示成

$$\begin{aligned}\hat{\boldsymbol{b}}_m &= \underset{\boldsymbol{b}_m}{\arg\max}\, p_{z_m|\mathrm{b}_m,\boldsymbol{U}_m,\tau_m,H_1}(\boldsymbol{z}_m\mid\boldsymbol{b}_m,\boldsymbol{U}_m,\tau_m,H_1)\\ &= \underset{\boldsymbol{b}_m}{\arg\max}\, p_{z_m-U_m\boldsymbol{b}_m|\tau_m,H_0}(\boldsymbol{z}_m-\boldsymbol{U}_m\boldsymbol{b}_m\mid\tau_m,H_0)\end{aligned} \tag{2-90}$$

该结果可以在每个距离单元对 $\boldsymbol{b}_m$ 的似然函数求导获得，从而可以得到式(2-91)

$$\frac{\partial}{\partial\boldsymbol{b}_m}\left\{\frac{\exp[-(\boldsymbol{z}_m-\boldsymbol{U}_m\boldsymbol{b}_m)^H\boldsymbol{M}_x^{-1}(\boldsymbol{z}_m-\boldsymbol{U}_m\boldsymbol{b}_m)/\tau_m]}{(\pi\tau_m)^N\mid\boldsymbol{M}_x\mid}\right\}=0 \tag{2-91}$$

对式(2-91)求解可得 $\boldsymbol{b}_m$ 的极大似然估计为

$$\hat{\boldsymbol{b}}_m=(\boldsymbol{U}_m^H\boldsymbol{M}_x^{-1}\boldsymbol{U}_m)^{-1}\boldsymbol{U}_m^H\boldsymbol{M}_x^{-1}\boldsymbol{z}_m \tag{2-92}$$

同样地，可以得到纹理分量 τ_m 在 H_0 假设下和 H_1 假设下的极大似然估计 $\hat{\tau}_{m|H_0}$ 与 $\hat{\tau}_{m|H_1}$ 分别为

$$\hat{\tau}_{m|H_0}=\underset{\tau_m}{\arg\max}\, p_{z_m|\tau_m,H_0}(\boldsymbol{z}_m\mid\tau_m,H_0)=\frac{\boldsymbol{z}_m^H\boldsymbol{M}_x^{-1}\boldsymbol{z}_m}{N_a} \tag{2-93}$$

$$\hat{\tau}_{m|H_1}=\underset{\tau_m}{\arg\max}\, p_{z_m|\tau_m,H_1}(\boldsymbol{z}_m\mid\tau_m,H_1)=\frac{\boldsymbol{z}_m^H(\boldsymbol{M}_x^{-1}-\boldsymbol{Q}_m)\boldsymbol{z}_m}{N_a} \tag{2-94}$$

式中，$\boldsymbol{Q}_m$ 为信号子空间 $\boldsymbol{U}_m$ 的正交投影矩阵，可以表示为

$$\boldsymbol{Q}_m=\boldsymbol{M}_x^{-1}\boldsymbol{U}_m(\boldsymbol{U}_m^H\boldsymbol{M}_x^{-1}\boldsymbol{U}_m)^{-1}\boldsymbol{U}_m^H\boldsymbol{M}_x^{-1} \tag{2-95}$$

将式(2-92)～(2-94)代入式(2-89)中，则 DSM-GLRT 检测器可以表示为

$$\Lambda_{\mathrm{DSM\text{-}GLRT}}(\boldsymbol{z}_1,\boldsymbol{z}_2,\cdots,\boldsymbol{z}_L)=\frac{\prod\limits_{m=1}^{L}(\boldsymbol{z}_m^H\boldsymbol{M}_x^{-1}\boldsymbol{z}_m)^{N_a}}{\prod\limits_{m=1}^{L}[\boldsymbol{z}_m^H(\boldsymbol{M}_x^{-1}-\boldsymbol{Q}_m)\boldsymbol{z}_m]^{N_a}} \tag{2-96}$$

对式(2-96)等号两边去对数则可以得到广义对数似然比(Generalized Log-Likelihood Ratio，GLLR)为

$$\ln \Lambda_{\text{DSM-GLRT}}(\boldsymbol{z}_1,\ \boldsymbol{z}_2,\ \cdots,\ \boldsymbol{z}_L) = N_a \sum_{m=1}^{L} \ln \left[\frac{\boldsymbol{z}_m^H \boldsymbol{M}_x^{-1} \boldsymbol{z}_m}{\boldsymbol{z}_m^H (\boldsymbol{M}_x^{-1} - \boldsymbol{Q}_m) \boldsymbol{z}_m} \right] \quad (2-97)$$

对于经过白化处理的数据 $\widetilde{\boldsymbol{z}}_m = \boldsymbol{M}_x^{-1/2} \boldsymbol{z}_m$，式(2-97)可以重写为

$$\ln \Lambda_{\text{DSM-GLRT}}(\boldsymbol{z}_1,\ \boldsymbol{z}_2,\ \cdots,\ \boldsymbol{z}_L) = N_a \sum_{m=1}^{L} \ln \left(1 + \frac{\widetilde{\boldsymbol{z}}_m^H \boldsymbol{P}_{\boldsymbol{U}_m} \widetilde{\boldsymbol{z}}_m}{\widetilde{\boldsymbol{z}}_m^H \boldsymbol{P}_{\boldsymbol{U}_m^\perp} \widetilde{\boldsymbol{z}}_m} \right) \quad (2-98)$$

式中，$\boldsymbol{P}_{\boldsymbol{U}_m}$ 为白化处理后信号子空间的正交投影矩阵，表示为

$$\boldsymbol{P}_{\boldsymbol{U}_m} = \widetilde{\boldsymbol{Q}}_m = \widetilde{\boldsymbol{U}}_m (\widetilde{\boldsymbol{U}}_m^H \widetilde{\boldsymbol{U}}_m)^{-1} \widetilde{\boldsymbol{U}}_m^H \quad (2-99)$$

$\boldsymbol{P}_{\boldsymbol{U}_m^\perp} = \boldsymbol{I} - \boldsymbol{P}_{\boldsymbol{U}_m}$ 为噪声子空间的正交投影矩阵,并且 $\widetilde{\boldsymbol{U}}_m = \boldsymbol{M}_x^{-1/2} \boldsymbol{U}_m$。

（3）GLRT 检测器的虚警概率

根据式(2-97)，DSM-GLRT 检测器的检验统计量可重写为

$$\ln \Lambda_{\text{DSM-GLRT}}(\boldsymbol{z}_1,\ \boldsymbol{z}_2,\ \cdots,\ \boldsymbol{z}_L) = -N_a \sum_{m=1}^{L} \ln \left(1 - \frac{\boldsymbol{z}_m^H \boldsymbol{Q}_m \boldsymbol{z}_m}{\boldsymbol{z}_m^H \boldsymbol{M}_x^{-1} \boldsymbol{z}_m} \right) \quad (2-100)$$

由于 $\ln(1-x)$ 关于变量 x 严格单调递减,并且假设检验的判决结果不受到检验统计量的严格单调函数的影响,故式(2-100)可改写为其等价形式

$$\Lambda_{\text{DSM-GLRT}}(\boldsymbol{z}_1,\ \boldsymbol{z}_2,\ \cdots,\ \boldsymbol{z}_L) = \sum_{m=1}^{L} \frac{\boldsymbol{z}_m^H \boldsymbol{Q}_m \boldsymbol{z}_m}{\boldsymbol{z}_m^H \boldsymbol{M}_x^{-1} \boldsymbol{z}_m} \underset{H_2}{\overset{H_1}{\gtrless}} \eta \quad (2-101)$$

式中 $\boldsymbol{Q}_m$ 由式(2-95)定义,令

$$T(m) = \frac{\boldsymbol{z}_m^H \boldsymbol{Q}_m \boldsymbol{z}_m}{\boldsymbol{z}_m^H \boldsymbol{M}_x^{-1} \boldsymbol{z}_m} \quad (2-102)$$

在 H_0 假设下,式(2-102)可以写成

$$T(\boldsymbol{z}_m \mid H_0) = T(\sqrt{\tau_m} \boldsymbol{x}_m) = \frac{(\sqrt{\tau_m} \boldsymbol{x}_m)^H \boldsymbol{Q}_m (\sqrt{\tau_m} \boldsymbol{x}_m)}{(\sqrt{\tau_m} \boldsymbol{x}_m)^H \boldsymbol{M}_x^{-1} (\sqrt{\tau_m} \boldsymbol{x}_m)} \quad (2-103)$$

$$= \frac{\boldsymbol{x}_m^H \boldsymbol{Q}_m \boldsymbol{x}_m}{\boldsymbol{x}_m^H \boldsymbol{M}_x^{-1} \boldsymbol{x}_m} = T(\boldsymbol{x}_m)$$

式(2-103)表明,组成 DSM-GLRT 检测器的每一个匹配子空间检测器(Matched Subspace Detector,MSD)对杂波纹理分量不敏感,而杂波的纹理分量又表征了杂波的功率,所以 MSD 检测器具有恒虚警的性质,同时 DSM-GLRT 检测器同样具有恒虚警性质。

通过式(2-101)式(2-102)可得

$$\Lambda_{\text{DSM-GLRT}}(\boldsymbol{z}_1, \boldsymbol{z}_2, \cdots, \boldsymbol{z}_L) = \sum_{m=1}^{L} T(m) \underset{H_2}{\overset{H_1}{\gtrless}} \eta \qquad (2-104)$$

由式(2-102)所定义的 $T(m)$ 可以看作是对第 r 个距离单元的 MSD 检测器,DSM-GLRT 检测器将各距离单元中的 MSD 输出进行非相干积累并与门限进行比较,最终形成判决结果,所以 DSM-GLRT 检测器也被称为广义匹配子空间检测器(Generalized Matched Subspace Detector,GMSD)。

对于第 m 个距离单元,匹配子空间检测器的虚警概率为

$$P_{\text{fa}}^{(m)} = Pr\{T(m) > \eta \mid H_0\} = Pr\left\{\frac{\boldsymbol{x}_m^H \boldsymbol{Q} \boldsymbol{x}_m}{\boldsymbol{x}_m^H \boldsymbol{M}_x^{-1} \boldsymbol{x}_m} > \upsilon\right\} \qquad (2-105)$$

式中,$Pr\{T(m) > \eta \mid H_0\}$ 表示在 H_0 条件下,概率密度函数 $T(m) > \eta$ 的概率;υ 表示改点的具体值。

令 $\boldsymbol{x}_m = \boldsymbol{L}_m \boldsymbol{w}_m$,其中 $\boldsymbol{L}_m$ 为下三角矩阵,可以表示为 $\boldsymbol{M}_x = \boldsymbol{L}_m \boldsymbol{L}_m^H$。则有

$$P_{\text{fa}}^{(m)} = Pr\left\{\frac{\boldsymbol{w}_m^H \boldsymbol{P}_{qm} \boldsymbol{w}_m}{\boldsymbol{w}_m^H \boldsymbol{w}_m} > \upsilon\right\} \qquad (2-106)$$

式中 $\boldsymbol{P}_{qm} = \boldsymbol{L}_m^H \boldsymbol{Q} \boldsymbol{L}_m$,利用矩阵的恒等变换,式(2-106)可表示为

$$P_{\text{fa}}^{(m)} = Pr\left\{\frac{\boldsymbol{w}_m^H \boldsymbol{P}_{qm} \boldsymbol{w}_m}{\boldsymbol{w}_m^H (\boldsymbol{I} - \boldsymbol{P}_{qm}) \boldsymbol{w}_m} > \frac{\upsilon}{1-\upsilon}\right\} \qquad (2-107)$$

当距离单元中仅含有噪声时,$\boldsymbol{w}_m^H \boldsymbol{P}_{qm} \boldsymbol{w}_m$ 和 $\boldsymbol{w}_m^H (\boldsymbol{I} - \boldsymbol{P}_{qm}) \boldsymbol{w}_m$ 分别服从自由度为 $2k$ 和 $2(N_a - k)$ 的卡方分布,并且相互独立,其中 k 为 $\boldsymbol{P}_{qm}$ 的秩,则式(2-107)括号中的统计量可表示为

$$F = \frac{\boldsymbol{w}_m^H \boldsymbol{P}_{qm} \boldsymbol{w}_m / 2k}{\boldsymbol{w}_m^H (\boldsymbol{I} - \boldsymbol{P}_{qm}) \boldsymbol{w}_m / [2(N_a - k)]} \qquad (2-108)$$

从式(2-108)可以看到,统计量 F 服从自由度为 $[2k, 2(N_a-k)]$ 的 F 分布,则其概率密度函数可以表示为

$$f_F(x) = \frac{1}{B(k, N_a-k)} k^k (N_a-k)^{N_a-k} x^{k-1} (kx+N_a-k)^{-N_a} u(x)$$

$$(2-109)$$

式中,$B(k, N_a-k)$ 为 Beta 函数,可以表示为

$$B(x, y) = \int_0^1 t^{x-1} (1-t)^{y-1} \mathrm{d}t \qquad (2-110)$$

将式(2-108)代入式(2-107)可得

$$P_{\mathrm{fa}}^{(m)} = Pr\left\{ F > \frac{\upsilon}{1-\upsilon}\left(\frac{N_a}{k}-1\right) \right\} = \int_{F_T}^{\infty} f_F(x)\mathrm{d}x \qquad (2-111)$$

式中,

$$F_T = \frac{\upsilon}{1-\upsilon}\left(\frac{N_a}{k}-1\right) \qquad (2-112)$$

由式(2-104)和式(2-106)可得,DSM - GLRT 检测器的虚警概率可以表示为

$$P_{\mathrm{fa}} = Pr\{\Lambda_{\mathrm{DSM\text{-}GLRT}}(\boldsymbol{z}_1, \boldsymbol{z}_2, \cdots, \boldsymbol{z}_L) > \eta \mid H_0\}$$

$$(2-113)$$

$$= Pr\left\{ \sum_{m=1}^{L} \frac{\boldsymbol{w}_m^H \boldsymbol{P}_{qm} \boldsymbol{w}_m}{\boldsymbol{w}_m^H \boldsymbol{w}_m} > \eta \mid H_0 \right\}$$

令

$$\Gamma_1(m) = \frac{\boldsymbol{w}_m^H \boldsymbol{P}_{qm} \boldsymbol{w}_m}{\boldsymbol{w}_m^H (\boldsymbol{I} - \boldsymbol{P}_{qm}) \boldsymbol{w}_m} \qquad (2-114)$$

$$\Gamma_2(m) = \frac{\boldsymbol{w}_m^H \boldsymbol{P}_{qm} \boldsymbol{w}_m}{\boldsymbol{w}_m^H \boldsymbol{w}_m} \qquad (2-115)$$

则有

$$\Gamma_2(m) = \frac{\Gamma_1(m)}{\Gamma_1(m)+1} \qquad (2-116)$$

并且通过式(2-108)和式(2-114)可知

$$\Gamma_1(m) = \frac{k}{N_a - k}F \tag{2-117}$$

则 $\Gamma_1(m)$ 的概率密度函数可以表示为

$$f_{\Gamma_1(m)}(x) = \frac{1}{B(k_m, N_a - k_m)}x^{k_m-1}(x+1)^{-N_a}u(x) \tag{2-118}$$

所以，$\Gamma_2(m)$ 的概率密度函数可以通过式(2-116)和式(2-118)得到，即

$$f_{\Gamma_2(m)}(x) = \begin{cases} \dfrac{1}{B(k_m, N_a - k_m)}x^{k_m-1}(1-x)^{N_a-k_m-1}, & 0 < x \leqslant 1 \\ 0, & \text{其他} \end{cases} \tag{2-119}$$

由于 DSM-GLRT 的检验统计量 $\Lambda_{\mathrm{DSM\text{-}GLRT}}(z_1, z_2, \cdots, z_L)$ 由 L 个相互独立的 MSD 检测器相加而成，所以 $\Lambda_{\mathrm{DSM\text{-}GLRT}}(z_1, z_2, \cdots, z_L)$ 在假设 H_0 下的概率密度函数可以表示为

$$f_{\Lambda_{\mathrm{DSM\text{-}GLRT}}}(x \mid H_0) = f_{\Gamma_2(1)}(x) * f_{\Gamma_2(2)}(x) * \cdots * f_{\Gamma_2(L)}(x) \tag{2-120}$$

式中，$*$ 为卷积运算符，由此得到 DSM-GLRT 检测器的虚警概率为

$$\begin{aligned} P_{\mathrm{fa}} &= Pr\{\Lambda_{\mathrm{DSM\text{-}GLRT}}(z_1, z_2, \cdots, z_L) > \eta \mid H_0\} \\ &= \int_\eta^L f_{\Lambda_{\mathrm{DSM\text{-}GLRT}}}(x \mid H_0)\mathrm{d}x \end{aligned} \tag{2-121}$$

从式(2-121)可以看到，DSM-GLRT 检测器的虚警概率由函数 $f_{\Lambda_{\mathrm{DSM\text{-}GLRT}}}(x \mid H_0)$ 在区间 η 到 L 上的积分决定，而 $f_{\Lambda_{\mathrm{DSM\text{-}GLRT}}}(x \mid H_0)$、$\eta$ 以及 L 均与噪声功率无关，所以 DSM-GLRT 检测器的虚警概率与噪声功率无关，即 DSM-GLRT 检测器具有恒虚警性质。

参考文献

［1］ 吕治辉,张栋文,赵增秀,等.太赫兹雷达技术研究[J].国防科技,2015,36(2):

23 - 26.

[2] 王瑞君,王宏强,庄钊文,等.太赫兹雷达技术研究进展[J].激光与光电子学进展, 2013,50(4)：1 - 17.

[3] 罗玉文,王鹤磊,胡忠明.太赫兹波在雷达领域的应用前景分析[J].电子科技,2014, 27(11)：163 - 166.

[4] 王瑞君.太赫兹目标散射特性关键技术研究[D].长沙：国防科学技术大学,2015.

[5] 高敬坤,王瑞君,邓彬,等.THz 频段粗糙导体圆锥的极化成像特性[J].太赫兹科学 与电子信息学报,2015,13(3)：401 - 408.

[6] 王瑞君,邓彬,王宏强,等.太赫兹与远红外频段下铝质目标电磁特性与计算[J].物 理学报,2014,63(13)：119 - 128.

[7] 杨洋.太赫兹目标散射特性与标准雷达目标散射截面的研究[D].天津：天津大 学,2013.

[8] 喻洋.太赫兹雷达目标探测关键技术研究[D].成都：电子科技大学,2016.

[9] DiGiovannia D A, Gatesmana A J, Gilesa R H, et al. Backscattering of ground terrain and building materials at millimeter-wave and terahertz frequencies[C]// Passive and Active Millimeter-Wave Imaging XVI. International Society for Optics and Photonics, 2013, 8715：871507.

[10] Danylov A A, Goyette T M, Waldman J, et al. Terahertz inverse synthetic aperture radar (ISAR) imaging with a quantum cascade laser transmitter[J]. Optics Express, 2010, 18(15)：16264 - 16272.

[11] 庄钊文,刘永祥,黎湘.目标微动特性研究进展[J].电子学报,2007,35(3)： 520 - 525.

[12] Chen V C. Doppler signatures of radar backscattering from objects with micro-motions[J]. IET Signal Processing, 2008, 2(3)：291 - 300.

[13] Mcmillan R W, Trussell C W J, Bohlander R A, et al. An experimental 225 GHz pulsed coherent radar [J]. IEEE Transactions on Microwave Theory and Techniques, 1991, 39(3)：555 - 562.

[14] Petkie D T, Bryan E, Benton C, et al. Millimeter-wave radar systems for biometric applications[C]//Millimeter Wave and Terahertz Sensors and Technology II. International Society for Optics and Photonics, 2009, 7485：748502.

[15] Massar M L. Time-frequency analysis of terahertz radar signals for rapid heart and breath rate detection[R]. Air Force Institute of Technology Wright-Patterson AFB OH Graduate School of Engineering and Management, 2008.

[16] Li J, Pi Y M. Target detection for terahertz radar networks based on micro-Doppler signatures[J]. International Journal of Sensor Networks, 2015, 17(2)：115 - 121.

[17] Xu Z W, Tu J, Li J, et al. Research on micro-feature extraction algorithm of target based on terahertz radar[J]. EURASIP Journal on Wireless Communications & Networking, 2013, 2013(1)：77.

[18] 李晋,皮亦鸣,杨晓波.太赫兹频段目标微多普勒信号特征分析[J].电子测量与仪器 学报,2009,23(10)：25 - 30.

[19]　杨琪,邓彬,王宏强,等.太赫兹雷达目标微动特征提取研究进展[J].雷达学报,
　　　　2018,7(1)：22-45.

[20]　王宏强,邓彬,秦玉亮.太赫兹雷达技术[J].雷达学报,2018,7(1)：1-21.

[21]　Essen H，Biegel G，Sommer R，et al. High resolution tower-turntable ISAR with
　　　　the millimetre wave radar COBRA（35/94/220 GHz）［C］// 7th European
　　　　Conference on Synthetic Aperture Radar. Friedrichshafen, Germany：VDE, 2008：
　　　　1-4.

[22]　Sheen D M，Hall T E，Severtsen R H，et al. Active wideband 350 GHz imaging
　　　　system for concealed-weapon detection［C］//Passive Millimeter-Wave Imaging
　　　　Technology XII. International Society for Optics and Photonics, 2009,
　　　　7309：730901.

[23]　Massar M L. Time-frequency analysis of terahertz radar signals for rapid heart and
　　　　breath rate detection[D]. Air Force Institute of Technology Wright-Patterson AFB
　　　　OH Graduate School of Engineering and Management，2008.

[24]　Peiponen Kai-Erik，Axel Zeitler，Makoto Kuwata-Gonokami，eds. Terahertz
　　　　spectroscopy and imaging[M]. New York：Springer，2012.

3

太赫兹雷达成
像机理与技术

3.1 太赫兹雷达成像机理

雷达成像主要应用在太赫兹低频段,而在太赫兹高频段,采用的成像方法主要有计算机层析成像、衍射层析成像、数字全息成像等。在太赫兹频段,雷达成像与层析成像、全息成像之间有什么关系?雷达成像方法是否适用于不同的太赫兹成像场景?这些问题成为制约太赫兹雷达成像发展的瓶颈。从理论上看,在太赫兹高频段和低频段,其遵循的理论、描述太赫兹波与目标相互作用的物理近似方法及成像逆问题的近似假设等都有很大的不同,如表 3-1 所示。从成像机理上看,虽然很早以前人们就已经认识到雷达、层析和全息成像的相似性,但它们之间的关系仍然常常让相关领域的学者感到惊讶。相较于太赫兹成像系统呈现出的百花齐放景象,太赫兹雷达成像机理等理论研究尚处于起步阶段。

表 3-1
太赫兹成像在
高频段和低频
段的对比

	太赫兹高频段	太赫兹低频段
称谓	光波	电磁波
遵循理论	几何、衍射光学及相应的逆问题理论	电磁散射及逆散射理论
成像方法	层析成像、数字全息成像	雷达成像
应用元器件	透镜、反射镜、光纤、激光	电路、天线、波导
波与物质相互作用的近似方法	均匀介质	均匀电磁场
逆问题的近似假设	弱散射近似	高频近似

从太赫兹成像的发展过程看,大致经历了两个阶段:第一阶段是 20 世纪 90 年代,以光学和光电子学为基础的时域光谱成像、量子级联激光成像等太赫兹成像技术得到了较大的发展,形成了第一次太赫兹成像的研究高潮,采用的成像方法主要有计算机层析成像、衍射层析成像、数字全息成像等,典型的太赫兹成像系统及物体影像如图 3-1 的右侧所示;第二阶段是近年来,固态电子学太赫兹源、检测器件以及电真空太赫兹器件取得的重要突破,掀起了以电子学为基础的

太赫兹雷达成像研究的新高潮,采用的成像方法主要有合成孔径成像、微波全息成像等,典型的太赫兹成像系统及物体影像如图3-1的左侧所示。从图中可以看出,雷达成像主要应用在以电子学为基础构建的太赫兹系统上,频段通常不超过1 THz;层析成像、数字全息成像主要应用在以光学和光电子学为基础构建的太赫兹系统上,频段通常不低于1 THz。人们很早就认识到这三种成像的相似性,但是它们之间的联系还是让人感到困惑。随着成像研究从电磁频谱两端向中间频段的迈进,雷达成像、层析成像和全息成像在太赫兹、毫米波、远红外等频段的融合,以及成像新体制、新方法、新算法研究等问题引起相关领域学者的广泛关注。

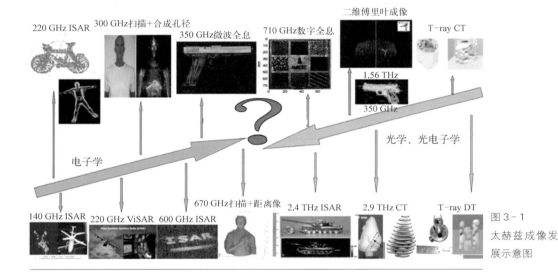

图3-1
太赫兹成像发展示意图

　　初期,雷达成像、层析成像和全息成像的理论研究是相互独立发展的。此后,人们逐步认识到它们之间存在相似性,但是尚未见全面的系统性的梳理,相关知识散落在不同的文献中。本章针对上述问题,对不同成像方法之间的内在联系进行了系统性的梳理。首先,本章指出成像的理论基础是麦克斯韦方程属于电磁逆散射的范畴。然后,本章指出成像均采用了线性近似假设。最后,本章指出三种成像的回波信号(在空间谱域)和成像目标(在空间域)均构成一组傅里叶变换对,给出了成像的解析解的统一数学模型,并利用该数学模型对成像性能进行了分析和比较。

3.1.1 电磁逆散射问题

1. 电磁逆散射问题的模型

一个典型的电磁逆散射问题的几何关系如图 3-2 所示。图中 S 面为散射体的封闭面，S_1 面为半径十分大的球面，V 区由边界 $\sum = S + S_1$ 封闭，媒质参量为介电常数 ε、磁导率 μ。在实际成像中，散射体封闭面 S 上的几何、物理参数是不能直接测量的。为了测量这些待定参数，通常的做法是测量与待定参数有一定关系的其他量在边界上的变化规律或者其他可获得的信息，例如入射场和 V 区内的散射/衍射场。并利用与待定参数有关的微（积）分方程估计待定参数，这个过程就是求解电磁逆散射问题的过程。

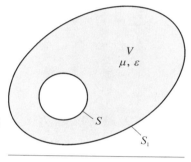

图 3-2
电磁逆散射问题的几何关系

由麦克斯韦微分形式

$$\nabla \times E + \mathrm{j}\omega\mu_0 \boldsymbol{H} = -\boldsymbol{J}^m$$
$$\nabla \times \boldsymbol{H} - \mathrm{j}\omega\varepsilon\boldsymbol{E} = \boldsymbol{J}$$
$$\nabla \cdot \boldsymbol{E} = \rho/\varepsilon \qquad\qquad (3-1)$$
$$\nabla \cdot \boldsymbol{H} = \rho_m/\mu$$

可导出非齐次矢量波动方程

$$\nabla \times \nabla \times \boldsymbol{E} - k^2 \boldsymbol{E} = -\mathrm{j}\omega\mu_0 \boldsymbol{J} - \nabla \times \boldsymbol{J}^m$$
$$\nabla \times \nabla \times \boldsymbol{H} - k^2 \boldsymbol{H} = -\mathrm{j}\omega\varepsilon\boldsymbol{J}^m + \nabla \times \boldsymbol{J} \qquad (3-2)$$

式中，$\boldsymbol{E}$ 为电场强度；$\boldsymbol{H}$ 为磁场强度；$\boldsymbol{J}$ 为电流密度；$\boldsymbol{J}^m$ 为磁流密度；ρ 为电荷密度；ρ_m 为磁荷密度；ω 为时变场的角频率；k 为空间波数。利用矢量格林恒等式对上述方程进行求解。并以 r' 源点为圆心作一小球面 S_0，将奇异点从积分区域 V 中分离出去，即此时 $\sum = S + S_1 + S_0$。通过推导，可以得到 Stratton -

Chu 积分方程,如式(3-3)所示。

$$
\begin{aligned}
\boldsymbol{E}(\boldsymbol{r}) = &\iiint_V \left(-\mathrm{j}\omega\mu\boldsymbol{J}(\boldsymbol{r}')G - \boldsymbol{J}^m(\boldsymbol{r}') \times \nabla G + \frac{\rho}{\varepsilon}\nabla G \right) \mathrm{d}V \\
&+ \oiint_{\Sigma = S+S_1} \{ -\mathrm{j}\omega\mu[e_n \times \boldsymbol{H}(\boldsymbol{r}')]G + [e_n \times \boldsymbol{E}(\boldsymbol{r}')] \times \nabla G \\
&+ [e_n \cdot \boldsymbol{E}(\boldsymbol{r}')] \nabla G \} \mathrm{d}S \\
\boldsymbol{H}(\boldsymbol{r}) = &\iiint_V \left(-\mathrm{j}\omega\varepsilon\boldsymbol{J}^m(\boldsymbol{r}')G + \boldsymbol{J}(\boldsymbol{r}') \times \nabla G + \frac{\rho_m}{\mu}\nabla G \right) dV \\
&+ \oiint_{\Sigma = S+S_1} \{ \mathrm{j}\omega\varepsilon[e_n \times \boldsymbol{E}(\boldsymbol{r}')]G + [e_n \times \boldsymbol{H}(\boldsymbol{r}')] \times \nabla G \\
&+ [e_n \cdot \boldsymbol{H}(\boldsymbol{r}')] \nabla G \} \mathrm{d}S
\end{aligned}
$$

$$(3-3)$$

式中,$\boldsymbol{E}(\boldsymbol{r})$、$\boldsymbol{H}(\boldsymbol{r})$ 分别为 V 区任一点 $\boldsymbol{r}$ 处的电场强度及磁场强度;$\boldsymbol{E}(\boldsymbol{r}')$、$\boldsymbol{H}(\boldsymbol{r}')$ 分别为散射体表面上的电场及磁场分布;$\boldsymbol{J}(\boldsymbol{r}')$、$\boldsymbol{J}^m(\boldsymbol{r}')$ 分别为散射体表面上的电流密度及磁流密度;e_n 为分界面法向量;G 为格林函数。

从 Stratton-Chu 积分方程看出,成像的电磁逆散射问题的求解过程,即是已知散射场分布 $\boldsymbol{E}(\boldsymbol{r})$、$\boldsymbol{H}(\boldsymbol{r})$,计算散射体表面上的电场分布 $\boldsymbol{E}(\boldsymbol{r}')$ 及磁场分布 $\boldsymbol{H}(\boldsymbol{r}')$ 的过程。

2. 电磁逆散射问题的求解方法

电磁逆散射问题可以描述为,已知入射场和散射/衍射场,利用 Stratton-Chu 积分方程反演目标的几何、物理参数的过程。与电磁散射问题的求解相类似,半个世纪以来,求解电磁逆散射问题大致可分为三类方法,即精确解析方法、数值计算方法,以及近似计算方法。

精确解析方法适用于具有符合坐标系并使波动方程可分离的一类几何结构目标的逆散射求解。一般来说,散射场与散射体之间的非线性关系使我们不可能用一个简单的精确解表示电磁逆散射问题的解。用 Gel'fand 法和 Marchenko 法的反演能够求解散射体与测量数据之间的非线性关系,但这些方法通常只能用于一维反演问题。而由麦克斯韦方程组导出的数学模型包含矢量函数,限制了精确解析方法的应用范围。

数值计算方法是解决高维空间的逆问题的常用方法。但是,和其他领域的逆问题相比,电磁逆散射的非线性、不适定性等问题更加突出。一方面,电磁逆散射问题是非线性的,因为 $E(r)$ 本身就是 $E(r')$ 的一个泛函数。$E(r)$ 与 $E(r')$ 的非线性关系是由于感应的极化电流相互作用所产生的结果,这同时也是一种多次散射效应。举例来说,如果已知两个孤立的散射体的散射场,当这两个散射体相邻时,其总的散射场并不等于两个散射场的线性叠加,而是还要加上多次散射的散射场。换言之,散射场与物体之间的非线性关系,使得不可能用一个简单的线性过程来反演逆散射问题的解。另一方面,电磁逆散射问题还具有不适定的特点。适定性的概念是数学家 Hadamard 提出的,即满足存在性、唯一性和稳定性三个条件的数学问题是适定的。关于存在性,电磁逆散射问题的解总是存在的,这是因为在实际的电磁逆散射问题中,散射体是客观存在的。关于唯一性,电磁逆散射问题是非唯一性的。考虑两个只在表面上相差一个小缺口的物体的散射,当触发场的波长大于缺口尺寸时,它们的散射场只在缺口周围的局部区域里有差别(其原因是缺口产生高度局部的衰减波)。由于这两个物体在其一定距离之外产生的散射场基本上一样,可见物体的重建是不唯一的。关于稳定性,由于数据上的微小误差会引起解的巨大变化,电磁逆散射过程对噪声非常敏感,且与算法无关,导致电磁逆散射问题的稳定性差。

为解决电磁逆散射中的非线性、不适定性等问题,在数值计算方法中需要加入线性化近似、正则化等步骤。这样,电磁逆散射问题的数值计算方法大致可以分为三类:线性化──正则化,转化成极小化问题──线性化──正则化,转化成极小化问题──正则化──线性化。此外,还有 K-K 法、线性抽样法、遗传算法、神经网络法等。但是,数值计算方法的运算量大、耗时长,受到计算机存储和运算速度的限制,数值计算方法一般只适用于小尺寸物体、非实时成像的应用场景。

与精确解析方法和数值计算方法相比,近似计算方法是应用最为广泛的电磁逆散射问题求解方法。该方法采用弱散射近似、高频近似等线性化假设,通过快速成像算法获得目标的重构结果。与数值计算方法相比,近似计算方法的成像速度快,满足工程实际需求。常用的近似计算假设包括弱散射近似(Born 和 Rytov)和高频近似(物理光学和基尔霍夫)假设,几乎所有现行的电磁逆散射近似计算方法都至少隐含地利用其中的一种假设。例如,雷达成像采用的是物理光学近似,层析成像采用的是弱散射近似,全息成像采用的是基尔霍夫近似。

高频近似假设(High Frequency Approximation)认为,在高频极限情况下反射和绕射之类的现象符合场的局部性原理。它只取决于散射体上反射点或绕射点附近很小区域的几何性质和物理性质,而与散射体其他各部分无关。也就是说,入射场和散射场之间的函数关系,可以化简为多个简单形状散射体,从严格解中近似提出,即反射系数和绕射系数,从而简化了散射场的估算。

物理光学近似是众多高频近似假设中的一种,在雷达成像的电磁逆散射问题求解中得到了应用。物理光学近似是先用几何光学确定面电流,忽略阴影面上的电流并忽略散射场的影响,再通过对散射体照明面上的感应面电流的积分得到散射场。物理光学近似源自 Stratton - Chu 积分方程。由于 Stratton - Chu 积分方程的积分项中的场包含入射场和散射场两项,计算复杂,物理光学近似将散射场的计算转化为了一个定积分问题。当散射体远大于波长时,物理光学近似用切向平面近似来表示积分中的总场。在理想导体、凸目标条件下,反射场在界面处满足如下关系式。

$$\left.\begin{array}{l} e_n \times \boldsymbol{H}_s = e_n \times \boldsymbol{H}_i \\ e_n \cdot \boldsymbol{E}_s = e_n \cdot \boldsymbol{E}_i \end{array}\right\} \text{或} \left.\begin{array}{l} e_n \times \boldsymbol{H} = 2e_n \times \boldsymbol{H}_i \\ e_n \cdot \boldsymbol{E} = 2e_n \cdot \boldsymbol{E}_i \end{array}\right\} \qquad (3-4)$$

基尔霍夫近似属于高频近似假设,在全息成像的电磁逆散射问题求解中得到了应用。基尔霍夫近似与物理光学近似类似,先用几何光学求得反射面的口径场,再对口径场进行基尔霍夫积分求得其辐射场。基尔霍夫近似假设忽略了口径面以外的导体表面上的表面电流,所以计算结果是近似的。

弱散射近似是由 Max Born 在 1925 年首先提出来的,在层析成像的电磁逆散射问题求解中得到了应用。弱散射近似分为一阶 Born 近似、高阶 Born 近似和 Rytov 近似等。一般采用一阶 Born 近似,假设总场 $\boldsymbol{E}(\boldsymbol{r}) = \boldsymbol{E}^i(\boldsymbol{r}) + \boldsymbol{E}^s(\boldsymbol{r})$ 可

以用入射场 $E^i(r)$ 代替。此外,在一些情况下,例如物体非常小时,会遇到某些计算上的困难,这时采用 Rytov 一阶近似可能是有益的。两者的区别简单来说,在 Born 近似中,散射场的幅度是物体的线性函数;在 Rytov 近似中,散射场的相位是物体的线性函数。

3.1.2 基于近似计算方法的成像问题求解

雷达成像、层析成像、全息成像是通过不同的近似假设,对非线性的电磁逆散射问题的线性化近似求解,如图 3-3 所示。

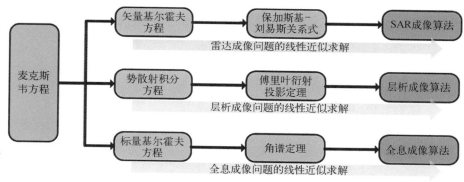

图 3-3
三种成像方法
的求解过程

1. 雷达成像的电磁逆散射问题求解

一个典型雷达成像问题的几何关系如图 3-4 所示。假设入射波 E_i、H_i 为平面波,沿 k_i 方向照射到物体上,物体为光滑、理想导体,且是凸目标,物体表面 S 上任一点 r'(称为源点)处的电磁场分布为 E、H,雷达在 r 处接收到的电磁散射场为 $E_s(r)$、$H_s(r)$,方向为 k_s[设雷达发射天线和接收天线采用收发共置体制,即 $k_i = -k_s$,$E_s(r)$、$H_s(r)$ 为后向散射]。与式(3-3)的 Stratton-Chu 积分方程相比,Stratton-Chu 积分方程中 V 区的电磁场由两部分积分确定,一部分与区域中的电流密度、电荷等体分布源有关,另一部分由区域以外的源引起的等效面源确定。而在雷达成像场景中,可以认为,V 区内没有体分布源。这时,Stratton-Chu 积分方程可简化为矢量基尔霍夫方程,如式(3-5)所示。

$$E(r) = \oiint_{S+S_1} \{-j\omega\mu[e_n \times H(r')]G + [e_n \times E(r')] \times \nabla G + [e_n \cdot E(r')]\nabla G\} \mathrm{d}S$$

$$H(r) = \oiint_{S+S_1} \{j\omega\varepsilon[e_n \times E(r')]G + [e_n \times H(r')] \times \nabla G + [e_n \cdot H(r')]\nabla G\} \mathrm{d}S$$

$$(3-5)$$

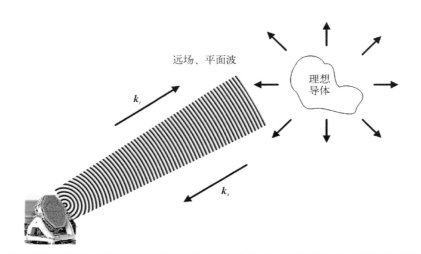

远场、平面波

理想
导体

k_i

k_s

图 3-4
雷达成像的几
何关系图

　　雷达成像中的电磁逆散射问题,即是给定入射波条件下,如何由测得的散射
场 $E(r)$、$H(r)$,恢复或重建散射体表面上的电场及磁场分布分别为 $E(r')$、
$H(r')$,即目标的几何形状的问题。Bojarski 等通过物理光学近似假设在波数域
得到了雷达逆散射问题的线性关系式(Bojarski - Lewis 关系式)。该关系式的推
导如下。

　　假设封闭面扩大到无限远,式(3-5)中的 S_1 面上积分的贡献就是入射场
E^i,H^i。同时,区域 V 内任一点 r 的 $E^s(r) = E(r) - E^i(r)$,因此矢量基尔霍夫
方程可以简化为

$$E_s(r) = \oiint_S \{-j\omega\mu[e_n \times H(r')]G + [e_n \times E(r')] \times \nabla G + [e_n \cdot E(r')]\nabla G\} \mathrm{d}S$$

$$H_s(r) = \oiint_S \{j\omega\varepsilon[e_n \times E(r')]G + [e_n \times H(r')] \times \nabla G + [e_n \cdot H(r')]\nabla G\} \mathrm{d}S$$

$$(3-6)$$

对于理想导体,在封闭面 S 上,电磁场满足的边界条件如下。

$$e_n \times \boldsymbol{E} \mid_S = 0$$

$$e_n \cdot \boldsymbol{H} \mid_S = 0$$

$$(3-7)$$

于是,式(3-6)进一步化简为

$$\boldsymbol{H}_s(\boldsymbol{r}) = \oint_S [(e_n \times \boldsymbol{H}) \times \nabla G] \mathrm{d}S \qquad (3-8)$$

式中,$e_n \times \boldsymbol{H}$ 代表理想导体表面的感应电流,它的辐射便形成散射场。当散射体尺寸大于波长时,可以采取物理光学近似。其基本假设如下:对于入射波而言,散射体表面可划分为受照射区及阴影区。假设照射区与阴影区有明显的分界,且在阴影区总电磁场为零。当平面电磁波入射到理想导体平面时,理想导体散射场关系式(3-8)在物理光学近似下可写为

$$\boldsymbol{H}_s(\boldsymbol{r}) = 2\oint_S [(e_n \times \boldsymbol{H}_i) \times \nabla G] \mathrm{d}S \qquad (3-9)$$

式(3-9)为物理光学积分方程。与 Stratton-Chu 积分方程[式(3-5)]不同,式(3-9)的右边全部是已知量,因此是一个定积分问题。式中入射场 $\boldsymbol{H}_i$ 为

$$\boldsymbol{H}_i = \boldsymbol{H}_0 \exp(\mathrm{j}\boldsymbol{k}_i \boldsymbol{r}') \qquad (3-10)$$

将式(3-10)带入式(3-9),并考虑在雷达天线收发共置情况下,根据平面波特性 $\boldsymbol{k}_i \cdot \boldsymbol{H}_i = 0$($\boldsymbol{k}$ 为波矢量)可将散射场 $\boldsymbol{H}_s$ 表示为

$$\boldsymbol{H}_s(\boldsymbol{r}) = 2\mathrm{j}\oint_S [(e_n \times \boldsymbol{H}_i) \times \boldsymbol{k}_s G] \mathrm{d}S$$

$$= 2\mathrm{j}\oint_S G[e_n(\boldsymbol{k}_s \cdot \boldsymbol{H}_i) - \boldsymbol{H}_i(e_n \cdot \boldsymbol{k}_s)] \mathrm{d}S \qquad (3-11)$$

$$= -2\mathrm{j}\oint_S G\boldsymbol{H}_i(e_n \cdot \boldsymbol{k}_s) \mathrm{d}S$$

式(3-11)表明,散射场与入射场有完全相同的偏振特性。这时,可以将其写成标量形式

$$H_s(\boldsymbol{r}) = -2\mathrm{j}\oint_S GH_i(e_n \cdot \boldsymbol{k}_s) \mathrm{d}S \qquad (3-12)$$

做远场近似，G、∇G 分别有

$$G = \frac{\exp(\mathrm{j}\boldsymbol{k}_s \mid \boldsymbol{r} - \boldsymbol{r}' \mid)}{4\pi \mid \boldsymbol{r} - \boldsymbol{r}' \mid} \approx \frac{\exp(\mathrm{j}\boldsymbol{k}_s \mid \boldsymbol{r} - \boldsymbol{r}' \mid)}{4\pi r} \approx \frac{\exp(\mathrm{j}\boldsymbol{k}_s r)}{4\pi r}\exp(-\mathrm{j}\boldsymbol{k}_s \boldsymbol{r}')$$

$$(3-13)$$

$$\nabla G = \nabla \left(\frac{\exp(\mathrm{j}\boldsymbol{k}_s \mid \boldsymbol{r} - \boldsymbol{r}' \mid)}{4\pi \mid \boldsymbol{r} - \boldsymbol{r}' \mid} \right) \approx \mathrm{j}\boldsymbol{k}_s G \qquad (3-14)$$

将式(3-13)带入式(3-12)，并引入归一化复数散射振幅的定义，可以得到理想导体在物理光学近似下向散射的归一化复数散射振幅的计算式，即

$$\rho(\boldsymbol{k}_s) = \oint_{S\&(e_n \cdot \boldsymbol{k}_s > 0)} \exp(-2\mathrm{j}\boldsymbol{k}_s \boldsymbol{r}')(e_n \cdot \boldsymbol{k}_s)\mathrm{d}S \qquad (3-15)$$

式中，$\rho(\boldsymbol{k}_s)$ 为归一化散射振幅。

$$\mid \rho(\boldsymbol{k}_s) \mid^2 = 4\pi\sigma(\boldsymbol{k}_s) = \frac{\mid H_s \mid^2 R^2}{\mid H_i \mid^2} \qquad (3-16)$$

式中，$\sigma(\boldsymbol{k}_s)$ 为雷达散射截面。

进一步用两个方向正好相反的平面波去照射物体，则可以得到整个散射体的积分，分别用入射波沿 $\boldsymbol{k}_i$、$-\boldsymbol{k}_i$ 方向照射散射体，得到 $\rho(\boldsymbol{k}_s)$、$\rho(-\boldsymbol{k}_s)$，将 $\rho(-\boldsymbol{k}_s)$ 取共轭后与 $\rho(\boldsymbol{k}_s)$ 相加，得到

$$\rho(\boldsymbol{k}_s) + \rho^*(-\boldsymbol{k}_s) = \frac{\mathrm{j}}{\sqrt{\pi}} \left\{ \oint_{S\&(e_n \cdot \boldsymbol{k}_i > 0)} + \oint_{S\&(e_n \cdot \boldsymbol{k}_i < 0)} \right\} \exp(-2\mathrm{j}\boldsymbol{k}_s \boldsymbol{r}')(e_n \cdot \boldsymbol{k}_s)\mathrm{d}S$$

$$= \frac{\mathrm{j}}{\sqrt{\pi}} \oint_S \exp(-2\mathrm{j}\boldsymbol{k}_s \boldsymbol{r}')(e_n \cdot \boldsymbol{k}_s)\mathrm{d}S$$

$$(3-17)$$

根据斯托克斯(Stockes)定理，式(3-17)化为

$$\rho(\boldsymbol{k}_s) + \rho^*(-\boldsymbol{k}_s) = \frac{\mathrm{j}}{\sqrt{\pi}} \iiint_V \nabla \cdot [\exp(-2\mathrm{j}\boldsymbol{k}_s \boldsymbol{r}')\boldsymbol{k}_s]\mathrm{d}V$$

$$(3-18)$$

$$= \frac{2\boldsymbol{k}_s^2}{\sqrt{\pi}} \iiint_V \exp(-2\mathrm{j}\boldsymbol{k}_s \boldsymbol{r}')\mathrm{d}V$$

整理式(3-18)可得，

$$\Gamma(\boldsymbol{k}_s) = \frac{1}{(2\pi)^3} \iiint\limits_V \exp(-2\mathrm{j}\boldsymbol{k}_s\boldsymbol{r}')\mathrm{d}V \qquad (3-19)$$

式中，$\Gamma(\boldsymbol{k}_s)$ 为归一化散射振幅的函数，可从测量回波中得到。按照 Bojarski 提出的方法，我们引入一个描述目标几何形状的特征函数。这一函数的定义为

$$\gamma(\boldsymbol{r}') = \begin{cases} 1, & \boldsymbol{r}' \text{ 在 } V \text{ 内} \\ 0, & \text{其他} \end{cases} \qquad (3-20)$$

将式(3-20)带入到式(3-19)，得到

$$\Gamma(\boldsymbol{k}_s) = \frac{1}{(2\pi)^3} \iiint\limits_\infty \gamma(\boldsymbol{r}')\exp(-2\mathrm{j}\boldsymbol{k}_s\boldsymbol{r}')\mathrm{d}V \qquad (3-21)$$

它表明，由归一化散射振幅所构成的函数 $\Gamma(\boldsymbol{k}_s)$ 与散射体特征函数 $\gamma(\boldsymbol{r}')$ 之间存在着傅里叶变换对的关系。令 $\boldsymbol{R}=\boldsymbol{r}'$、$\boldsymbol{K}=\boldsymbol{k}_s$，利用傅里叶变换公式得

$$\gamma(\boldsymbol{R}) = \iiint\limits_\infty \Gamma(\boldsymbol{K})\exp(2\mathrm{j}\boldsymbol{K} \cdot \boldsymbol{R})\mathrm{d}^3\boldsymbol{K} \qquad (3-22)$$

这一关系式即为物理光学近似下关于理想导体目标的逆散射关系，又称为保加斯基-刘易斯关系式。它告诉我们，雷达成像方法的数学本质是目标回波信号和物体散射场之间在波数域和空域上构成了一组傅里叶变换对。如果在空间谱内对全部的 $\boldsymbol{K}$ 波矢量进行测量，则理论上可以重构雷达目标的三维形状。

2. 层析成像的电磁逆散射问题求解

在层析成像场景中，目标通常为介质体。介质体与理想导体不同之处是，在理想导体内部不存在电磁场，介质体内部可存在电磁场。这是由于电磁波具有透过介质体表面进入介质体内部的特性决定的。因此，层析成像中的逆散射问题是指，根据入射场和散射场，来重建目标内部的媒质参数分布的问题。在光学中，该问题可以通过数学表示为，利用格林函数求解一个非线性的亥姆霍兹方程解析解的问题。Born 在文献中给出了散射场同目标之间的积分方程（即势散射的积分方程）的推导过程，并在该方程的基础上通过 Born 射近似给出了层析成

像逆散射问题的线性关系式(即傅里叶衍射投影定理)。但该推导方法不能明显地看出雷达成像和层析成像在机理层面上的联系。下面为了将雷达成像和层析成像统一到相同的理论框架下,从 Stratton-Chu 积分方程出发,利用等效原理,对势散射的积分方程重新推导如下。

设介质体外部 V_1 区和内部 V_2 区的媒质参量分别为 ε_1、μ 和 ε_2、μ,V_1 和 V_2 对应的电场及磁场分布分别为 $\boldsymbol{E}_1$、$\boldsymbol{H}_1$ 和 $\boldsymbol{E}_2$、$\boldsymbol{H}_2$。 则有公式

$$V_1 \ 区:\nabla \times \boldsymbol{E}_1 = -\mathrm{j}\omega\mu\boldsymbol{H}_1 , \ \nabla \times \boldsymbol{H}_1 = \mathrm{j}\omega\varepsilon_1\boldsymbol{E}_1 \qquad (3-23)$$

$$V_2 \ 区:\nabla \times \boldsymbol{E}_2 = -\mathrm{j}\omega\mu\boldsymbol{H}_2 , \ \nabla \times \boldsymbol{H}_2 = \mathrm{j}\omega\varepsilon_2\boldsymbol{E}_2 \qquad (3-24)$$

根据等效原理,将式(3-24)改写为 $\nabla \times \boldsymbol{H}_2 = \mathrm{j}\omega\varepsilon_1\boldsymbol{E}_2 + \mathrm{j}\omega(\varepsilon_2 - \varepsilon_1)\boldsymbol{E}_2$。 改写后可以认为,$V_2$ 区的媒质已化解为与 V_1 区的媒质一致,仅在介质体内部 V_2 区内产生等效的体分布电流。

$$[\boldsymbol{J}]_{\mathrm{eq}} = \mathrm{j}\omega(\varepsilon_2 - \varepsilon_1)\boldsymbol{E}_2 \qquad (3-25)$$

同时,S 面已不是具体的分界面。因此,Stratton-Chu 积分方程可以简化为

$$\begin{aligned}
\boldsymbol{E}(\boldsymbol{r}) &= \oiint_{S_1} \{-\mathrm{j}\omega\mu[e_n \times \boldsymbol{H}(\boldsymbol{r}')]G + [e_n \times \boldsymbol{E}(\boldsymbol{r}')] \times \nabla G \\
&\quad + [e_n \cdot \boldsymbol{E}(\boldsymbol{r}')]\nabla G\}\mathrm{d}S + \iiint_V (-\mathrm{j}\omega\mu[\boldsymbol{J}]_{\mathrm{eq}}G)\mathrm{d}V \\
&= \boldsymbol{E}^i + \iiint_V (-\mathrm{j}\omega\mu[\boldsymbol{J}]_{\mathrm{eq}}G)\mathrm{d}V \qquad (3-26)
\end{aligned}$$

将式(3-25)带入式(3-26),可得

$$\begin{aligned}
\boldsymbol{E}^s(\boldsymbol{r}) &= \iiint_V \left[\omega^2\mu\varepsilon_1\left(\frac{\varepsilon_2 - \varepsilon_1}{\varepsilon_1}\right)\boldsymbol{E}(\boldsymbol{r}')G\right]\mathrm{d}V \\
&= \iiint_V (G(\boldsymbol{r}-\boldsymbol{r}')\boldsymbol{E}(\boldsymbol{r}')O(\boldsymbol{r}'))\mathrm{d}V
\end{aligned} \qquad (3-27)$$

式(3-27)确定了散射场与目标之间的关系,即势散射的积分方程。式中,$O(\boldsymbol{r})$ 为目标的散射势,$O(\boldsymbol{r}) = \omega^2\mu\varepsilon_1((\varepsilon_2-\varepsilon_1)/\varepsilon_1) = k_0^2[\bar{\varepsilon}(\boldsymbol{r})-1]/4\pi$,$\boldsymbol{r} \in V$。 对式(3-27)做进一步的推导,分别进行了一阶 Born 近似假设、平面波假

设,最终便可以得到傅里叶衍射投影定理的数学表示形式,其推导如下。

在二维成像条件下,假设入射场为平面波,沿 y 轴方向传播。入射场 $u_i(\boldsymbol{r})$ 可以表示为 $u_i(\boldsymbol{r}) = e^{jk_0 y}$,格林函数的积分表示形式如下所示。

$$G(\boldsymbol{r} - \boldsymbol{r}') = \frac{e^{jk_0 y}}{4\pi \mid \boldsymbol{r} - \boldsymbol{r}' \mid} = \frac{\mathrm{j}}{4\pi} \int \frac{1}{k_y} \exp\left[\mathrm{j}(k_x \boldsymbol{e}_x + k_y \boldsymbol{e}_y) \cdot (\boldsymbol{r} - \boldsymbol{r}')\right] \mathrm{d}k_x$$

$$(3-28)$$

将式(3-28)带入式(3-27),即

$$u_s(x, y) = \iint \frac{\mathrm{j} \exp\left[\mathrm{j}(k_x \boldsymbol{e}_x + k_y \boldsymbol{e}_y)((x - x')\boldsymbol{e}_x + (y - y')\boldsymbol{e}_y) + \mathrm{j}k_0 y'\right]}{4\pi k_y}$$

$$O(x', y')\mathrm{d}x'\mathrm{d}y'\mathrm{d}k_x$$

$$= \frac{\mathrm{j}}{4\pi} \int \frac{\exp(\mathrm{j}k_x x + \mathrm{j}k_y y)}{k_y} \mathrm{d}k_x \int O(x', y')$$

$$\exp(-\mathrm{j}k_x x' - \mathrm{j}(k_y - k_0)y')\mathrm{d}x'\mathrm{d}y$$

$$(3-29)$$

式(3-29)中的内积分是函数 $O(\boldsymbol{r}')$ 关于 $(k_x, k_y - k_0)$ 的二维傅里叶变换,即

$$u_s(x, y) = \frac{\mathrm{j}}{4\pi} \int \frac{1}{k_y} \widetilde{O}(k_x, k_y - k_0) \exp(\mathrm{j}k_x x + \mathrm{j}k_y y)\mathrm{d}k_x \quad (3-30)$$

式中,$\widetilde{O}(k_x, k_y - k_0) = \int O(x', y') \exp(-\mathrm{j}k_x x' - \mathrm{j}(k_y - k_0)y')\mathrm{d}x'\mathrm{d}y'$。

计算散射场 $u_s(x, y)$ 在 x 轴的一维傅里叶变换 $U_s(f_x, y)$。

$$U_s(f_x, y) = \int u_s(x, y) \exp(-\mathrm{j}k'_x x)\mathrm{d}k'_x$$

$$= \iint \frac{\mathrm{j}}{4\pi k_y} \widetilde{O}(k_x, k_y - k_0) \exp(\mathrm{j}k_x x + \mathrm{j}k_y y - \mathrm{j}k'_x x)\mathrm{d}k_x \mathrm{d}k'_x$$

$$= \frac{\mathrm{j}}{2k_y} \widetilde{O}(k_x, k_y - k_0) \exp(\mathrm{j}k_y y) \quad (3-31)$$

式(3-31)就是傅里叶衍射投影定理的数学表示形式。傅里叶衍射投影定理可表述为:当入射的平面波照射到成像物体时,可以获得垂直于入射波的传播方向 kk' 的散射场的测量序列。该序列的一维傅里叶变换,正比于物体目标

函数在波数域上的一段圆弧。其中,圆弧以原点为顶点,k_0为半径。

将式(3-22)同式(3-31)做比较。可以发现,层析成像和雷达成像的一个共同点,目标回波信号和物体散射场之间在波数域和空域上构成了一组傅里叶变换对。即两种成像方法均可以放在波数域的框架下利用傅里叶变换进行成像。

3. 全息成像的电磁逆散射问题求解

全息成像与雷达成像、层析成像的不同在于,全息成像考虑的是电磁波的衍射问题。全息成像的衍射理论是从球面波照射孔、缝隙等的情况下推出来的。推导是从标量基尔霍夫方程开始,其表达式如式(3-32)所示。文献指出由式(3-32)可得到矢量基尔霍夫公式,该矢量基尔霍夫公式同式(3-5)是一致的。因此可以认为,全息成像同雷达成像、层析成像具有相同的电磁理论基础。

$$U(\boldsymbol{r}) = \oiint_S \left[\frac{\partial}{\partial n} G(\boldsymbol{r}, \boldsymbol{r}') \cdot U(\boldsymbol{r}') - G(\boldsymbol{r}, \boldsymbol{r}') \cdot \frac{\partial}{\partial n} U(\boldsymbol{r}') \right] \mathrm{d}S' \quad (3-32)$$

在全息成像中,常常涉及这样的问题:假定一个无限大的不透明屏幕上开一个孔S',有一光扰动从屏幕左方投射到S'及屏幕上,如何得出S'后一点r的电磁场分布。关于衍射的最早的理论是惠更斯原理,其数学形式是标量基尔霍夫积分方程,如式(3-32)所示。该方程表明,空间任一点r的电磁场的复振幅$U(\boldsymbol{r})$可以由包围r点的任意封闭面上各点的电磁场的复振幅$U(\boldsymbol{r}')$以及它的偏微商$\partial U(\boldsymbol{r}')/\partial n$通过积分式来获得。但由于要求是闭合曲面的积分,而实际情况则是已知的波前面或探测器表面不是闭合形状,所以必须进行必要处理和假设才能将其应用到实际中去。

对于上述具体问题,表面上似乎仅仅和S'有关,但为了应用基尔霍夫公式,必须选择一个包含S'的闭合曲面。可以定义曲面$\sum$,它由三部分组成,S_1为屏幕后除去S'外紧贴屏幕的平面,S_2为以r为球心的球面的一部分。S_1、S_2和S'之间的关系为

$$\sum = S_1 + S_2 + S' \quad (3-33)$$

采用基尔霍夫近似假设,可以推导出基尔霍夫衍射公式。然而基尔霍夫近似假设具有内在的不自洽性。索末菲通过选择新的格林函数,获得了瑞利-索末菲公式。这两个公式在数学上可以统一表示为

$$U(\boldsymbol{r}) = \frac{1}{\mathrm{j}\lambda} \iint\limits_{S'} U(\boldsymbol{r'}) \frac{\exp(\mathrm{j}kr_{01})}{r_{01}} K(\theta) \mathrm{d}S' \qquad (3-34)$$

式中,r_{01} 为 $\boldsymbol{r}$ 点到 S' 面上任一点 $\boldsymbol{r'}$ 的距离,θ 代表 $\boldsymbol{r}$ 点到 $\boldsymbol{r'}$ 点的矢径与 $\boldsymbol{r'}$ 点法线 n 的夹角;$K(\theta)$ 为倾斜因子,不同的倾斜因子对应于不同的公式。当 $K(\theta) = (\cos\theta + 1)/2$ 时,式(3-34)被称为基尔霍夫公式,当 $K(\theta) = \cos\theta$ 时,式(3-34)被称为第一种瑞利-索末菲公式,当 $K(\theta) = 1$ 时,式(3-34)被称为第二种瑞利-索末菲公式。

设平面波沿直角坐标系 $o\text{-}xyz$ 的 z 方向传播。同时,引入傅里叶变换及逆变换符号 $\mathrm{FD}\{\ \}$、$\mathrm{FD}^{-1}\{\ \}$,式(3-34)可以写为

$$U(x, y, z) = \mathrm{FD}^{-1}\{\mathrm{FD}[U_0(x_0, y_0)]H(f_x, f_y, z)\} \qquad (3-35)$$

式中,f_x、f_y 为频域坐标;$H(f_x, f_y)$ 为传递函数。从式(3-35)可以看出,衍射过程相当于物体表面电磁场通过一个线性空间不变系统的过程。如果 z 在不为 0 的平面上散射物体的话,它的散射场通过空间衍射传播到 $z = 0$ 的平面上,通过接收 $z = 0$ 处的衍射场 $U_0(x_0, y_0)$,利用式(3-35)就可以得到物体的散射场 $U(x, y, z)$ 的分布,这样就可以获得散射物体的图像。

4. 三种成像方法在电磁逆散射层面的比较

随着三种成像方法研究的不断深入。研究者开始关注不同成像方法在电磁逆散射层面上的相似性,如图3-5所示。

不同成像方法在电磁逆散射层面上的相似性具体表现为以下三个方面。

(1)从电磁逆散射层面上看,表面上雷达成像和层析成像所遵循的数学物理方程各不相同,雷达成像采用的是二维曲面积分的矢量基尔霍夫方程,而层析成像采用的是三维体积分的势散射积分方程。

(2)通过等效原理,可以建立二维曲面积分的矢量基尔霍夫方程与三维体

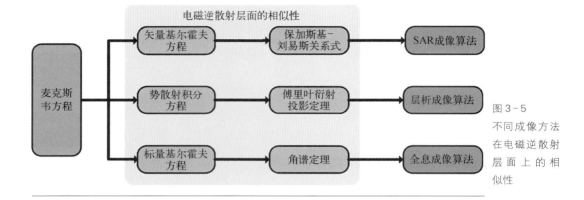

图 3-5
不同成像方法
在电磁逆散射
层面上的相
似性

积分的势散射积分方程之间的关系。也就是说,雷达成像和层析成像在电磁逆
散射层面上具有更深层次的联系。

　　(3)进一步分析全息成像与前两者的联系。全息成像考虑的是电磁波的衍
射问题,推导的基础是标量基尔霍夫方程,该方程同雷达中所用的矢量基尔霍夫
方程是一致的。因此,可以认为,全息成像同雷达成像、层析成像之间在电磁逆
散射/逆衍射层面上同样具有更深层次的联系。

3.1.3　三种成像方法的性能分析及比较

　　进一步对不同成像方法在回波信号数学模型层面上的相似性进行分析,如
图 3-6 所示。我们对雷达成像、层析成像和全息成像的成像机理进行了介绍,

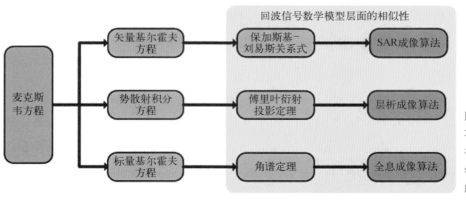

图 3-6
不同成像方法
在回波信号数
学模型层面上
的相似性

它们分别采用物理光学近似、弱散射近似和基尔霍夫近似,将非线性的电磁逆散射问题线性化,推出了 Bojarski - Lewis 关系式、傅里叶衍射投影定理和角谱定理。上述三个公式均表明,V 区内的电磁场分布 $E(r)$、$H(r)$ 与重构图像之间,在波数域(也称为空间谱或角谱)有线性关系。即三种成像方法可以统一到 Stratton - Chu 积分方程的框架下,通过不同的近似假设,实现对非线性的电磁逆散射问题线性化近似求解。这为雷达成像、层析成像和全息成像在波数域进行性能比较提供了理论依据。

1. 波数域(空间谱、角谱)的物理解释

波数域(也称为空间谱或角谱)的定义如下。假设任一单色入射波沿直角坐标系 $o-xyz$ 的 z 方向传播,其投射到 $x-y$ 平面上的复振幅用 $U(x, y, z)$ 表示,当 $z=0$ 时复振幅用 $U_0(x, y)$ 表示。复振幅 $U_0(x, y)$ 的空间频谱 $A_0(u, v)$ 表示为,它们之间的关系为傅里叶变换对,即

$$U_0(x, y) = \iint A_0(u, v) \exp[\mathrm{j}2\pi(ux + vy)] \mathrm{d}u \mathrm{d}v$$

$$(3-36)$$

$$A_0(u, v) = \iint U_0(x, y) \exp[-\mathrm{j}2\pi(ux + vy)] \mathrm{d}x \mathrm{d}y$$

式(3-36)中的因子 $\exp[\mathrm{j}2\pi(ux + vy)] \mathrm{d}u \mathrm{d}v$ 表示了传播到该平面的一列平面,其空间频率为 u、v。令空间角频率 $k = 2\pi/\lambda$,空间频率 u、v 可写为

$$\begin{cases} k_x = 2\pi u \\ k_y = 2\pi v \\ k_z = \sqrt{k^2 - k_x^2 - k_y^2} \end{cases}$$

$$(3-37)$$

将式(3-37)带入式(3-36)可写为如下形式

$$U_0(x, y) = \iint A_0(k_x, k_y) \exp[\mathrm{j}(k_x x + k_y y)] \mathrm{d}k_x \mathrm{d}k_y \qquad (3-38)$$

式(3-38)可以视为一个线性空间不变系统的变换过程,复振幅 $U_0(x, y)$

可以分解成无穷多个振幅由 $A_0(k_x, k_y)$ 确定,方向余弦为 $(k_x, k_y, \sqrt{k^2-k_x^2-k_y^2})$ 的平面波的叠加。同理可得在 $z=d$ 的平面上复振幅 $U(x', y', z; d)$ 的表达式为

$$U(x', y', z; d) = \iint A(k_x, k_y, z; d)\exp[j(k_x x' + k_y y')]\mathrm{d}k_x \mathrm{d}k_y$$

$$(3-39)$$

解 Helmholtz 方程可以得到 $A_0(k_x, k_y)$ 和 $A(k_x, k_y, z; d)$ 之间的关系,即

$$A(k_x, k_y, z; d) = A_0(k_x, k_y)\exp(jd\sqrt{k^2-k_x^2-k_y^2}) \qquad (3-40)$$

式中,$\exp(jz\sqrt{k^2-k_x^2-k_y^2})$ 被称为传播因子。对该传播因子进行分析,具体如下。

(1) 当 $k^2 < k_x^2 + k_y^2$ 时,即空间谱分量 $k_z = \sqrt{k^2-k_x^2-k_y^2}$ 是虚数,传播因子将随 z 的增大按指数规律急剧衰减,即只存在于邻近面的近场区,因此被称作倏逝波。理论上,利用倏逝波可以获得突破衍射极限的成像结果。

(2) 当 $k^2 > k_x^2 + k_y^2$ 时,传播因子的振幅未发生改变,相位的改变与平面波分量的传播方向直接有关。

将式(3-40)带入式(3-39),即

$$U(x, y, z; d) = \iint A_0(k_x, k_y)\exp(jd\sqrt{k^2-k_x^2-k_y^2})\exp[j(k_x x + k_y y)]\mathrm{d}k_x \mathrm{d}k_y$$

$$(3-41)$$

式(3-41)揭示了观测点 (x, y, z) 的场分布 $U(x, y, z)$ 与初始空间谱 $A_0(k_x, k_y)$ 之间的关系。它指出垂直于 z 轴的任意平面的空间谱就是初始空间谱 $A_0(k_x, k_y)$ 和传播因子 $\exp(jd\sqrt{k^2-k_x^2-k_y^2})$ 的乘积。

2. 雷达成像、层析成像、全息成像的回波信号在波数域的分布

(1) 雷达成像回波信号在波数域的分布

在雷达成像场景中,根据保加斯基-刘易斯关系式可知,如果在空间谱内对

全部的 **K** 波矢量进行测量,则理论上可以重构雷达目标的三维形状。以 SAR 和
ISAR 为例,考虑宽带雷达二维成像情况,雷达获取的目标空间谱可以表示为
$k_0-\theta$ 格式,保加斯基-刘易斯关系式改写为式(3-42)。同时考虑实际雷达成像
系统的频带和方位测量角都是有限的,获取的回波数据只能填充空间频谱
$\tilde{O}(k_0, \theta)$ 中某个有限支撑区域,如式(3-43)所示。

$$O(k_0, \theta) = \iint_{y \, x} o(x, y) \exp[-\mathrm{j}2\pi k_0(x\cos\theta + y\sin\theta)]\mathrm{d}x\,\mathrm{d}y \quad (3-42)$$

$$\tilde{o}(x, y) = \int_{\theta_{\min}}^{\theta_{\max}} \int_{f_{0\min}}^{f_{0\max}} k_0 \tilde{O}(k_0, \theta) \exp[\mathrm{j}2\pi k_0(x\cos\theta + y\sin\theta)]\mathrm{d}k_0\,\mathrm{d}\theta$$

$$(3-43)$$

有限区域的 $\tilde{O}(k_0, \theta)$ 经过傅里叶逆变换得到的是目标特征函数的"象",即
雷达图像 $\tilde{o}(x, y)$。其在波数域的支撑区为二维扇形区域,如图 3-7 中绿色阴

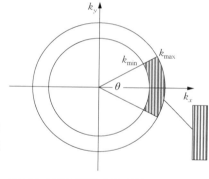

影部分所示。图中,θ 为雷达的观测范围,
$k_{\min}$ 为扇形支撑区内侧的波数值,$k_{\max}$ 为
扇形支撑区外侧的波数值。由于雷达成
像的观测角 θ 相对较小,将扇形状的支撑
区近似为矩形,四个顶点坐标分别为:
$(k_{\min}, k_0\sin(\theta/2))$、$(k_{\min}, -k_0\sin(\theta/2))$、
$(k_{\max}, k_0\sin(\theta/2))$ 和 $(k_{\max}, -k_0\sin(\theta/2))$,
其中 k_0 为 $k_{\min}$ 和 $k_{\max}$ 的均值。

图 3-7
雷达成像回波
信号在波数域
的支撑区

(2) 层析成像回波信号在波数域的分布

在层析成像场景中,根据傅里叶衍射投影定理的公式[式(3-31)]可知,当
一平面波与物体 $o(x, y)$ 作用时,对散射场 $u_s(x, y)$ 进行傅里叶变换可以得到
物体在波数域 $\tilde{O}(k_x, k_y)$ 中一个圆上的值,如图 3-8(a)所示。这个圆也被称作
埃瓦尔德(Ewald)圆,系仿效晶体 X 射线衍射理论中埃瓦尔德反射球的同类命
名。图中描述的圆弧代表了所有满足 $k_x = \sqrt{k_0^2 - k_y^2}$ 的点 (k_x, k_y) 的轨迹,球
的半径 $k_0 = 2\pi/\lambda$,实线代表透射型模式,虚线代表反射型模式。当某一个单频
率入射波从多个方向照射物体时,物体散射场的波数域分布 $\tilde{O}(k_x, k_y)$ 如

图 3 - 8(b)所示。在透射型衍射层析成像中,物体散射场的波数域分布对应圆内部的实线蓝色部分,最大值为$\sqrt{2}k_0$;在反射型衍射层析成像中,物体散射场的波数域分布对应在半径为$\sqrt{2}k_0 \sim 2k_0$的虚线绿色部分。

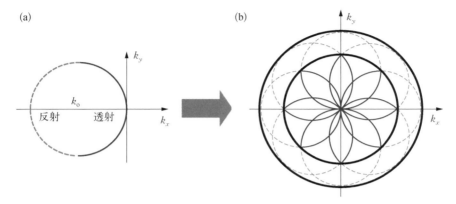

图 3 - 8
Ewald 圆示意图

层析成像回波信号在波数域的支撑区为圆环,如图 3 - 9 中蓝色阴影部分所示。图中,$k_{\min}$ 为圆环内侧的波数值,$k_{\max}$ 为圆环外侧的波数值。

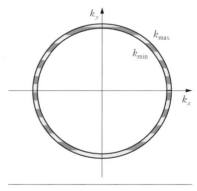

图 3 - 9
层析成像回波信号在波数域的支撑区

(3)全息成像回波信号在波数域的分布

在全息成像场景中,由角谱公式[式(3 - 36)]可知,目标回波信号与图像在波数域是傅里叶变换对的关系。通过接收 $z = 0$ 处的衍射场 $U_0(x_0, y_0)$,将传递函数带入式(3 - 35)进行计算可以得到物体的散射场 $U(x, y, z)$ 的分布,这样就可以获得散射物体的图像。在实际全息成像中,设观测平面为 $x - y$,二维观测角度分别为 θ、φ,入射信号的波长为 λ。 对 x、y、z 做空间谱展开,展开后的空间谱表示为空间频率 k_x、k_y、k_z,空间谱分布如图 3 - 10 所示,在 k_x 维的

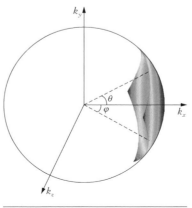

图 3 - 10
全息成像回波信号在波数域的支撑区

分布为 $(-k\sin(\theta/2)$，$k\sin(\theta/2))$，在 k_y 维的分布为 $(-k\sin(\varphi/2)$，$k\sin(\varphi/2))$，在 k_z 维的分布为 $(k\cos(\theta/2)\cos(\varphi/2)$，$k)$。

3. 雷达成像、层析成像、全息成像的成像性能比较

在线性化的前提下，雷达成像、层析成像、全息成像三种成像方法获得的目标回波信号和物体散射场之间在波数域和空域上构成了一组傅里叶变换对，即三种成像方法均可以放在波数域的框架下利用傅里叶变换进行成像，如图 3-11 所示。

图 3-11
不同成像方法获得的目标回波信号和物体散射场之间在波数域和空域上构成了一组傅里叶变换对

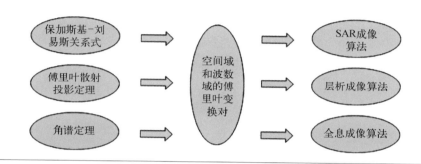

理论上，当观测信号填满整个波数域时，就可以精确地确定物体的三维位置。但是，实际系统的发射信号的频谱和观测角度都是有局限性的。因此，不能精确地获取物体的位置，获得的是以某点 (x_0, y_0, z_0) 为中心的一个模糊范围。这个模糊范围的分布可以用数学式来表达，该数学式被称为成像系统的点扩展函数（Point Spread Function，PSF），在三维直角坐标系下的形式如式（3-44）所示。

$$PSF(x, y, z) = \iiint\limits_{k_x k_y k_z} W(k_x, k_y, k_z) \cdot \exp[j(k_x x + k_y y + k_z z)]\mathrm{d}k_x \mathrm{d}k_y \mathrm{d}k_z$$

$$(3-44)$$

式中，$W(k_x, k_y, k_z)$ 为支撑区分布函数，可以表示为

$$W(k_x, k_y, k_z)$$

$$= \begin{cases} 1, & k_{x\min} \leqslant k_x \leqslant k_{x\max} \bigcap k_{y\min} \leqslant k_y \leqslant k_{y\max} \bigcap k_{z\min} \leqslant k_z \leqslant k_{z\max} \\ 0, & \text{其他} \end{cases}$$

$$(3-45)$$

将式(3-45)的三维积分解耦为三个一维积分,可以表示为

$$PSF(x, y, z) = \int_{k_{x\min}}^{k_{x\max}} \exp(\mathrm{j}k_x x)\mathrm{d}k_x \int_{k_{y\min}}^{k_{y\max}} \exp(\mathrm{j}k_y y)\mathrm{d}k_y \int_{k_{z\min}}^{k_{z\max}} \exp(\mathrm{j}k_z z)\mathrm{d}k_z$$

$$= \exp\left[\mathrm{j}\frac{k_{x\max}+k_{x\min}}{2}x + \mathrm{j}\frac{k_{y\max}+k_{y\min}}{2}y + \mathrm{j}\frac{k_{z\max}+k_{z\min}}{2}z\right] \cdot$$

$$\frac{\sin\left[\dfrac{k_{x\max}-k_{x\min}}{2}x\right]}{x} \frac{\sin\left[\dfrac{k_{y\max}-k_{y\min}}{2}y\right]}{y} \frac{\sin\left[\dfrac{k_{z\max}-k_{z\min}}{2}z\right]}{z}$$

$$(3-46)$$

根据瑞利分辨力准则:当来自相邻两物点 P 和 Q 的光的强度相等时,如物点 P 的衍射光斑的主极大与另一物点 Q 的衍射光斑的第一极小恰好重合,则认为这两个物点恰好能被分开。因此,PSF 的三维分辨力可以表示为

$$\begin{cases} \rho_x = \dfrac{2\pi}{k_{x\max}-k_{x\min}} \\[3mm] \rho_y = \dfrac{2\pi}{k_{y\max}-k_{y\min}} \\[3mm] \rho_z = \dfrac{2\pi}{k_{z\max}-k_{z\min}} \end{cases} \qquad (3-47)$$

由于不同成像方式的空间谱分布复杂且多变,可以先考虑在雷达成像、衍射层析成像、全息成像的典型空间谱分布下的成像系统点扩展函数,并对典型空间谱分布下的冲击响应宽度(Impulse Response Width,IRW,又称为图像分辨力)和峰值旁瓣比(Peak Side Lobe Ratio,PSLR)进行分析。

(1) 雷达成像的点扩展函数

通常雷达成像的观测角 θ 较小,空间谱支撑区域可以从扇形近似为矩形,四个顶点在空间谱的坐标可以分别近似为:$(k_1, (k_1 + k_2)\sin(\theta/2)/2)$、$(k_1, -(k_1+k_2)\sin(\theta/2)/2)$、$(k_2, (k_1+k_2)\sin(\theta/2)/2)$ 和 $(k_2, -(k_1+k_2)\sin(\theta/2)/2)$。阴影部分的令 $x = \rho\sin\theta$、$y = \rho\cos\theta$,将式(3-44)从三维降至二维,可得

$$PSF(x, y) = \int_{-\frac{k_1+k_2}{2}\tan\frac{\theta}{2}}^{\frac{k_1+k_2}{2}\tan\frac{\theta}{2}} \int_{k_1}^{k_2} \exp[\mathrm{j}(k_x x + k_y y)]\mathrm{d}k_x \mathrm{d}k_y \qquad (3-48)$$

由于波数域支撑区近似为矩形,式(3-48)可以看作是两个一维的傅里叶变换,即

$$PSF(x, y) = \int_{k_1}^{k_2} \exp(jk_x x) dk_x \cdot \int_{-\frac{k_1+k_2}{2}\sin\frac{\theta}{2}}^{\frac{k_1+k_2}{2}\sin\frac{\theta}{2}} \exp(jk_y y) dk_y \quad (3-49)$$

按照波数域填充分析,根据式(3-49)可以得到 k_x、k_y 两维的分辨力 ρ_x、ρ_y,即

$$\begin{cases} \rho_x = \dfrac{2\pi}{k_{x\max} - k_{x\min}} = \dfrac{c}{2(f_2 - f_1)} = \dfrac{c}{2B} \\ \rho_y = \dfrac{2\pi}{k_{y\max} - k_{y\min}} = \dfrac{2\pi}{(k_1 + k_2)\sin(\theta/2)} \approx \dfrac{\lambda}{2\theta} \end{cases} \quad (3-50)$$

式(3-50)与雷达成像的距离向分辨力 ρ_r 和方位向分辨力 ρ_a 的结论是一致的,即 $\rho_x = \rho_r$、$\rho_y = \rho_a$。 距离向和方位向的峰值旁瓣比由窗函数 $W(k_x, k_y)$ 确定,当窗函数为矩形窗时,傅里叶变换对为 sinc 函数,PSLR 约为 -13 dB。

对雷达的点扩展函数进行仿真验证,设雷达的观测角度 $\theta = \pm 4°$,雷达发射信号的带宽 $B = 20\,\text{GHz}$,载频 $f = 140\,\text{GHz}$。 仿真结果如图 3-12 所示。图中,分辨力约为 7.5 mm,峰值旁瓣比约为 13 dB。

(2) 衍射层析成像的点扩展函数

在层析成像场景中,设回波信号的波数 k_r 位于圆环内 $(k_{\min} \leqslant k \leqslant k_{\max})$,窗函数 $W(k) = 1$,其他为 0。

PSF 的傅里叶变换可以写为

$$PSF(\rho, \theta) = \int_0^{+\infty} \int_0^{2\pi} W(k) \mid k \mid \exp[jk\rho\cos(\theta - \theta_k)] dk d\theta_k \quad (3-51)$$

$$= k_{\max} \frac{J_1(k_{\max}r)}{r} - k_{\min} \frac{J_1(k_{\min}r)}{r}$$

式中,J_1 为一阶第一类贝塞尔函数。PSF 在极坐标中也是各向均匀的。根据贝塞尔函数性质和瑞利分辨准则,可以预测分辨力约为 $0.3\lambda_{\min} \leqslant \rho \leqslant 0.3\lambda_{\max}$,PSLR 约为 -8 dB。

对衍射层析的点扩展函数进行仿真验证,设入射波的频率 $f = 140\,\text{GHz}$,对应的 $k_{\max} = 4\pi f/c$、$k_{\min} = 0.8k_{\max}$。 仿真结果如图 3-13 所示。图中,分辨力约为

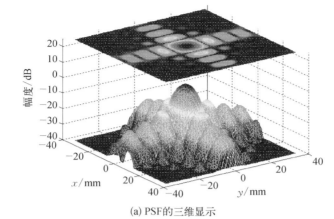

(a) PSF的三维显示

7.5 mm

(b) PSF的二维显示

(c) PSF在x轴的分布

图 3-12
典型雷达成像
场景的 PSF

0.5 mm,峰值旁瓣比约为 8 dB。

（3）全息成像的点扩展函数

在全息成像场景中,按照波数域支撑区的分析,可以得到

$$
\begin{cases}
\rho_x = \dfrac{2\pi}{k_{x\max} - k_{x\min}} = \dfrac{2\pi}{2k\sin\dfrac{\theta}{2}} = \dfrac{\lambda}{4\sin\dfrac{\theta}{2}} \\[4mm]
\rho_y = \dfrac{2\pi}{k_{y\max} - k_{y\min}} = \dfrac{2\pi}{2k\sin\dfrac{\varphi}{2}} = \dfrac{\lambda}{4\sin\dfrac{\varphi}{2}} \\[4mm]
\rho_z = \dfrac{2\pi}{k_{z\max} - k_{z\min}} = \dfrac{2\pi}{k\left(1 - \cos\dfrac{\theta}{2}\cos\dfrac{\varphi}{2}\right)} = \dfrac{\lambda}{2\left(1 - \cos\dfrac{\theta}{2}\cos\dfrac{\varphi}{2}\right)}
\end{cases} \tag{3-52}
$$

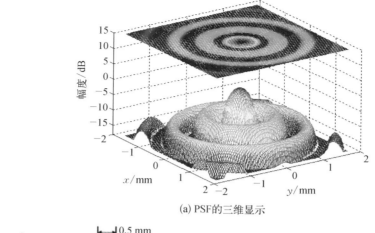

(a) PSF的三维显示

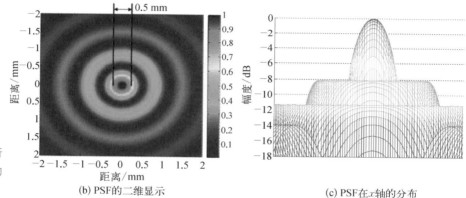

图 3-13
典型衍射层析
成像场景的
PSF

(b) PSF的二维显示　　　　　　　(c) PSF在x轴的分布

　　对单频信号的全息成像的点扩展函数进行仿真验证,设入射波的频率 $f=$ 140 GHz,二维观测角度分别为 $\theta=\pm30°$、$\varphi=\pm30°$。 仿真结果如图 3-14 所示。图中,ρ_x、ρ_y 分辨力约为 1.1 mm,峰值旁瓣比约为 13 dB;ρ_z 分辨力约为 6.3 mm,峰值旁瓣比约为 18 dB。

　　对宽带信号的全息成像的点扩展函数进行仿真验证,设入射波的频率 $f=$ 140 GHz,带宽 $B=20$ GHz,二维观测角度分别为 $\theta=\pm30°$、$\varphi=\pm30°$。 仿真结果如图 3-15 所示。图中,ρ_x、ρ_y 分辨力约为 1.1 mm,ρ_z 分辨力约为 5 mm,峰值旁瓣比约为 31 dB。

4. 小结

　　虽然很早以前人们就已经认识到雷达成像、层析成像和全息成像的目标回波

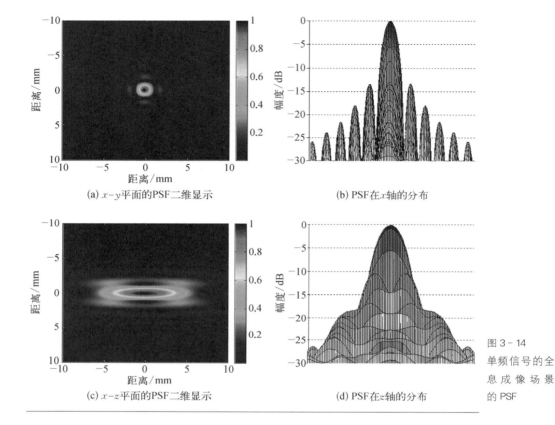

(a) $x-y$平面的PSF二维显示

(b) PSF在x轴的分布

(c) $x-z$平面的PSF二维显示

(d) PSF在z轴的分布

图 3-14
单频信号的全息成像场景的 PSF

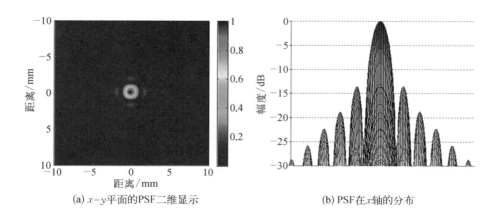

(a) $x-y$平面的PSF二维显示

(b) PSF在x轴的分布

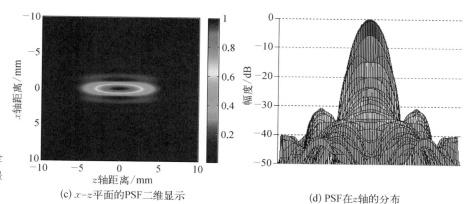

图 3 - 15
宽 频 信 号 的 全
息 成 像 场 景
的 PSF

(c) $x-z$ 平面的PSF二维显示

(d) PSF在z轴的分布

信号模型在数学上的相似性,但三者之间的关系仍然常常让相关领域的学者感到惊讶。本章从电磁逆散射理论出发介绍了雷达成像、层析成像、全息成像的成像机理,指出三种成像方法是通过不同的近似假设实现对非线性的电磁逆散射问题线性化近似求解,三种成像方法的原理虽然各不相同,但是均可以统一到波数域进行解释,并在波数域对三种成像方法的性能进行了分析和比较。雷达成像、层析成像和全息成像在成像机理、观测方式、目标回波信号模型上的异同点,简单归纳如下。

(1)雷达成像、层析成像和全息成像可以统一到 Stratton - Chu 积分方程的框架下开展讨论。三种成像方法的本质是,通过不同的近似假设实现对非线性的电磁逆散射问题进行线性化近似求解的过程。其中,雷达成像采用的是物理光学近似,层析成像采用的是弱散射近似,全息成像采用的是基尔霍夫近似。

(2)雷达成像、层析成像和全息成像三种成像方法针对的成像物体各不相同。雷达成像针对的成像物体为理想导体,影像结果为成像物体的几何形状参数分布;层析成像针对的成像物体为介质体,影像结果为成像物体的媒质参数分布;全息成像考虑的是电磁波的衍射问题,不考虑成像物体的散射特性。

(3)雷达成像、层析成像和全息成像三种成像方法的原理各不相同,但是均可以统一到波数域进行解释。从波数域来看,合成孔径的图像重建基础是保加斯基-刘易斯关系式,层析成像的图像重建基础是傅里叶切片定理和傅里叶散射投影定理,全息成像的图像重建基础是角谱公式。

(4)在层析成像中观测角度大于 $120°$,因此不同角度的低频信息被保存,该信息在影像结果中表现为物体的尺寸和轮廓;在雷达成像中观测角度通常较小,因此不同角度的低频信息被丢失,取而代之的是频谱上的高频信息所反映的目标"散射中心"。

3.2 太赫兹雷达转台成像

本节首先介绍了雷达转台成像原理及典型成像算法,即根据太赫兹目标散射特性,提出了一种大转角成像场景下的"多视非相干叠加"算法。然后介绍了中国工程物理研究院微系统与太赫兹研究中心研制的太赫兹成像雷达原理性实验系统。

3.2.1 雷达转台成像原理

1. 雷达的距离高分辨和一维距离像

距离高分辨是雷达成像的重要基础,为获得高分辨力的雷达一维距离像,需采用大的时间-带宽积信号获取,常用的雷达发射信号有线性调频信号、步进频信号和相位编码信号。对太赫兹雷达来说,其瞬时带宽可以达到 5 GHz,甚至更高。这不仅提高了接收硬件的设计难度,而且增加了信号处理的运算量。解线频调技术(dechirping)成为解决上述问题的有效且唯一的手段。

若雷达发射信号为 $\mathrm{rect}(t)\exp(\mathrm{j}2\pi f_c t)$,其中 $\mathrm{rect}(\cdot)$ 为回波包络、f_c 为载波频率,设散射点为理想的几何点,则雷达回波信号 $s_r(t)$ 可表示为

$$s_r(t) = \sum_i A_i \cdot \mathrm{rect}\left(t - \frac{2R_i}{c}\right) \exp\left[\mathrm{j}2\pi f_c\left(t - \frac{2R_i}{c}\right)\right] \quad (3-53)$$

式中,A_i 为幅度;R_i 为距离。

对线性调频信号而言,其发射信号及相应的目标回波信号的数学表达式分别如式(3-54)和式(3-55)所示。

$$s_t(t) = \mathrm{rect}(t)\exp\left[\mathrm{j}2\pi f_0 t + \mathrm{j}\frac{\pi B}{T}t^2\right] \quad (3-54)$$

$$s_r(t) = \mathrm{rect}\left(t - \frac{2R}{c}\right)\exp\left[\mathrm{j}2\pi f_0\left(t - \frac{2R}{c}\right) + \mathrm{j}\frac{\pi B}{T}\left(t - \frac{2R}{c}\right)^2\right] \quad (3-55)$$

式中，f_0 为信号的起始频率；T 为脉冲宽度；B 为调频带宽；R 为距离。解线频调的示意图如图 3-16 所示。图中纵坐标为频率，横坐标为时间(距离)，R_a 为雷达离场景中心的距离，Δr 为目标离场景中心的距离，T_p 为雷达发射脉冲宽度，T_{ref} 为接收端的参考信号宽度。以参考信号为标准，回波信号分为远距离回波和近距离回波两个。参考信号与回波进行混频(共轭相乘)，混频后的回波在理论上变成单频信号。其中，频率与延时差(距离差)成正比，通过获取频率值可以计算出目标的距离，该处理方法也被叫作解线频调处理。

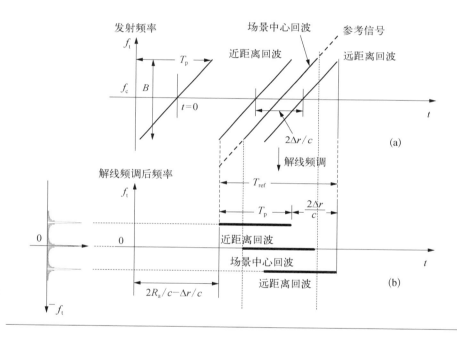

图 3-16
解线频调示意图

线性调频信号与其回波信号经过混频后包含低频项和高频项。其中，低频项如式(3-56)所示。

$$s_{if}(t) = s_r(t) \cdot s_t^*(t) = rect\left(t - \frac{2R}{c}\right) \exp\left[-j\frac{4\pi R f_0}{c} - j\frac{4\pi B R t}{cT} + j\frac{4\pi B R^2}{c^2 T}\right]$$

$$(3-56)$$

式(3-56)中右边的中括号的第一项为常数项，第二项表示距离，第三项可忽略不计，故可用傅里叶变换获取频率信息，进而获取延时(距离)信息。对解线频调处理后的信号作傅里叶变换，根据时域矩形脉冲与频域 sinc 状脉冲的对应关系，便可在频域得到对应回波，如图 3-16(b)的左侧所示。相对应的距离向分辨力 ρ_r 为

$$\rho_r = \frac{c}{2B} \qquad (3-57)$$

2. 雷达转台成像

雷达转台成像场景在 x-y 平面上的投影如图 3-17 所示，图中雷达照射旋转目标 A。雷达为了成像，在纵向分辨力上主要依靠雷达信号的瞬时宽带实现，而在横向分辨力上则依靠多普勒效应实现。

假定目标与雷达的距离为 r_a，并绕 A 点沿 z 轴以角速度 w 旋转，那么目标上具有坐标 (r_0, θ_0, z_0)[或 (x_0, y_0, z_0)]的某个散射点到雷达的距离可表示为

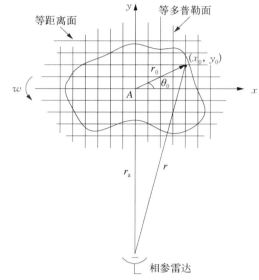

图 3-17
雷达转台成像
原理

$$r = [r_0^2 + r_a^2 + 2r_0 r_a \sin(\theta_0 + wt) + z_0^2]^{1/2} \qquad (3-58)$$

由于 $r_a \gg r_0$、$r_a \gg z_0$，则式(3-58)可进一步近似为

$$r \approx r_a + x_0 \sin(wt) + y_0 \cos(wt) \qquad (3-59)$$

雷达回波信号的多普勒频率为

$$f_d = \frac{2}{\lambda} \frac{dr}{dt} = \frac{2x_0 w}{\lambda} \cos(wt) - \frac{2y_0 w}{\lambda} \sin(wt) \qquad (3-60)$$

通常雷达数据是在 $t=0$ 附近很短的时间间隔内处理的，因此式(3-59)和式(3-60)可近似为

$$r = r_a + y_0$$
$$f_d = 2x_0 w / \lambda \qquad (3-61)$$

可见,等距离表面是垂直于雷达视野方向(Line of Sight,LOS)的平行平面,等多普勒表面是对 LOS 和旋转轴所构成平面平行的平面,这就是所谓的"距离多普勒(Range Doppler,RD)"成像原理。

由雷达回波的距离延迟和多普勒频率,可估计出散射点的位置分量(x_0,y_0)为

$$x_0 = f_d \lambda / 2w$$
$$y_0 = r - r_a$$

(3 - 62)

在 x-y 坐标系里,表示出的目标上各散射点反射信号强度的分布图就是目标的二维雷达图像。

3. 成像算法介绍

(1) 距离多普勒成像算法

距离多普勒成像算法是转台成像的经典算法,它假设在相干处理时间内目标上的散射点不发生越分辨单元徙动,适用于小转角($3°\sim5°$)成像的情况。距离多普勒成像算法把纵向和横向二维处理分成两个独立的一维处理,并采用 FFT 算法实现一维成像处理。下面以用线性调频信号作为发射信号为例说明距离多普勒转台成像过程。

设回波信号在接收机内经去斜率混频、正交检相,得到一对互为正交的基带信号:I 分量 u_I 和 Q 分量 u_Q,对它们分别采样和数字化,在雷达的 N 个重复周期内,得到如下的数字序列。

$$\begin{cases} u_I(mT_s, nT_r) \\ u_Q(mT_s, nT_r) \end{cases} m = 0, 1, \cdots, M-1; n = 0, 1, \cdots, N-1 \quad (3 - 63)$$

式中,T_s 为数字化时的采样周期;T_r 为雷达重复周期;M 为每个周期内的 I、Q 采样数;N 为形成一幅像所包含的重复周期数。

对一个重复周期的 I、Q 采样进行 FFT 处理,得到包含 M 个距离单元的一个距离像,N 个重复周期则得到 N 个距离像,然后,按列对 N 个距离像中的

每个距离单元进行 FFT 处理,最后将得到的处理结果取绝对值,就得到了一幅包含 $M \times N$ 个像素、幅度为 $D_{m,n}$ 的距离多普勒像,其处理流程如图 3-18 所示。

图 3-18
距离多普勒成像算法流程

（2）扩展相干处理成像算法

扩展相干处理（Extended Coherent Processing，ECP）是通过多幅小转角 FFT 距离多普勒子图的相干叠加获得大转角高分辨力的成像方法。

RD 成像算法适用于小转角成像,实际情况中,尤其是在大转角成像时,在长的相干积累时间内,目标上散射点容易发生越距离单元徙动。扩展相干处理算法把总的相干处理时间 T 分成 n 个时间子区间（或子孔径）,使得在任何一个时间子区间内,散射点走动均不超过一个分辨单元,满足 RD 成像算法的处理条件。对每个子孔径按 RD 成像算法处理可得到 n 幅低分辨的 RD 图像,最后将 n 幅子 RD 像进行相干求和,得到相干处理时间为 T 的雷达图像,从而提高大转角成像情况的分辨力。其处理流程如图 3-19 所示。

图 3-19
扩展相干处理
成像算法流程

（3）极坐标格式（Polar Format，PF）处理成像算法

根据信号在时间-频率域和空间-波数域上的对偶关系。借鉴时间信号在频域分析的方法,空间分布信号也可在波数域分析。在波数域中,点目标 P 的回波信号的模型为

$$s(k, \theta) = \iint g(r_0, \theta_0) \exp(-\mathrm{j}2pkLe) r_0 \mathrm{d}r_0 \mathrm{d}\theta_0 \qquad (3-64)$$

式中,k 为波数,$k = 2\pi f / c$；θ 为点目标转过的角度；$g(r_0, \theta_0)$ 为极坐标格式下的目标回波,即 $g(x_0, y_0) = g(r_0 \cos \theta_0, r_0 \sin \theta_0)$；$Le$ 为积分路径,$Le = \sqrt{r_a^2 + r_0^2 + 2r_0 r_a \sin(\theta_0 - \theta)} - r_0$。根据式（3-64）,以极坐标格式重建目标图

像,其估值可以表示为

$$\hat{g}(r_0, \theta_0) = \int_{-D\theta_m/2}^{+D\theta_m/2} \int_{k_{\min}}^{k_{\max}} s(k, \theta) \exp(j2pkLe) k \, dk \, d\theta \qquad (3-65)$$

式中,$\hat{g}(r_0, \theta_0)$ 为利用有限频带和有限方位角测量数据重建的目标图像;$\Delta\theta_m$ 为目标转过的最大角度;$f_{\max}$ 与 $f_{\min}$ 分别为雷达最高频率 $f_{\max}$ 与最低频率 $f_{\min}$ 的波数,$k_{\max} = 2\pi f_{\max}/c$,$k_{\min} = 2\pi f_{\min}/c$,如图 3-20(a)所示。

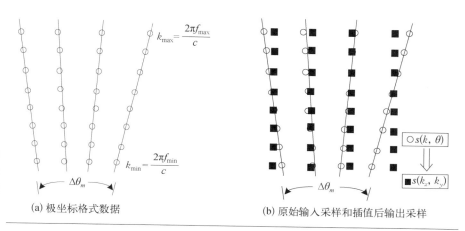

图 3-20
转台成像中的极坐标格式数据及其插值处理

(a) 极坐标格式数据   (b) 原始输入采样和插值后输出采样

转台目标成像所采集的回波数据是极坐标格式(环形谱域)数据,如图 3-20(a)所示,要使用二维 FFT 重建图像,要求数据形式为直角坐标格式,因此需要在重建图像前将环形谱域数据 $s(k, \theta)$ 经二维插值变换到直角坐标格式数据 $s(k_x, k_y)$,如图 3-20(b)所示,然后再用二维 FFT 重建图像,这就是极坐标格式处理成像算法,其流程如图 3-21 所示。

图 3-21
极坐标格式处理成像算法流程

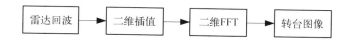

（4）滤波-逆投影成像算法

滤波-逆投影(Filter Back Projection,FBP)成像算法直接用频率空间记录的极坐标格式数据,不经过插值,通过求解极坐标形式下式(3-66)的二维 FFT 重建图像。

$$P_\theta(Le) = \int_0^{k_{max}-k_{min}} (k+k_{min})s(k+k_{min},\theta)\exp(j2\pi kLe)\mathrm{d}k \tag{3-66}$$

$$\hat{g}(r_0,\theta_0) = \int_{-\Delta\theta_m/2}^{+\Delta\theta_m/2} P_\theta(Le)\exp(j2\pi k_{min}Le)\mathrm{d}\theta$$

由于转台目标成像过程中录取的目标数据位于一圆环扇形谱域上,它决定了成像系统点扩展函数具有很高的图像旁瓣,在实际的成像过程中,通常需要加平滑窗(小角度旋转成像)或变迹滤波(360°旋转成像)以抑制图像旁瓣,提高图像质量。图 3 - 22 为滤波-逆投影算法重建图像的处理流程。

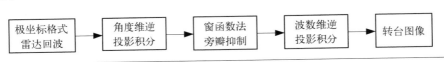

图 3 - 22
滤波-逆投影
成像算法流程

（5）超分辨成像算法

超分辨成像算法以高分辨参数估计技术为基础,可以在相同带宽和目标转角条件下获得更高的方位向分辨力。超分辨成像的主要算法有谱外推超分辨成像和参数估计超分辨成像。

当转台目标做机动旋转,即转速不均匀时,其散射点的径向运动情况比较复杂,要用更复杂的高阶运动模型加以描述。对满足一阶运动模型近似的回波数据,其回波可以用数学表示为由多个不同时延的线性调频信号和零均值高斯白噪声的叠加,若能估计到某一距离单元内所有线性调频子回波的幅度、频率和调频率参数,则可以得到该时刻的 RD 图像。有许多估计线性调频脉冲参数的超分辨方法,如最大似然算法、基于加权最小二乘的 RELAX 算法、ESPRIT 算法、MUSIC 算法和基于框架理论的成像算法等。图 3 - 23 为超分辨成像算法重建图像的处理流程。

图 3 - 23
超分辨成像算
法流程

（6）时频变换成像算法

转台成像实际是以转动分量的多普勒作为横坐标,如果转台做非平稳变速旋转,则目标在成像的观测期间各个多普勒不再保持不变,各散射点子回波多普勒的变化将导致转台像的时变性,这时如果能够得到各距离单元里所有散射点子回波的时频分布,就可从各个时刻的瞬时多普勒分布得到相应的短时转台图像。

时频变换成像可以看作是,在采样间隔非均匀的情况下,采用时频分析方法获取回波的多普勒频率,重构目标的距离多普勒图像。如果将傅里叶变换看作是时频分析方法在采样间隔不变时的一种简化,那么 RD 成像就是时频变换成像在采样间隔不变时的一种简化。从算法的具体实现来看,首先分别对每个距离单元进行时频分析,然后将所有单元的时频分布作为切片,按一定顺序进行排列并处理,最后就能得到目标在不同时刻的短时距离多普勒图像。理论上,其算法流程如图 3-24 所示。

（7）算法比较

RD 成像算法直接利用回波数据进行二维 FFT 处理成像,算法原理简单、运算量小、成像时间短,适于实时处理,但该算法假设在相干处理时间内目标上的散射点不发生越分辨单元徙动,因此只适用于小转角成像,是一种近似成像算法,算法的分辨力较低。

在小转角成像条件下提高分辨力,可以采用扩展相干处理成像算法、超分辨成像算法。扩展相干处理成像算法通过多幅小转角 FFT 距离多普勒子图的相干叠加可以获得较 RD 成像算法高的分辨力,但成像时间要比 RD 成像算法长。超分辨成像算法能在相同发射带宽和目标转角条件下提供更高的成像分辨力,但同时也存在旁瓣增大、对信噪比（Signal Noise Ratio，SNR）比较敏感、运算量较大等缺点。

在大转角条件下提高成像分辨力需要克服越分辨单元徙动问题,这时可以采用扩展相干处理成像算法、极坐标格式处理成像算法,滤波-逆投影成像算法。极坐标格式处理成像算法需要进行插值变换,插值的精度会直接影响图像质量,但过高的插值精度会极大地增加运算量。在不能兼顾的情况下,需要在插值精度和运算量之间进行折中。滤波-逆投影成像可实现目标的精密成像,在大转角成像条件下,滤波-逆投影成像算法的分辨力远远大于距离多普勒成像算法,而且理论上适用于任意旋转角度,目前应用较为广泛,但该算法同样存在求解逆投影积分时运算量比较大的问题。

对于非平稳转动的转台目标成像,由于各散射体点回波多普勒是时变的,基于傅里叶变换的方法不再适用,这时可以采用超分辨成像算法、时频变换成像算法。超分辨成像算法利用高分辨谱估计技术对目标各散射点线性调频回波的参数进行估计来进行图像重建。采用时频变换成像算法,需要在时域和频域同时具有高分辨率,而且要考虑采取有效方法抑制交叉项的影响。

在实际成像算法的选择中,需要对成像的条件,算法的分辨力和运算复杂性之间进行综合折中考虑。

(8) 基于太赫兹目标散射特性的雷达成像算法

针对目标在太赫兹频段的散射特性,我们提出了多视非相干叠加的成像算法,算法流程如图 3 - 25 所示。

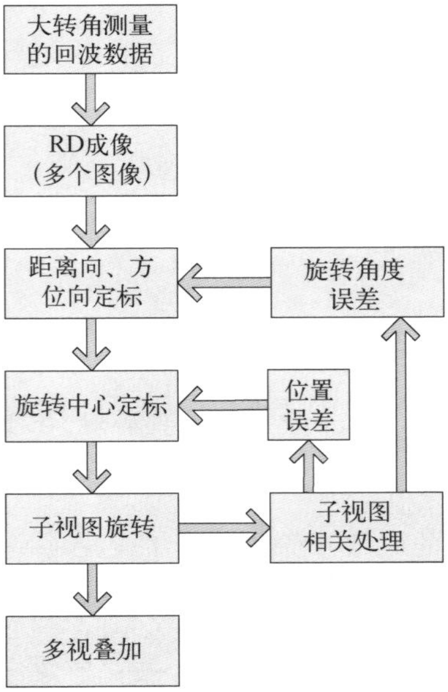

该算法的核心思想是,在较小的观测区域内绝大多数目标的电磁散射特性满足近似恒定的假设。相反地,在较大的观测区域内绝大多数目标的电磁散射特性不满足近似恒定的假设。因此,先在较小的观测范围内对子孔径的目标回波信号进行相参处理,然后对各子孔径影像进行非相参叠加得到最终的影像。具体流程如下。

首先,需要对目标图像进行距离向定标和方位向定标。其中,距离向定标可通过已知的雷达参数进行准确推算。方位向定标、旋转几何中心定标可根据目标角速度及距离信息确定初始值,然后对各个子视图进行相关处理获得角度误差及位置误差,并

图 3 - 25
多视非相干叠加的成像算法流程

信息确定初始值,然后对各个子视图进行相关处理获得角度误差及位置误差,并

对初始值进行校正,通过多次迭代后提高定标精度。

其次,将不同观测坐标系下的子孔径影像按中心进行旋转,获得同一坐标系下的子孔径影像。其中,图像旋转中常用的插值算法有:双线性插值、最近邻域插值、双三次插值等。

最后,将大转角测量的雷达回波数据按角度 θ 划分为多个子数据块,对每个数据块处理后得到的图像进行非相干叠加,如图 3-26 所示。其中,角度 θ 大小

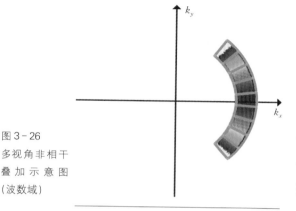

图 3-26
多视角非相干
叠加示意图
(波数域)

的选择直接影响子视图的方位向分辨力及子视图的数量。由该本算法采用多视非相干叠加,这将牺牲图像的分辨力。因此,该算法通过提高每帧图像的方位向分辨力,按照方位向分辨力比距离向分辨力高三倍的比例设定 θ 的大小,图像旋转后间接提高了图像分辨力,部分弥补了因为多视非相干叠加后图像分辨力下降的缺点。

该算法不仅适用于太赫兹雷达成像,在圆迹 SAR 成像等不满足点目标各向同性假设的场景中,也可以适用。有学者提出了与本文介绍的"多视非相干叠加"类似的子孔径频域成像算法。不同在于,处理子孔径划分时是将克服匹配滤波处理沿径向距离的空变性作为划分标准。

对本算法进行仿真。设置观测孔径为 360°,图 3-27(a)给出了 360°的相干成像结果,其分辨力与理论结果接近。图 3-27(b)给出了非相干叠加(划分为 48 个子孔径,每个 7.5°,子孔径内相参积累,子孔径间非相参积累)的成像结果。从图中可以看出,非相干累加的成像处理方法使得成像分辨力低于相参积累,而第一旁瓣电平未有明显降低。但对于实际场景,非相参积累的方法能更好地适应非理想因素补偿残差和目标的复杂散射特性。虽然,多视非相干叠加的子孔径处理算法的空间分辨力较理论值差,不能得到亚波长级的空间分辨力。但是,多视非相干叠加的处理流程更符合太赫兹目标散射特性的实际情况,具有更为广泛的实用性。

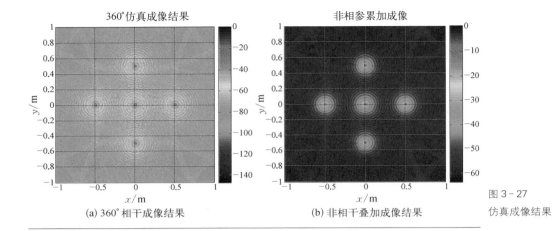

(a) 360° 相干成像结果　　　　　　　(b) 非相干叠加成像结果

图 3 - 27
仿真成像结果

3.2.2　0.14 THz ISAR 成像系统

　　中国工程物理研究院微系统与太赫兹研究中心研制的 0.14 THz 太赫兹成像雷达原理性实验系统由信号产生单元、发射链路、天线、接收链路、ISAR 快视信号处理单元五部分组成,系统采用去斜混频体制,信号形式采用大带宽 ISAR 通常采用的线性调频信号。收发天线各采用一个天线,两天线之间通过拉开距离、采用太赫兹吸波材料的方法来隔离,实现收发同时。利用太赫兹固态谐波混频器可以实现接收发射端的频率搬移,如图 3 - 28 所示。

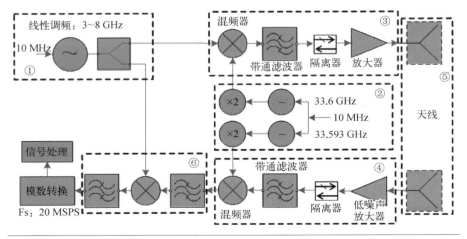

图 3 - 28
太赫兹成像雷达演示系统框图

信号产生单元产生雷达系统所需要的基带线性调频连续波信号及本振信号。基带线性调频信号拟由超宽带线性调频脉冲信号源产生,该信号源可输出最大带宽达 9.6 GHz 的信号,信号周期长达 3 ms,输出信号最大电平可达 4 dBm。在该雷达演示系统中,直接产生带宽 5 GHz、脉宽 100 μs、重复周期 125 μs 的线性调频基带信号,基带信号功分两路,一路供给发射链形成发射信号,一路提供给接收链直接与发射回波信号去斜混频。基于镜像抑制与杂散抑制的综合考虑,基带频率选择在 3～8 GHz。本振信号由毫米波本振源产生,提供收发两端谐波混频的本振信号。

发射链路实现基带 Chirp 信号的谐波混频、放大和滤波,产生 0.14 THz 的发射信号,主要由 V 波段倍频器、V 波段放大器、0.14 THz 混频器、0.14 THz 滤波器、0.14 THz 放大器、0.14 THz 隔离器等固态器件组成。AWG7122B 产生的基带信号输出至发射端电平−5 dBm,0.14 THz 二次谐波混频器的上变频单边带(Single Side Band,SSB)损耗 7 dB,滤波器损耗 2 dB,放大器增益 13 dB,隔离器损耗 2 dB,发射链总增益 2 dB,因此输出信号电平能达到−3 dBm。

发射天线采用喇叭天线,其口面尺寸 24 mm×18 mm,长为 55 mm,输入端口为 WR6 标准矩形波导接口,在 0.135～0.145 THz 频率增益能达到 26 dB,3 dB 波束宽度约 7°,在 20 m 距离上覆盖范围约 2.4 m,能够覆盖成像物体的尺寸(直径约 0.5 m)。

利用该系统进行了目标 ISAR 成像实验,成像实验主要是验证 THz 雷达系统的宽带高分辨能力,以及 ISAR 系统的成像能力。为了获取目标的二维像,需要依靠成像目标的相对转动才能实现。实验中将目标放置于转台上,以一定的角速度转动。图 3-29 为太赫兹雷达 ISAR 成像平台示意图和成像场景。

图 3-30 是太赫兹雷达系统对尺寸约为 40 cm×60 cm 的直升机模型的 ISAR 成像结果。图 3-31 是角反射器搭成的飞机模型的 ISAR 成像结果。图 3-32 是点间距约为 5 cm 的散射点阵的 ISAR 成像结果。飞机模型 ISAR 图像与散射点阵 ISAR 图像轮廓清晰,可以分辨出目标各部分的组成等细微特征。

ISAR 成像实验结果表明,该 0.14 THz 雷达系统的二维成像分辨力可达到 3 cm×3 cm,所得目标图像轮廓清晰,可反映出目标的细节特征。

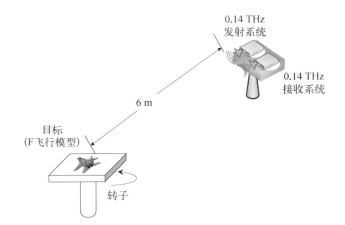

图 3 - 29
太赫兹雷达
ISAR 成像平台
示意图和成像
场景

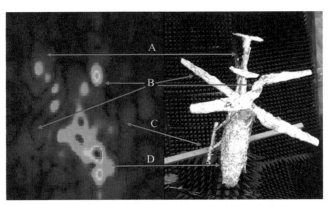

A—机尾；B—旋翼；C—木条；D—机头及机身

注：C的位置差异是由于雷达照射角度和相机的拍摄视角不同造成的

图 3 - 30
直升机模型及
其太赫兹雷达
ISAR 成像结果

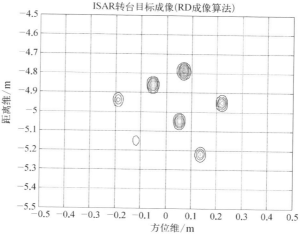

图 3 - 31
角反射器搭成
的飞机模型及
其太赫兹雷达
ISAR 成像结果

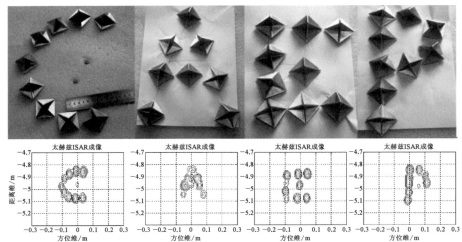

图 3 - 32
"CAEP"点阵及
其太赫兹雷达
ISAR 成像结果

3.3 太赫兹多普勒雷达层析成像

本节首先介绍了计算机层析成像和衍射层析成像的原理,并将层析成像和雷达成像进行了比较;然后介绍了三种典型的基于层析概念的雷达成像方法;最后介绍了中国工程物理研究院微系统与太赫兹研究中心研制的 0.67 THz 雷达系统,以及在该系统上开展的多普勒雷达层析成像实验。

3.3.1 层析成像原理

1. 计算机层析成像

计算机层析成像(Computer Tomography,CT)是在 X 射线领域首先发展起来的一种三维成像技术,该技术的原理如图 3 - 33所示。

首先,一束射线或射线束群穿透成像物体后,其光强被记录下来;然后通过转动(通常为 360°旋转)或平动使得射线从不同

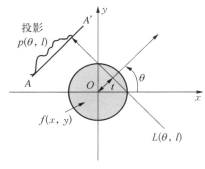

图 3 - 33
计算机层析成像的原理图

位置和不同角度穿过被成像物体。射线穿透成像物体后会衰减,其衰减大小则是通过与发射装置相对应的接收装置测量来获得。对于每一个角度的射线而言,其接收装置测量的强度由透射光在通路上各点的吸收率的积分决定。早在20世纪初,J. Radon 就证明了,如果能获得空间中所有观测角度的射线投影,那么就能精确的重构出被观测物体的空间分布,这便是 Radon 定理。Radon 定理是层析成像的理论基础。如果该物体的吸收率场可以表示为 $o(x, y)$,则在旋转角 θ 和平移位置 l 时,射线穿透物体的总的吸收率 $p(\theta, l)$ 可以表示为式(3-67),其中 $L(\theta, l)$ 是射线在样品中的传播路径,可以由方程 $x\cos\theta + y\sin\theta - l = 0$ 表示。

$$p(\theta, l) = \int_{L(\theta, l)} f(x, y)\mathrm{d}s = \int_{-\infty}^{\infty}\int_{-\infty}^{\infty} o(x, y)\delta(x\cos\theta + y\sin\theta - l)\mathrm{d}x\mathrm{d}y$$

$$(3-67)$$

对 $p(\theta, l)$ 做傅里叶变换得 $P(\theta, k)$,如式(3-68)所示。其中 k 称为波数或空间(角)频率,$k_x = k\sin\theta$ 和 $k_y = k\cos\theta$ 分别是沿 x 和 y 轴的空间频率。式(3-68)表明,对物体吸收率空间分布的 Radon 变换进行傅里叶变换等价于对物体吸收率空间分布进行二维傅里叶变换,即"投影切片定理"。

$$
\begin{aligned}
P(\theta, k) &= \int p(\theta, l)\exp(-\mathrm{j}kl)\mathrm{d}l \\
&= \iint o(x, y)\exp[-\mathrm{j}k(x\cos\theta + y\sin\theta)]\mathrm{d}x\mathrm{d}y \\
&= \iint o(x, y)\exp[-\mathrm{j}(k_x x - k_y y)]\mathrm{d}x\mathrm{d}y \\
&= O(k_x, k_y)
\end{aligned}
$$

$$(3-68)$$

对 $O(k_x, k_y)$ 做二维傅里叶逆变换,并将式(3-68)带入其中可得式(3-69)。式(3-69)表明,在计算机层析成像中要解析和重现物体的图像,首先需由 $p(\theta, l)$ 出发,对所测量得到的 $p(\theta, l)$ 进行一维傅里叶变换,这就得到了成像物体在波数域的二维谱,如图 3-34 所示。然后利用这个二维谱便可将物体的吸收率的空间分布 $o(x, y)$ 重构出来,这就是计算机层析成像的原理。

$$\tilde{o}(x, y) = \iint O(k_x, k_y) \mathrm{d}k_x \mathrm{d}k_y$$

$$= \iint |k| O(k_x, k_y) \exp[\mathrm{j}2\pi k(x\cos\theta + y\sin\theta)] \mathrm{d}k \mathrm{d}\theta$$

$$= \iint |k| P(\theta, k) \exp[\mathrm{j}2\pi k(x\cos\theta + y\sin\theta)] \mathrm{d}k \mathrm{d}\theta$$

$$= \iiint p(\theta, l) \exp(-\mathrm{j}kl) \cdot \exp[\mathrm{j}2\pi k(x\cos\theta + y\sin\theta)] \mathrm{d}l \mathrm{d}k \mathrm{d}\theta$$

$$(3-69)$$

计算机层析常用的成像方法有两种：一种是直接傅里叶算法，即频域方法，该方法将测量得到的极坐标下的不同角度 $p(\theta, l)$ 插值成笛卡尔坐标中的网格点，再进行二维傅里叶变换；另一种是滤波反投影算法，即时域方法，该方法避免了在频域上进行复杂的插值运算，而且没有插值带来的误差，其成像质量较频域方法更好，因此在业界广泛应用。

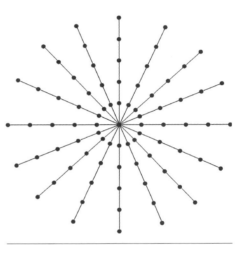

图 3-34
CT 测量数据在波数域的分布图

2. 衍射层析成像

由于在波长上太赫兹波较 X 射线相差 7 个数量级以上，太赫兹波在成像物体中的传播路径不能近似为一条直线，这时需要考虑衍射效应。这种考虑衍射效应的层析成像技术被称为衍射层析成像（Diffraction Tomography，DT），该技术的原理如图 3-35 所示。

不同于计算机层析成像，在衍射层析成像中，入射波不被作为窄波束处理，在接收端需要测量的是太赫兹电场在一个平面上的分布。从数学推导上看，计算机层析服从的是投影切片定理，而衍射层析服从的是傅里叶衍射投影定理。根据傅里叶衍射投影定理，在多个角度照射成像物体并探测对应的投影数据，就可以在目标函数的波数域内获得足够多的采样数据。其中，目标函数在波数域

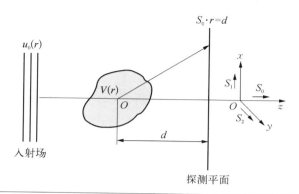

图 3 - 35
衍射层析成像
的原理图

入射场

探测平面

的分布可以借由图 3 - 36 中的埃瓦尔德(Ewald)圆来描述,蓝色实线代表透射型
模式,绿色虚线代表反射型模式。然后利用离散逆傅里叶变换,重构出物体的目
标函数,从而获得成像物体的图像。

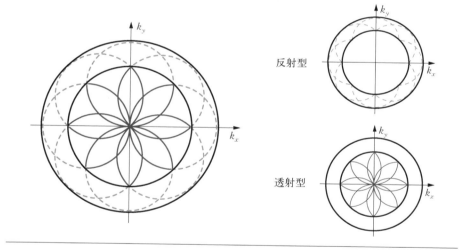

图 3 - 36
衍射层析成像
的测量数据在
波 数 域 的 分
布图

反射型

透射型

在衍射层析成像中,Ewald 圆是傅里叶衍射投影定理的数学表达式在几何
上的表现形式。当入射波确定时,散射场 $u_s(x, y)$ 的傅里叶变换对应波数域
$\tilde{O}(k_x, k_y)$ 上的一个圆。随着入射波方向改变,Ewald 圆也相应地旋转,不同角
度的 Ewald 圆在波数域的分布如图 3 - 36 所示。图中描述的圆代表了所有满足
$k_x = \sqrt{k_0^2 - k_y^2}$ 的点 (k_x, k_y) 的轨迹,圆的半径 $k_0 = 2\pi\lambda$。 对于透射型模式来
说,当入射波的频率增大时,Ewald 圆的半径也相应增大。当频率趋于无穷大

时,透射型衍射层析成像对应的空间谱域分布逐渐变为一条通过原点的直线段,此时透射型衍射层析成像可以近似看作是计算机层析成像。也就是说,计算机层析成像可以认为是当频率趋于无穷时的透视型衍射层析成像的极限情况。

与计算机层析的成像方法类似,衍射层析的成像方法也分为频域和时域方法两种。其中时域方法被称为滤波反传播算法,滤波反传播算法与滤波反投影算法相似,都是通过滤波和反问题求解来实现断层重建,其主要区别在于滤波反传播算法考虑了电磁场的衍射现象。

3. 合成孔径成像与层析成像之间的异同

虽然很早以前人们就已经认识到合成孔径雷达成像和层析成像在数学上的相似性,但两者之间的关系仍然常常让相关领域的学者感到惊讶。合成孔径和层析的成像原理各不相同,但是均可以统一到波数域进行解释。从波数域来看,合成孔径的图像重建基础是保加斯基-刘易斯关系式,计算机层析成像的图像重建基础是傅里叶投影切片定理,而衍射层析成像的图像重建基础是傅里叶衍射投影定理。再分析两者的目标回波信号在波数域的分布情况,由于两种成像在获取目标回波信号的观测面不同,合成孔径成像仅需较小的观测角,而层析成像则需要至少 $120°$ 的观测角。此外,两者在信号的带宽上也存在明显的差别。

对两者的目标回波信号的数学表达式做进一步的分析。设 $o(\boldsymbol{r})$ 表示成像物体属性的二维空间分布,$\boldsymbol{r} \in \mathbb{R}^2$。$\varphi$ 为平行射线的法线辐角,$\boldsymbol{\theta} = (\cos\varphi,\ \sin\varphi)^{\mathrm{T}}$ 表示法线的单位方向矢量。在层析成像中,目标回波信号 $Rf(\boldsymbol{\theta},\ s)$ 是沿着直线 L 的积分,其中直线 L 的方程为 $\boldsymbol{r} \cdot \boldsymbol{\theta} = s$,$s$ 为直线 L 到原点的距离。即 $Rf(\boldsymbol{\theta},\ s)$ 等于 $o(\boldsymbol{r})$ 的 Radon 变换,可写为

$$Rf(\boldsymbol{\theta},\ s) = \int_L \delta(s - \boldsymbol{r} \cdot \boldsymbol{\theta}) \cdot o(\boldsymbol{r}) \mathrm{d}\boldsymbol{r} \tag{3-70}$$

式中,$\delta(s - \boldsymbol{r} \cdot \boldsymbol{\theta})$ 为假设射线宽度无限小且可以连续测量。在实际中,我们获得的实测数据 $R_{\mathrm{b}}f(\boldsymbol{\theta},\ s_i)$ 是离散的、带限的信号,即

$$R_{\mathrm{b}}f(\boldsymbol{\theta},\ s_i) = \int_L Rf(\boldsymbol{\theta},\ s)\chi_{\Delta s}(s - s_i)\mathrm{d}s \tag{3-71}$$
$$= [Rf(\boldsymbol{\theta},\ \cdot) * \chi_{\Delta s}](s)$$

式中，$\chi_{\Delta s}$ 为探测器的响应函数。实测数据 $R_b f(\boldsymbol{\theta}, s_i)$ 为 $Rf(\boldsymbol{\theta}, \cdot)$ 与 $\chi_{\Delta s}$ 在 s_i 位置上的卷积值。由于 $\chi_{\Delta s}$ 的理想模型为矩形信号，可以认为实测数据 $R_b f(\boldsymbol{\theta}, s_i)$ 是 $Rf(\boldsymbol{\theta}, \cdot)$ 经过低通滤波的部分信息。

而在合成孔径成像中，发射波形常为被调制信号，通常将适合的大气窗口频率作为载频，并在载频上调制具有一定带宽的信号。其目标回波信号如式（3-72）所示。式中，χ 为具有一定宽带的带通信号。

$$
\begin{aligned}
\eta(\boldsymbol{\theta}, t) &= \int o(x) \int_{\omega_1}^{\omega_2} \exp[\mathrm{i}\omega(t - \boldsymbol{\theta} \cdot x)] \mathrm{d}\omega \mathrm{d}x \\
&= \iint o(x) \delta(s - \boldsymbol{\theta} \cdot x) \int_{\omega_1}^{\omega_2} \exp[\mathrm{i}\omega(t - s)] \mathrm{d}\omega \mathrm{d}s \mathrm{d}x \\
&= \int (Rf)(\boldsymbol{\theta}, s) \int_{\omega_1}^{\omega_2} \exp[\mathrm{i}\omega(t - s)] \mathrm{d}\omega \mathrm{d}s \\
&= [(Rf)(\boldsymbol{\theta}, \cdot) * \chi](t)
\end{aligned}
\tag{3-72}
$$

对比式（3-71）和式（3-72）发现，层析成像和合成孔径成像的目标回波信号具有相类似的数学表达式。而从时间采样和空间采样的对称性，这一现代信号处理的基本认识出发，可以将两式统一写为式（3-73）的形式。

$$
d(\boldsymbol{\theta}) = (Rf)(\boldsymbol{\theta}, \cdot) * \chi
\tag{3-73}
$$

层析成像和合成孔径成像的不同之处有以下几点。

（1）层析成像是投影的空间域数据，合成孔径成像是投影的谱域测量数据。在层析成像中 χ 是低通信号，且观测角度大于 120°，因此测量数据中保存了大量的低频信息，成像结果通常能得到物体的大小与良好的轮廓；在合成孔径成像中 χ 是带通信号，观测角度通常较小，因此不同角度的低频信息被丢失，取而代之的是频谱上的高频信息所反映的目标"散射中心"。

（2）层析成像和合成孔径成像测量获得的数据均可以看作是某种"投影"（线积分）操作。不同的是，层析成像测量获得数据的是反射或透射沿视向的"投影"（线积分）；合成孔径成像测量获得数据则是反射沿垂直于视向的"投影"（线积分）。

（3）层析成像和合成孔径成像观测方法不同，对应的测量数据在波数域的分布也不同，成像的点扩展函数也不相同。

3.3.2 基于层析的雷达成像方法

在雷达成像和层析成像的结合方面，前人已经开展了广泛的理论和应用研究。上文证明了两者在波数域有统一的目标回波信号模型。D. C. Munson 等将合成孔径雷达成像和计算机层析成像做了详细的比较，认为合成孔径雷达成像中的聚束模式可以从投影切片定理的角度进行理解，基于多普勒频移概念的雷达成像算法与基于 Radon 变换概念的层析成像算法具有相似性。随着对雷达成像和层析成像相似性研究的逐步深入，多种雷达和层析结合的新型成像方法被相关研究人员研发出来，如合成孔径层析成像（Synthetic Aperture Radar Tomography，TomoSAR）、圆迹合成孔径成像（Circular Synthetic Aperture Radar，CSAR）和多普勒雷达层析成像（Doppler Radar Tomography，DRT）。其中，TomoSAR 是两者结合的典型案例，已在地质学、农林学、冰川学等多个学科得到应用。CSAR 是另一个典型的成功案例，虽然 CSAR 和 TomoSAR 都是三维成像，但是两者对飞行平台的运动轨迹模式的要求却不相同。TomoSAR 是在 SAR 的直线飞行模式下发展而来，而 CSAR 需要飞行平台做圆周运动或者曲线运动。CSAR 为满足精细观测三维成像需求，还需要天线的波束始终指向同一场景区域。此外，DRT 是 TomoSAR 和 CSAR 之外，雷达和层析技术结合的又一个案例。但是，该方法从 80 年代提出概念到现在获得的研究及实验成果并不多。本节将对合成孔径层析成像技术、圆迹合成孔径成像技术和多普勒雷达层析成像技术分别进行介绍。

1. 合成孔径层析成像

TomoSAR 是将层析（Tomography）原理应用到合成孔径雷达（Synthetic Aperture Radar，SAR）的成像处理中，通过从不同角度对同一目标进行相参观测（干涉测量），采用反演的方法，将视线向距离相同而斜距高度不同的散射点目标（如图 3 - 37 中的三角形散射体点）分离。从而避免了将距离相同而斜距高度

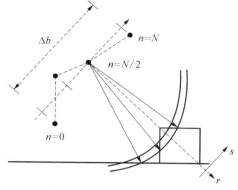

图 3-37
多基线 SAR 成
像和叠掩现象
示意图

不同的散射点目标投影到同一像素单元之内。实现了二维的斜距向平面(垂直于航向和视线向的平面)的图像到三维图像的反演。

图 3-37 为合成孔径层析成像的成像场景,对成像基本的信号模型进行分析。假设 $N+1$ 个角度对应 $N+1$ 条基线,获取合成孔径层析成像的测量数据,按照几何位置排列后,把中心角度作为主图像,其他图像经几何校准后,$N+1$ 幅合成孔径图像上相同像素单元就可以排列为长度为 $N+1$ 的一维数组 $s=[s_0,\cdots,s_N]$。 数组中的每一个元素代表沿斜距向距离相同的散射点的散射率分布的积分,如式(3-74)所示。

$$s_N = \int \sigma(l) \cdot \exp(-\mathrm{j}2\pi\zeta_n l)\mathrm{d}l, \ n=0, \cdots, N \qquad (3-74)$$

式中,$\sigma(l)$ 为沿垂直斜距向 l 上的散射点的散射值;λ 为入射信号的波长;$\zeta_n = -2b_{\perp_n}/(\lambda r)$ 为空间频率,其中 r 为斜距向的距离,$b_{\perp_n}$ 为垂直基线距。

从式(3-74)可以看出,$s=[s_0,\cdots,s_N]$ 与散射点 $\sigma(l)$ 之间形成了一对傅里叶变换对,而 TomoSAR 就是利用多基线数据集 y 通过合成孔径成像获得 $s=[s_0,\cdots,s_N]$,再逆运算求取 $\sigma(l)$ 的过程。但是由于 SAR 系统所使用的是宽波束天线,这与层析成像通过平移收发装置获得第三维的分辨是不同的。所以不能直接将 CT 成像的这种技术运用到 SAR 系统中。目前最直接有效的 SAR 层析反演方法就是基于波数域的傅里叶逆变换方法。这种方法是将 SAR 成像中的 w-k 方法拓展至三维,可以无近似地解决 SAR 层析成像三维聚焦的问题。按照 w-k 方法可以获得目标散射系数 $\sigma(x,y,z)$ 与目标回波 $s(x',y',N)$ 之间的关系,如式(3-75)所示。

$$\sigma(x,\ y,\ z) = FT_{3D}^{-1}\{FT_{2D}[s(x',\ y',\ N)]\exp(-\mathrm{j}d\sqrt{4k^2-k_{x'}^2-k_{y'}^2})\}$$

$$(3-75)$$

式(3-75)表明,目标的三维重构图像 $\sigma(x,\ y,\ z)$,可以从目标回波 $s(x',\ y',\ N)$ 出发,通过运算得到,其步骤如下。

步骤 1:将目标回波信号变化到三维的波数域。

步骤 2:传播因子相乘,这是 w-k 方法的第一个关键步骤。经过传播因子相乘,参考距离处的目标得到了完全聚焦。

步骤 3:Stolt 插值,这是 w-k 方法的第二个关键步骤。

步骤 4:通过三维傅里叶逆变换将信号变回到图像域。

在实际的 TomoSAR 中,由于基线数目和基线长度的有限,观测角度受限,导致低分辨力和高旁瓣的问题,制约了 TomoSAR 的发展。以实际的 TerraSAR_X 为例,其最大基线长度约为 500 m,通过计算可以得到的第三维的分辨力大约在几十米的量级。这意味着该系统不能对在斜距上间距只有十米的两个目标散射体进行区分,因此地面目标大多数都属于叠掩目标。此外,旁瓣高也是 TomoSAR 需要面对的问题。TomoSAR 的旁瓣高还是空间采样不足、空间采样不均匀和噪声大引起的。根据香农采样定理(Shannon Sampling Theorem),采样频率大于信号宽带的两倍时,才能保证对信号的完美重建。但在实际 TomoSAR 中,空间采样的个数远小于香农定理要求的采样数量,而且基线的空间排列不均匀导致空间采样的不均匀。这些问题共同导致 TomoSAR 的高旁瓣甚至栅瓣的产生。超分辨算法是解决目标叠掩和高旁瓣问题的一个方法,也是目前 TomoSAR 的研究热点,常用的算法有 Capon、MUSIC 和 CS 算法等。

2. 圆迹合成孔径成像

CSAR 的研究始于 20 世纪 90 年代。M. Soumekh 教授和 T. K. Chan 教授较早地在理论方面对 CSAR 的三维成像潜力进行了研究。2014 年,美国 Sandia 实验室在年度技术总结中系统介绍了该 CSAR 成像成果,明确指出该技术是下

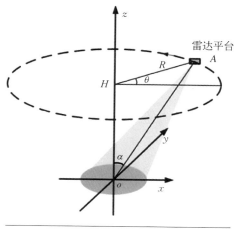

图 3-38
CSAR 成像几
何示意图

一代的智能化监视警戒和目标跟踪雷达的核心技术。典型 CSAR 的成像几何如图 3-38 所示。图中，CSAR 雷达的飞行平台按圆周模式运动。平台的飞行高度为 H，圆周的半径为 R。在飞行过程中，雷达旋转角为 $\theta \in [0, 2\pi)$，波束入射角为 α。两个角度随平台和成像区域的几何关系变化而变化，始终保证 CSAR 雷达天线的主瓣对准成像区域。

对 CSAR 的成像原理进行简单的推导。推导中采用目标散射各向同性假设，及近似认为成像区域中目标可近似为多个点目标的线性叠加，且任一个点目标的电磁散射系数 $\sigma(x, y, z)$ 不随角度而变化。假设雷达飞行平台与成像区域的中心点的距离为 R_0，雷达飞行平台与某个点目标的距离为 R_p，雷达发射信号为 $p(t)$。则目标回波信号的数学表达为

$$s(\theta, \alpha, t) = \iiint \sigma(x, y, z) p\left[t - \frac{2(R_\mathrm{p} - R_0)}{c} \right] \mathrm{d}x \mathrm{d}y \mathrm{d}z \qquad (3-76)$$

假设 CSAR 成像场景满足远场条件，则式(3-76)中的 $R_\mathrm{p} - R_0$ 可近似为

$$R_\mathrm{p} - R_0 = -\sin \alpha \cos \theta \cdot x - \sin \alpha \sin \theta \cdot y - \cos \alpha \cdot z \qquad (3-77)$$

由式(3-77)可知，CSAR 的目标回波信号中完整地包含了目标的 x、y、z 三维位置信息。将式(3-77)带入式(3-76)，并对时间 t 做傅里叶变换，然后在频域对距离向进行匹配滤波，可推导出式(3-78)。

$$S(\theta, \alpha, f) \approx \iiint |P(f)|^2 \sigma(x, y, z) \exp[-\mathrm{j}(k_x x + k_y y + k_z z)] \mathrm{d}x \mathrm{d}y \mathrm{d}z$$

$$(3-78)$$

式中，$P(f) = FFT[p(t)]$；$|P(f)|^2$ 可近似为矩形窗函数；k_x、k_y、k_z 为波数 k 在 x、y、z 方向的分量，即 $k_x = -k \cdot \sin \alpha \cos \theta$，$k_y = -k \cdot \sin \alpha \sin \theta$，$k_z =$

$-k \cdot \cos\alpha$。可获得 CSAR 的目标回波信号在波数域的支撑区,支撑区近似为一个圆台曲面,如图 3 - 39 所示。将 $S(\theta, \alpha, f)$ 从极坐标变化到笛卡尔坐标系,即可得到散射系数 $\sigma(x, y, z)$ 与三维波数域信号 $S(k_x, k_y, k_z)$ 之间的关系,即 $\sigma(x, y, z)$ 同 $S(k_x, k_y, k_z)$ 互为傅里叶变换对。

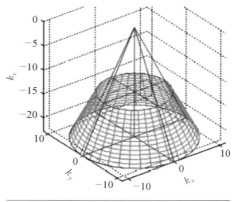

图 3 - 39
CSAR 目标回波信号在波数域的支撑区

与层析成像的目标回波信号在波数域的支撑区类似,CSAR 的观测几何在 $k_x - k_y$ 平面上的频谱展宽为一个圆环面,与此对应的点扩展函数为贝塞尔 (Bessel) 函数,分辨力为 $\rho = \lambda/(4\sin\alpha)$,这是常规 SAR 所无法比拟的。此外,在 z 方向上,其分辨力是信号发射带宽对应分辨力在此方向上的投影,即 $\rho_z = c/(2\cos\alpha \cdot B)$。

3. 多普勒雷达层析成像

多普勒雷达层析成像是 TomoSAR 和 CSAR 之外,雷达和层析技术结合的另一个成功案例。与 TomoSAR 和 CSAR 需要发射宽带信号不同,多普勒雷达层析成像的反射信号为单频信号。从系统复杂度上看,多普勒雷达层析成像具有系统相对简单、不需要对宽带信号失真进行补偿、成本低等优点。此外,多普勒雷达层析成像易于实现匹配滤波,因此在最小可检测信噪比恒定的条件下,具有更远的最大可检测距离。由于多普勒雷达层析成像具有图像分辨力高、系统简单、大空间观测角等特点,因此在某些特定的应用场景具有潜在的优势。

多普勒雷达层析成像的原理最早是由 D. Mensa 提出的。其成像原理为:当照射目标相对雷达视线存在转动分量时,雷达目标回波的包络将产生多普勒展宽,该包络可以看作为目标沿方位向的一维投影,随着目标的旋转将获得一系列连续的一维投影数据,对投影数据做逆 Radon 变换即可得到目标的二维重构图像。

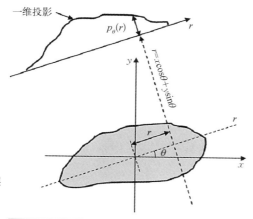

图 3-40
多普勒雷达层
析成像示意图

如图 3-40 所示,照射目标沿中心点旋转,目标回波信号将产生多普勒频移 f_d。 设旋转角速度为 ω,则目标 (x, y) 处的多普勒频移如式(3-79)所示。 相同的 f_d 在目标上可由直线 L 方程 $x\cos\theta + y\sin\theta - r = 0$ 表示。 设目标回波信号为 $s(t, \tau, t_k)$,其对应的短时傅里叶变换为 $S(f, \tau, t_k)$。 根据多普勒频移值的不同,$S(f, \tau, t_k)$ 代表与直线 L 平行的一系列射线束。

$$f_d = 2v/\lambda = 2\omega r/\lambda = 2\omega \cdot (x\cos\theta + y\sin\theta)/\lambda \qquad (3-79)$$

$S(f, \tau, t_k)$ 可以看作目标在多普勒域上的一维投影 $p_\theta(r)$。假设 $o(x, y)$ 表示照射目标的二维空间分布,对函数 $o(x, y)$ 沿直线 L 做投影,引入 Dirac 函数,一维投影 $p_\theta(r)$ 可表示为与计算机层析成像相同的数学表达形式。根据傅里叶投影切片定理,若已知目标函数 $o(x, y)$ 在极坐标系下各等间隔方位的平行投影数据[对于多普勒雷达层析成像,投影数据为目标回波信号的短时傅里叶变换 $S(f, \tau, t_k)$,即一维多普勒像],然后,将投影数据 $P_\theta(f_r)$ 从极坐标系插值到笛卡尔坐标系,可以得到目标函数 $o(x, y)$ 的二维傅里叶变换 $Q_\theta(f_x, f_y)$ 的分布。最后,再经过二维傅里叶变换得到目标函数 $o(x, y)$。

后来,G. Fliss 利用多普勒雷达层析成像方法解决了直升机旋翼的成像问题,在 X 波段利用雷达层析概念分别给出了宽带和窄带信号的成像结果。并采用时频分析技术获取进动目标散射中心的多普勒历程,通过滤波反投影算法实现了窄带雷达对空间进动目标的二维重构。由于多普勒雷达层析成像的分辨力与波长成正比,该方法获得的分辨力在微波段优势不明显。同时,该方法还具有重构图像的 PSF 旁瓣高的缺点。以上两点以及其他方面的因素共同作用,导致该方法从 20 世纪 80 年代提出概念到现在,获得的研究及实验成果并不多。

但是,随着雷达频率的提升特别是太赫兹雷达的出现,多普勒雷达层析成像的理论分辨力有了极大的提高。针对 PSF 旁瓣高的缺点，H. T. Tran 提出了利用分数傅里叶结合 S 方法的成像方法，有效地降低了 PSF 的旁瓣电平。随着分辨率的提高及旁瓣电平的降低，可以预见基于单频信号的太赫兹多普勒雷达层析成像在无损检测、安检等近程应用领域将具有广泛的研究前景。此外，太赫兹频段更有利于微多普勒特征参数提取，太赫兹多普勒雷达层析成像还可以应用于识别空间进动目标、飞机旋翼、发动机振动等具有微动特征的目标。

3.3.3　0.67 THz 多普勒雷达层析成像实验

1. 0.67 THz 雷达成像实验介绍

中国工程物理研究院微系统与太赫兹研究中心研究的 0.67 THz 雷达系统的组成包括：收发锥角喇叭天线、收发前端模块、中频模块、信号采集及处理模块、计算机及显示，其实物如图 3-41 所示。整个系统采用 100 MHz 信号源作为参考信号，保证了整个雷达系统的相干性。发射端由 27.6 GHz 信号发生器、宽带肖特基 24 倍频链、喇叭天线组成，发射信号频率为 662.4 GHz；接收端通过 12 倍频链将 27.5 GHz 信号倍频至 330 GHz，然后利用 330 GHz 信号驱动次谐波混频器（Sub-harmonic Mixer，SHM）将接收天线收到的目标回波信号下变频至 2.4 GHz；中频模块由低噪声放大器、带通滤波器、混频器、本振源、中视放组成，通过下变频将 2.4 GHz 中频信号搬移到 10 MHz，并将信号放大至模/数转换器

图 3-41
0.67 THz 雷达
成像实验平台
集成实物图

(Analog-to Digital Converter，ADC)能采集的范围。与直接变换到零中频相比，2.4 GHz 差频的存在虽然增加了系统的复杂度，但可有效减小 $1/f$ 噪声的影响。此外，2.4 GHz 本振取自发射和接收 Ku 点源的差拍信号，大幅降低系统的相位噪声，对系统的动态范围和成像分辨能力意义重大。

在多普勒雷达层析成像实验中，收发天线分置，成像物体被放置在转台上，转台中心与天线距离为 2.6 m，成像实验场景如图 3-42 所示。

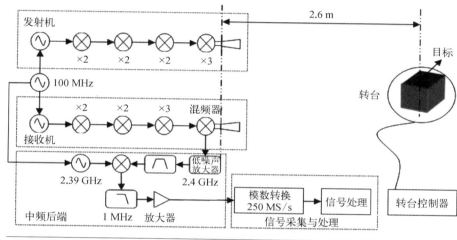

图 3-42 多普勒雷达层析成像实验场景

利用雷达方程对目标 RCS、雷达发射功率和成像距离等实验指标进行论证。由于实验中雷达系统采用天线收发分置体制，本应采用双基地雷达方程。但是，收发天线与被照射目标之间的夹角小且收发天线到目标的距离相同。为简化问题，本书将双基地雷达方程近似为单基地雷达方程，即

$$R = \left[\frac{P_t G_t G_r \sigma \lambda^2 \tau G_N}{(4\pi)^3 L_{t0} L_s k T_0 N_F \cdot SNR} \right]^{1/4} \tag{3-80}$$

式中，R 为雷达作用距离；P_t 为雷达峰值发射功率；G_t、G_r 分别为雷达发射天线和接收天线的增益；σ 为照射目标的雷达散射截积；λ 为雷达工作波长；τ 为发射脉冲宽度；G_N 为雷达脉冲积累增益；L_{t0} 为大气衰减系数；L_s 为雷达系统损耗；k 为波耳兹曼常数；T_0 为接收机工作温度；N_F 为接收机的噪声系数；SNR 为检测所需最小信噪比。在实验中，收发天线最大增益均为 25 dBi；被照射

目标为高 8 cm、直径 0.6 cm 的金属棒,在入射角为 0°时,662 GHz 处的雷达散射截面积 σ 约为 0.27 m^2;考虑本地的海拔高度约为 0.5 km,设大气衰减系数 $L_{t0} = 0.07$ dB/m;考虑混频器变频损耗为 15 dB,各种连接及未知损耗约为 5 dB,因此设雷达系统损耗 $L_s = 20$ dB;接收机噪声系数按照 10 dB 计算。根据上述情况,雷达方程参数设为: $G_t = 25$ dBi、$G_r = 25$ dBi、$\sigma = 0.27$ m^2、$\lambda = 0.45$ mm、$\tau = 100$ μs、$L_{t0} = 0.07$ dB、$L_s = 20$ dB、$k_B = 1.38 \times 10^{-23}$ J/K、$T_0 = 300$ K、$N_F = 10$ dB、$SNR = 12$ dB。雷达最大作用距离与发射功率之间的关系如图 3 - 43 所示。

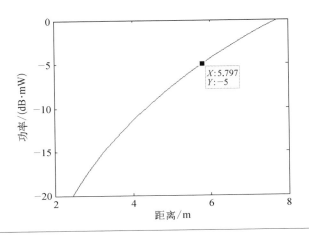

图 3 - 43
雷达最大作用
距离与发射功
率的关系曲线

由图 3 - 43 可以看出,雷达最大作用距离随着发射功率的增大而增大。本实验中,雷达系统在频率 662 GHz 处的发射功率为 -5 dB·mW 时,对应的作用距离约为 5.8 m,考虑一定的性能余量,实验将天线与目标的距离定为 2.6 m。

影响成像距离的另外一个因素是相位稳定度。为获得目标的多普勒一维投影,雷达系统需要对一串目标回波信号进行相参处理,这对雷达系统的相位稳定度 $\Delta\varphi$ 有较高的要求。相位稳定度的计算公式为 $\Delta\varphi = 360°R\Delta f/c$。其中,$R$ 为目标到雷达天线的距离,Δf 为系统频率稳定度,c 为光速。雷达系统相位稳定度测试场景如图 3 - 44 所示,发射天线的主瓣对准接收天线的主瓣,发射信号频率为 662 GHz。当收发天线相距 3 m(单程)时,系统在 1 s 以内的相位稳定度约为 ±15°,测试结果如图 3 - 45 所示。根据相位稳定度的计算公式,当目标与收发天线的距离为 2.6 m(双程)时,雷达系统的相位稳定度优于 ±26°。由于在相参处理的积累时间内单个目标散射中心的相位变化值远大于该雷达系统的相位稳定度。因此,在本实验中雷达相位稳定度以及成像距离是满足系统相参处理以及成像信号处理的基本要求,但成像质量将下降。

图 3 - 44
0.67 THz 雷达相位稳定度测试场景

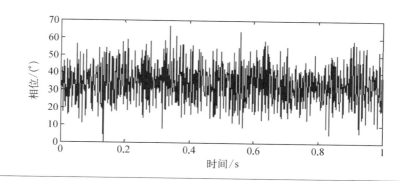

图 3 - 45
0.67 THz 雷达在 3 m(单程)处的相位稳定度在 1 s 内的测试曲线

2. 多普勒雷达层析成像算法

在多普勒雷达层析成像中,某方向的投影可以由回波信号的多普勒像(Doppler Profile)代替。雷达发射电磁信号到物体并接收物体的回波信号,如果物体是移动的,接收信号的频率将偏离发射信号的频率,称为多普勒效应。在本实验中,雷达收发天线不动且照射目标沿中心点旋转,单频雷达的回波信号将产生多普勒频移,导致回波的包络被展宽,该展宽的包络可以看作为目标在方位向上的一维投影。假设一串雷达目标回波信号为 $s(t,\tau,t_k)$,t_k 为起始时间,与之对应的方向角度设为 θ,τ 为系统相参处理时间,其短时傅里叶 $S(f,\tau,t_k)$ 为

$$S(f,\tau,t_k)=\int_{t_k}^{t_k+\tau}s(t,\tau,t_k)e^{-\mathrm{j}2\pi ft}\mathrm{d}t \qquad (3-81)$$

同时,假设旋转轴为 z 轴,目标上某散射中心的坐标为 (x,y),旋转中心的坐标为 $(0,0)$,该散射中心到旋转中心的距离 r 为 $(x\cos\theta + y\sin\theta)$,该散射中心的多普勒频移 f_d 为 $2r\omega\cos\theta/\lambda$。对 $S(f,\tau,t_k)$ 取模,即可得到照射目标在角度 θ 的一维投影 $p_\theta(r)$ 为

$$p_\theta(r) = | S(f,\tau,t_k) | \tag{3-82}$$

依据傅里叶投影切片定理,若已知极坐标系下各等角间隔方位的平行投影数据,对其实施傅里叶变换可得重构函数 $f(x,y)$。但由于必须把频域极坐标的采样点插值为笛卡尔坐标系点值。采用插值的方法将带来计算误差,导致重构图像质量的退化。卷积反投影算法通过近似避免了插值计算且运算速度快,是目前在层析成像中广泛应用的图像重建算法。它在本质上是 Radon 逆变换公式在图像重建中的具体应用。以目标函数 $q(x,y)$ 与 $P_\theta(f_r)$ 极坐标系关系式为基础,可以得到式 $(3-83)$,其中 $P_\theta(f_r)$ 为 $P_\theta(r)$ 的傅里叶变换对。

$$
\begin{aligned}
q(x,y) &= \int_{-\infty}^{\infty}\int_{0}^{\pi} | f_r | P_\theta(f_r)\exp[-\mathrm{j}2\pi f_r(x\cos\theta + y\sin\theta)]\mathrm{d}f_r\mathrm{d}\theta \\
&= \int_{0}^{\pi} F^{-1}\big[| f_r | P_\theta(f_r)\big]_{(x\cos\theta + y\sin\theta)}\,\mathrm{d}\theta \\
&= \int_{0}^{\pi} \big[p_\theta(t) * h(t)\big]_{(t = x\cos\theta + y\sin\theta)}\,\mathrm{d}\theta
\end{aligned}
\tag{3-83}
$$

式中,$*$ 为卷积符号,$h(t)$ 表示为 $| f_r |$ 的傅里叶逆变换,即

$$h(t) = F^{-1}(| f_r |) \tag{3-84}$$

式 $(3-84)$ 集中体现了卷积反投影滤波的各个步骤。基于该方法的多普勒雷达层析成像算法可分为 4 个步骤。

(1) 对雷达目标回波信号 $s(t,\tau,t_k)$ 做短时傅里叶变换得 $S(f,\tau,t_k)$,对 $S(f,\tau,t_k)$ 取模,即可得到照射目标在角度 θ 的一维方位向(多普勒)投影数据 $p_\theta(r)$。

(2) 将角度 θ 探测得到的投影数据 $p_\theta(r)$,经过滤波后可得到矫正后的投影

数据 $p_\theta(t)*h(t)$。

（3）将各个角度 θ 上得到的滤波投影值 $p_\theta(t)*h(t)$ 投射到满足 $t=x\cos\theta+y\sin\theta$ 的对应曲线上。

（4）然后把各个角度 θ 的滤波投影值 $p_\theta(t)*h(t)$ 进行累加，最终获得目标的二维重构图像。

3. 实验结果分析

为验证并演示基于单频信号的太赫兹多普勒层析成像算法的性能。利用上述介绍的实验系统，在转台上放置高 8 cm、半径 0.6 cm 的金属棒，并摆放为"T""H""Z"，目标在 x-y 轴平面内的尺寸约为 12 cm×12 cm，如图 3-46 所示。利用 662 GHz 单频信号对目标进行方位角 360°全姿态照射，回波数据角度采样间隔 0.1°。对回波信号进行时频分析并成像，目标的时频多普勒曲线及二维重构图像如图 3-47 所示。图 3-47 的上图表明目标的时频多普勒曲线是一组三角函数，其频率为转台角频率，幅度、相位则与目标尺寸等参数有关。此外，图 3-47 的上图中 y 轴零点附近有一条固定的亮线，这是由墙、支架、转台等背景目标回波信号以及收发天线的耦合信号带来的，导致在重构图像的坐标原点处存在虚假目标点，如图 3-47 中的下图所示。针对图 3-47 中暴露出的背景噪声大的问题，采用 CLEAN 算法提取背景噪声的散射点位置和幅度等参数，通过算法消除其对成像的影响。经 CLEAN 算法去噪声后，获得的图像结果如图 3-48 所示。

图 3-46
金属棒摆放的
"T""H""Z"
图形

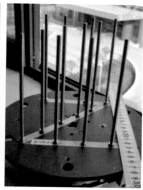

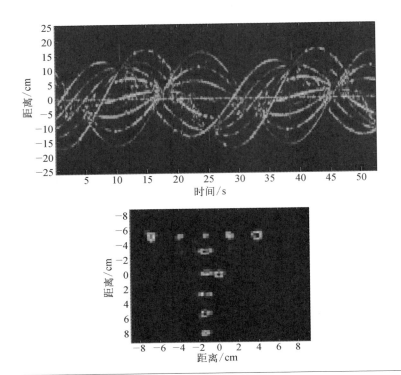

图 3-47
图形"T"回波信号的时频多普勒曲线及二维重构图像

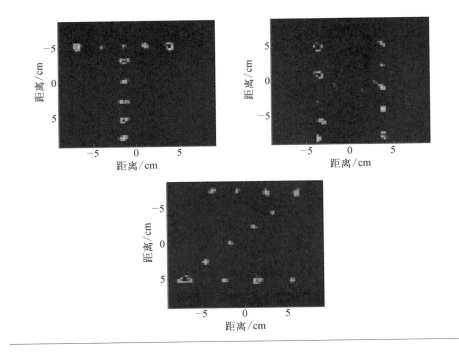

图 3-48
去除背景噪声后的成像结果

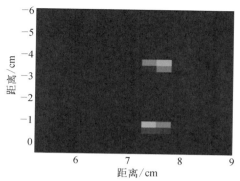

图 3 - 49
重构图像的
PSF

对成像分辨力进行分析,考虑到金属棒回波信号各向同性,单独一根金属棒的重构图像可以认为是点目标的扩展函数。从图 3 - 49 可以看出,一根金属棒的重构图像的主瓣宽度约为 0.8 cm。因此,粗略估计本实验系统的空间分辨力优于 1 cm。

值得注意的是,实验获得图像的分辨力与理论分辨力有数量级上的差距。其原因是实验中雷达系统的相位稳定度差、实验采用的转台误差大、成像算法有待优化,以及金属棒的散射机理等因素共同导致的。具体分析如下。

(1) 系统相位稳定度

系统稳定度对图像质量的影响主要表现为点扩展函数的主瓣和副瓣结构。总的来说,低频误差影响主瓣,例如,信号时间两端因二次相位畸变造成的相位误差达 π,主瓣增宽到原宽度的 1.5 倍,峰值损失为 2 dB。而高频误差影响副瓣,系统不稳定产生的副瓣结构一般是无规律的杂乱副瓣。图 3 - 50 给出了系统相位稳定度为 ±40°时的理论分辨力仿真结果,从仿真结果可以看出,点扩展函数的主瓣下降约 12 dB,而主瓣的展宽并不严重,副瓣呈无规律分布的尖峰。

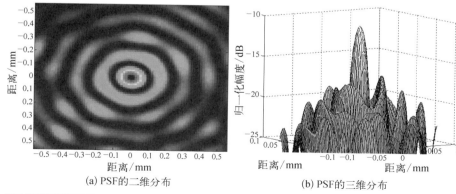

图 3 - 50
系统相位稳定
度为 ± 40°时
的 PSF

(a) PSF的二维分布   (b) PSF的三维分布

（2）散射中心稳定度

分析金属球的散射机理可以得到，金属球的散射中心位于靠近雷达的表面顶点，而不是球心。同理，在本实验中直径为 0.6 cm 的金属棒的散射中心不是球心，而是金属棒靠近雷达的表面顶点，且随着观测视角沿与目标轮廓有关的空间曲线滑动。这将导致成像获得的点扩展函数主瓣的展宽。这也是实验获得的分辨力与理论分辨力差数量级的主要原因。此外，目标受转台运动精度的影响，表现为目标散射中心的扰动，从而导致点散布函数主瓣结构的进一步恶化。

综上所述，多普勒雷达层析成像具有图像分辨力高、系统简单、空间观测角大的特点，而且随着频率的升高，特别是到了太赫兹频段，该成像方法的分辨力理论上能达到亚毫米级，在无损检测、安检以及微动特征目标识别等领域有广泛的应用前景。在未来的研究中，应重点对以下两方面内容展开研究：① 研究成像算法，降低成像 PSF 的主瓣宽度及旁瓣电平；② 提高相位稳定度等系统指标，设计改进实验，提高成像质量。

3.4　太赫兹雷达全息成像

本节首先介绍了全息雷达成像原理，以及时（空）域和波数域两种成像算法。然后，将合成孔径成像中常用距离多普勒算法推广至全息雷达成像，提出了基于距离多普勒的全息雷达成像新方法。最后，利用实测回波数据给出了典型目标在三种算法下的成像结果，验证了距离多普勒域成像算法的快速成像和运动补偿能力。

3.4.1　全息雷达成像原理

太赫兹全息成像有两种实现方式，一种来自光学全息成像概念，采用焦平面记录强度的方式间接地获取回波信号的幅度和相位，称为太赫兹数字全息成像；另一种来自微波和声学全息概念，采用雷达常用的超外差技术直接获取回波信号的幅度和相位，称为太赫兹全息雷达成像，这也是本章研究的重点。

关于雷达和全息技术的研究可以追溯到 1962 年，从事雷达研究的 Leith 和

J. Upatnieks 意识到,侧视合成孔径雷达记录的信号就是电磁波的全息图,并论证了合成孔径成像和全息成像在概念上和数学模型上的相似性。正如 Gabor 在 1971 年获得诺贝尔奖的演说中所述,Leith 在侧视合成孔径雷达中用的电磁波比光波长 10 万倍,而他本人在电子显微镜中用的波比光波短了 10 万倍,他们分别在相差 10^{10} 倍波长的两个方向上发展了全息术。

全息雷达成像概念始于 20 世纪 70 年代,采用无线电波穿透衣服对隐藏物品进行成像。由于无线电波的电离辐射小,在人体安检等领域具有广泛的应用前景。在 90 年代,Collins 提出了一种可以满足实时成像要求的单频阵列式毫米波全息成像系统。在 Collins 的基础上,Sheen 等不断进行改进,其研制的 ProVision 系统成功应用于机场安检。

1. 全息雷达成像场景

图 3-51 为全息雷达成像的场景。图中,成像目标位于 $z=0$ 处,在目标上任意一点 (x, y, z) 的散射系数为 $\sigma(x, y, z)$。在 $z=d$ 的 $x'-y'$ 平面上,沿 $x'-y'$ 平面以 Δx、Δy 为间隔放置天线。天线对目标发射电磁信号 $s(t)$,电磁波在传播过程中遇到目标产生散射,散射波在空间各点处形成衍射。对散射/衍射场进行测量,通过天线获得的目标回波,并用 $s_r(x', y', z_0, t)$ 表示。目标回波与发射信号的关系可由式(3-85)表示。

$$s_r(x', y', d, t) = \iiint \sigma(x, y, z) \cdot s[t - t(x', y')] \mathrm{d}x \mathrm{d}y \mathrm{d}z \quad (3-85)$$

式中,$t(x', y') = 2R/c = 2\sqrt{(x-x')^2 + (y-y')^2 + (z-d)^2}/c$,为某散射中心 $\sigma(x, y, z)$ 到观测面 (x', y') 的时延。式(3-85)的含义为,在高频区,目标总的回波可以认为是由某些局部位置上的散射源 $\sigma(x, y, z)$ 的相干合成。

从电磁逆散射上看,全息雷达成像属于电磁散射/衍射正问题所对应的逆问题研究范畴。在工程上,为避免非线性带来的非适定性,通常采用弱散射近似(Born 近似和 Rytov 近似)和高频近似(物理光学近似和基尔霍夫近似)等线性近似假设。当采用线性近似假设后,全息雷达成像就简化为逆衍射重构问题,即通过 $s_r(x', y', d, t)$ 反演目标散射系数 $\sigma(x, y, z)$ 分布的线性过程。

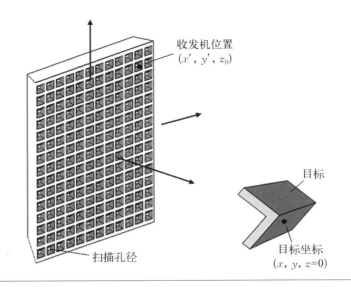

収发机位置
(x', y', z_0)

目标

扫描孔径

目标坐标
$(x, y, z=0)$

图 3-51
全息雷达成像
场景

2. 全息雷达成像时域算法

从时(空)域看,通过 $s_r(x', y', d, t)$ 反演目标散射系数 $\sigma(x, y, z)$ 分布,就是对式(3-85)的一个线性逆滤波过程,且滤波函数 $s[t - t_i(x', y')]$ 是已知的。对于带限信号,逆滤波通常用匹配滤波实现最佳逼近,匹配滤波波形为 $s[t - t_i(x', y')]$ 的共轭倒置。则第 i 点的散射系数可由式(3-86)进行重构。

$$\tilde{\sigma}_i(x, y, z) = \iint s_r(x', y', d, t) * s[t - t_i(x', y')] \mathrm{d}x' \mathrm{d}y'$$
$$= \iint s_r(x', y', d, t) \star s^*[t_i(x', y') - t] \mathrm{d}x' \mathrm{d}y'$$

(3-86)

式中,$*$ 表示卷积,$\star$ 表示相关,s^* 表示共轭。将式(3-85)带入式(3-86)可得

$$\tilde{\sigma}_i(x, y, z) = \iiint \sigma_i(x, y, z) \cdot \iint s[t - t_i(x', y')]$$
$$\star s^*[t_i(x', y') - t] \mathrm{d}x' \mathrm{d}y' \mathrm{d}x \mathrm{d}y \mathrm{d}z$$
$$= \iiint \sigma_i(x, y, z) \cdot PSF(\cdot) \mathrm{d}x \mathrm{d}y \mathrm{d}z$$

(3-87)

式中,$PSF(\cdot)$ 为点扩展函数。式(3-87)表明,通过时域逆滤波(或匹配滤波)运算,即可在时(空)域下实现对目标散射系数 $\sigma(x, y, z)$ 的重构。典型的时

（空）域算法如时域相关（Time Domain Corelation，TDC）算法和后向投影（Back-Projection，BP）算法。

为引出后向投影算法，先介绍时域相关算法。时域相关算法的流程具体如下。

（1）如图 3-51 所示，在 $z=z_0$ 的 $x'-y'$ 平面上，以 Δx、Δy 为间隔逐点扫描，获得散射物体的回波信号 $u(x',y',z_0,t)$。

（2）对散射物体附近的空间进行几何网格剖分。

（3）对每个扫描点 (x',y') 分别计算传感器达到第 i 个网格点 (x,y,z) 的时延 $t_i(x',y')$，以发射信号 $s(t)$ 为基础，构建匹配滤波函数 $s^*[t_i(x',y')-t]$。

（4）计算每个扫描点 (x',y') 的回波信号 $s_r(x',y',z_0,t)$ 的匹配滤波输出 $s_{iM}(x',y',t)$，即 $s_{iM}(x',y',t)=s_r(x',y',z_0,t) \star s^*[t_i(x',y')-t]$。

（5）对所有扫描点的匹配滤波输出 $s_{iM}(x',y',t=0)$ 进行相干叠加，就获得第 i 点的散射系数估计值 $\bar{\sigma}_i(x,y,z)$。

（6）对于线性空间不变系统，只需对散射物体上任意一点 i 进行分析，其他各点与该点的类似。重复对网格上的点进行 3~5 步操作，获得整个空间内的散射物体的 $\bar{\sigma}_i(x,y,z)$ 值。

上述流程表明，时域相关算法就是在每个观测点上将所要求解的目标点的相位按照匹配滤波函数 $s^*[t_i(x',y')-t]$ 进行校正，并实现相干叠加。该算法需要进行四层循环运算，运算量在 N^4 量级，运算量极大。但该算法的成像机理简单，成像结果精确，可以作为其他算法的对比。

进一步分析时域相关成像算法中的匹配滤波函数 $s^*[t_i(x',y')-t]$ 可以发现，在时域相关成像算法的流程中，需要重复生成大量延时不同而信号形式相同的匹配滤波函数并进行卷积运算，这是该算法效率低的主要原因。如果，先以某参考延时 t_{ref} 为基准生成匹配滤波函数 $s^*(t_{ref}-t)$，对所有的回波信号进行相同的匹配滤波处理，再进行其他计算，可减少算法的运算量。按照该思想，式（3-87）可改写为

$$\bar{\sigma}_i(x, y, z) = \iiint \sigma_i(x, y, z) \cdot \iint s[t - t_i(x', y')] \star s^*(t_{ref} - t) dx' dy' dx dy dz$$

$$= \iiint \sigma_i(x, y, z) \cdot s_{iM}[x', y', t + t_i(x', y') - t_{ref}] dx dy dz$$

$$(3 - 88)$$

式中,匹配滤波输出 $s_{iM}[x', y', t + t_i(x', y') - t_{ref}]$ 就是散射物体沿视向在一维距离像的投影。在每个观测点 (x', y') 处按照时间坐标 t 将 $t = t_{ref} - t_i(x', y')$ 点的匹配滤波输出 $s_{iM}[x', y', t + t_i(x', y') - t_{ref}]$ 投影到对应的网格点上。这种方法的本质是 Radon 逆变换在图像重建的具体应用,因此这个方法被称为后向投影算法。后向投影算法的流程如下。

(1) 在 $z = z_0$ 的 $x' - y'$ 平面上,以 Δx、Δy 为间隔逐点扫描,获得散射物体的回波信号 $s_r(x', y', z_0, t)$。

(2) 对散射物体附近的空间进行几何网格剖分。

(3) 设观测面中心和散射物体区域中心的双程延时为参考延时 t_{ref},以发射信号 $s(t)$ 为基础,构建匹配滤波函数 $s^*(t_{ref} - t)$。

(4) 计算每个扫描点 (x', y') 回波信号一维距离像 $s_{iM}[x', y', t + t_i(x', y') - t_{ref}]$,即 $s_{iM}[x', y', t + t_i(x', y') - t_{ref}] = s_r(x', y', z_0, t) \star s^*(t_{ref} - t)$。

(5) 对每个扫描点 (x', y') 分别计算传感器达到第 i 个网格点 (x, y, z) 的时延 $t_i(x', y')$,根据找出在 $t = t_{ref} - t_i(x', y')$ 点处的一维距离像 $s_{iM}[x', y', t + t_i(x', y') - t_{ref}]$ 的值,将 $s_{iM}[x', y', t = t_{ref} - t_i(x', y')]$ 的值投影到相应的网格点上并相干叠加。

(6) 对于线性空间不变系统,只需对散射物体上任意一点 i 进行分析,其他各点与该点的类似。重复对网格上的点进行 3~5 步操作,获得整个空间内的散射物体的 $\bar{\sigma}_i(x, y, z)$ 值。

与时域相关算法相比,后向投影算法的计算量相对较小,其运算量在 N^3 量级。但有一个前提:匹配滤波后,一维距离像的距离分辨力能够满足网格剖分的要求。因此,在实际中需对获得一维距离像 $s_{iM}[x', y', t + t_i(x', y') - t_{ref}]$ 进行插值来保证图像质量。

3. 全息雷达成像波数域算法

波数域是指三维空间的傅里叶变换对所在的域,也被称为空间谱域、角谱域等,全息雷达成像的波数域算法就是将目标回波信号变换到波数域进行成像的算法。自从 Sheen 等在全息雷达成像中引入了空间谱域算法后,该算法得到了广泛的应用。根据波数域的物理解释,在 $z = d$ 的平面上观测点 $(x, y, z; d)$ 的场分布 $U(x', y', z; d)$ 与初始空间谱 $A_0(k_x, k_y)$ 之间的衍射关系,如式 (3-39)所示。即垂直于 z 轴的任意平面的空间谱就是传播因子 $\exp(\mathrm{j}d\sqrt{k^2 - k_x^2 - k_y^2})$ 和初始空间谱 $A_0(k_x, k_y)$ 的乘积。其中,$\boldsymbol{k}$ 为空间谱域的波束矢量,$|k| = 2\pi f/c$,d 为传播距离。对于雷达来说,以自身(及天线相位中心)作为相位基准,传播距离应按天线到目标距离进行双程计算,传播因子变为 $\exp(\mathrm{j}d\sqrt{4k^2 - k_x^2 - k_y^2})$。将式(3-39)和式(3-40)从二维拓展至三维,并考虑雷达场景中的传播距离,观测点 $(x', y', z; d)$ 的场分布 $U(x', y', z; d)$ 与初始空间谱 $A_0(k_x, k_y, k_z)$ 之间的关系如式(3-89)所示。式中,$A_0(k_x, k_y, k_z)$ 为成像物体的初始空间谱,由成像物体的散射系数 $\sigma(x, y, z)$ 做三维傅里叶变换得到。

$$
\begin{aligned}
&U(x', y', z; d) \\
&= \iint A_0(k_x, k_y, k_z) \exp(\mathrm{j}d\sqrt{4k^2 - k_x^2 - k_y^2}) \exp[\mathrm{j}(k_x x' + k_y y')]\mathrm{d}k_x \mathrm{d}k_y
\end{aligned}
$$

$$(3-89)$$

按照发射信号的不同,全息雷达成像分为单频模式和宽带模式两种。对于单频成像,将 $A_0(k_x, k_y, k_z)$ 简化为 $A_0(k_x, k_y)$,可得

$$
U(x', y', z; d) = FT_{2D}^{-1}\{FT_{2D}[\sigma(x, y)]\exp(\mathrm{j}d\sqrt{4k^2 - k_x^2 - k_y^2})\}
$$

$$(3-90)$$

式(3-90)在单频模式全息雷达成像中具有重要的指导意义,它表明如果在 $z = 0$ 的平面上有散射物体的话,在 $z = d$ 的平面上放置传感器,其接收的场分布 $U(x', y', z; d)$ 和散射物体的散射场 $\sigma(x, y)$ 有关。对式(3-90)做傅里叶变换,可得

$$\sigma(x,y)=FT_{2D}^{-1}\{FT_{2D}[U(x',y',z;d)]\exp(-\mathrm{j}d\sqrt{4k^{2}-k_{x}^{2}-k_{y}^{2}})\}$$

$$(3-91)$$

这样通过处理,就可以从 $z=d$ 平面接收的场分布 $U(x',y',z;d)$ 中得到散射物体在 $z=0$ 平面的二维投影图像 $\tilde{\sigma}(x,y)$。 但是,单频模式存在一个缺陷,即焦距(目标距离 d)需要预先知道。 而宽带模式克服了这个缺点,没有焦距和焦深的限制,可以对任意距离的目标进行成像。

对于宽带模式,不同波数 k 的入射场与目标相互作用将产生不同的散射场,即传感器在点 (x',y') 处获得的场分布可以表示为 $U(x',y',z;d,k)$。 与单频模式类似,宽带模式的全息雷达成像公式如式(3-92)所示。

$$\sigma(x,y,z)=FT_{3D}^{-1}\{FT_{2D}[U(x',y',z;d,k)]\exp(-\mathrm{j}d\sqrt{4k^{2}-k_{x}^{2}-k_{y}^{2}})\}$$

$$(3-92)$$

宽带模式的关键步骤是对"距离频率"进行 Stolt 插值,距离频率坐标轴被重采样或映射到新的坐标轴,以使三维空间谱域中任何一方向上的相位都是线性的。 为更好地反映"距离频率"stolt 插值的过程,式(3-92)可以改写为方程组的形式。

$$A(k_{x'},k_{y'},k;z=d)=FT_{2D}[U(x',y',z;d,k)] \qquad (3-93)$$

$$A_{0}(k_{x},k_{y},k;z=0)=A(k_{x'},k_{y'},k;z=d)\cdot\exp(-\mathrm{j}d\sqrt{4k^{2}-k_{x}^{2}-k_{y}^{2}})$$

$$(3-94)$$

$$A_{0}(k_{x},k_{y},k;z=0)\xrightarrow{\ k_{z}=\sqrt{4k^{2}-k_{x}^{2}-k_{y}^{2}}\ }A_{0}(k_{x},k_{y},k_{z}) \quad (3-95)$$

$$f_{0}(x,y,z)=FT_{3D}^{-1}[A_{0}(k_{x},k_{y},k_{z})] \qquad (3-96)$$

依据上述方程组,波数域成像算法的流程如下。

(1) 对应式(3-93),通过傅里叶变换将在 $z=d$ 的 $x'-y'$ 平面上的回波信号变换到波数域 $A(k_{x},k_{y},k;z=d)$。

(2) 对应式(3-94),传播因子 $\exp(-\mathrm{j}d\sqrt{4k^{2}-k_{x}^{2}-k_{y}^{2}})$ 与 $x'-y'$ 平面上的波数域分布 $A(k_{x'},k_{y'},k;z=d)$ 相乘,获得物体散射场的波数域分布

$A_0(k_x, k_y, k)$，这是波数域算法的第一个关键聚焦步骤。

（3）对应式(3-95)，对 $A_0(k_x, k_y, k)$ 做变量替换，通过 $k_z = \sqrt{4k^2 - k_x^2 - k_y^2}$ 得到初始波数域分布 $A_0(k_x, k_y, k_z)$，即 Stolt 映射，这是波数域算法的第二个关键聚焦步骤。

（4）对应式(3-96)，通过逆傅里叶变换将波数域信号变换回时域，最终得到物体的散射场的三维分布 $\tilde{\sigma}(x, y, z)$。

3.4.2　基于距离多普勒的全息雷达成像算法

以 ProVision 系列产品为代表的雷达全息成像是当前最先进的安检成像技术。但是，该技术最大局限性在于成像时间长且人体不可运动，要求受检者逐个进入机器并保持静止几秒钟。在火车站等人流量大的场景中，上述安检成像系统尚不能满足实际需求。全息雷达成像在上述场景的应用需要克服两个关键技术——多运动目标补偿和快速成像。目前，针对这两个关键技术，国内外正在开展研究。针对运动补偿问题，任白玲提出了波数域算法，孙鑫在时域算法的框架下给出了一种消除运动虚假点的方法。但是，这两种算法均有不足。波数域算法的局限性在于，不具备对不同速度目标分别进行补偿的能力。例如，当存在两个以上的运动目标且速度不同时，不同的速度会引起不同的距离徙动、方位调制等误差，而波数域算法只能按照同一个误差开展运动补偿，不能同时对不同速度的目标进行聚焦。时域算法的局限性在于运算量大，通常作为验证算法，很少在实际快速成像中应用。因此，在火车站等人流量大的场景中，多个运动目标的补偿及成像仍然是一个难点问题。针对成像时间长的问题，Ahmed 与 RS 公司合作，研制出了近场 MIMO 阵列三维成像系统 QPASS，可在 25 ms 内实现数据采集，500 ms 内实现图像重构。此外，John Hunt 提出了利用超材料来实现全息雷达成像的方案，给出了快速数据采集和成像的新途径。但是，成像时间由数据获取速度和成像运算速度两者共同决定。获取海量数据后，如何提高成像运算速度将面临困难。以 QPASS 为例，原始数据率为 57.6 Gb/s，实时运算量约为 1.8 Tb/s。开发匹配现有硬件运算能力的快速成像算法，成为制约成像时间的瓶颈问题。

距离多普勒域成像算法具有成像速度快、运动补偿方便的优点。它通过在距离和方位的频域上分别进行一维操作，达到了高效的模块化处理要求；同时，可以沿距离向对不同的运动目标分别进行补偿。从提出至今，其在合成孔径雷达成像中得到了广泛使用。但是，对于固定的天线阵列，回波信号中并不包含天线随平台移动带来的多普勒信息，影响了距离多普勒概念在全息雷达成像场景中的应用。

1. 基于距离多普勒的全息雷达成像可行性分析

目前，全息雷达成像面临成像时间长和目标运动补偿难两个问题。而距离多普勒域算法在合成孔径雷达成像中得到广泛应用，具有解决上述问题的潜力。在推导基于距离多普勒的全息雷达成像算法之前，先要回答距离多普勒成像算法推广至全息雷达成像的可行性的问题。由于信号在时间采样和空间采样上具有对称性，我们从全息雷达和合成孔径雷达的回波信号在时间-频率域和空间-波数域之间的关系展开分析。

在全息雷达成像中，回波蕴含的是目标在空间域上的方向或位置信息。而在合成孔径雷达成像中，由于天线是随时间运动的，回波蕴含的是目标在时间域上的多普勒信息。从表面上看，全息雷达和合成孔径雷达分别是在空间-波数域和时间-多普勒域上进行处理，两者回波的物理含义有差异，影响了距离多普勒域这类成像算法在全息雷达成像场景中的应用。

分析合成孔径雷达回波信号在时间域和全息雷达回波信号在空间域之间的对应关系。设合成孔径雷达放置在匀速运动的载体平台上，天线与目标间的等效速度为 V，雷达以一定的重复周期 T_r 发射脉冲，于是在空间形成了均匀直线阵列，阵列的间隔为 $d = VT_r$。因此，可以说全息雷达中的阵列间隔 d 和合成孔径雷达中的重复周期 T_r 是线性的，说明两者具有等效性。

进一步分析合成孔径雷达回波信号在频域和全息雷达回波信号在波数域之间的对应关系。合成孔径雷达成像中的多普勒频率可表示为 $f_d = KV\sin\theta/2\pi$，其中，K 称为波数或空间角频率（雷达按双程计算，$K = 4\pi f/c$）。$K\sin\theta$ 为 x 轴的波数分量 K_x，因此，多普勒频率 f_d 可表示为：$f_d = VK_x/2\pi$。这说明全息雷

达中的波数分量 K_x 和合成孔径雷达中的多普勒频率 f_d 是线性的,说明两者也具有等效性。

上述分析表明全息雷达和合成孔径雷达的回波信号在时间-频率域和空间-波数域上具有等效性。如果在全息雷达成像中借用多普勒频率的概念,有望实现距离多普勒域算法在全息雷达成像中的应用。

2. 基于距离多普勒的全息雷达成像算法推导

虽然,在全息雷达成像中天线阵列是固定的,没有合成孔径雷达成像中的多普勒概念。但是,依据时间-频率域和空间-波数域之间的等效性,可以推导出目标回波在距离多普勒域的表达形式 $S_r(k_{x'}, k_{y'}, d, t)$ 和目标的三维重构图像 $\tilde{\sigma}(x, y, z)$ 之间的关系式。

距离多普勒域的表达形式 $S_r(k_{x'}, k_{y'}, d, t)$ 和目标的三维重构图像 $\tilde{\sigma}(x, y, z)$ 之间关系式的推导流程如图 3-52 所示。直观上,$S_r(k_{x'}, k_{y'}, d, t)$ 可由 $s_r(x', y', d, t)$ 进行两维傅里叶变换获得,不必如图 3-52 给出的流程那样复杂。但是,由于距离和方位的交叉耦合项复杂,通常先推导 $s_r(x', y', d, t)$ 在波数域的表达形式 $S_r(k_{x'}, k_{y'}, d, f_r)$,再对 $S_r(k_{x'}, k_{y'}, d, f_r)$ 做距离向傅里叶逆变换获得 $S_r(k_{x'}, k_{y'}, d, t)$。并且,推导中多次用到了驻定相位原理(Principle of Stationary Phase,POSP),当发射信号为线性调频信号时,$\tilde{\sigma}(x, y, z)$ 同 $S_r(k_{x'}, k_{y'}, d, t)$ 之间关系式的推导过程如下。

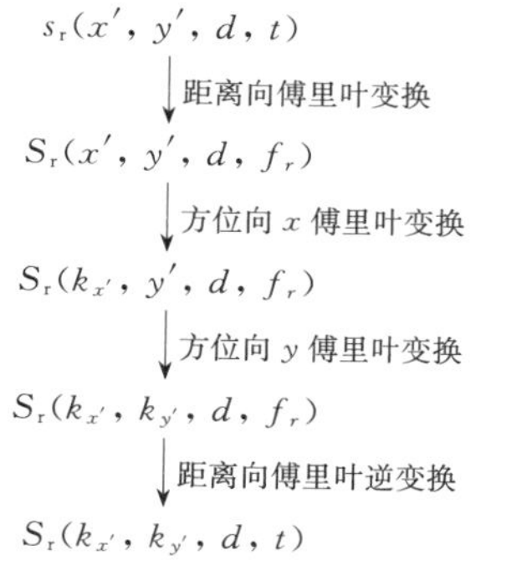

图 3-52
回波信号在距离多普勒域的表达形式 S_r $(k_{x'}, k_{y'}, d, t)$ 的推导流程

$s_r(x', y', d, t)$

↓ 距离向傅里叶变换

$S_r(x', y', d, f_r)$

↓ 方位向 x 傅里叶变换

$S_r(k_{x'}, y', d, f_r)$

↓ 方位向 y 傅里叶变换

$S_r(k_{x'}, k_{y'}, d, f_r)$

↓ 距离向傅里叶逆变换

$S_r(k_{x'}, k_{y'}, d, t)$

设发射信号为线性调频信号时,目标回波信号 $s_r(x', y', d, t)$ 的表达式可写为

$$s_r(x', y', d, t) = \iiint \sigma(x, y, z) \cdot \exp\left\{ j2\pi\left[-f_0\frac{2R}{c} + \frac{1}{2}K_r\left(t - \frac{2R}{c}\right)^2 \right] \right\} \mathrm{d}x\mathrm{d}y\mathrm{d}z$$

$$(3-97)$$

式中,f_0 为载波;R 为距离;K_r 为线性调频信号的斜率。

按照图 3-52 给出的推导流程，首先获得目标回波信号 $s_r(x', y', d, t)$ 经距离向傅里叶变换后的 $S_r(x', y', d, f_r)$ 的关系式，如式（3-98）所示。

$$S_r(x', y', d, f_r) = \int s_r(x', y', d, t) \cdot \exp(-\mathrm{j}2\pi f_r t)\mathrm{d}t \quad (3-98)$$

将式（3-97）代入式（3-98），可得式（3-98）右边积分号中的相位为

$$\theta(t) = -\mathrm{j}2\pi f_0 \frac{2R}{c} + \mathrm{j}\pi K_r \left(t - \frac{2R}{c}\right)^2 - \mathrm{j}2\pi f_r t \quad (3-99)$$

$\theta(t)$ 对于 t 的导数为

$$\frac{\mathrm{d}\theta(t)}{\mathrm{d}t} = \mathrm{j}2\pi K_r \left(t - \frac{2R}{c}\right) - \mathrm{j}2\pi f_r \quad (3-100)$$

采用驻定相位原理，找出导数为零时的距离时间，即

$$t = \frac{2R}{c} + \frac{f_r}{K_r} \quad (3-101)$$

将式（3-101）代入式（3-98）可得

$$S_r(x', y', d, f_r) \overset{\text{POSP}}{=} \iiint \sigma(x, y, z)\exp\left\{-\mathrm{j}\frac{4\pi(f_0 + f_r)R}{c}\right\}\exp\left\{-\mathrm{j}\frac{\pi f_r^2}{K_r}\right\}\mathrm{d}x\mathrm{d}y\mathrm{d}z$$

$$(3-102)$$

然后，获得 $S_r(x', y', d, f_r)$ 经方位向 x' 傅里叶变换后的 $S_r(k_{x'}, y', d, f_r)$ 的关系式，如式（3-103）所示。

$$S_r(k_{x'}, y', d, f_r) = \int S_r(x', y', d, f_r) \cdot \exp(-\mathrm{j}k_{x'}x')\mathrm{d}x'$$

$$(3-103)$$

将式（3-102）代入式（3-103），同时代入 $R = \sqrt{(x-x')^2 + (y-y')^2 + (z-d)^2}$，可得式（3-103）右边积分号中的相位为

$$\theta(x') = -\mathrm{j}\frac{4\pi(f_0 + f_r)\sqrt{(x-x')^2 + (y-y')^2 + (z-d)^2}}{c} + \left(-\mathrm{j}\frac{\pi f_r^2}{K_r}\right) - \mathrm{j}k_{x'}x'$$

$$(3-104)$$

$\theta(x')$ 对于 x' 的导数为

$$\frac{\mathrm{d}\theta(x')}{\mathrm{d}x'} = \mathrm{j}\frac{4\pi(f_0+f_r)(x-x')}{c\sqrt{(x-x')^2+(y-y')^2+(z-d)^2}} - \mathrm{j}k_{x'} \quad (3-105)$$

采用驻定相位原理,找出导数为零时的方位向 x' 为

$$x' = x - \frac{k_{x'}c\sqrt{(y-y')^2+(z-d)^2}}{4\pi\sqrt{(f_0+f_r)^2-k_{x'}^2c^2}} \quad (3-106)$$

将式(3-106)代入式(3-103)可得

$$S_r(k_{x'}, y', d, f_r)$$

$$\stackrel{\text{POSP}}{=} \iiint \sigma(x, y, z)\exp\left\{-\mathrm{j}\sqrt{(y-y')^2+(z-d)^2}\sqrt{4\frac{[2\pi(f_0+f_r)]^2}{c^2}-k_{x'}^2}\right\}$$

$$\cdot \exp\{-\mathrm{j}k_{x'}x\}\exp\left\{-\mathrm{j}\frac{\pi f_r^2}{K_r}\right\}\mathrm{d}x\mathrm{d}y\mathrm{d}z$$

$$(3-107)$$

其次,获得 $S_r(k_{x'}, y', d', f_r)$ 经方位向 y' 傅里叶变换后的 $S_r(k_{x'}, k_{y'}, d, f_r)$ 的关系式,如式(3-108)所示。

$$S_r(k_{x'}, k_{y'}, d, f_r) = \int S_r(k_{x'}, y', d, f_r)\cdot\exp(-\mathrm{j}k_{y'}y')\mathrm{d}y' \quad (3-108)$$

将式(3-107)代入式(3-108),可得式(3-108)右边积分号中的相位为

$$\theta(y') =$$

$$-\mathrm{j}\sqrt{(y-y')^2+(z-d)^2}\sqrt{4\frac{[2\pi(f_0+f_r)]^2}{c^2}-k_{x'}^2} - \mathrm{j}k_{x'}x - \mathrm{j}\frac{\pi f_r^2}{K_r} - \mathrm{j}k_{y'}y'$$

$$(3-109)$$

$\theta(y')$ 对于 y' 的导数为

$$\frac{\mathrm{d}\theta(y')}{\mathrm{d}y'} = \mathrm{j}\frac{y-y'\sqrt{4\frac{[2\pi(f_0+f_r)]^2}{c^2}-k_{x'}^2}}{\sqrt{(y-y')^2+(z-d)^2}} - \mathrm{j}k_{y'} \quad (3-110)$$

采用驻定相位原理，找出导数为零时的方位向 y'，即

$$y' = y - \frac{k_{y'}(z-d)}{\sqrt{4\dfrac{[2\pi(f_0+f_r)]^2}{c^2} - k_{x'}^2 - k_{y'}^2}} \qquad (3-111)$$

将式(3-111)代入式(3-108)可得

$$S_r(k_{x'},\ k_{y'},\ d,\ f_r)$$

$$\overset{\text{POSP}}{=} \iiint \sigma(x,\ y,\ z)\exp\left\{-\mathrm{j}(z-d)\sqrt{4\frac{[2\pi(f_0+f_r)]^2}{c^2} - k_{x'}^2 - k_{y'}^2}\right\}$$

$$\cdot \exp\{-\mathrm{j}(k_{x'}x + k_{y'}y)\}\exp\left\{-\mathrm{j}\frac{\pi f_r^2}{K_r}\right\}\mathrm{d}x\mathrm{d}y\mathrm{d}z$$

$$(3-112)$$

令 $k_{z'} = \sqrt{4\{[2\pi(f_0+f_r)]/c\}^2 - k_{x'}^2 - k_{y'}^2}$，则式(3-112)可简化为

$$S_r(k_{x'},\ k_{y'},\ d,\ f_r) = \exp(\mathrm{j}dk_{z'})FT_{3D}[\sigma(x,\ y,\ z)]\exp\left(-\mathrm{j}\frac{\pi f_r^2}{K_r}\right) \quad (3-113)$$

最后，对 $S_r(k_{x'},\ k_{y'},\ d,\ f_r)$ 进行距离向傅里叶逆变换，就可以得到 $S_r(k_{x'},\ k_{y'},\ d,\ t)$。

$$S_r(k_{x'},\ k_{y'},\ d,\ t) = \int S_r(k_{x'},\ k_{y'},\ d,\ f_r) \cdot \exp(\mathrm{j}2\pi f_r t)\mathrm{d}f_r$$

$$= FT_{3D}[\sigma(x,\ y,\ z)]\int \exp\left\{\mathrm{j}\left(dk_{z'} - \frac{\pi f_r^2}{K_r} + 2\pi f_r t\right)\right\}\mathrm{d}f_r$$

$$(3-114)$$

为了避免烦琐的代数处理，改写传播因子 $\exp(\mathrm{j}dk_{z'})$，对其进行泰勒级数展开，如式(3-115)所示。

$$\exp(\mathrm{j}dk_{z'}) = \exp\left(\mathrm{j}d\sqrt{4\left[\frac{2\pi(f_0+f_r)}{c}\right]^2 - k_{x'}^2 - k_{y'}^2}\right)$$

$$= \exp\left(\mathrm{j}\frac{4\pi f_0 d}{c}\sqrt{D^2(k_{x'},\ k_{y'}) + \frac{2f_r}{f_0} + \frac{f_r^2}{f_0^2}}\right)$$

$$\approx \exp\left\{\mathrm{j}\frac{4\pi f_0 d}{c}\left[D + \frac{f_r}{2\pi f_0 D} - \frac{f_r^2}{4\pi f_0^2 D^3}\frac{c^2(k_{x'}^2 + k_{y'}^2)}{4f_0^2}\right]\right\}$$

$$(3-115)$$

式中，$D(k_{x'}, k_{y'}) = \sqrt{1 - c^2(k_{x'}^2 + k_{y'}^2)/(4f_0^2)}$。

将式(3-115)带入式(3-114)，通过驻定相位原理，最终得到 $S_r(k_{x'}, k_{y'}, d, t)$ 的表达式，如式(3-116)所示。

$$S_r(k_{x'}, k_{y'}, d, t) = FT_{3D}[\sigma(x, y, z)]\exp\left(-\mathrm{j}\frac{4\pi dD(k_{x'}, k_{y'})f_0}{c}\right)$$

$$\cdot \exp\left\{\mathrm{j}\pi\frac{K_r}{1 - K_r Z}\left[t - \frac{2d}{cD(k_{x'}, k_{y'})}\right]^2\right\}$$

$$(3-116)$$

式中，$Z = cd(k_{x'}^2 + k_{y'}^2)/[2f_0^3 D^3(k_{x'}, k_{y'})]$。

对式(3-116)做变换，可得

$$\tilde{\sigma}(x, y, z) = FT_{3D}^{-1}\left\{\begin{array}{l} S_r(k_{x'}, k_{y'}, d, t)\exp\left(\mathrm{j}\frac{4\pi dD(f_r, k_{x'}, k_{y'})f_0}{c}\right) \\ \cdot \exp\left[-\mathrm{j}\pi\frac{K_r}{1 - K_r Z}\left(t - \frac{2d}{cD(f_r, k_{x'}, k_{y'})}\right)^2\right] \end{array}\right\}$$

$$(3-117)$$

式(3-117)大括号中的第一个指数项 $4\pi R_0 D(k_{x'}, k_{y'})f_0/c$ 为由距离徙动(Range Cell Migration, RCM)引起的方位向调制，是对方位匹配滤波器的更精确的表示形式，对 $D(k_{x'}, k_{y'})$ 进行展开并忽略 $k_{x'}$、$k_{y'}$ 的二阶以上项，则该指数项退化为线性调频信号的表达式。大括号中的第二个指数项为由距离徙动引起的距离向调制，对该项的补偿包括两个步骤：补偿参考距离处的统一的距离徙动，即距离徙动补偿(Range Cell Migration Compensation, RCMC)；补偿由 Z 距离徙动引起的散焦，是距离和 $k_{x'}$、$k_{y'}$ 的交叉耦合项。一般而言，$|K_r Z| \ll 1$，$K_r/(1 - K_r Z)$ 与 K_r 仅有微小差异，但这种差异已足够引起散焦，需要进行补偿。在雷达成像中，$1/Z$ 被称为二次距离压缩(Secondary Range Compression, SRC)滤波器。式(3-117)表明，从 $S_r(k_{x'}, k_{y'}, R_0, t)$ 出发通过运算，可以得目标的三维重构图像 $\tilde{\sigma}(x, y, z)$。与式(3-117)相对应的距离多普勒成像算法流程见图3-53(c)。

此外，距离多普勒成像算法还具有运动补偿能力。对于运动目标，设目标到

观测面 (x', y') 的距离为 $R = \sqrt{(x-x')^2 + (y-y')^2 + (z(x', y') - d)^2}/c$，即距离 R 随观测位置 x'、y' 的变化而变化。将重新定义的 R 带入式(3-117)，按照图 3-52 中的流程重新进行推导，可得三维重构图像 $\tilde{\sigma}(x, y, z)$ 与 $S_r(k_{x'}, k_{y'}, R_0, t)$ 在目标运动场景下的关系式，即

$$\tilde{\sigma}(x, y, z) = FT_{3D}^{-1}\left\{\begin{array}{l} S_r(k_{x'}, k_{y'}, d, t) \cdot \exp\left(j\dfrac{4\pi dD(k_{x'}, k_{y'})f_0}{c}\right) \\ \cdot \exp\left(Ak_{x'}k_{y'}\dfrac{\partial^2 z(x', y')}{\partial x'\partial y'} + 2\pi k_{x'}\dfrac{\partial z(x', y')}{\partial x'} + 2\pi k_{y'}\dfrac{\partial z(x', y')}{\partial y'}\right) \\ \cdot \exp\left[-j\pi\dfrac{K_r}{1-K_rZ}\left(t - \dfrac{2d}{cD(k_{x'}, k_{y'})}\right)^2\right] \end{array}\right\}$$

$$(3-118)$$

对比式(3-117)和式(3-118)，式(3-118)的大括号中多出了一个指数项，该指数项为由目标运动引起的调制，在成像算法中通过运动补偿来消除该指数项，即可以防止运动带来的图像散焦。

3.4.3 时域、波数域、距离多普勒域算法的比较

1. 三种算法简介

图 3-53 为时(空)域、波数域、距离多普勒域的三种典型算法的处理流程。其中，图 3-53(a)为时(空)域的典型算法——BP 算法，其优点是，成像机理简单，成像结果精确，常常作为其他算法的验证对象；缺点是运算量巨大，即便 BP 算法通过对所有的回波信号进行相同的匹配滤波处理，将计算复杂度从 N^4 减小到 N^3 的量级，但是运算量仍然巨大。图 3-53(b)为波数域的典型算法——ωK 算法，ωK 算法和 BP 算法一样，均基于球面波假设，原理上能对整个区域实现无几何形变的完全聚焦。其优势是计算效率高，计算复杂度在 N^2 的量级。同时，能够很好地处理宽孔径数据并实现高分辨成像。但是，该算法无法分别补偿多个独立运动目标的等效雷达速度，因此限制了该算法在多运动目标场景中的应用。图 3-53(c)为距离多普勒域的典型算法——RD 算法。该算法的优点是运算速度快，能适应参数随距离向的变化。该算法的计算复杂度在 N^2 的量

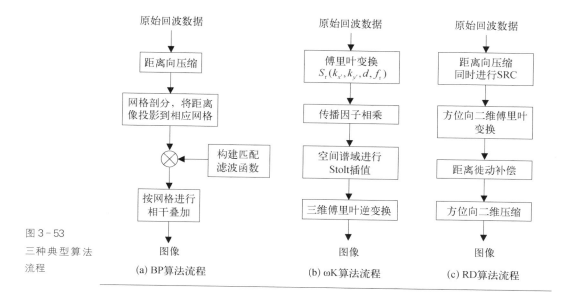

图 3-53
三种典型算法
流程

(a) BP算法流程　　　(b) ωK算法流程　　　(c) RD算法流程

级,且每步操作均基于一维运算,简单高效易于实现。同时,可以通过等效速度
V 的变化,对距离徙动补偿等操作进行调整。这种适应性源于数据的距离多普
勒域处理。但是,该算法的缺点是补偿项多。表 3-2 给出了三种成像算法的利
弊的比较结果。

表 3-2
算法对比

成像算法	实现域	精度	计算复杂度	多目标运动补偿
BP 算法	时(空)域	高	N3	可
ωK 算法	波数域	高	N2(需要三维插值运算)	否
RD 算法	距离多普勒域	中等	N2(运算都为一维操作)	可

2. 静止目标的 PSF 比较

为比较三种算法的成像质量,引入点扩展函数帮助分析。仿真中,假设成像
场景如图 3-54 所示,一维天线阵列与 x 轴平行,天线沿 y 轴方向以 $1\,m/s$ 速度
进行扫描,形成 100×100 阵元的二维平面阵,阵元之间的间距为 $1\,mm$,天线阵
大小为 $0.1\,m\times0.1\,m$,天线阵离中心点距离为 $0.25\,m$。目标为两个点目标,坐标
分别为目标 1(0, 0, 0),目标 2(−0.08, −0.08, −0.08),单位为 m。

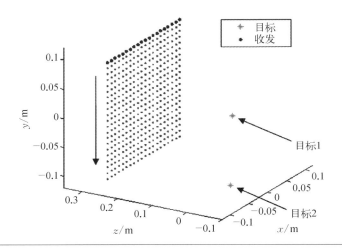

图 3 - 54
成像场景

对回波信号用三种算法分别进行成像,点目标 1 在三种算法中的成像结果如图 3 - 55 所示,点目标 2 的成像结果如图 3 - 56 所示。比较图 3 - 55 和图 3 - 56,发现目标 1 和目标 2 的 PSF 略有不同,这是由回波信号的空变性导致的,与算法的关系不大。再比较相同目标在不同算法下的 PSF,BP 成像结果最好,RD 和 ωK 的结果稍差。

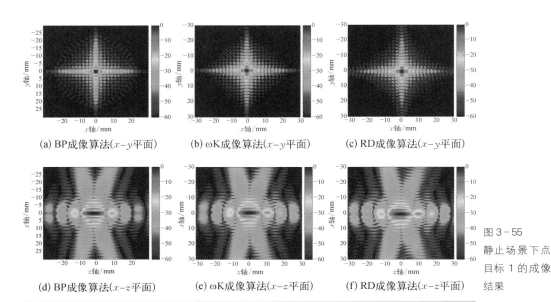

(a) BP成像算法($x-y$平面)   (b) ωK成像算法($x-y$平面)   (c) RD成像算法($x-y$平面)

(d) BP成像算法($x-z$平面)   (e) ωK成像算法($x-z$平面)   (f) RD成像算法($x-z$平面)

图 3 - 55
静止场景下点
目标 1 的成像
结果

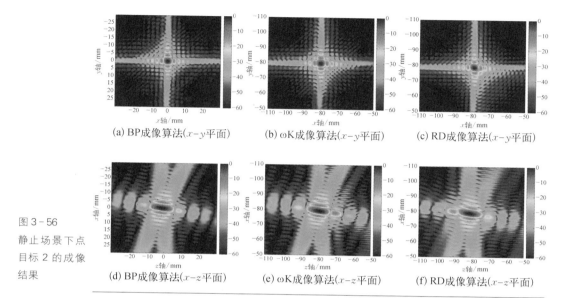

图 3 - 56
静止场景下点
目标 2 的成像
结果

(a) BP成像算法(x-y平面)   (b) ωK成像算法(x-y平面)   (c) RD成像算法(x-y平面)

(d) BP成像算法(x-z平面)   (e) ωK成像算法(x-z平面)   (f) RD成像算法(x-z平面)

3. 运动目标的 PSF 比较

在静止目标仿真的基础上,设两个点均为运动目标,其中目标 1 沿 z 轴以 0.1 m/s 的速度运动,目标 2 沿 z 轴以 -0.1 m/s 的速度运动。其他的系统参数不变,重新仿真获得运动目标的回波信号。在三种成像算法中增加运动补偿步骤。为简化运动补偿的难度,假设目标的速度及位置均已知,BP 算法在每个网格点根据不同目标的速度分别进行运动补偿,ωK 算法在空间谱域根据同一个速度统一进行运动补偿。而 RD 算法则根据式(3 - 117)的第二个指数项在距离多普勒域按不同距离分别对不同目标进行运动补偿。其中,与目标 1 有关的运动补偿项分别为 $\mathrm{d}^2 z(x', y')/\mathrm{d}x'\mathrm{d}y' = 0$、$\mathrm{d}z(x', y')/\mathrm{d}x' = 0$、$\mathrm{d}z(x', y')/\mathrm{d}y' = 0.1$,与目标 2 有关的运动补偿项分别为 $\mathrm{d}^2 z(x', y')/\mathrm{d}x'\mathrm{d}y' = 0$、$\mathrm{d}z(x', y')/\mathrm{d}x' = 0$、$\mathrm{d}z(x', y')/\mathrm{d}y' = -0.1$。三种算法对目标 1 和目标 2 的成像结果如图 3 - 57、图 3 - 58 所示。比较相同目标在不同算法下的 PSF,BP 算法和 RD 算法均能对两个运动目标同时聚焦,BP 算法的聚焦效果最好,RD 算法的聚焦效果次之,ωK 算法则只能对两个运动目标中的某一个在正确的位置进行聚焦。

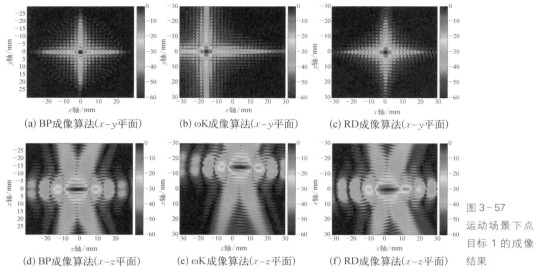

(a) BP成像算法(x-y平面)   (b) ωK成像算法(x-y平面)   (c) RD成像算法(x-y平面)

(d) BP成像算法(x-z平面)   (e) ωK成像算法(x-z平面)   (f) RD成像算法(x-z平面)

图 3 - 57
运动场景下点
目标 1 的成像
结果

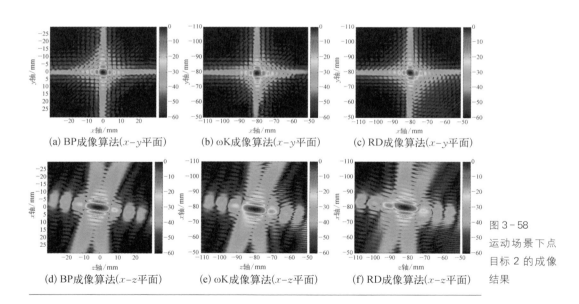

(a) BP成像算法(x-y平面)   (b) ωK成像算法(x-y平面)   (c) RD成像算法(x-y平面)

(d) BP成像算法(x-z平面)   (e) ωK成像算法(x-z平面)   (f) RD成像算法(x-z平面)

图 3 - 58
运动场景下点
目标 2 的成像
结果

4. 基于实测数据的三种算法成像结果分析

为进一步对三种算法进行比较分析,利用全息成像实验系统获取的实验数据,对手枪进行成像。系统发射的波形为线性调频信号,工作频率为 0.14 THz,信号带宽为 5 GHz,阵面大小为 0.1 m×0.1 m,天线阵面离目标的距离为 0.25 m。

目标的光学图像如图3-59所示,成像结果如图3-60所示。BP算法的成像结果较 ωK 算法、RD 算法更为清晰。从三维成像花费的时间来看,在 CPU 为 i5-3470、操作系统为 Windows7 的计算机上,用 MATLAB2011 进行运算,RD 算法用的时间约为 10 s,ωK 算法的时间约为 60 s,BP

图 3-59
手枪的光学图像

算法的时间约为 1 200 s。即距离多普勒域成像算法在快速成像上具有明显的优势。

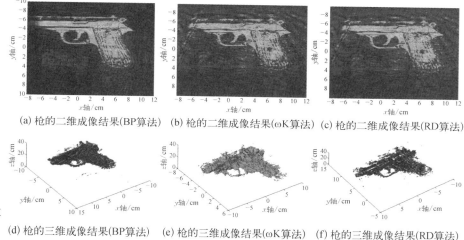

(a) 枪的二维成像结果(BP算法) (b) 枪的二维成像结果(ωK算法) (c) 枪的二维成像结果(RD算法)

图 3-60
手枪的实测数据成像结果

(d) 枪的三维成像结果(BP算法) (e) 枪的三维成像结果(ωK算法) (f) 枪的三维成像结果(RD算法)

综上所述,全息雷达成像具有无健康危害问题、穿透特性良好、灵敏度高、动态范围大、成像距离远等优点。与金属检测器、后向 X 射线成像等检测手段相比,全息雷达成像系统在公共安全、反走私等人体隐藏目标检测中有潜在的优势。但是,现有的全息雷达成像系统尚存在多运动目标补偿及快速成像能力不足的问题,限制了其在多运动目标快速成像场景(如火车站等人流量大的场景)中的应用。而本章提出的基于距离多普勒的全息雷达成像方法具有成像速度快、运动补偿方便的优点,弥补了现有成像算法的不足。采用距离多普勒全息雷达成像算法,不仅可以同时对多运动目标进行补偿及成像,而且成像速度也有大幅的提高。该成像方法具有独特的优势,值得对其进行更深入的研究。

参考文献

[1] 谢处方,吴先良.电磁散射理论与计算[M].合肥:安徽大学出版社,2002.

[2] 葛德彪.电磁逆散射原理[M].西安:西北电讯工程学院出版社,1987.

[3] 白雪茹.空天目标逆合成孔径雷达成像新方法研究[D].西安:西安电子科技大学,2011.

[4] 黄雅静.大转角目标 ISAR 成像技术研究[D].长沙:国防科技大学,2013.

[5] 林晖,马培峰,陈旻,等.SAR 层析成像的基本原理、关键技术和应用领域[J].测绘地理信息,2015,40(3):1-5.

[6] 李文梅,李增元,陈尔学,等.层析 SAR 反演森林垂直结构参数现状及发展趋势[J].遥感学报,2014,18(4):741-751.

[7] 洪文.圆迹 SAR 成像技术研究进展[J].雷达学报,2012,1(2):124-135.

[8] 丁小峰,姚辉伟,范梅梅,等.基于层析投影算法的空间旋转目标窄带雷达成像[J].信号处理,2010,26(5):648-653.

[9] 闵锐.机载 SAR 三维成像理论及关键技术研究[D].成都:电子科技大学,2012.

[10] 赵京城,洪韬.金属球在转台逆合成孔径雷达成像中的应用[J].兵工学报,2010,31(12):1617-1621.

[11] 李琦,丁胜晖,李运达,等.太赫兹数字全息成像的研究进展[J].激光与光电子学进展,2012,49(5):42-49.

[12] 郑显华,王新柯,孙文峰,等.太赫兹数字全息术的研发与应用[J].中国激光,2014,41(2):24-34.

[13] 谭维贤,洪文,王彦平,等.基于波数域积分的人体表面微波三维成像算法研究[J].电子与信息学报,2009,31(11):2541-2545.

[14] 任百玲.主动毫米波安检成像算法及系统研究[D].北京:北京理工大学,2014.

[15] 孟祥新,胡伟东,孙昱,等.基于波数域算法的 220 GHz 雷达成像技术[J].微波学报,2015(S1):23-25.

[16] 乔灵博,王迎新,赵自然,等.毫米波全息成像的空间采样条件[J].清华大学学报(自然科学版),2014,54(11):1407-1411.

[17] 王本庆.近程毫米波成像技术及其信号处理[D].南京:南京理工大学,2010.

[18] 李亮,苗俊刚,江月松.基于 Stolt 插值的近场三维雷达合成孔径成像[J].北京航空航天大学学报,2006,32(7):815-818.

[19] 曹振新,窦文斌,苏宏艳.发射天线固定的点频毫米波全息成像雷达系统[J].东南大学学报(自然科学版),2011,41(4):678-681.

[20] 胡楚锋,周洲,李南京,等.一种时域平面扫描三维成像算法研究[J].仪器仪表学报,2012,33(4):764-768.

[21] 谷胜明,李超,高翔,等.三维混合域重建算法在太赫兹全息成像中的应用[J].强激光与粒子束,2013,25(6):1545-1548.

[22] 王俊义,劳保强,王锦清,等.二维近程微波全息成像算法[J].系统工程与电子技术,2014,36(12):2348-2355.

[23] 朱莉,李兴国,王本庆.近程毫米波全息成像算法[J].系统工程与电子技术,2011,33(12):2577-2581.

[24] 孙鑫,陆必应,张斓子,等.超宽带MIMO穿墙雷达信道建模与运动目标成像[J].电子与信息学报,2014,36(8):1946-1953.

[25] 江舸.太赫兹雷达成像机理与信号处理技术研究[D].绵阳:中国工程物理研究院,2017.

[26] 江舸,经文,成彬彬,等.雷达成像和衍射层析的内在联系梳理[J].红外与毫米波学报,2018,37(4):486-492+500.

[27] 江舸,经文,成彬彬.亚毫米波人体隐藏目标复合散斑问题探讨[J].微波学报,2017,33(S1):300-305.

[28] 江舸,刘杰,经文,等.基于距离多普勒概念的全息雷达成像算法[J].红外与毫米波学报,2017,36(3):367-375.

[29] 江舸,成彬彬,陈鹏,等.基于单频信号的662 GHz多普勒雷达层析成像[J].红外与毫米波学报,2015,34(4):505-512.

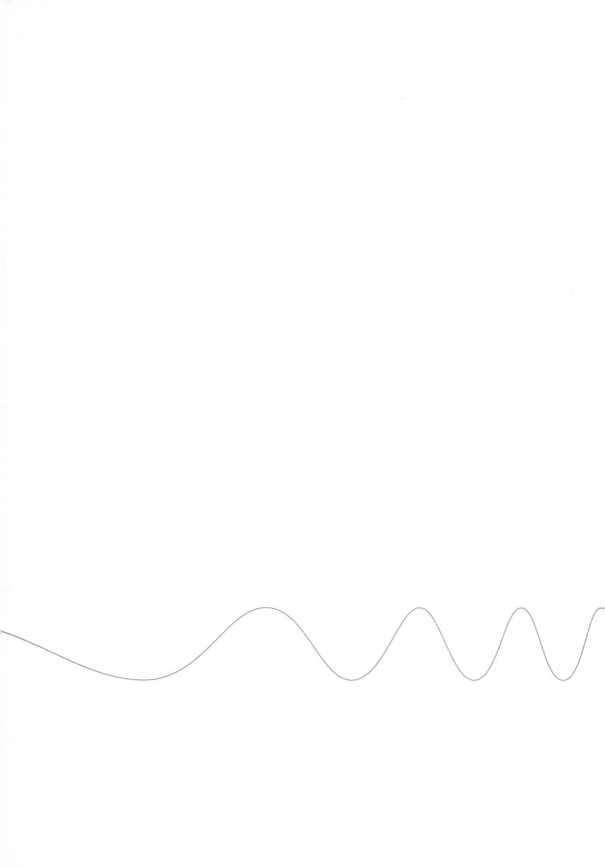

4

典型的太赫兹
雷达系统

4.1　太赫兹 FMCW 测距测速雷达

连续波(Continuous Wave，CW)雷达系统发射连续的电磁波信号,同时不断接收物体散射的回波。如果被照物体是静止的,回波信号的频率与发射信号一致。但是,如果物体正在移动,则回波信号的频率由于多普勒效应而改变。通过检测这个多普勒频移,可以确定物体的运动。物体在给定方向移动的速度越快,多普勒频移越大。连续波雷达系统的工作原理如图 4 - 1 所示。

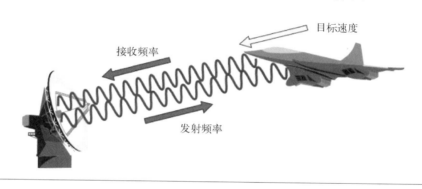

图 4 - 1
连续波雷达系统的工作原理
(Melvin W, 2012)

连续波雷达系统通常用于结构紧凑、短距离、低成本的应用,如工业储罐液位测量、车速确定、短程导航、导弹寻的等。事实上,汽车雷达系统正在成为所有新车制造的标准配置。

连续波雷达可以通过多普勒效应测量目标的速度,但无法测量目标的距离。如要测量距离,需要对发射的波形进行时域编码。在连续波系统里,这可以由频率调制来实现,这样的系统被称为调频连续波(Frequency Modulated Continuous Wave，FMCW)系统。调频的模式包括线性调频、正弦调频、非线性调频等,其中线性调频模式在现今 FMCW 雷达系统中应用最为广泛。

4.1.1　基本原理
简单的连续波雷达所依赖的多普勒效应是由相对运动引起的。我们考虑

图 4 - 1 中的信号，如果物体靠近，雷达收到的回波等效地被压缩（或者如果物体离开雷达，则被扩大）。这种压缩使得接收器收到的反射信号波长减小，观察到的频率增加。物体的速度越高，波长压缩越显著，导致观察到的多普勒频移增加。

物体在径向上相对于雷达的速度与多普勒频率 f_d 相关，即

$$V = \frac{\lambda f_d}{2} \tag{4-1}$$

式中，V 为目标的径向速度，m/s；λ 为连续波信号的波长，m；f_d 为多普勒频率，Hz。

换句话说，将多普勒频率按照电磁波信号的波长进行缩放，可以得到速度的测量结果，系数 1/2 表示在发送和接收中行进的双向路径。

以上所述的简单概念被称为未调制的连续波雷达系统，它使用单一频率测量移动物体的多普勒频移。这种连续波雷达系统的缺点是无法检测静止物体或测量物体的距离。这些限制可以通过调制发送的信号来克服。例如，传输的频率可以随着时间线性地改变，以这种方式，频率的特定值表示特定的时间延迟，因此可以与特定的距离范围相关联。实际上，线性调频调制是一种最常用的形式。这种类型的系统被称为线性调频连续波雷达。图 4 - 2 说明了这种调制形式的频率和时间之间的关系。

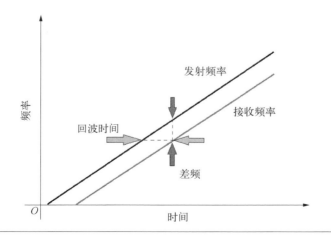

图 4 - 2
调频连续波频率与时间的关系

发射频率与回波信号频率的差别可以确定时间延迟 Δt，Δt 在任何时刻都与到物体的距离成正比。回波被接收的时间延迟为

$$\Delta t = \frac{2R}{c} \tag{4-2}$$

式中，R 为雷达到目标的距离，m；c 为光速，m/s。

从式(4-2)可以看出，通过发射信号的线性变化率与发射信号和接收信号之间的差频 f_d，可以计算接收到回波的时间延迟 Δt，并因此计算雷达到检测目标的距离 R。

与脉冲雷达一样，连续波雷达可以利用射频电磁频谱的任何部分，包括太赫兹频段。从 HF 到 W 波段都已有实际应用。由于连续波雷达连续发射时，其峰值功率和平均功率相同，连续波雷达具有简单、成本低、体积小的主要优点。一个典型的脉冲雷达系统(脉冲长度为 1 μs，脉冲重复频率为 1 kHz)，平均输出功率为 1 W，峰值功率为 1 kW，但发射机结构复杂，成本高昂。而平均输出功率为 1 W 的连续波雷达，峰值功率仅有 1 W，其使用的固态电路非常简单，结构紧凑，仅需几十元的成本。

连续波雷达的缺点在于，同时发射和接收会导致动态范围较低。信号发射是连续的，由于反射回波信号一般较弱，很容易被各种发射信号的泄漏与杂波淹没，使得无法检测到物体。当然，运动目标有助于缓解这种情况，因为泄露信号是零多普勒信号，而运动目标的回波信号存在多普勒效应，从而改善了发送和接收信号之间的隔离。为了进一步改善问题，通常使用分开的天线进行发送和接收，以防止发送信号泄漏进入接收信道。过于靠近的物体也可能导致接收天线反射，使得这些物体的二次成像与在较远范围内检测到的物体相冲突，并且还限制了对慢速移动物体的敏感度。这通常意味着最大发射功率受到一定限制，因为进一步增加发射功率，泄漏也会一并增加，最终并不会增加检测距离。因此，连续波雷达系统倾向于在较短距离的应用中使用，并倾向于较低的发射功率和较小的尺寸。

连续波雷达可以使用单个射频源工作，而不需要单独的本地振荡器(Local-oscillator，LO)。对于峰值功率受限的固态发射源和放大器来说，其相对较低的

发射峰值功率非常适合应用于连续波雷达中。由于电子监视测量（Electronic Surveillance Measures，ESM）的接收机由截获的峰值功率触发，连续波雷达本质上也具有较低的截获概率。

连续波和脉冲波形都能够承载多种不同形式的调制。这种广泛的波形类型反过来又为雷达设计人员提供了一系列的选项，使这些应用的性能得到优化。

连续波雷达技术自第二次世界大战以来一直在发展进步，并得到广泛的应用。特别是在低成本、小尺寸和短程驱动的系统设计与应用中，连续波雷达表现出了良好的适应性与广阔的前景。连续波雷达系统常见的应用包括：雷达高度表、警用雷达、导弹导引头、火炮和导弹引信、主动保护系统、多普勒导航、短距离导航、地下物体检测、物位测量等，其中多数最大探测距离不到 1 km。

支持连续波雷达系统设计和实施的技术相对简单，适合固态电路大批量生产。连续波雷达结合了性能和成本，使其在许多应用领域具有极高的吸引力，特别是在汽车雷达系统这一迅速崛起的领域，具有巨大的商业应用潜力。

4.1.2 应用场景

频率调制连续波系统的一些应用场景如下。

（1）高度表

FMCW 系统的结构非常紧凑，所以非常适合搭载在各种飞行器或卫星上做高度的测量。同时，大地在垂直方向上的强反射有益于得到更高的测量精度，使其成为常用的高度测量方法。

（2）物位测量

物位测量是许多工业组织的要求，也是 FMCW 雷达系统的一个成熟的应用领域。事实上，萨博、西门子、Krohne 等公司已经销售了成千上万的 FMCW 雷达液位计。

（3）障碍规避与自动驾驶

使用雷达感应，可以在糟糕的天气中着陆并规避障碍物。安装在机头的雷达，使用太赫兹波段的载波可以得到极窄的天线波束宽度。使用调频连续波，可以得到高平均发射功率和长相干处理间隔。

近年来雷达技术的不断成熟,使人们对自动驾驶用的雷达产生了极大兴趣,这一应用对保障行车安全有着巨大的潜力。正在开发的系统不仅能够实现自适应巡航控制(Adaptive Cruise Control,ACC),还能够进行与其他车辆、道路碎片和行人的碰撞检测,避免事故的发生。

4.1.3　典型系统

与其他雷达系统一样,功耗(输出功率及最大检测范围)、距离分辨力、可用带宽(精度及方位分辨力)、更锐利的天线波束,以及更大的天线尺寸/更小的可检测目标范围存在许多相互矛盾的参数。因此,任何最终的系统都需要高度专用,并根据具体的雷达需求进行相应的优化。

FMCW 雷达典型系统如表 4-1 所示。

表 4-1
FMCW 雷达典型系统

应用场景	优　势	频率	距离与分辨力	评　价
高度表	高度测量范围宽(8~3 200 m) 高线性度 低相位噪声 地面辅助导航	Ku 波段 (12~18 GHz)	200 m/5 cm 20 m/1 cm	经户外起重机测试,用途广泛
物位测量	低成本,使用 DDS+PLL 发生信号,替代了传统方法	23~25 GHz	0~30 m /4.578 cm	全数字电路成为现阶段 FMCW 雷达主流
自动驾驶	考虑了路面反射的多径效应,并制作了一发两收空间分集接收	24.115~24.135 GHz	10~50 m /0.75 m	考虑了地面环境对雷达的影响,得到了更高的动态范围
自动驾驶	可直接连接波导天线,增强了天线性能	76.8~77.4 GHz	0~85.2 m /0.3 m	基片可直接过渡到波导喇叭天线,实现了良好的效果
精确测量	整个系统包括天线集成在 8 mm×8 mm 的基板上	121~127 GHz	0~35 mm /±6 μm	同时实现了小型化与极高的测量精度

2017 年,Pauli. M 在文献中报道了一种高度小型化和商用的太赫兹(或毫米

波)雷达传感器,其工作频率为 121～127 GHz。它可以用于微米量级的精确距离测量。该传感器基于调频连续波雷达原理,同时采用多功能设计,也可以进行连续波测量。芯片上的雷达电路以及外部天线完全集成并安装在低成本基带板上的 8 mm×8 mm 四方扁平无引脚封装中。雷达信号处理分为两步:首先通过拍频来粗略确定目标位置,然后进一步确定信号的相位,实现微米量级的精度。测量结果证明,传感器在 35 mm 的测量距离内可以实现优于±6 μm 的精度。

雷达片上系统 SoC 采用 SiGe 0.13 μm BiCMOS 工艺制造。系统原理框图如图 4-3 所示。其中,一个压控振荡器(Voltage Controlled Oscillator, VCO)后跟一个倍频器用于信号产生,能够实现大约 7 GHz 的带宽,因此也覆盖了 122.5 GHz 附近的 1 GHz ISM 频带。该系统实现了 32 分频,并且其作为外部锁相环(Phase Locked Loop, PLL)的参考信号输入时,可以实现具有不同斜坡形式的调频连续波信号调制。发射信号被放大并通过引线连接到封装的外部天线。另外,功率检测器在发送路径中实现。发射信号的一小部分也被放大并用于驱动下变频接收信号的 IQ 混频器。封装的接收天线接收到来自目标的反射信号,下变频,并以差分拓扑结构以 kHz 范围内的频率从芯片输出。此外,IQ 混频器、功率放大器和低噪声放大器均采用差分的拓扑结构实现。

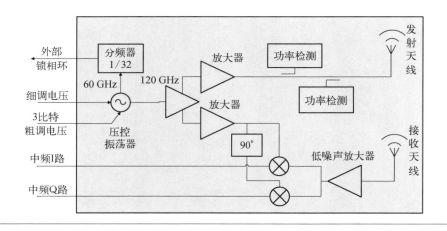

图 4-3
雷达片上系统
原理框图(Pauli.
M, 2017)

封装采用部分塑型方形扁平无引脚封装(Quad Flat No-lead Package, QFN)的新型封装概念。天线在一个单薄膜金属化 Rogers Ultralam 3850 基板上实现。如

图 4 - 4 所示,使用标准的 8 mm×8 mm QFN 封装基板,天线基板和雷达 SoC 采用导热黏合剂进行黏合。天线基板被激光修整,这使得能够实现基板的任意形状。左下边缘经过修剪,使 QFN 封装引线框架的键合线互连更加可靠。

图 4 - 4
封装与实物图
(Pauli. M, 2017)

天线和部分塑型 QFN 封装:天线以 2×2 贴片阵列配置实现,由 50 Ω 共面波导(Coplanar Waveguide, CPW)馈电,并由一个微带馈电网络分馈到四个贴片。键合线互连使用 λ/2 匹配并进行引导。由于 Rogers Ultralam 3850 的低介电常数(3.2)和基板厚度 100 μm,表面波可以忽略不计。如果采用完全的 QFN 封装,最小可实现的模制厚度约为 400 μm,这将会导致表面波的产生,降低天线的辐射效率。为了克服雷达系统的有限的链路预算,可采用增加增益的电介质透镜配置,透镜直径 35 mm,等效增益 23 dBi。

基带电路使用标准的六层印刷电路板(Printed Circuit Board, PCB),使雷达前端能够在连续波或调频连续波模式下工作。由于线性频率斜坡和低相位噪声对于高度准确的测量至关重要,因此使用片外 N 分频 PLL 来控制 VCO。差分 IQ-基带信号通过数字可调低通滤波器进行滤波,并使用数字可变增益放大器进行放大,以优化后续模数转换的信号电平。STM32 微控制器用于配置所有外设,并用于基带信号的模拟-数字转换。原始信号通过 SPI 总线发送到运算单元进行信号处理。封装后的 PCB 尺寸为 35 mm×35 mm,图 4 - 4 显示了带聚焦透镜的雷达前端[图 4 - 4(b)]及其透镜焦点位置[图 4 - 4(a)]。

4.2　太赫兹 SAR 成像雷达

4.2.1　基本原理

合成孔径雷达(Synthetic Aperture Radar，SAR)是一种高分辨力成像雷达，一般布置在机载或星载平台,可以在能见度极低的气象条件下得到类似光学照相的高分辨雷达图像。SAR 是利用一个小天线沿着长基线的轨迹等速移动并辐射相参信号,把在不同位置接收的回波进行相干处理,从而获得较高分辨力的成像雷达,可分为聚焦型和非聚焦型两类。作为一种主动式微波传感器,合成孔径雷达具有不受光照和气候条件等限制实现全天时、全天候对地观测的特点,甚至可以透过地表或植被获取其掩盖的目标信息。这些特点使其在农、林、水或地质、自然灾害等民用领域具有广泛的应用前景,在军事领域更具有独特的优势。尤其是未来的战场空间将由传统的陆、海、空向太空延伸,作为一种具有独特优势的侦察手段,合成孔径雷达卫星为夺取未来战场的制信息权,具有举足轻重的影响。

由于太赫兹频段波长小于微波和毫米波,因此太赫兹有利于实现大带宽和窄波束,有利于提高 SAR 成像的分辨力;电磁波对运动物体的探测会产生多普勒频移,其大小和探测波长呈反比,由于太赫兹频段波长较短,物体运动引起的多普勒效应更为显著,有利于低速运动目标检测;目标特性方面,对人工目标的太赫兹 SAR 成像,待测目标的锐利边缘更为明显,有利于目标外形的提取。

太赫兹 SAR 的主要局限在于: ① 太赫兹波的大气衰减较为严重,不适合大气层内远距离使用;② 太赫兹高功率放大器、低噪声放大器等关键器件加工制造技术尚不成熟;③ 窄波束跟瞄及对平台振动补偿等信号处理要求很高。

4.2.2　典型系统

太赫兹 SAR 在军事领域具有广阔的应用前景,将为战场侦察、精确制导、反隐身等提供新手段、赋予新能力,甚至颠覆传统作战样式,提升战场态势实时精确感知能力。DARPA 于 2017 年成功验证了机载太赫兹视频合成孔径雷达（Video Synthetic Aperture Radar，ViSAR）穿透云雾对 5 km 以外的地面以每秒 5 帧的速率和 0.2 m 的分辨力进行高清晰视频流成像的能力，这比传统合成孔径雷达的成像速度高 10 倍以上，并使飞行员对地面态势的实时精确感知能力不受气象条件的限制（图 4 - 5）。

图 4 - 5
DARPA 视频合成孔径雷达项目构想（Kim S H，2018）

ViSAR 的概念是 2003 年美国 Sandia 实验室首先提出来的，即以类似电影的方式再现场景信息，实现对机动目标的动态观测。DARPA 于 2012 年启动了一项机载太赫兹雷达对地侦察打击的研发计划，用于解决飞机对地支援作战中由于云层遮挡、成像速度慢、分辨力低导致的侦察效果差、目标识别不确定、实时性不好等问题。ViSAR 工作在 220 GHz 频段，采用 1 个发射通道、4 个接收通道的工作体制，可进行干涉测高，其作用距离为 5～10 km，成像速率为每秒 5 帧，成像分辨率为 0.2 m。ViSAR 已于 2017 年成功进行了飞行验证，其穿透云层获取了地面目标的连续视频流，极大地提升了 SAR 在雨云、沙尘、烟雾等恶劣战场环境中的空对地支援作战能力，也推动了太赫兹技术不断走向实用化。ViSAR 作为一种新的成像模式，一旦实现高分辨率实时处理，就可以对敌方车辆、坦克和军舰等目标的位置和移动路线等状态进行实时监控。

ViSAR 系统指标如下：

① 工作频段：231.5～235 GHz；

② 成像帧率：>5 帧/秒；

③ 发射平均功率：>50 W；

④ 工作距离：>5 km。

ViSAR 结构如图 4-6 所示，系统为一发四收的架构，天线均采用高斯光学透镜天线（Gaussian Optic Lens Antenna，GOA）。发射机末端由一真空管放大器提供 50 W 的平均输出功率。为了实现测速和测高功能，四通道接收机呈"L"型排布。其中，三个通道与合成孔径方向平行排列，两个通道与合成孔径方向正交排列。

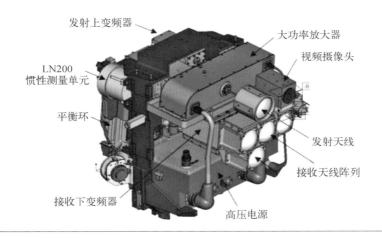

图 4-6
ViSAR 结构示意图（Kim S H，2018）

ViSAR 系统采用线性调频信号作为工作波形，接收机采用 dechirp 方式接收。系统一个独特之处在于数据采集之后，由三个处理过程并行处理，同时获得 SAR 图像，动目标检测和阴影检测的信息，并同时显示出来，为使用者同时呈现多模态的信息，提高区域感知和慢速目标检测能力。信号处理过程同时包含了接收信号的实时校正处理过程。

为实现 50 W 平均功率输出，系统在信号生成段采用了两级放大方案。前级采用固态功率合成，输出功率达到 500 mW。功率合成结构和图片如图 4-7 所示,单路放大器输出功率大于 50 mW,模块功率合成分为四级,共 32 路,输出功率大于 700 mW。

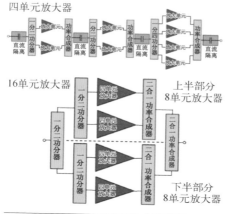

图 4 - 7
系统原理图及
功率合成结构
(Griffith Z, 2014)

前级的输出信号作为第二级放大器的输入信号再次放大。系统第二级放大器采用真空行波管技术实现。由于真空行波管工作时需要高压电源,导致系统体积显著增大。

雷达系统在研制的过程中,会不可避免地引入多种误差,为降低误差对系统性能的影响,ViSAR 采用多种校正方式对不同误差进行了处理。从误差来源讲,误差主要分为两大类:系统固有误差和系统工作过程中引入的随机误差。系统固有误差主要包括系统增益和相位误差,通道间的不一致性引起的误差,天线的增益随波束的变化引起的增益误差以及接收机的增益误差等。系统固有误差是确定性的误差,在系统工作过程中变化很小,因此可以在系统出厂前通过测试的方式获得误差精确值,并在数据处理之前对回波数据进行校正。

系统工作过程中引入的随机误差主要是由于平台的非理想运动状态引入的。系统安装在飞机的万向架上,对平台的抖动进行有效的隔离,同时系统安装有惯性测量单元(Inertial Measurement Unit,IMU),实时测量平台的运动状态的变化,并在信号处理阶段利用这些运动状态数据对回波数据进行运动补偿。由于 IMU 的测量精度有限,经过运动补偿的数据仍然存在残余误差。系统采用自聚焦算法对残余误差进行校正。运动补偿和成像后的结果如图 4 - 8 所示。

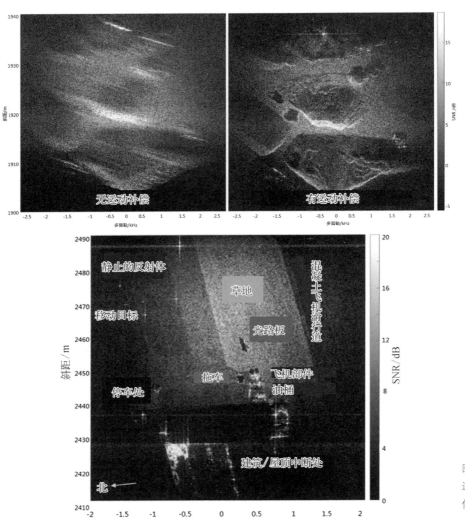

图 4-8
运动补偿和成
像结果(Kim S
H, 2018)

4.3 太赫兹逐点扫描成像雷达

4.3.1 基本原理

世界各地频繁发生的暴力恐怖事件已经严重威胁到人们的生命安全,现有
的通道卡口式的安检措施已无法满足对暴力和恐怖犯罪进行有效预警的要求。

尽管国家公共安全领域迫切需要解决如何在一定安全距离外实现远距离人体隐藏危爆品检测这一难题,但目前为止仍然没有一个高效的解决方案。和现有的通道卡口式安检系统相比,站开式人体扫描检测技术有如下优势:首先,可以在危爆品的作用距离外发出预警信号;其次,对于流动人群的检测,站开式检测系统在布置地点和检测方向上更加灵活;最后,在进行秘密监视的任务时,远距离危爆品检测系统更易实现隐藏和伪装。

从现有技术发展水平来看,太赫兹雷达成像技术是解决远距离人体隐藏危险品检测问题的可行方案之一。相比于毫米波频段,太赫兹波因其波长更短,在相同检测距离情况下,其分辨力更高,并且有助于减小天线尺寸和系统体积,使其成为站开式危爆品检测技术的首选工作频段。

逐点扫描成像技术是雷达成像领域应用广泛的一种成像方法。逐点扫描技术利用准光系统使探测波在焦平面附近聚焦成一个焦点,利用伺服机构控制光路方向,实现焦点的扫描,通过提取反射回波强度和其他信息,可以实现待测对象的二维或三维成像。

太赫兹频段作为站开式成像工作频段的另一个原因是频段的提高有利于获得宽带发射信号,从而提高系统距离维分辨力,和单纯依靠回波强度成像的方法相比,利用高精度距离维分辨力有效避免了探测波的入射角度对成像结果的影响,使其成为太赫兹逐点扫描成像雷达首选的成像方法,如图 4-9 所示。从公开发表的文献来看,线性调频信号是太赫兹逐点扫描成像雷达的首选发射波形,有利于在不提高峰值发射功率的前提下通过增加脉冲宽度的方法提高回波信噪比。在接收端,通过采用解线性调频的方法可以将宽带信号变为中频窄带信号,降低采样率。

线性调频发射信号可以表示为

$$s(\hat{t}, t_m) = \mathrm{rect}\left(\frac{\hat{t}}{T_p}\right) \exp\left[\mathrm{j}2\pi\left(f_c t + \frac{1}{2}\gamma \hat{t}^2\right)\right] \tag{4-3}$$

式中,$\mathrm{rect}(u) = \begin{cases} 1, & |u| \leqslant \dfrac{1}{2} \\ 0, & |u| > \dfrac{1}{2} \end{cases}$;$f_c$ 为中心频率;T_p 为脉宽;γ 为调频率;t 为全

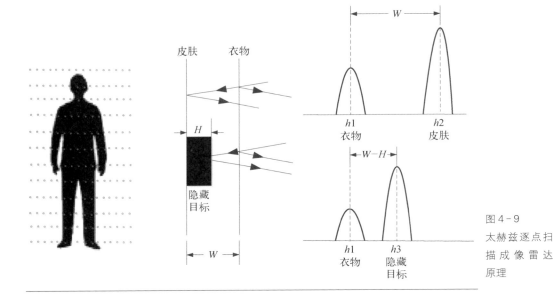

图 4 - 9
太赫兹逐点扫描成像雷达原理

程时间；$\hat{t}$ 为快时间，$\hat{t} = t - mT$，m 为整数，T 为脉冲重复周期。

模拟去斜过程中，利用一个参考信号与回波在混频器内作共轭相乘，差频处理后回波变成窄带信号，其输出为

$$s_{if}(\hat{t}, t_m) = s_r(\hat{t}, t_m) * s_{ref}(\hat{t}, t_m)$$

$$= \mathrm{Arect}\left(\frac{t - 2R_t/c}{T_p}\right) \exp\left(\mathrm{j}\frac{4\pi}{c}\gamma R_t \hat{t}\right) \exp\left(-\mathrm{j}\frac{4\pi}{c}f_c R_t\right) \exp\left(\mathrm{j}\frac{4\pi}{c^2}\gamma R_t^2\right)$$

$$(4 - 4)$$

式中，t_m 为慢时间，$t_m = mT$；R_t 为目标的距离。

差频频率与 R_t 成正比，其频率值为 $f_i = \gamma \dfrac{2R}{c}$。因此，对解线频调后的信号做傅里叶变换，便可在频域得到对应的各回波的 sinc 状的窄脉冲，脉冲宽度为 $1/T_p$，而脉冲位置与 R_t 成正比。相应的距离分辨力为

$$\rho = c/2B \qquad (4 - 5)$$

式中，c 为光速；B 为雷达发射波的带宽。如果雷达发射带宽大于 15 GHz，那么系统就可以分辨厚度大于 1 cm 的物体。在低频段，如此高的带宽是很难达到

的,但是当工作频段为太赫兹时,获得高带宽的信号难度便降低了。

4.3.2 应用场景

太赫兹逐点扫描成像雷达主要用于站开式人体隐藏危险品检测,其优势在于能够在待测对象没有意识到的情况下完成检测,同时,能够为安检人员提供一定安全距离,其典型应用场景如图4-10所示。为了达到有效预警的目的,这种系统工作时必须达到实时成像的要求,因为站开式安检的场景下是无法限制待测对象的活动的;此外,为了达到有效预警的目的,系统的尺寸和功耗都应限制在合理范围内,使系统便于快速布置。

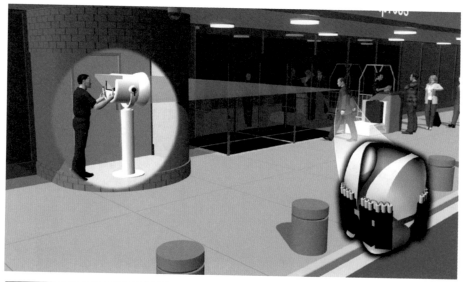

图4-10
太赫兹逐点扫描成像雷达应用场景(Sheen DM,2010)

4.3.3 典型系统

从目前太赫兹器件发展水平以及大气衰减等方面综合考虑,满足实际应用的太赫兹逐点扫描成像雷达工作频率一般会选择低于1 THz,原因在于:一方面,在这个频段可以采用固态电子器件实现太赫兹源和探测器,降低了系统复杂度;另一方面,在1 THz频段以下,存在几个大气窗口(分别在340 GHz、670 GHz和850 GHz附近),这些窗口大气对电磁波衰减较小,有利于电磁波的传输。

本小节将对国内外具有代表性的太赫兹逐点扫描成像雷达系统进行详细介绍，这些系统都工作于 670 GHz 以下，利用线性调频信号作为探测波形，并且由于太赫兹集成收发阵列研制技术还不成熟，因此系统都采用了单发单收的系统结构。

1. 美国 JPL 的 670 GHz 的站开式成像雷达

美国 NASA 的喷气推进实验室（Jet Propulsion Laboratory，JPL）研制了一部太赫兹站开式成像雷达，主要用于远距离人体隐藏物品的成像检测。系统工作于 675 GHz，采用带宽 30 GHz 的线性调频连续波技术，在 25 m 的作用距离，横向分辨力达到 1 cm，距离分辨力达到毫米量级。系统实物图如图 4-11 所示，雷达后端电子学部分生成 36.8～38.4 GHz 快速扫频信号，经过收发倍频链路的 18 次倍频后，生成带宽为 28.8 GHz，中心频率在 676.7 GHz 的扫频信号，峰值功率达到 0.7 mW。

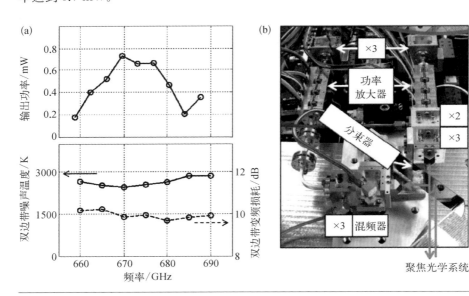

图 4-11
670 GHz 雷达实物（Cooper,
K. B. 2011）

系统射频模块架构如图 4-12 所示，基带 FMCW 信号产生采用了 DDS＋PLL 方案生成 1.8～3.4 GHz 调频信号，经收发本振混频后上变频至 Ka 频段。Ka 频段信号经发射链路 18 次倍频后，生成频率为 662～691 GHz 的 FMCW 信号。在接收端,信号经 9 倍频生成 331~346 GHz 的本振信号,在谐波混频器与接收的回波混频,生成窄带中频信号。

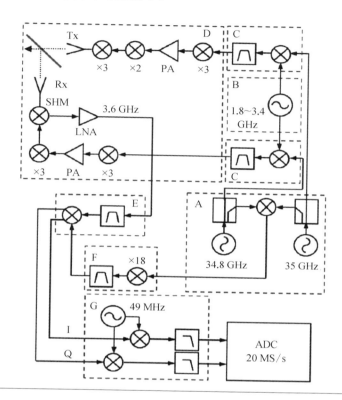

图 4 - 12
670 GHz 雷达
链 路 结 构
(Cooper, K. B.
2011)

　　由于宽带信号通过多次倍频方式获得,系统相位噪声随着倍频次数的增加以 $20\lg(N)$ 的量级恶化,其中 N 是倍频次数。在太赫兹雷达系统设计过程中,应尽可能通过提高器件性能和优化系统结构方面降低相位噪声,以避免因相噪过高导致的信噪比和动态范围的降低,从而降低系统性能。JPL 的系统中采用了相噪相消的电子学架构,以降低近端相位噪声。在超外差的接收机中,接收机下变频本振是由收发本振混频生成 200 MHz 的差频信号在 18 次倍频后产生 3.6 GHz 下变频本振信号。接收链路的下变频本振信号和发射链路的相噪和杂散是相关的,在和接收回波混频的过程中,两路信号中的相噪和杂散会实现一定程度的抵消,从而降低回波近端相位噪声水平。

系统采用共焦椭球反射面方案实现光斑的聚焦和机械扫描(图4-13)。光斑的大小由波束宽度决定,由光学理论可知,在波长确定的条件下,光斑尺寸和聚焦镜的直径成反比,和成像距离成正比。系统采用直径1 m的主镜面,在25 m作用距离将光斑大小缩小到1 cm。在准光方案中通过控制一直径只有13 cm平面镜的水平和竖直方向的角度的快速变化实现波束的高速扫描。尽管转动镜面尺寸的减小有利于扫描速度的提高,但是其不足之处在于系统视场的变小,使系统在25 m距离的视场范围是40 cm×40 cm。

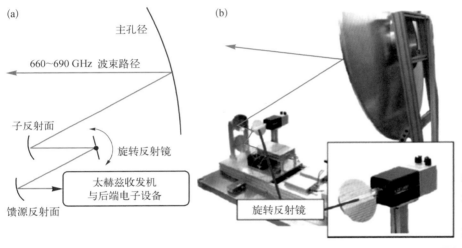

图4-13
670 GHz雷达光路原理
(Cooper, K.B. 2011)

系统成像结果如图4-14所示,待测对象身穿T恤、马甲和夹克,夹克内藏有一橡胶制道具,由图(a)可以看到衣物内的隐藏品清晰显示出来,图(b)显示了在不同的扫描点的距离维峰值的分布情况。图(c)和(d)显示衣物内藏有道具手枪和炸弹腰带时的成像情况。从成像结果来看,利用大带宽获得高精度距离像的成像方法有效避免了波束入射角度对回波强度的影响,并且能够有效检测出尺寸较大的人体隐藏危险品。

2. 中科院电子所太赫兹扇形波束扫描合成孔径成像雷达

中国科学院电子学研究所(Institute of Electrics, Chinese Academy of

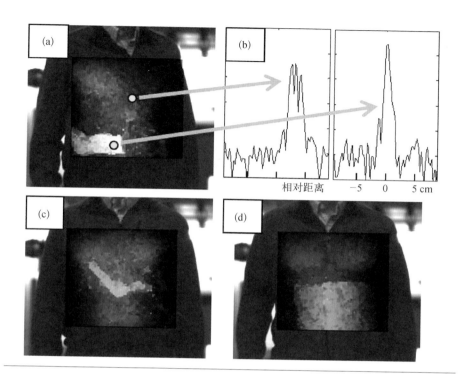

图 4 - 14
670 GHz 雷达
成 像 效 果
(Cooper, K.B.
2011)

Sciences，IECAS)研制了一种集合扇形波束扫描和合成孔径图像重构技术的太赫兹扫描成像雷达。系统结构如图 4 - 15 所示,系统采用了一种特殊的扇形的准光结构。在距离维,采用宽带信号获得高分辨力;在水平方向,通过减小波束宽度提高分辨力;在竖直方向,波束宽度较大,为获得高分辨力,系统采用合成孔径聚焦技术实现高分辨力。成像结果如图 4 - 16 所示。

3. 中国工程物理研究院微系统与太赫兹研究中心 340 GHz 站开式逐点扫描成像雷达

中国工程物理研究院微系统与太赫兹研究中心研制了一种站开式太赫兹三维逐点扫描成像安检仪原理样机。系统采用了单发单收的架构和二维逐点扫描的工作方式,为了在短时间完成较大视场范围的扫描成像,系统对光路设计和扫描方式进行了优化。系统工作中心频率 340 GHz,带宽 12 GHz,采用宽带线性调频信号作为发射波形,成像距离 5.8 m,视场范围 2.0 m×0.6 m,成像时间 1.8 s。

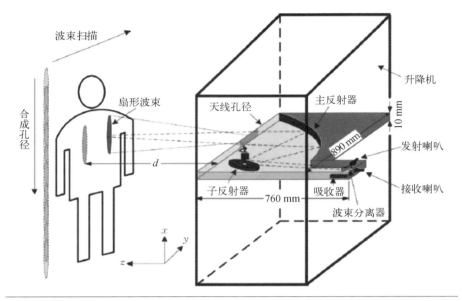

图 4 - 15
太赫兹扇形波
束扫描合成孔
径系统原理图
(S. M. Gu, 2012)

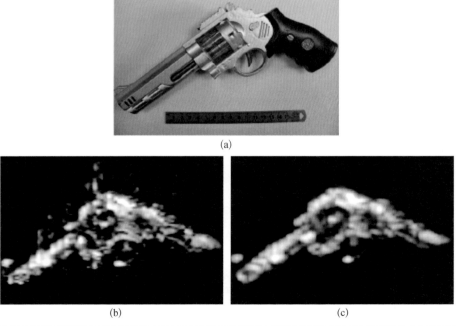

(a)

(b)   (c)

图 4 - 16
太赫兹扇形波
束扫描合成孔
径系统成像效
果（S. M. Gu,
2012）

（1）总体架构

系统总体结构和实物照片如图 4-17 所示，从功能上系统可以划分为四个部分：信号采集与控制子系统、射频子系统、太赫兹收发信道子系统，以及光路与扫描子系统。

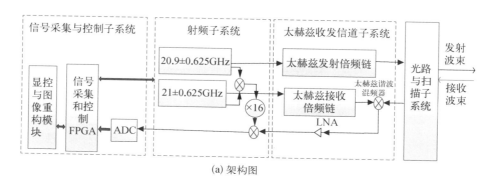

(a) 架构图

(b) 系统实物

图 4-17
340 GHz 站开式逐点扫描成像系统结构
(经文,2018)

射频模块生成的宽带信号经过太赫兹倍频链路后带宽扩展，转变为太赫兹频段的宽带线性调频信号。太赫兹发射信号经过光路与扫描子系统后在成像面上聚焦成光斑，一组功能不同的反射镜实现了波束聚焦和扫描功能。为提高扫描速度，系统采用了一种非匀速二维机械扫描的工作方式。目标的反射回波由馈源接收后在谐波混频器内完成解线频调处理，输出中频窄带脉冲，脉冲的中心频率和成像距离成正比,由此便可得到目标的距离维信息。脉冲经过二次下变频和放大滤波等过程后被一个高速 ADC 采集,在现场可编程门阵列(Field - Programmable Gate Array,FPGA)内部完成正交解调,降采样等处理后通过面向仪器系统的 PCI 扩展总线上传至控制模块完成信号的线性度校正和图像重构。

系统工作参数如表 4 - 2 所示。

表 4 - 2
系统工作参数
(经文,2017)

项　　目	参　　数
工作类型	外差式
中心频率	334 GHz
带宽	12 GHz
波形	调频连续波
调频周期	100 μs
发射功率	>0.2 mw
接收机噪声系数	11 dB
采样率	250 MHz
天 线 子 系 统	
站开系统典型距离	5.8 m
光斑尺寸	<2 cm
扫描区域	60 cm×100 cm
主反射面直径	450 mm
图像采集时间	2 s

(2)太赫兹雷达电子学系统

太赫兹雷达电子学系统是成像系统的重要部分,很大程度上决定了样机的性能。太赫兹雷达电子学系统结构如图 4 - 18 所示,该系统为全相参架构,接收机采用了超外差架构。雷达按照工作频段划分可分为两个部分:射频模块和太赫兹收发倍频链路。

射频模块主要由两个功能:首先,为其前端的太赫兹倍频链路提供驱动信号;其次,将谐波混频器输出的中频回波信号进行二次下变频,放大滤波后输入

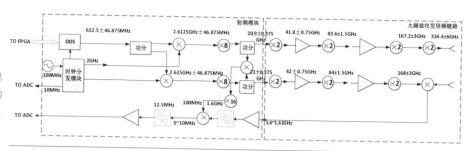

图 4 - 18
太赫兹雷达电子学系统结构框图（经文，2018）

至信号采集模块。为改善接收信号的相噪，系统接收机的中频的 1.6 GHz 本振信号是由发射链路和接收链路经过混频后再 16 倍频的方式获得的，这种相噪抵消结构有利于改善回波信号近端相噪。

340 GHz 收发倍频链路包括发射倍频链路和接收倍频链路，用于产生宽带线性调频信号并为接收机提供本振信号。发射倍频链路将输入的射频信号 16 次倍频至 340 GHz，然后通过馈源输出给光路与扫描子系统。接收倍频链路利用谐波混频器实现回波信号去斜成为中频 1.6 GHz 的窄带信号。

收发倍频链路模块基于固态电子学技术实现。模块分为发射倍频链路和接收倍频链路。系统采用 ×2×2×2×2 即四次二倍频结构的倍频方案，第一级二倍频器之后需要加上功率放大器将信号放大，用以驱动后面的二倍频链。340 GHz 倍频器发射链输出功率如图 4 - 19 所示，工作带宽内的输出功率均大于 0.2 mW。

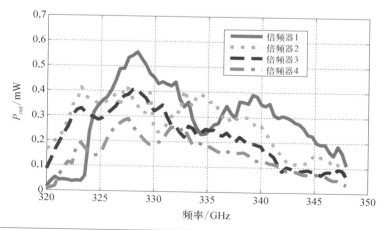

图 4 - 19
340 GHz 倍频器发射链输出功率测试结果（Cheng B，2018）

340 GHz 接收机链路主要由 340 GHz 接收喇叭天线、340 GHz 谐波混频器、170 GHz 倍频器、85 GHz 四倍频器和 1.6 GHz 低噪声放大器模块阻抗组成。接收信号由 340 GHz 天线接收，经 340 GHz 谐波混频器下变频到 1.6 GHz 的中频信号，最终中频信号由后期信号处理。由于在 340 GHz 频段缺乏低噪声放大器，因此接收机的性能主要取决于 340 GHz 谐波混频器。340 GHz 变频器采用基于肖特基阻性二极管的谐波变频器，该上变频器基于 50 μm 石英基片微带电路实现，通过混合集成方式将肖特基反向并联二极管安置在变频电路中，1.6 GHz 低噪声放大器模块的噪声系数为 0.67 dB。整个接收机的噪声温度测试结果如图 4-20 所示，在 325~355 GHz 频段接收机噪声温度小于 1 600 K。

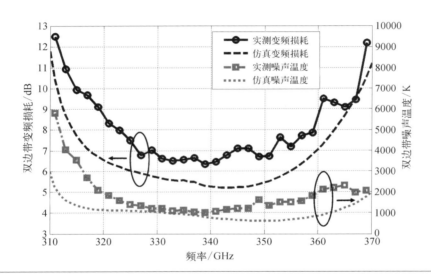

图 4-20
340 GHz 谐波混频器 DSB 变频损耗和 DSB 噪声温度测试结果(Cheng B, 2018)

（3）高速扫描光路

光路与扫描子系统主要实现太赫兹探测信号的聚焦和扫描功能，其结构如图 4-21(a)所示。为实现系统在 2 s 时间内完成 1 m×0.6 m 的大视场扫描，系统利用两个电机的相互配合，在二维成像平面完成逐点扫描，方位维电机进行高速摆动，俯仰维电机进行一维匀速转动一个角度，两个电机运动的结合，形成了成像平面上类似于正弦波形的焦点运动轨迹。

系统利用一组反射镜组成的复合光路将发射波束在成像焦平面聚焦成高斯波束。光路结构如图 4-21(b)所示，反射光路由分光镜、聚焦镜、折返平面镜和

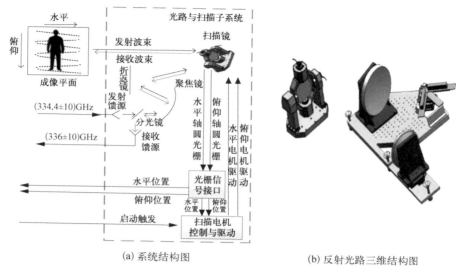

图 4 - 21
光路与扫描子
系统结构(经
文,2018)

(a) 系统结构图　　　　　　　　　(b) 反射光路三维结构图

二维扫描镜组成。聚焦镜是一面椭球反射镜,为实现 2 cm 的方位分辨力,并在设计中留有一定余量,镜面直径为 450 mm。聚焦后的波束经过一面反射平面镜后改变方向,入射到一面由二维高速电机控制的平面镜上,再次反射后在成像焦平面聚焦成高斯波束。

（4）信号采集与处理控制子系统

信号采集与处理控制子系统完成对线性调频脉冲信号源、开关、衰减器等前端收发组件的配置和状态的控制,利用同步电缆和网口实现与扫描控制模块的通信和同步,采用大动态范围 ADC 完成去斜目标回波信号的采集,并结合对线性调频信号非线性校正,完成太赫兹收发链控制、扫描时序控制、回波信号采集、非线性校正、一维距离像成像等功能。其组成如图 4 - 22 所示,子系统工作在一台 3U 的 PXI 机箱上,所有工作由两个模块完成,即 NI - 8135 和 NI - 7965R。

NI - 8135 控制(CPU)模块与 NI - 7965R 上的控制(FPGA)模块相互配合,完成系统的同步,采集数据校正和上传等功能,控制(CPU)模块采用 Labview 软件实现,通过 UDP 端口和显控软件进行通信和数据传输。

NI - 7965R 配置了高性能 FPGA 和灵活的可定制 I/O 接口。通过配置

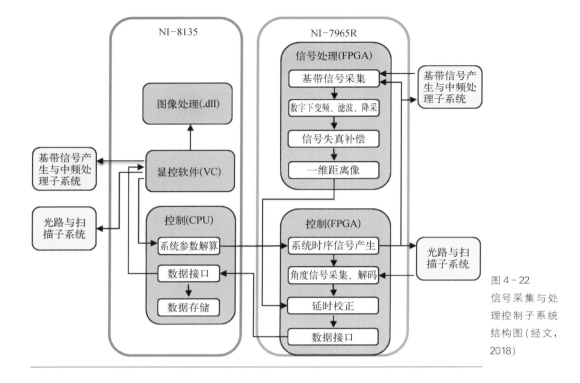

图 4 - 22
信号采集与处理控制子系统结构图(经文, 2018)

NI-5761 的四通道 14 bit,250 MSPS 采样率的 Flex RIO 适配模块,NI-7965R 能够实现从高速信号采集、信号预处理和数据打包上传的整个流程。NI-7965R 上分为有两个功能模块,采用 Labview FPGA 软件设计完成。信号处理 FPGA 模块完成回波采集信号的正交解调,抽取和滤波。经过处理后的数据为待探测目标在焦点处的一维距离像数据,包含了该点衣物、皮肤和掩盖在衣物下物体距探测器的距离信息;控制(FPGA)根据显控软件提供的系统工作参数信息完成系统时序控制,圆光栅角度信息采集和采集数据打包上传等功能。

(5)三维成像实验

从已有文献结果来看,站开式扫描成像系统回波强度受回波入射角度影响较大,因此利用强度信息的成像方法无法反映目标材质信息,很难实现人体隐藏危险品探测。本书利用太赫兹高带宽的优势,利用目标的高精度距离像信息进行成像,避免了入射角度对成像效果的影响,从而实现人体隐藏危险品的有效探测。

对人体进行成像的场景和成像结果如图 4-23 所示，待测对象胸前悬挂一模型手枪，手枪厚度约 2 cm、长约 12 cm。待测对象穿一白大褂，利用一维距离像的三维成像结果清晰显示枪支和人体轮廓，证明系统对隐藏危险品具有一定的检测能力。

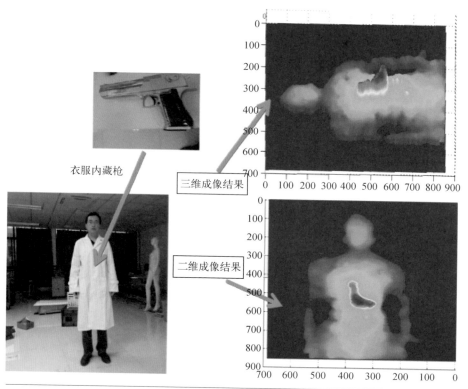

衣服内藏枪

三维成像结果

二维成像结果

图 4-23
人体隐藏危险品雷达成像结果(经文，2018)

4.4 太赫兹线阵扫描成像雷达

合成孔径雷达利用脉冲压缩技术获得距离维的高分辨力，并利用单个天线的运动合成虚拟孔径以获得方向维高分辨力。传统合成孔径雷达的本质是将三维空间向二维空间进行投影，但侧视的几何结构会导致遮蔽效应，即某些散射点会被树林、山丘、建筑或其他目标遮挡，从而丢失场景中的重要信息。三维合成孔径雷达可以工作于下视模式,它通过获得目标的三维信息有效地克服了遮蔽效应带来的影响。

前一节中介绍的逐点扫描体制是一种常见的三维合成孔径雷达的实现方式,该体制的系统结构一般比较简单,但扫描时间受天线运动的限制,在对实时性要求较高的场景下难以实现有效成像。基于阵列扫描的成像雷达为精确、实时的高分辨力三维成像提供了可能。该体制雷达同样利用脉冲压缩技术获得距离维的高分辨力,并利用线型阵列在沿航迹方向的运动合成虚拟孔径以获得高度维高分辨力,与逐点扫描体制的区别在于线阵扫描雷达在方位维(与航迹垂直方向)的高分辨力是通过线阵的波束形成技术获得的。

4.4.1 基本原理

典型的线阵扫描成像雷达结构是正下视,雷达天线与平台运动方向垂直并向下俯视,高度维被定义为与平台运动方向平行的方向,方位维被定义为与平台运动方向垂直的方向。图 4-24 为线阵扫描成像雷达的典型结构示意图。

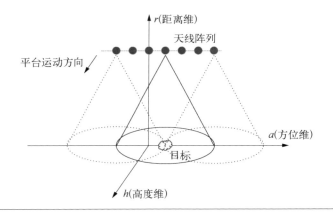

图 4-24
线阵扫描成像雷达的典型结构示意图

以图 4-25 所示的线性阵列为例,阵列由 N 个发射/接收阵元组成,相邻两阵元的间距为 d,整个阵列的长度可以表示为 $L_a = (N-1)d$。

记第 $n(n=1, 2, \cdots, N-1)$ 个发射/接收阵元到目标的距离为 r_n,根据奈奎斯特采样定律,为避免方位维图像混叠,相邻两个阵元到目标的距离需满足

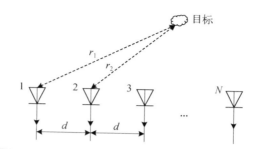

图 4-25
N 个阵元的线
性阵列

目标

$$2k \cdot \mid r_n - r_{n+1} \mid \leqslant \pi \tag{4-6}$$

式中,k 为波束,$k = 2\pi/\lambda$;λ 为发射信号对应的波长。实际应用中,考虑天线的波束宽度,通常将式(4-6)写为

$$d \leqslant \frac{\lambda}{2} \tag{4-7}$$

系统处于工作状态时,第一个阵元发射信号并接收从目标散射回来的回波信号,接收机将信号采集并存储后,第二个阵元发射同样的信号并完成接收,以此类推,直到阵列上的第 N 个阵元完成发射和接收。当然,根据实际雷达系统的发射机与接收机数量,每次可以有 $n_t (n_t = 1, 2, \cdots, N)$ 个发射阵元与 $n_r (n_r = 1, 2, \cdots, N)$ 个接收阵元同时工作。

以单发射/接收机的情况为例,在一次方位维扫描的过程中,雷达系统以一定的脉冲重复周期(Pulse Repetition Time,PRT)发射和接收脉冲。

图 4-26 表示系统发射和接收信号的时域序列。发射信号中,T_r 为发射信号的脉冲持续时间,下标 r 表示距离维(Range)。接收序列中,τ_i 表示第 i 个发射阵元发射信号时,目标回波相对于发射信号的延时。阴影部分表示雷达接收机的采样波门,采样波门的宽度要保证能罩住扫描区域内所有目标的回波。

雷达发射信号的数学表达式为

$$s(t) = \sum_{n=1}^{N} p(t - n \cdot PRT) \tag{4-8}$$

以线性调频脉冲压缩雷达为例,$p(t)$ 可以表示为

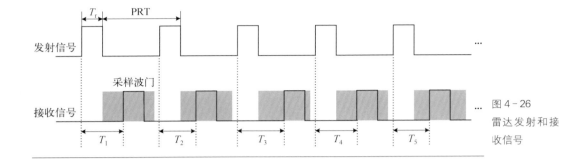

图 4-26
雷达发射和接
收信号

$$p(t) = \text{rect}\left(\frac{t}{T_r}\right) \cdot \exp(j\pi K_r t^2) \cdot \exp(j2\pi f_c t) \qquad (4-9)$$

式中，rect(·)为矩形信号函数；K_r 为线性调频信号的调频斜率；f_c 为雷达系统的载波频率。

当第 n 个发射阵元发射信号后，信号在点 (x, y, z) 被目标反射并由第 n 个接收阵元接收，由于发射阵元到接收阵元的距离远小于阵元到目标的距离，故阵列可近似为收发同置，记第 n 个发射/接收阵元的位置为 (x_n, y_n, z_n)，则接收信号相比于发射信号的时延为

$$\tau_n = \frac{2\sqrt{(x_n - x)^2 + (y_n - y)^2 + (z_n - z)^2}}{c} \qquad (4-10)$$

记散射点 (x, y, z) 的反射系数为 $\sigma(x, y, z)$，第 n 个接收阵元接收的目标回波信号为

$$r_n(t) = \sigma(x, y, z) \cdot p(t - \tau_n) \qquad (4-11)$$

目标回波信号在雷达接收机中经下变频、解线频调等处理后被采集并存储。利用成像算法对回波数据进行距离维压缩和方位维、高度维聚焦，则可获得对扫描区域的三维成像。

太赫兹合成孔径雷达的基本成像原理与传统的合成孔径雷达一致，系统工作频率的升高将主要带来两方面问题。首先，太赫兹波的波长较短（通常为 30 μm～3 mm），可以计算得到线性天线阵列对应的间距为 15 μm～1.5 mm，远小于传统合成孔径雷达的天线间距；在成像区域相同的前提下，天线间距的减小

将导致天线数量的增多，从而导致系统成本的大幅增加。其次，当系统工作频率增大到 300 GHz 或者更高时，天线间距将小于 1 mm，难以对线性阵列进行工程实现。因此，如何在保证高空间分辨力的同时降低阵元数量是该类雷达系统亟待解决的关键问题。近年来，稀疏多输入多输出（Multiple‑Input Multiple‑Output，MIMO）天线阵列的快速发展使得高频雷达系统可以兼具高空间分辨能力和实时性，同时也降低了阵列成本，为太赫兹线阵扫描成像雷达的实现提供了新的技术途径。

阵列设计是稀疏 MIMO 天线阵列的关键技术，主要包括阵列构型设计、阵列尺寸、收发阵元数量和阵元间距等参数的确定，它会直接或间接影响太赫兹成像系统的性能和图像质量。针对实际应用场景，选择合适的阵列设计方法，并在综合考量多方面因素下选择约束阵列设计的指标是阵列设计需要解决的关键问题。基于等效阵列概念进行 MIMO 阵列设计是远场应用中一种有效可行的方法，在远场条件下，等效 MIMO 阵列为发射阵列空间导向矢量与接收阵列空间导向矢量的卷积。但在近场条件下，空间卷积原理存在近似，会导致成像结果出现残余模糊。除了通过理论分析进行阵列设计，还可以将阵列设计看作是一个多变量的组合优化问题，采用全局优化算法进行阵列设计，经典的优化算法有遗传算法、贪婪算法、粒子群算法等。优化算法可以同时优化主瓣宽度和栅/旁瓣水平，但通常计算收敛速度较慢，不适用于大阵列设计。

点扩展函数（PSF）是雷达成像系统对理想点目标的响应，通常被用来作成像系统的性能评价标准。在线阵扫描成像系统中，目标回波信号包含三维信息，因此，PSF 为包含距离维、方位维、高度维三维信息的函数。PSF 方位向特性反映了线性阵列所在方向的成像性能，具体来说，PSF 方位向主瓣的 3 dB 宽度决定了系统方位分辨力的大小，PSF 方位向的栅瓣位置反映了方位向无模糊成像范围的大小，PSF 方位向旁瓣水平反映了强目标对其周围弱目标分辨的影响程度。基于稀疏 MIMO 阵列的 PSF 是由发射阵列和接收阵列共同决定的，表示方式较为复杂，为了分析的方便，通常利用等效阵列对稀疏 MIMO 阵列的性能进行分析。虚拟阵列是稀疏 MIMO 阵列的一种常用的等效形式，利用相位中心近似（Phase Center Approximation，PCA）方法，稀疏 MIMO 阵列中一对收发阵元均可由一个收发同置的虚拟阵元等效。包含 M 个发射阵元与 N 个接收阵元的 MIMO 阵列可由包含 $M \times N$ 个阵元的阵列等效,该阵列称为虚拟等效阵列,如图 4-27 所示。

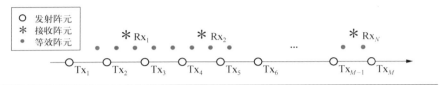

图 4-27
线性稀疏 MIMO
阵列及其虚
拟 等 效 阵 列 示
意图

为同时满足系统空间分辨力和硬件成本的要求,设计得到的稀疏 MIMO 阵列与传统线性阵列相比,阵元间距较大,阵列的稀疏性会导致成像结果中出现较高的旁瓣和栅瓣。强目标的栅/旁瓣杂波会影响其周围弱目标的识别,引入虚假目标,影响最终的成像效果,因此,在实际成像应用中,有必要采用合适的栅旁瓣抑制方法进一步改善图像质量,以便更好地进行后续的目标检测识别和图像解释。窗函数加权是一种传统的栅/旁瓣抑制方法,采用 Hamming、Blackman、Kaiser 等窗函数对方位向和距离向进行加权处理,该方法处理过程简单,但缺点是主瓣宽度会增加,是以牺牲成像分辨力作为代价实现栅旁瓣抑制的。为了不影响成像分辨力,同时降低图像栅/旁瓣水平,可采用优化加权系数方法,如 Chebyshev 加权、相干因子加权(Coherence Factor,CF)等。但对于近场成像,点扩展函数具有空变性,加窗处理难以有效抑制成像场景范围内所有位置的栅/旁瓣。此外,还可以采用空间谱估计的图像域处理方法,如自适应旁瓣抑制方法(Adaptive Sidelobe Reduction,ASR)、空变切趾算法(Spatially Variant Apodization,SVA)等,但相比于线性加权方法,该类方法实现复杂且运算量大。

4.4.2　应用场景

X 射线及其他基于电离辐射的成像方式会对人体造成伤害,因此,目前公共场所的安检系统都以人工检查为主,辅助以金属探测器。这种安检方式的缺点在于人工检查效率较低、侵犯被检人隐私,并且存在人为因素的误判与疏忽,对安检员的专业水平要求较高;而金属探测器只能检测到金属违禁物,无法检测由陶瓷、玻璃、塑料等材料制成的非金属武器,同时也无法识别易燃易爆品、腐蚀性液体等。

太赫兹波的非电离性与强穿透性使其能够有效地检测藏匿在被检人衣物或行李中的物品,如金属、刀具、枪支、腐蚀性液体、毒品等,因此,机场、车站、海关等高人流量场所是太赫兹线阵扫描成像雷达的重要应用场景。太赫兹线阵扫描成像雷达的目标回波被重构成包含目标信息的三维图像,操作人员依据图像可以判定待检人是否携带可疑物品(随着人工智能的快速发展,基于神经网络的目标检测及识别算法可逐渐替代人工、实现可疑物品的自动识别),进而由人工检查进一步确定待检人是否携带违禁物品。基于合成孔径原理的太赫兹雷达可以进行高分辨力成像,提高违禁物品的检测概率,同时保护待检人隐私,具有安全、实时、高分辨等特点。

基于一维线阵扫描的安检成像系统根据扫描轨迹可以分为平面扫描式和柱面扫描式。图 4-28 分别给出了基于平面扫描和柱面扫描毫米波安检成像系统,图 4-28(a)为同方威视开发的 MW1000AA 毫米波人体安检成像系统,该系统在水平方向包括两个一维线阵,分别沿一个垂直平面对目标进行扫描,扫描时间 2 s;图 4-28(b)为美国 L-3 公司在美国西北太平洋国家实验室(Pacific Northwest National Laboratory, PNNL)的授权下研制的 Provision 毫米波人体安检成像系统,该系统在垂直方向包括两个一维线阵,分别沿半个圆柱面对目标进行扫描,扫描时间 2 s。太赫兹线阵扫描安检成像系统同样可以分为平面扫描式和柱面扫描式,相比于毫米波安检成像系统,它可以提供更高的图像分辨力,

(a)   (b)

图 4-28   (a) MW1000AA 安检成像系统;(b) Provision 安检成像系统(McMakin D, 2017)

有利于后期的检测并识别出藏匿于衣物下的金属及非金属违禁物品。

4.4.3 典型系统

2016年,中国工程物理研究院微系统与太赫兹研究中心研发了基于稀疏MIMO阵列的340 GHz三维成像系统。对于之前大多数太赫兹安检系统产品,系统的两个维度都依赖于蛇形扫描机构进行二维扫描。扫描镜的机械性能降低了系统的帧速率并限制了其应用。中国工程物理研究院微系统与太赫兹研究中心提出了一种基于MIMO线阵的扫描策略,大大提高了系统性能。下面对中国工程物理研究院340 GHz三维成像系统做一个具体的介绍。

1. 系统整机架构与工作机理

系统整体结构如图4-29所示,主要由收发阵列、椭圆柱面反射镜、平面摆镜及后端数字处理等部分组成。其工作原理是采用稀疏MIMO阵列与机械式准光扫描结合的方式实现人体的三维高分辨力成像,相比于传统的二维合成孔径式近场成像,其高度维聚焦由准光椭圆柱面反射镜完成,因此其成像速度可以得到大幅提升。收发阵列采用4Tx/16Rx的稀疏MIMO阵,虚拟阵元技术在不影响成像质量的情况下大大节省了系统所需的阵列数量,降低了系统的复杂度。

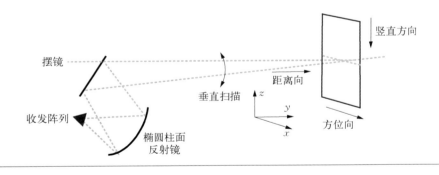

图4-29
340 GHz MIMO雷达成像系统结构(Cheng B, 2018)

该雷达成像系统通过合成孔径雷达技术和准光扫描机构的组合获得方位向的高分辨力,其通过稀疏MIMO线阵来进行水平方向波束的形成与聚焦,通过椭圆柱面镜实现竖直方向波束聚焦。其具体的工作过程如下:首先,水平放置的MIMO天线阵列发射宽带线性调频连续波信号,球面波由椭圆柱面镜聚焦后并由可旋转平面摆镜反射后落在物体上;随后,摆镜旋转,带动聚焦后的带状波束沿垂直方向对目标进行扫描;最后,接收天线阵列接收目标回波信号,并且在数字信号处理模块中完成 3D 图像重建。

2. 系统阵列构型

系统采用水平放置的 4 发 16 收稀疏 MIMO 阵列配合垂直维的聚束扫描实现方位维的高分辨成像,每个发射通道的波形为宽带线性调频连续波信号,通过脉冲压缩实现距离维的高分辨。系统线阵结构如图 4-30 所示,发射阵元等间隔分布在阵列两边,间隔为 4 mm,接收阵元等间隔分布在阵列中间,间隔为 8 mm,按虚拟阵元理论,最终等效为 128 mm 长成 2 mm 间隔均匀分布的 64 个阵元阵列。

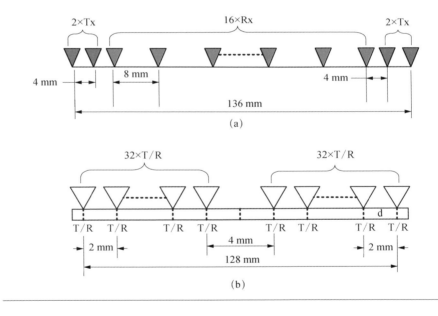

图 4-30 340 GHz MIMO 雷达成像系统所用阵列构型及等效阵元构型(Cheng B, 2018)

为了尽可能获得较高的相对位置精度和较小的尺寸,系统天线阵列和波导采用整体加工设计。天线阵列的剖视图如图 4-31(a)所示,输入端口通过平滑波导与相应的辐射端口连接,该流线型的波导设计方便了电磁波的传输,减少了传输过程中的传输损耗。天线辐射单元采用削斜面-角锥喇叭天线,其辐射直径为 2.4 mm×1.9 mm,喇叭口长 8 mm。在 324~340 GHz 频段,天线输入端口的电压驻波比(Voltage Standing Wave Ratio，VSWR)小于1.15，其E平面和H平面半功率波束宽度均为25°，相邻两个天线单元之间的隔离度不小于30 dB。天线阵列的实物图如图4-31(b)所示。

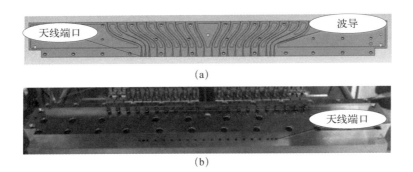

(a)

(b)

图4-31
天线阵列剖视图及实物图
(Cheng B, 2018)

3. 准光扫描结构

准光扫描子系统的结构如图4-32所示，可分为四部分：MIMO天线阵列、聚焦椭圆柱面镜、可旋转扫描平面镜及发电机，其中椭圆柱面镜用于实现球形高斯波束的线聚焦，发电机驱动平面镜进行垂直方向的扫描。根据椭圆反射镜的两个几何焦点是一对共轭图像点的相关理论知识，我们将天线阵列喇叭馈源放置在椭圆镜面的几何焦点附近，使得成像平面位于另一个几何焦点处。平面镜仅用于改变光束的方向对目标进行扫描。图4-32分别是准光扫描子系统结构

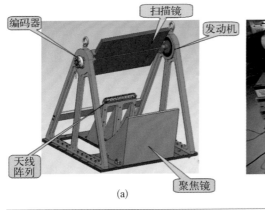

(a)

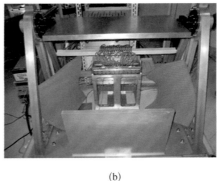

(b)

图4-32
准光扫描子系统结构及实物
(Cheng B, 2018)

的 3D 模型图和实物图。

椭圆柱面镜的圆柱长度为 600 mm,弦长为 380 mm。椭圆顶点的曲率半径为 554.1 mm。平面镜中心到焦点(即成像平面)为 3.063 m。图 4-33 中显示了在距离 3.063 m 处的像平面中的波束能量分布的仿真结果。由图可见,波束的半功率波束宽度为 10.6 mm,保证了垂直方向的高分辨力。

图 4-33
准光扫描子系统系统像平面能量分布仿真结果(Cheng B, 2018)

4. 340 GHz 收发机

该雷达成像系统工作在线性调频连续波(FMCW)模式下,其发射脉冲扫频带宽从 324 GHz 到 340 GHz,共 16 GHz 带宽,保证了距离维的高分辨力。系统收发机的框图如图 4-34 所示,图中仅展示出收发机一半的框图结构,其另一半架构与其对称。系统采用直接数字合成器(DDS)产生 Chirp 扫频信号,通过混频和倍频处理后输出中心频率 20.75 GHz,带宽为 1 GHz 的线性调频信号作为系统发射链路和接收链路的输入。如图所示,该信号被功分为四路分别驱动两个发射链路和两个接收链路。系统采用 4 发 16 收的 MIMO 线阵,因此两边分

图 4-34
340 GHz MIMO 雷达成像系统收发机架构示意图(一半)(Cheng B, 2018)

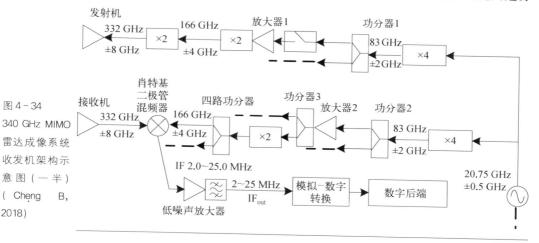

别需要驱动 2 条发射链路与 8 条接收链路的本振,系统通过功分信号完成信号的分发。通过功分器 1 将输入信号功分成 2 个 Tx 链以匹配发射天线单元的数量。通过使用功分器 2,3,4 将输入信号功分到 8 个 Rx 链的本振端口,以匹配接收天线单元的数量从而完成了 4 发 16 收的信号发射。系统扫频时间为 75 μs。系统采用×4×2×2 的倍频链路实现了 324～340 GHz 的发射信号,采用×4×2 的倍频链路实现了 162～170 GHz 的发射信号,并将其作为系统各接收通道的本振驱动。

5. 成像结果

集成后的成像系统和实验场景如图 4-35 所示。采用该雷达系统对人体进行 3D 成像,人体外套下携带隐藏的枪型模具,如图 4-35 右上角所示。从人体到扫描镜的光程约为 3 m,到 MIMO 阵列的距离是约为 4 m。波束经聚焦后在视场中心像平面处的半功率波束宽度约为 12 mm,相比于理论仿真结果 10.6 mm 略有展宽。电机带动平面扫描镜旋转从而使得波束可以完成视场中心处的人体扫描。摆镜步进角度为 0.9°,从而使波束以约 1 cm 的间距完成对人体的扫描,总扫描角度 18°,对应视场中心处垂直方向波束扫描范围约为 2 m。

图 4-35
实验场景 (Cheng B, 2018)

图 4 - 36 为不同视角下人体的成像结果。最终的显示结果通过在距离维方向的最大值投影进行显示,即当通过成像获得物体的三维散射强度时,求出每个点的距离维最大值进行显示,最后得到垂直平面的二维图像。显然,在最终的成像结果中,人体表面可明显看到枪型目标,因此该成像系统具有一定的隐蔽武器探测能力。然而,在眼睛、颈部、胸部和大腿内侧等其他部位等凹形结构仍存在一些较为明亮的散射干扰,其具体原因仍在探讨之中。目前系统成像速度在普通 PC 机(4G 内存)中,数据采集时间约为 0.2 s,没有加速的信号处理时间为 0.7 s。通过应用 GPU 等并行计算设备,可以将信号处理时间控制在 50 ms 以内,系统可以实现 4 Hz 的实时扫描速率。

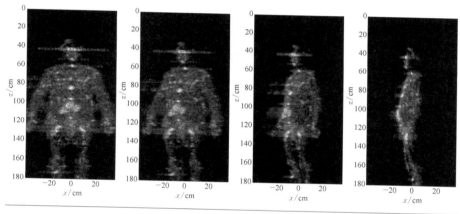

图 4 - 36
0°、30°、60°、90°
等不同视角下
人体隐藏危险
品成像结果
(Cheng B, 2018)

4.5　太赫兹面阵成像雷达

4.5.1　基本原理

所谓面阵雷达就是一种电子扫描雷达,其收发阵列在二维平面上分布,用电子方法实现天线波束指向在空间的转动或扫描。面阵雷达在两个方位维都取代了机械扫描,因此扫描速度得到了大幅提高。相控阵雷达是应用最广泛的面阵雷达。

尽管面阵雷达系统功能强大,但是其也存在不足之处,即收发通道数量较大,尤其是随着工作频段的提高,收发通道数量更是大幅提高,给系统设计带来很大难度。因此,如何在减少阵列通道数量的前提下实现系统功能是面阵雷达设计的一个重要研究方向。

MIMO 雷达是近年来雷达领域中发展出的一种全新体制。MIMO 雷达的发射端和接收端均采用多天线的形式,各个发射天线同时辐射相互正交的信号波形,每个接收天线接收所有空间中的回波信号后,由后端进行信号处理,分离出对应各个发射天线的回波信号,故可以得到远多于实际收、发阵元数目的等效观测通道和自由度。在空间上与时间上的多通道观测能力使得 MIMO 雷达能够在单次阵列扫描的过程中采集多个回波信息,通过信号处理,提取出目标在不同收发单元照射下的信号幅度、时延、相位,进而实现对目标的实时成像。因此,具有单次快拍成像能力的 MIMO 成像雷达,与需要一定相干积累时间的 SAR 或 ISAR 相比,对运动目标和非合作目标的实时成像具有明显的优势。

和传统的单站式雷达相比,MIMO 成像雷达的发射波与接收波的传输路径是不同的,在远场条件下,这种差别可忽略不计,但是在对于近场工作的雷达(如成像安检雷达),这种差别必须考虑进去。从图形重构方法来讲,后向投影(Back Projection)算法可以直接作为 MIMO 系统的成像算法,其不受阵列形式限制,因此成为雷达成像的首选处理方法。MIMO 雷达方位向成像处理时需要同时聚焦收发孔径的时延曲线,而传统的 RD 算法、RMA 算法及 CS 算法等一般只能聚焦发射孔径或是接收孔径的时延曲线,所以它们难以实现 MIMO 雷达成像,但 MIMO 雷达复杂的时延曲线特征对于标准算法却不会产生影响。BP 算法最初是由 McCorkle 根据成像的投影切片理论推导出的一种时域成像算法,算法通过回波数据在时域的相干叠加实现高分辨成像,其基本原理可以用点目标结合线性阵列模型来解释。

假设阵列结构如图 4 - 37 所示。

在球面波辐射接收模型下,像素点与收发天线位置组合之间的双程时延为

$$
\begin{aligned}
\tau_{m,n}^{(k,l)} &= \frac{d_{t,m}^{(k,l)} + d_{r,n}^{(k,l)}}{c} \\
&= \frac{\sqrt{(x_l - x_{t,m})^2 + y_k^2} + \sqrt{(x_l - x_{r,n}) + y_k^2}}{c}
\end{aligned}
\tag{4-12}
$$

式中,$\tau_{m,n}^{(k,l)}$ 为发射阵列 m 发射的信号经点 (k,l) 散射后到达接收阵列 n 的延时;$d_{t,m}^{(k,l)}$ 和 $d_{r,n}^{(k,l)}$ 分别为散射点到发射单元 m 和接收单元 n 的距离;x_l 和 y_k 分

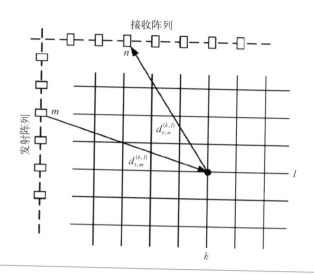

接收阵列

发射阵列

n

m

$d_{r,n}^{(k,l)}$

$d_{t,m}^{(k,l)}$

l

k

图 4 - 37
收发阵列位置

别为散射点的横、纵坐标值；$x_{t,m}$ 和 $x_{r,n}$ 分别为发射单元 m 和接收单元 n 的横坐标值。

　　与采用冲击信号的算法不同，MIMO 雷达回波数据延迟后并不能立即进行求和处理，因为式（4-12）除了信号包络外，还存在一个与载频有关的相位项，相干叠加前需要校正载频相位。由此，成像区域像素点的聚焦结果可以表示为

$$I_{\mathrm{BP}}(x_l,\ y_k)$$

$$= \sum_{m=1}^{M}\sum_{n=1}^{N}\sum_{q=1}^{Q}\sigma_q g\left\{\tau_{m,n}^{(k,l)}-\frac{\sqrt{(x_q-x_{t,m})^2+H_q^2}+\sqrt{(x_q-x_{r,n})+H_q^2}}{c}\right\}$$

$$\cdot \exp\left\{\mathrm{j}2\pi f_c\left(\tau_{m,n}^{(k,l)}-\frac{\sqrt{(x_q-x_{t,m})^2+H_q^2}+\sqrt{(x_q-x_{r,n})+H_q^2}}{c}\right)\right\}$$

$$(4-13)$$

式中，I_{BP} 为像素点 $(x_l,\ y_k)$ 复散射强度；M、N、Q 分别为发射阵列、接收阵列和目标散射点个数；σ_q 为点 $q(x_q,\ y_q,\ z_q)$ 的散射系数；f_c 为载波频率；$g(\ast)$ 为发射信号的自相关函数；$H_q=y_q^2+z_q^2$。

　　对成像区域的每一点遍历上述聚焦过程，即可得到 MIMO 雷达的目标图像。

上述 BP 算法的成像处理包含了基频包络的时延调整,载频项的相位校正和数据相干叠加三个过程,具体的算法处理流程如图 4-38 所示。从图中可见,标准算法处理流程简单,相位补偿容易,并在成像过程中不存在任何假设条件,同时对 MIMO 雷达成像的阵列形式也没有限制,是一种健壮性很强的时域成像算法。

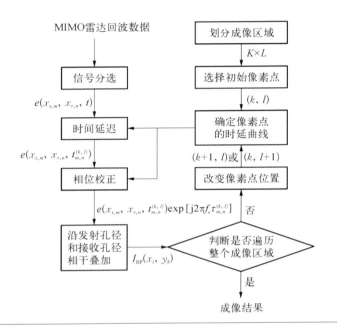

图 4-38
MIMO 成像算法原理

BP 算法最大缺点是计算速度慢。传统的频域算法尽管计算速度快,但无法直接应用于 MIMO 面阵系统。因此,MIMO 系统的快速图像重构算法的实现一直是一个挑战。一种思路是损失一定精度,对数据做一定的近似,然后采用频域算法计算(图 4-38)。

4.5.2 应用场景

在公共安全领域,高通量人流环境下,如地铁、体育馆等场所的人体隐藏危险品检测始终是一个亟待解决的难题。在这种场景下,因为人流量大,不能要求待测人员停顿完成检测,并且需要立刻给出是否带有可疑物以及可疑物的类别等信息。检测过程是在待测对象走动或者任何不同姿态下完成的,因此对检测系统的实时性要求很高,业界普遍认可的水平是检测次数大于 10 帧/秒。

传统的安检门等设备虽然检测速度很快,但是检测后无法做出可疑物的类别等判断,必须配合人工安检使用,因此检测过程不能实现实时检测,限制了其在大通量人流的场所的应用。成像式安检可以通过获取待测对象丰富的信息,并在通过识别算法实现隐藏危险品的识别,是实现大人流量场所实时安检的有效的技术手段。

成像式系统一般都可通过增加收发通道数量实现检测速度的提高。传统的线阵和机械扫描相结合的方法无法达到实时检测要求的 10 帧/秒的成像速度,采用电子扫描代替机械扫描,能够大幅提高检测速度,这种系统采用面阵取代线阵,虽然收发通道数量大幅增加,但是换来了检测速度的提升。其应用场景如图 4 - 39 所示。

图 4 - 39
太赫兹面阵成像雷达典型应用场景(Moulder W F, 2016)

4.5.3 典型系统

成像式安检系统工作在近场区域,因此阵列尺寸和待测对象(人体)的尺寸应大致相同,即高约 2 m,宽约 1 m。如果采用传统的等间隔阵列设计方式,那么需要的阵列数量可能达到上万个,工程上无法实现,为了降低收发通道数量,可以采用多站式稀疏收发阵列设计方式。这种阵列结构的发射和接收单元并在同一位置,通过提高空间采样点的差异性降低阵列通道个数。

目前为止还没有工作频率在太赫兹的面阵成像系统,主要原因有两点:首先,太赫兹频段器件性能较低;其次,工作频率的提高意味着通道数量的提高,会导致系统复杂度大幅增加。

从工作原理来讲,工作于太赫兹频段的太赫兹面阵成像雷达和毫米波面阵雷达是相同的。因此,通过研究毫米波面阵成像雷达也可以对太赫兹面阵成像雷达系统有一个更深入的认识。

比较典型的毫米波面阵成像雷达是德国 Rohde & Schwarz 公司研制的 QPASS 成像系统。QPASS 系统阵列排列方式和系统实物如图 4 - 40 所示。阵列采用"口"字形的多站式阵列设计方式,收发阵列分置,其中水平红色直线表示发射通道位置,竖直蓝色直线表示接收通道位置。

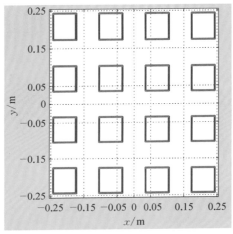

图 4 - 40
QPASS 系统阵列排列方式及实物图(Ahmed, S. S, 2012)

系统由 32 个相同的收发阵列模块构成,每个收发阵列模块各由 46 个收发天线组成,通道间的整个系统共有 1 472 个发射天线和 1 472 个接收天线,另外每个模块包含 2 路参考通道。通道之间的间隔是 3 mm,与单站式阵列排布方式相比,整个系统所需的通道总数量减少到 5.75%。

系统采用脉冲步进频体制。工作时,每次只有一个发射通道工作,其回波被所有接收通道接收。发射通道可以利用开关顺序切换,因为接收通道较多,系统中利用 16∶1 的选通网络将接收通道减少到 48 路。为提高动态范围,系统采用了超外差接收机结构。

系统架构如图 4 - 41 所示。射频信号和接收本振由两路相参的 DDS 产生,两路信号之间有一个频率差,两路信号经过 128 次倍频后,频率变到 20 GHz 附近,然后分别输入到射频芯片,经过四倍频后变为 80 GHz 的信号。由于整个过程经历了 512 次倍频,因此信号相噪和杂散大幅增加。为了保证系统信号质量,一方面,两路 DDS 的工作时钟采用了高稳温控晶振(Oven Controlled Crystal Oscillator, OCXO);另一方面,为保证相位噪声的稳定性,在每一个系统每一个阵列模块中,增加两路参考通道,每路参考通道是一路收发通道通过 40 dB 衰减器后直接相连,每一路回波信号利用参考通道信号进行相位校正,从而将相噪引起的相位变化抵消一部分。

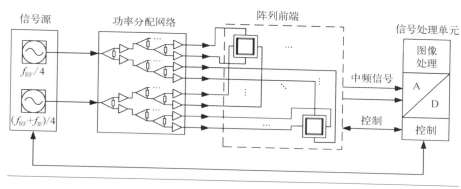

图 4-41
QPASS 系统架构图(Ahmed, S. S, 2012)

QPASS 每个模块包含 46 个发射天线和 46 个接收天线,为提高集成度,所有射频和天线部分都集成在一个射频电路板上,电路板分为八层,表层覆盖有金属层,背面装有背板。为了便于布线,相邻的天线采用 Z 形布局,模块的实物照片如图 4-42 所示。

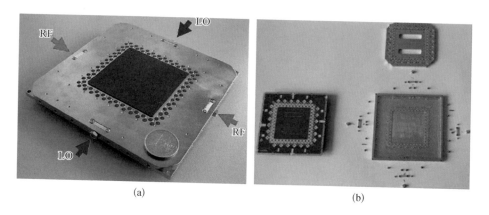

(a)   (b)

(c)   (d)

图 4 - 42 阵列模块实物图 (Ahmed, S. S, 2012)

  QPASS 的射频前端采用 SiGe 工艺的单频微波集成电路技术实现,其芯片架构图如图 4 - 43 所示。发射芯片包括四个发射通道,还包括四倍频器、放大器、功率测量传感器,每路发射可以单独控制打开还是关闭状态。与此相似,接收芯片

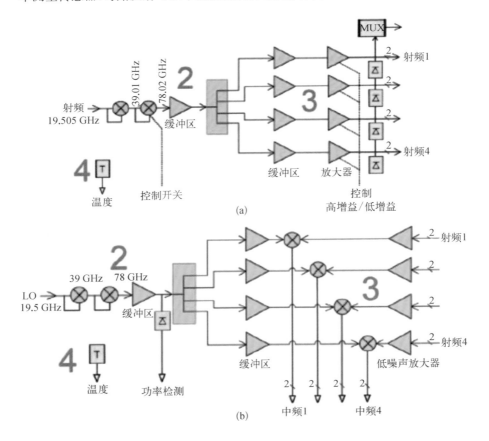

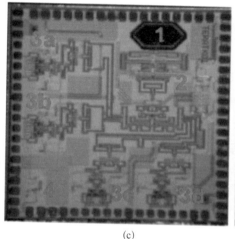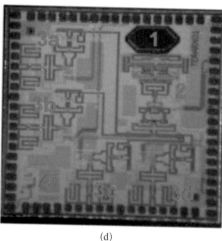

图 4-43
四通道前端收
发天线结构图
及实物图
(Ahmed, S. S,
2012)

(c)   (d)

也包含四个通道,四路接收信号经过低噪声放大器后经混频器下变频到中频。

    QPASS 系统的数据处理包括了三个主要步骤。第一步,利用距离门消除阵列带来的干扰和其他环境杂波;第二步,算法对照射区域进行了均衡处理,目的是消除照射目标产生的镜面反射效应,同时,对数据加窗,降低旁瓣;第三步,对数据进行图像重构,采用一种经过优化的后向投影算法完成。

    对 QPASS 进行分辨力测试,采用美国空军(United States Air Force, USAF)分辨力测试板的成像结果如图 4-44 所示,从成像结果来看,间距 2 mm

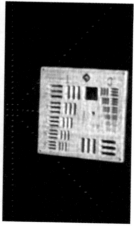

图 4-44
USAF 分 辨 力
测试板成像结
果(Ahmed, S.
S, 2012)

的条纹可以清晰分辨,且图片上分布的小图钉也清晰可见,说明系统动态范围完全能够满足成像要求。分辨力测试结果表明系统分辨力达到 2 mm,图像动态范围能够达到 30 dB。

QPASS 对人体成像结果如图 4-45 所示,待测对象后背藏有一模型手枪。从图像结果来看,隐藏在毛衣下的手枪清晰可见。

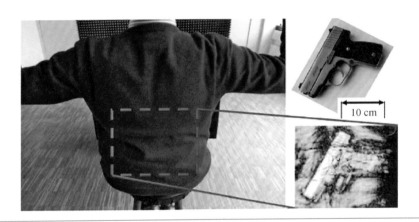

图 4-45
衣物下枪支成像结果(Ahmed, S. S, 2012)

4.6 其他新体制太赫兹雷达

4.6.1 极窄脉冲太赫兹雷达

极窄脉冲太赫兹雷达大多为太赫兹时域脉冲雷达,近些年来,快速激光技术的飞速发展,为太赫兹脉冲的产生提供了稳定的发射源,太赫兹的应用因此得以被广泛研究。太赫兹脉冲的典型脉宽在皮秒量级,因此,可以为系统提供超高的时间分辨率。同时,由于单个脉冲脉宽极窄,所以,其频谱极其丰富,通常可覆盖几赫兹到几十太赫兹。除此之外,太赫兹时域光谱系统对黑体辐射并不敏感,可大幅滤除环境背景噪声,从而获得较高的信噪比。结合上述优点,太赫兹时域光谱系统在材料分析、爆炸物检测、医疗器械开发、生物大分子结构分析等方面具有普遍应用。

太赫兹时域系统按其工作模式可分为反射式和投射式两种,典型太赫兹时域系统一般由飞秒激光器、太赫兹辐射源、太赫兹探测器及延迟光路组成。系统工作原理如图 4-46 所示。

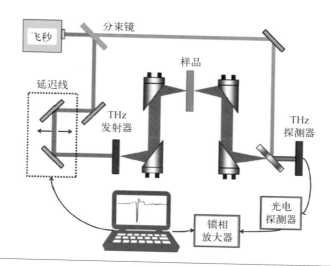

图 4 - 46
典型太赫兹时
域系统实验装
置图(董家蒙,
2016)

太赫兹时域脉冲雷达的典型应用之一是缩比测量。目标的雷达散射截面积 (Radar Cross Section, RCS)是雷达设计所依赖的重要指标。然而,目前雷达波段普遍较低,其远场条件所需距离较远,若采用测试方法获取目标的 RCS,则需要较高成本和较大的实验场地,为 RCS 的测量带来了不便。缩比测量的基本原理是将目标,测试场景及雷达波长按相同比例缩小,从而在较小场地下实现目标较低频段下 RCS 的等效测量。太赫兹频段频率较高,因此,被广泛地应用到缩比测量中。

2010 年,丹麦大学利用飞秒激光为光源搭建了单站式太赫兹时域雷达,对 F - 16 战斗机 1∶150 的缩比模型进行了 RCS 测量,系统结构及测试结果如图 4 - 47 所示。

国内天津大学在太赫兹缩比测量上进行了一定的研究。2013 年,天津大学基于钛宝石飞秒激光器为泵浦源的太赫兹时域频谱系统搭建了太赫兹 RCS 雷达,其系统结构改造于经典的 4F 太赫兹时域光谱系统,如图 4 - 48 所示,从而实现了宽频太赫兹波的雷达散射截面的测量,给出了坦克缩比模型的 RCS 测量结果。该测量系统简单经济,占地较小。2015 年,天津大学利用以钛宝石飞秒激光为抽运源的太赫兹时域雷达紧缩场,对多种结构和目标,包括方形金属体、金属圆球、F - 16 战机模型、F - 22 战机模型和辽宁号缩比模型等,通过 BP 算法进行了成像研究。

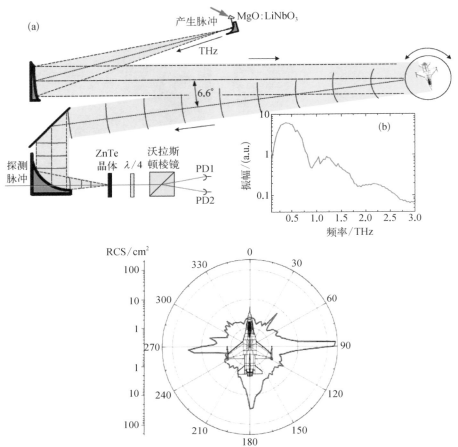

图 4 - 47
单站式太赫兹时域雷达实验原理图及测试结果（K Iwaszczuk, 2010）

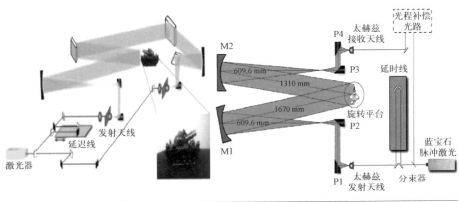

图 4 - 48
天津大学太赫兹缩比测量时域雷达系统原理图（梁达川, 2013；魏明贵, 2015）

4.6.2　孔径编码太赫兹雷达

经历了几十年的研究,雷达成像技术已经有了很大的发展。目前的雷达成像技术主要可以归结为通过脉冲压缩来实现距离维的高分辨力,通过平台的运动来产生信号的多普勒调制,获得方位向高分辨力。基于这种原理,方位向获取高分辨成像的前提是对目标进行大角度观察与照射的积累。然而,大角度的照射要么基于平台的运动,要么基于实孔径阵列的较长孔径。平台的运动带来了成像帧率的限制,另外在某些应用场景如导弹末制导等,也难以满足合成孔径雷达大的相对转角要求。尽管采用面阵等实孔径可以实现快拍成像,但是由于其仍然基于合成孔径雷达成像原理思想,因此阵列规模十分庞大,集成难度较大。故而实现可实用的高分辨率高帧率成像,仍然需要采用不同于以往合成孔径雷达原理的新原理、新方法。

孔径编码技术作为光学成像领域小孔成像应用的衍生,其成像原理借鉴小孔成像方式,避免了多角度照射,仅通过孔径编码天线产生多自由度,多种照射模式的照射波束,从而得到富含目标散射信息的回波结果。再根据孔径编码的编码方式,对信号进行反解,即可得到目标的散射信息。这就是孔径编码实现主动凝视成像的基本原理,其仅需单次照射即可实现快速成像,链路较为简单,无须大孔径扫描,是凝视成像的一种潜在选择。

孔径编码成像在微波频段也有一些尝试应用,如微波关联成像等,其实现方式一般需采用有源相控阵技术。然而太赫兹由于其固有的频率特性,如波长较短,其近场效应更为显著,因此,较微波更容易产生较多的辐射模式,且相同波束宽度,其天线孔径更小,再者,其频率较高,容易获得较高的绝对带宽,从而得到更高的距离维分辨力。因此,孔径编码太赫兹雷达有可能是未来实现高帧率高分辨力的方式之一。

孔径编码太赫兹雷达距离维分辨力同一般的合成孔径雷达相似,仍然通过较高的带宽实现较高的分辨力。方位维的分辨力实现则与以往的合成孔径雷达不同,主要通过多种照射模式实现方位向信息获取。不同照射模式可看成若干具有不同自由度,如幅度、频率、相位等的平面波的叠加,模式越多样,能包含的自由度越高,从而能够从回波中提取的目标信息越丰富。在有限的孔径下,这种成像方式,有望获得超出瑞利分辨极限的分辨力。

照射模式的多样性主要通过随机掩模板和反射式天线获取。按照射模式的实现方式,孔径编码太赫兹雷达成像主要分为两类,一类采用光学成像方式,在接收端实现编码,其工作方式主要为透射式,如图4-49所示的利物浦大学研发的太赫兹脉冲分光成像系统;另一类在发射端编码,其工作方式为反射式,通过反射式天线实现编码,如美国国防高级研究计划局(Defense Advanced Research Projects Agency,DARPA)提出的 ASTIR 系统方案。

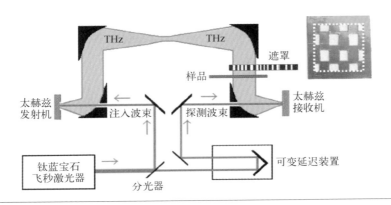

图4-49
利物浦大学基于压缩感知研发的太赫兹脉冲分光成像系统(Shen Y C, 2009)

然而孔径编码太赫兹雷达成像仍然存在一些关键问题亟待解决,如其成像机理的完善,关键器件的研发,编码天线及编码方式的设计等,需要大量理论工作与实践工作。孔径编码成像发展为未来前视凝视成像领域提供了一种新的解决思路。

参考文献

［1］ Melvin W, Scheer J. Principles of modern radar: advanced techniques[M]. Raleigh, NC, USA: Sci Tech Publishing Institution of Engineering and Technology, 2012.

［2］ 保铮,邢孟道,王彤,等.雷达成像技术[M].北京:电子工业出版社,2005.

［3］ Choi J H, Jang J H, Roh J E. Design of an FMCW radar altimeter for wide-range and low measurement error [J]. IEEE Transactions on Instrumentation and Measurement, 2015, 64(12): 3517 - 3525.

[4] Wang H N, Huang Y W, Chung S J. Spatial diversity 24 - GHz FMCW radar with ground effect compensation for automotive applications[J]. IEEE Transactions on Vehicular Technology, 2017, 66(2): 965 - 973.

[5] Jia H, Kuang L, Zhu W, et al. A 77 GHz frequency doubling two-path phased-array FMCW transceiver for automotive radar[J]. IEEE Journal of Solid-State Circuits, 2016, 51(10): 2299 - 2311.

[6] Pauli M, Göttel B, Scherr S, et al. Miniaturized millimeter-wave radar sensor for high-accuracy applications [J]. IEEE Transactions on Microwave Theory and Techniques, 2017, 65(5): 1707 - 1715.

[7] Kim S H, Fan R, Dominski F. ViSAR: A 235 GHz radar for airborne applications [C]//2018 IEEE Radar Conference(Radar Conf 18). IEEE, 2018: 1549 - 1554.

[8] Griffith Z, Urteaga M, Rowell P, et al. A 50 - 80 mW SSPA from 190.8 - 244 GHz at 0.5 mW P in[C]//2014 IEEE MTT - S International Microwave Symposium (IMS2014). IEEE, 2014: 1 - 4.

[9] Cooper K B, Dengler R J, Llombart N, et al. THz imaging radar for standoff personnel screening[J]. IEEE Transactions on Terahertz Science and Technology, 2011, 1(1): 169 - 182.

[10] Gu S M, Li C, Gao X, et al. Terahertz aperture synthesized imaging with fan-beam scanning for personnel screening[J]. IEEE Transactions on Microwave Theory and Techniques, 2012, 60(12): 3877 - 3885.

[11] 经文, 安健飞, 成彬彬, 等. 一种 0.34 THz 站开式三维成像安检仪[J]. 太赫兹科学与电子信息学报, 2018, 16(5): 757 - 762.

[12] Zhuge X, Yarovoy A G. Study on two-dimensional sparse MIMO UWB arrays for high resolution near-field imaging [J]. IEEE Transactions on Antennas and Propagation, 2012, 60(9): 4173 - 4182.

[13] Cheng B, Cui Z, Lu B, et al. 340 - GHz 3 - D imaging radar with 4Tx - 16Rx MIMO array[J]. IEEE Transactions on Terahertz Science and Technology, 2018, 8 (5): 509 - 519.

[14] Friederich F, Spiegel W V, Bauer M, et al. THz active imaging systems with real-time capabilities[J]. IEEE Transactions on Terahertz Science and Technology, 2011, 1(1): 183 - 200.

[15] 胡克彬. SAR 高精度成像方法研究[D]. 成都: 电子科技大学, 2017.

[16] Gao J K, Qin Y L, Deng B, et al. Novel efficient 3D short-range imaging algorithms for a scanning 1D - MIMO array[J]. IEEE Transactions on Image Processing, 2018, 27(7): 3631 - 3643.

[17] Herschel R, Nowok S, Zimmermann R, et al. MIMO based 3D imaging system at 360 GHz[C]//Passive and Active Millimeter-Wave Imaging XIX. International Society for Optics and Photonics, 2016(9830): 983006.

[18] McMakin D, Sheen D, Hall T, et al. New improvements to millimeter-wave body scanners[C]//Proceedings of 3DBODY. TECH, 2017: 263 - 271.

[19] 王怀军.MIMO雷达成像算法研究[D].长沙：国防科学技术大学,2010.

[20] 葛桐羽,经文,赵磊,等.毫米波多输入多输出雷达稀疏阵列近场成像[J].强激光与粒子束,2016,28(11)：113101.

[21] Ahmed S S, Schiessl A, Gumbmann F, et al. Advanced microwave imaging[J]. IEEE Microwave Magazine, 2012, 13(6)：26-43.

[22] 董家蒙,彭晓昱,马晓辉,等.超宽带太赫兹时域光谱探测技术研究进展[J].光谱学与光谱分析,2016,36(5)：1277-1283.

[23] Iwaszczuk K, Heiselberg H, Jepsen P U. Terahertz radar cross section measurements[J]. Optics Express, 2010, 18(25)：26399-26408.

[24] 梁达川,谷建强,韩家广,等.宽频太赫兹时域雷达系统[J].空间电子技术,2013,10(4)：99-103.

[25] 魏明贵,梁达川,谷建强,等.太赫兹时域雷达成像研究[J].雷达学报,2015,4(2)：222-229.

[26] Shen Y C, Gan L, Stringer M, et al. Terahertz pulsed spectroscopic imaging using optimized binary masks[J]. Applied Physics Letters, 2009, 95(23)：231112.

[27] 邓彬,陈硕,罗成高,等.太赫兹孔径编码成像研究综述[J].红外与毫米波学报,2017,36(3)：302-310.

[28] Sheen D M, Hall T E, Severtsen R H, et al. Standoff concealed weapon detection using a 350 GHz radar imaging system[J]. Proceeding of SPIE — The International Society for Optical Engineering, 2010, 7670(1)：115-118.

5

太赫兹通信
原理与系统

5.1　太赫兹通信的应用需求及优势

5.1.1　太赫兹通信的应用需求

随着人类社会的不断发展,人们"随时随地获取信息"的需求正在不断提高,各个领域都对信息量及信息的传输速率提出了越来越高的要求。

在空间信息传输方面,随着遥感器等传感器图像分辨力和多光谱分辨力的不断提高,需要传输的高质量、全色、宽幅侦察图像等图片数据和其他各种探测及应用数据都在成倍甚至成数量级地增长,这对各种遥感侦察卫星、资源探测卫星、数据中继卫星和空间探测卫星等的数据传输速率要求也越来越高。例如,单颗成像侦察卫星,对于 10 km 幅宽、0.1 m 分辨力,其传输速率需达到 16 Gbps。若要实现对车辆、大炮等目标的 D 级识别(目标描述级,即可以识别出目标特征和细节),需要的分辨力为 0.05 m,在相同的成像幅宽下,此时的数据率将超过 50 Gbps。若将成像幅宽加倍,则数据率还将提高一倍。大气内的各种飞行器如无人机、高空侦察机、机载 SAR 等也对实时海量数据传输提出了越来越高的要求。根据初步分析,未来十年内,空间各种卫星、飞行器等总的数据传输速率需求将达到 100 Gbps 量级。美国 NASA 的新千年计划中规划,随着航天侦察设备分辨力的不断提高,预计到 2030 年,航天器上的海量数据传输至地面的速率需求将达到 Tbps 量级。

在移动无线通信方面,5G 网络、视频会议、4K 高清电视、3D 娱乐等宽带服务需求的日益突出,对无线蜂窝网络,以及主干服务卫星如通信广播卫星、移动通信卫星、数字广播卫星等都提出了更高的数据传输速率要求。思科 2017 年研究报告指出:过去 5 年,全球移动通信数据交换总量增长了 18 倍,预计到 2021 年将达到每个月 49 EB 以上。另外,根据北方天空研究公司预测,到 2022 年高通量通信卫星总容量需求将超过 1 Tbit/s。图 5 - 1 为个人服务无线网络方面的点对点无线个域网(Wireless Personal Area Network,WPAN)、无线局域网络(Wireless Local Area Networks,WLAN)、蜂窝网络三类无线通信系统对数据率的需求及发展情况。

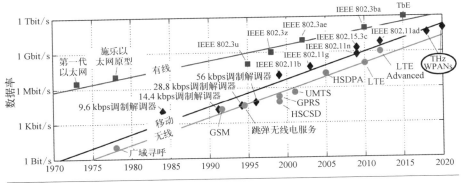

图 5-1
无线通信系统
对数据率的需
求发展趋势
(Thomas, 2013)

这些军用、民用的无线数据传输对通信速率的要求从数十兆比特每秒、数百兆比特每秒激增到了数十吉比特每秒。研究表明,在过去的 30 年里,无线通信对通信速率的需求以摩尔定律的方式增长,即每 18 个月翻一番。按照这种趋势,未来 10 年内无线通信传输速率将达到 100 Gbps 量级。然而目前无线通信的有限频谱资源和技术手段已难以满足未来信息社会迅速增长的海量数据传输需求,因此迫切需要探索新的技术手段来进一步提高无线通信系统的信息传输速率。

满足上述需求的主流技术方案是采用更先进的调制技术(更高调制阶数等)和复用技术(MIMO、时空复用等),以提高频谱效率,这样可以提高点对点数据传输速率,增加给定空间范围内的频谱利用率。然而,采用这些先进调制技术和复用技术所能达到的效率提升仍然是有限的。

随着无线频谱资源变得日益拥挤,向更高频段扩展成为下一代高速无线通信的必然趋势。例如,正在开展标准化工作的 5G 通信就已经将通信频率提高到了 Ka 频段和 Q 频段。频率介于微波和红外线之间的太赫兹波,其频段频率远高于微波频段,可利用的频率资源非常丰富,为未来海量信息传输创造了良好的条件。以太赫兹波为载波的太赫兹通信,具有高速宽带、结构紧凑、体积小、抗干扰能力强等一系列优点,是实现未来高速无线通信的重要途径。因此,太赫兹通信技术也被喻为"新一代无线通信革命",成为继微波通信和光通信后的又一重要通信技术。

太赫兹通信技术的主要商业应用市场,将是基于点到点/多点的空间远距离通信和地面短距离高速通信场合(即所谓的"第一公里"和"最后一公里"信息传输问题)。空间远距离通信是指卫星间、卫星与地面间的高速骨干通信网络。"第一公里"和"最后一公里"信息传输问题,是指建立与高速有线网络(如光纤网络)间的宽带、多用户高速无线接入问题。例如,太赫兹无线通信技术可作为高清视频(High Definition Television,HDTV)信号"最后一公里"的实现技术,也可用于高速光纤网络的无线扩展、宽带室内微微蜂窝网络、无线高清显示、室内HDTV传输、蜂窝网络骨干回传链路等。

5.1.2 太赫兹通信的优势分析

太赫兹通信是在传统无线电通信的基础上,载波频率从微波、毫米波频段向太赫兹频段的发展,同时结合了激光通信的部分思想。太赫兹通信不是代替微波通信和激光通信,但它具有很多微波通信和激光通信所不具备的独特优势,如宽带宽(超高速)、高频率(体积小)、高定向(保密)、高穿透(云雾尘)等,如图5-2所示,其非常适合高速信息传输,因此,近年来引起了人们的广泛关注。

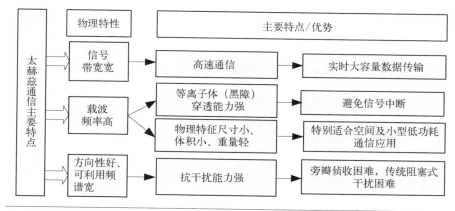

图5-2
太赫兹通信的
主要特点

1. 与微波通信技术的比较

(1)太赫兹通信通信速率高、信息传输容量大。太赫兹通信由于载波频率高,可利用的物理带宽宽,因此其传输容量大。微波段的频率本身只有几吉赫兹到几十吉赫兹,其可用带宽只有几十兆赫兹到几吉赫兹。而太赫兹频段是几百吉赫兹到几千吉赫兹,其可用带宽为几十吉赫兹到几百吉赫兹,可提供 10 Gbps 以上的信道容量,比微波通信高出 1~4 个数量级。

(2) 太赫兹通信抗干扰、抗截获、保密性好。首先,太赫兹频段可利用的物理带宽宽,传统的全频段压制式噪声干扰难以实现,加之配合扩频、跳频技术,抗干扰能力将进一步提升。其次,由于太赫兹通信的高度定向性,波束覆盖区域外难以实现有效截获和对抗,因此具有良好的抗干扰、抗截获性能。最后,由于大气对太赫兹波的严重吸收特性,形成了一道"天然屏障",地面侦收和地面干扰的难度和成本大幅提升,使太赫兹波成为优于微波的高保密通信技术。

(3) 太赫兹通信可有效解决电磁兼容和频谱资源紧张等问题。太赫兹频段与传统微波频段频率相差较远,不存在电磁兼容问题。同时,与频谱拥挤的微波频段相比,太赫兹频段并未被充分利用和开发,因此不存在频谱资源紧张等问题。相反,太赫兹频段的提前利用和开发可以抢占新频谱资源制高点。

(4) 太赫兹通信可以有效地穿透等离子体,实现"黑障"区通信。高超声速飞行器与大气剧烈摩擦产生的等离子体鞘层会导致电磁波严重衰减,使得地面与飞行器间的通信中断,这就是"黑障"问题。采用高于等离子体鞘层截止频率的电磁波来实现等离子体条件下飞行器与外界的通信是克服"黑障"影响的有效技术途径。美国射频衰减测量–C(Radio Attenuation Measurement–C, RAMC)试验表明,典型的等离子体鞘套密度最高可达 $5 \times 10^{14}/cm^3$,其截止频率为 0.21 THz。若太赫兹波频率高于 0.21 THz,可有效穿透等离子体,克服"黑障"对通信系统的影响。

(5) 太赫兹通信更利于集成化、小型化。假设天线效率均为 55%,天线增益均为 51 dB 的情况下,若选用频率为 20 GHz 的 K 波段,则天线直径 $D=2.21$ m;若选用频率为 0.34 THz 的太赫兹波段,则天线直径 $D=0.13$ m,是 20 GHz 频段微波天线尺寸的 5.9%。太赫兹频段不仅天线尺寸小,其相应的混频器、倍频器、滤波器等尺寸也很小,整体设备的体积更小、重量更轻,更合适空间及小型低功耗应用。

2. 与激光通信技术的比较

(1) 太赫兹通信对烟雾、灰尘、云层穿透能力强,通信链路可达性高。受大气信道、太阳背景光等因素影响,激光通信较难实现高可靠连续不间断通信。而太赫兹通信对烟雾、灰尘、云层具有比光更强的穿透能力,受天气和气候变化的影响小。例如,西班牙光学地面站(Optical Ground Station,OGS)与 ARTEMIS 卫星上的光通信实验中,链路成功率仅 47%,16% 失败源于云层,22% 失败源于捕获失败,如图 5-3 所示。在云雾尘引起的散射方面,激光比太赫兹更强,这是由于云雾尘的特征尺寸接近光的波长。另外,研究表明,强粉尘下,625 GHz 衰减远小于 1 550 nm 激光(经 30 cm 传输后的实测衰减数据如图 5-4 所示);相同能见度的霾条件下,波长越长,衰减系数越小,太赫兹的信号信噪比显著高于激光(相同条件下太赫兹与激光的信噪比仿真结果如图 5-5 所示);晴空湍流实验

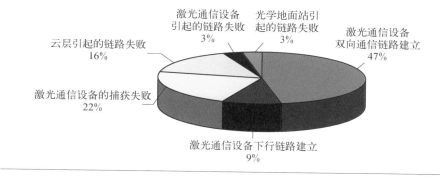

图 5-3
星地激光通信
试验链路统计
(Morio,2005)

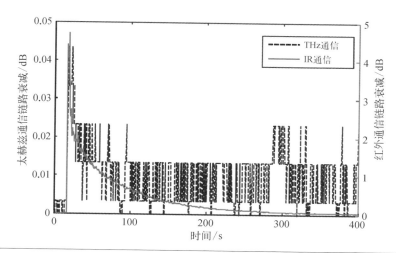

图 5-4
激光与太赫兹
在强粉尘条件
下的衰减比较
(Su,2012)

中太赫兹衰减比激光低 2 个量级;20%～30%云(含水汽)条件下 300 GHz 太赫兹波90%情况下衰减小于 3 dB,而激光几乎无法穿透云层。在雨衰方面,太赫兹要高于激光,这是由于雨滴特征尺寸接近太赫兹,但是大雨情况的概率低[特别是低大气可降水量(Precipitable Water Vapor,PWV)地区],例如,在日本 120 GHz 太赫兹波一年中 99.9%的雨衰小于 4 dB。在雪衰方面,雪对太赫兹波的影响与光相当(图 5 - 6)。

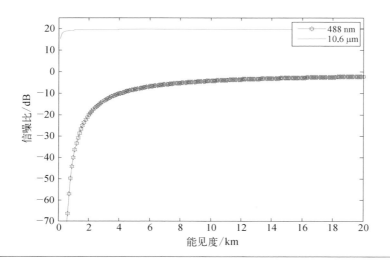

图 5 - 5
激光与太赫兹在不同能见度霾条件下的信噪比比较

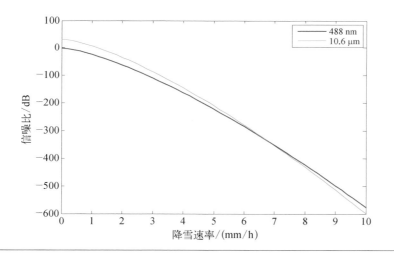

图 5 - 6
不同频段的降雪速率与信噪比对比分析(干雪)

(2) 太赫兹通信抗闪烁能力强。当电磁波穿过数公里的大气时,大气使折射率的变化可能会破坏信号的平面波前。地面附近的湍流会产生局部温度、气压或湿度梯度,使得信号波前附近折射率发生微小变化。这些微小变化经公里级传输积累,将可能完全破坏信号的平面波前,产生散斑现象,这就是所谓的闪烁效应。在毫米波段至数百吉赫兹范围内,大气的折射率可以近似为

$$n_{\text{THz}} \approx 1 + \frac{7.76}{T}\left(P_a + 4\,810\,\frac{P_v}{T}\right) \times 10^{-6} \tag{5-1}$$

式中,T 为温度,K;P_a 为大气压强,kPa;P_v 为水蒸气压强,kPa。相应红外波段的大气折射率为

$$n_{\text{IR}} \approx 1 + 7.76 \times 10^{-6}\,\frac{P_a}{T} \tag{5-2}$$

由此可知,即使在水蒸气压强较高的情况下,太赫兹波段和红外波段的大气折射率变化都是相当的。由于闪烁效应是由相位变化引起的,故与之相关的参数是信号路程相对于电磁波长的变化。而太赫兹波与红外的信号路程变化相当(折射率变化相当),则相位变化主要由电磁波长决定,即闪烁效应与波长成反比。200 GHz 电磁波长几乎是 1.5 μm 红外波长的 1 000 倍,故闪烁效应对太赫兹通信链路的影响远小于红外链路。

(3) 太赫兹通信波束适中,自动跟瞄简单,对平台稳定度要求低,通信可靠性(稳定性)好。太赫兹通信发射波束宽度一般为 0.1°~10°,典型激光通信的发射角通常为 1~10 mrad①,太赫兹通信发射波束宽度比典型激光通信的发射角宽几个数量级。

(4) 太赫兹通信容量可与光通信媲美。太赫兹通信频段拥有足够宽的可用带宽,加上极化及空分复用等技术,理论上可以实现 Tbps 量级的通信速率。

5.2 太赫兹通信原理

5.2.1 数字通信基本概念

1. 数字通信的基本概念

数字通信是研究数字形式的信息从产生该信息的信源到一个或多个目的地

---

① 1 毫弧度(mrad)=0.057 295 8 度(°)。

的传输问题。在通信系统分析和设计中,特别重要的是信息传输所通过的物理信道的特征。信道的特征一般会影响通信系统基本组成部分的设计。

数字通信系统的信源输出可以是模拟信号(如音频或视频信号)或者数字信号(如计算机的输出),这些信号在时间上是离散的,并且具有有限个输出字符。在数字通信系统中,将信源产生的消息变换成二进制数字序列。理论上,应当用尽可能少的二进制数字表示信源输出。换句话说,就是要寻求一种信源有效的表示方法,使其很少产生或不产生冗余。通常将模拟或数字信源的输出有效地变换成二进制数字序列的处理过程称为信源编码或数据压缩。

由信源编码器输出的二进制数字序列称为信息序列,它被传送到信道编码器。信道编码器的目的是在二进制信息序列中以受控的方式引入一些冗余,以便在接收机中用来克服信号在信道中传输时所遭受的噪声和干扰的影响。因此,所增加的冗余是用来提高接收机数据的可靠性以及改善接收信号的逼真度的。实际上,信息序列中的冗余有助于接收机译出期望的信息序列。例如,二进制信息序列的一种(平凡的)形式的编码就是将每一个二进制数字简单重复 m 次,这里 m 为一个正整数。更复杂的(不平凡的)编码涉及一次取 k 个信息比特并将每个 k 比特序列映射成唯一的 n 比特序列,该序列称为码字。以这种方式对数据编码所引入的冗余度的大小是由比率 n/k 来度量的。

信道编码器输出的二进制序列送至数字调制器,它是通信信道的接口。因为在实际中所遇到的几乎所有的通信信道都能够传输电信号(波形),所以数字调制的主要目的是将二进制信息序列映射成信号波形。为了详细地说明这一点,假定已编码的信息序列以某个均匀速率 R 比特/秒一次传输一个比特,数字调制器可以简单地将二进制数字"0"或"1"映射成波形。

通信信道是用来传输发送机的信号给接收机的物理媒质。在无线传输中,信道可以是大气(自由空间)。电话信道通常使用各种各样的物理媒质。但无论用什么物理媒质来传输信息,其基本特点是发送信号随机地受到各种可能机理的恶化。

在数字通信系统的接收端,数字解调器对收到信道恶化的发送波形进行处理,并将该波形还原成一个数字序列,该序列表示发送数据符号的估计值(二进

制或 M 元)。这个数的序列被送至信道译码器,它根据信道编码器所用的码字及接收数据所含的冗余度来试图重构初始的信息序列。

作为最后一步,当需要模拟输出时,信源译码器从信道译码器接收其输出序列,并根据所采用的信源编码方法重构由信源发出的原始信号。由于信道译码的差错以及信源编码器可能引入的失真,在信源译码器输出端的信号只是原始信源输出的一个近似。在原始信号与重构信号之间的信号差或信号差的函数是数字通信系统引入失真的一种度量。

2. 数字信号的基带传输和载波传输

在数字通信系统中,主要有基带传输和载波传输两种传输方式,被传输的对象是具有基带特性的数字信号。

基带传输是指把数字信号直接送入线路中进行传输,这些数字信号一般是由特定的二进制与多进制信源产生,多以脉冲的形式出现,且脉冲只为基本频带,其占用频带较少,频率分量较低,可直接进入电缆等传输信道,是一种较为常见的传输方式。常见的基带传输有音频市话、计算机间的数据传输等。

但实际中由于信道多具有带通特性,如无线信道、光信道等,不能直接传输基带信号,所以大多数数字信号传输采用第二种传输方式——载波传输。其对应的通信系统叫作载波传输系统或者调制传输系统。此类系统首先将基带信号进行载波调制,此时,基带信号的频谱被搬移到信道通带之内,然后再将通带信号进行传输。载波传输的主要特点是在基带传输的基础上增加调制、解调两个环节。为方便信号运输,提升信号抗干扰能力和传输质量,调制将信息转化为已调信号。此时已调信号携带了大量消息,导致其无法直接被使用,只能通过对应的解调将信息恢复才能够使用处理。这种将已调信号做信息恢复的过程就是解调。载波传输具有扩展、交互性强的特点,在信号传输中具有重要的作用。

3. 数字调制和解调

电磁波的特性主要通过幅度、相位和频率来体现,因此不管是数字通信还是模拟通信,调制的方法主要是通过改变电磁波的这些信息来传送信息。其基本原理是把信号寄生在载波的某个参数上：幅度、频率和相位，即用信号来进行幅度调制、频率调制和相位调制。根据上述三个参数，数字通信常用的调制方式的基础类型可以有以下几类：幅移键控（Amplitude‐Shift Keying，ASK）、频移键控（Frequency‐Shift Keying，FSK）、相移键控（Phase‐Shift Keying，PSK）和正交幅度调制（Quadrature Amplitude Modulation，QAM）信号。下面简单介绍这几种调制方式。

（1）幅移键控：或称为开关键控（On Off Keying，OOK），是一种最古老的调制方式，也是各数字调制的基础。二进制幅度键控（Binary Amplitude Shift Keying，BASK）是数字调制信号中最早出现的。对于幅度键控这样的线性调制来说，在二进制里，BASK 利用"0"或"1"的矩形脉冲去调制一个载波信号。有载波输出时表示"1"，无载波输出时表示"0"。根据线性调制原理，一个 BASK 信号可以表示成一个单极性矩形脉冲序列和一个正弦载波的乘积。

（2）频移键控：二进制频移键控记作 BFSK（Binary Frequency-Shift Keying），数字频移键控使用载波的频率来传输数字信息，即用所传送的数字信息控制载波频率。由于数字信息只有有限个取值，相应的，作为已调的 FSK 信号的频率也只能有有限个取值。那么，BFSK 信号便是符号"1"对应载频 w_1 的已调波形，而符号"0"对应载频 w_2（与 w_1 不同的另一载频）的已调波形，而且 w_1 和 w_2 之间的改变是瞬间完成的。从原理上讲，数字调频可用模拟调频法来实现，也可以用键控法来实现，后者更方便。BFSK 键控法就是利用受矩形脉冲序列控制的开关电路对两个不同的独立频率源进行选通。

（3）相移键控：又称为相位调制，二进制相移键控记作 BPSK（Binary Phase-Shift Keying），多进制相移键控记作 MPSK。他们是利用载波相位的变化来传送数字信息的。通常又把它分为绝对相移和相对相移两种。

（4）正交振幅调制：即采用振幅与相位结合的调制方式，这种方式常称为数字复合调制方式，一般的复合调制称为幅相键控（Amplitude Phase Keying，APK），两个正交载波幅相键控称为正交振幅调制。单独使用振幅或者相位携带信息时，不能最充分地利用信号平面，这可以由矢量图中信号矢量端点的分布直观观察到。多进制振幅调制时，矢量端点在一条轴上分布，多进制相位调制时，矢量端点在一个圆上分布。随着进制数 M 的增大,这些端点重新合理分布,则有可能在不减小最小距离的情况下,增加信号矢量的端点数目。这是 QAM 调制的由来。

当然在现代通信中,需要解决许多工程中的问题,由上述基本调制方法衍生而来的调制方式有很多,如时频调制(Time Frequency Shift Keying, TFSK)、时频相调制(Time Frequency Phase Shift Keying, TFPSK)、最小频移键控(Minimum Frequency Shift Keying, MSK)、正弦频移键控(Sinusoidal Frequency Shift Keying, SFSK)等,在此就不再赘述。

4. 数字通信的同步

数字通信的同步一般包括定时同步、载波同步、帧同步、网同步等,一般物理层以上的协议会涉及帧同步和网同步,这里仅简要介绍定时同步和载波同步。

定时同步是指在数字通信接收系统中,解调器以符号速率精确地对输入信号进行抽样的过程,这是正确恢复出发送端的符号信息的基础。通常为了使输出信号信噪比最大,需要在符号峰值点采样;此外,对于带限成型滤波后的调制信号,定时采样时刻的偏差还会引入码间串扰,从而降低信噪比,在高阶调制下,这种影响更严重。因此,精确的定时同步是实现高性能解调接收机的基础。为了实现精确的定时同步,接收机不仅需要知道匹配滤波器或相关器输出的抽样周期,还需要知道在每个符号间隔内的什么位置上抽样,前者称为抽样频率或者符号频率,后者称为定时相位。

在实际通信系统中,虽然收发双方都使用高精度的时钟,但是由于两端的时钟不同源,他们之间必然存在频率偏差,这将导致接收端存在一个微小的符号频偏,造成最佳采样点数据滑动现象,即丢失一个符号或者重复一个符号,对长时间的通信这是致命的。同时,收发双方的相对运动也将造成多普勒频移的存在,因此需要进行精确的符号抽样频率同步。由于通信中信道时延是未知的,还可能是时变的,因此需要找出精确的抽样时刻,即定时相位同步。由此可以看出,定时频率同步以及定时相位同步是定时同步的核心问题。

在现代数字通信系统中,对于常用的载波抑制调制信号如 M - QAM、M - PSK 等,一般采用相干解调以获得更好的误码性能。相干解调要求在接收端恢复相干载波,达到发送端和接收端的本振时钟同频同相,否则会使通信系统性能下降,恶化误码率性能,甚至无法通信。这个使收发端载波完全同频同相的过程即称为载波同步。实际系统中,由于收发时钟不是同源时钟,很难保证它们的同频同相;同时,高频信号源、上下变频器等器件、电路、信道时变特性的影响,也会使得信号频率和相位发生一定的偏移;再者,当收发双方存在相对运动时也会引起多普勒频移。一般情况下,以上因素引起的载波频偏在 1 MHz 以内。综上可知,为了实现正确有效的解调,必须对载波频偏和相位误差进行精确校正。

5. 信源编码和解码

信源编码,通俗的来讲就是将待传输序列尽量缩短,进行压缩,根据信源的统计特性,去掉序列中的冗余信息,只保留必要信息,将长序列转为短序列以提高传输效率。按有无失真,又分为无失真信源编码和限失真信源编码。如果该变换不丢失待传输序列中所包含的信息则称为无失真信源编码,无失真信源编码和解码是可逆的,译码后可无失真恢复原来的信息;如果丢失在一定允许程度内的信息则称为限失真信源编码,限失真信源编码主要研究如何在满足失真不大于某一值的限定条件下获得最有效的传输效率,在一些场合应用限失真信源编码比无失真信源编码更有效,比如人的视觉和听觉分辨均有极限,当超过对应的门限时,人就无法分辨信息序列的差异,此时经限失真信源编码后的序列虽有所失真,但是并不影响信号传输质量,极大地提高了信息传输效率。

信源分为离散信源和连续信源两种。离散信源是只有有限种符号状态的信源,如文字抽样量化后的样值;连续信源是取值连续或者有无限多种状态的信源,如模拟信号的语音、图像和视频等。对于离散信源,采用无失真信源编码,可将等长消息序列变成变长消息序列以降低平均码长来提高编码效率,常用的编码方法有香农编码、费诺编码和哈夫曼编码。对于连续信源,可经限失真信源编码方法将信源离散化,转变为离散信源,之后采用离散信源编码方法进行编码。

信源编码经常使用在多媒体信号处理领域,如语音编码、图像编码、数据压缩等。信源编码的根本目的是提高信息序列中码元的平均信息量,因此所有旨在减少冗余度而对信源输出符号序列所进行的变换或处理,都可以归入广义信源编码的范畴,例如过滤、预测、域变换和数据压缩等。信源解码就是对信源编码后的信息进行反变换的过程,即将信息重新转换为文字、语音、图像等。

6. 信道编码和解码

典型的数字基带通信系统模型如图 5-7 所示,信源经过模数转换之后变为数字信号,经信源编码和信道编码之后通过信道,再经信道译码和信源译码,最后数模转换传送到信宿。经过信源编码后的信息并不能直接传输,由于噪声干扰等造成的信号质量恶化会导致接收设备无法识别 0 码和 1 码,信号会丢失或者识别错误造成误码。

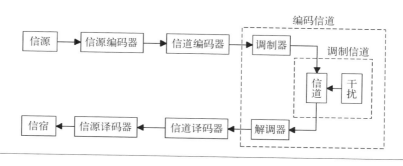

图 5-7
信道编码在通信系统中的位置

通过信道编码对信息数据进行处理,使系统具备纠错能力和抗干扰能力,可极大避免误码的发生,也就是降低误码率。和信源编码不同的是,信道编码在传输过程中对信息按照一定的规则加入冗余信息,来保证信息传输的可靠性。并在接收端对编码后数据进行译码来避免信息传输受到的噪声干扰影响,甚至可以纠正传输错误以提高通信的可靠性。在接收端按照既定规则校验和纠正并恢复出原始码字的过程即称为信道译码。

香农信道编码定理指出在容量为 C 的信道中,对于小于 C 的信息传输速率,当信息长度足够长的时候,总可以找到对应编码及译码方法使接收端的平均错误率接近于 0。香农信道编码定理为纠错编译码的发展奠定了坚实的数学理论基础,人们相继研究了两大类纠错编码:线性分组码和卷积码。常见的线性分组码包括汉明码、BCH 码、RS 码、Golay 码及 Goppa 码等。卷积码与线性分组码的不同之处在于,卷积码每组编码后的码字不仅跟当前码组有关还与其他各码组有关,在编码时加入了具有记忆功能的寄存器以增加码元之间的相关性,卷积码的译码算法主要有序列译码算法和 Viterbi 算法。近年来接近香农极限的好码不断浮现,如 LDPC 码、Turbo 码和 Polar 码等。

5.2.2　太赫兹通信基本考虑

1. 太赫兹通信的特点

太赫兹频段相对于微波毫米波频段其特点在于强得多的大气吸收衰减和在器件上表现出更小的物理特征尺寸,因此在大气内或穿过大气层的远距离通信应用中,就需要采用高增益的天线来补偿更大的大气吸收损耗。太赫兹通信在物理层大多采用点对点的通信场景,这样对上层协议来说,与微波频段相比其物理层变得更加简单了,一定程度上简化了通信系统的架构,可以更容易地实现超高速率的处理和传输。

对于物理层的基带信号处理和调制解调架构,太赫兹通信系统可以完全沿用微波通信的体制,但是在信号的带宽上和数据的速率上提升了一到两个数量级,这对信号处理器件提出了很大的挑战。特别是数字信号处理技术的优势和大规模应用,大带宽大容量的信号处理技术需要进一步发展,以适应太赫兹通信基带信号处理的需求。这个挑战在大容量光纤通信中已显露端倪,但已规模化应用的光纤通信中基带收发大多采用光电器件实现。实际上,太赫兹通信的物理层信号处理规模和难度更接近于相干光通信。相干光通信同样也采用高阶调制,如 16 - QAM、64 - QAM等,来实现频谱效率的提升。但相干光通信的物理信道(光纤)的物理特性与大气相比稳定得多,接收信号处理也更加容易。也就是说,太赫兹通信的信号处理规模和难度不低于相干光通信,某些情况下甚至要难得多。

使用与微波频段相当口径的天线,如 1～2 m 口径,在太赫兹频段可实现半功率波束小于 0.01°(小于 200 μrad)的极窄波束。若考虑地球同步轨道(Geostationary Earth Orbit,GEO)卫星到地面的场景(通信距离约 37 000 km),该宽度的波束在地面的覆盖直径仅约 6.5 km。也就是说可以在一个城市的地面尺度范围内实现多波束的接入,在全国范围内可实现的空分复用路数将远高于现有高通量卫星。现有的高通量卫星的波束宽度大约可以覆盖数个省、区的范围。小于数公里的波束覆盖范围还具有好处是,这个尺度与移动通信基站间的距离相当,地面的每一个基站都可以独占一个卫星接入波束,而不必与其他基站共享接入波束。也就是说可以部署更多的卫星接入点,解决部门地面移动通信基站的大容量接入问题。但这些基站通常位于偏远的山区,或者周边有着极其复杂的地形地貌及其他障碍,使得通过这些基站的光纤铺设成本异常高昂。

2. 太赫兹通信系统中的调制和解调

前面提到太赫兹通信的基带信号处理规模和难度不亚于相干光通信。两者目前的发展趋势都是采用高阶调制(如 16 - QAM、64 - QAM 等),来实现频谱效率的提升。复杂的高阶调制方案需要更好的信道均衡和预失真技术来保证预期的低误码率,因此太赫兹通信系统中的调制和解调处理不仅需要可靠的均衡和预失真算法,同时还要能够实现高吞吐率的信号和数据处理。受限于数字器件的时钟工作频率,目前采用的技术是将传统信号处理算法并行化,即在一个时钟周期内实现多比特数据的输入处理,而不是传统串行处理方法中每一个时钟周期仅向处理模块输入一个比特。

算法的串并转换通过对串行算法中 N 个样点的处理流程进行合并和优化,实现 N 个样点可以在一个时钟周期内并行的处理。本质上,处理算法的串并转换是一种用资源换取时间的做法,同样处理 N 个样点,并行处理所需的硬件资源(在数字信号处理中一般用乘法器和加法器的数量来衡量,因为常见的数学运算都可以分解为乘法和加法)通常不仅仅是串行处理所需资源的 N 倍,而是 kN(k 是一个大于 1 的常数)甚至 N^2 倍,或者更多。因此,进行并行算法的优化以节约硬件资源,是太赫兹通信系统调制和解调处理中一项非常重要的研究内容。所涉及的处理如 FIR 滤波、均衡等采用的优化和处理方法,将在第 5.5 节进行详细的介绍。

3. 太赫兹通信系统中的同步

太赫兹通信系统中的同步与微波通信系统类似,包括定时同步、载波同步、数据同步。定时同步主要解决收发两端采样时钟频率和相位偏差造成的采样误差,使接收采样点与发送方的采样点保持一致。载波同步主要解决收发两端的本振频率误差(用作载波)造成的接收星座图旋转。数据同步主要解决比特数据流的起始定位,便于进行数据编解码。相关同步算法的并行化方法将在第5.5.2节进行介绍。

4. 太赫兹通信系统中的信源编解码和信道编解码

太赫兹通信系统中涉及的信源、信道编解码实际上已经与信号处理无关,与传统通信系统的差别在于所处理数据速率的大幅提升,要求编解码算法可以较为容易地进行并行化处理。因此所采用的编解码方案也是一些在并行化方面有优势的算法,如LDPC码、Turbo码和Polar码等。高度并行编解码对于硬件资源的需求相当庞大,其优化方法是一个非常值得深入研究的课题。本书5.5.3节针对LDPC码的高速并行化实现算法进行了讨论。

5.3　太赫兹通信系统的组成与设计

5.3.1　太赫兹通信系统组成

太赫兹通信系统的典型组成如图5-8所示,主要包括射频前端部分、基带数字信号处理部分和天伺馈部分。射频前端部分主要实现太赫兹波的产生、发射与接收,用于承载通信的信息;基带数字信号处理部分主要用于实现信息到信号的转换、接收信号的恢复处理等;天伺馈部分主要用于实现太赫兹波能量向自由空间的定向发射、接收以及天线之间的互相对准和跟踪等。

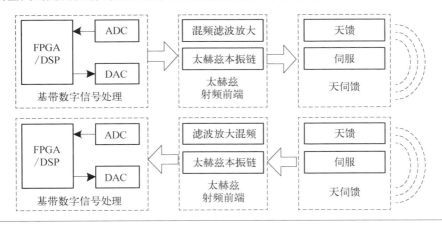

图5-8
太赫兹通信系统的典型组成

1. 射频前端部分

射频前端部分可以采用多种方式产生太赫兹频段电磁波。目前常用的方法是电子学倍频的方法和光学差频的方法。电子学方法采用二极管的非线性效应实现低频电磁波到高频电磁波的转换,称为"倍频"。太赫兹系统中的倍频次数一般在数次到数十次之间,常见的一般为二的整数倍,也有三的整数倍。倍频效率(输出功率比输入功率)一般在 10% 以下,而且频段越高,倍频效率越低。光学差频的方法采用两个频率相差刚好在太赫兹频段的光源,或一个光学频率梳并从中挑选出两个频率的光源,经过 PD 器件对两束光的差频产生太赫兹电磁波。

射频前端中加载信息(或被信息调制)的器件一般为混频器(电子学)或 MZM 调制器(光学)。混频器又分为基波混频器和谐波混频器,区别在于基波混频器调制的是本振信号本身,而谐波混频器调制的是本振信号的谐波。因此基波混频器的效率较谐波混频器更高,但谐波混频器可以产生更高频率的太赫兹信号。

除了这些基本的通信射频器件,某些有特殊应用的通信系统可能还会用到如双工器、环形器、极化器等特殊功能的器件。双工器主要用于实现同时的收发,一般采用不同的频段来实现频分双工。环形器主要用于实现收发的隔离,如同频全双工通信系统中。极化器主要用于产生和接收特殊方向极化的电磁波,可以用于极化双工或极化复用,如在一个系统中同时实现水平极化和垂直极化。

2. 基带信号处理部分

太赫兹通信系统的基带信号处理部分主要实现高速数字信号处理,包括宽带信号的采样和产生。有些系统也把高速采样器件(ADC 和 DAC)前置于射频前端中,以实现射频前端和基带信号处理部分的分离。

为了实现宽带信号的高速并行处理,太赫兹通信系统的信号处理部分一般采用 FPGA 器件或特殊应用集成电路(Application Specific Integrated Circuit, ASIC)来实现,基于指令集的通用处理器一般用于进行设备的控制和监控等。目前大规模的 FPGA 器件已集成了数千万门的逻辑资源(如传统的 FPGA 器件厂商 Xilinx 公司和 Altera 公司),内部集成的专用乘法器硬核(Intellectual

Property Core，IP)可达数千个。目前 Xilinx 公司最新架构的 FPGA，除了乘法器，还集成了高速收发器、时钟管理器等专用硬件资源，某些型号还集成了 ADC/DAC 以及专用嵌入式处理器 Cortex。可以很方便地实现高速通信系统的快速验证和部署，极大地缩短了太赫兹通信系统的开发周期。

3. 天伺馈部分

天伺馈部分包括天馈系统和伺服系统。天馈系统大多采用口径效率较高的卡塞格伦反射面天线。这种天线体制在微波通信中也被大规模采用。设计较好的微波反射面天线口径效率可以达到 70%甚至更高，受制于天线表面加工精度和形变控制工艺的影响，在太赫兹频段一般可以达到 30%～60%。太赫兹频段馈源的馈电方式一般为波导馈电，也有的系统采用光学反射式馈电，随着太赫兹先进馈电技术的发展，如太赫兹光纤、同轴馈电的方式同样可以扩展到太赫兹频段。

伺服系统主要用于天线波束指向的控制，以实现收发天线的对准和跟踪，一般分为机械式和电扫式。电扫式太赫兹天线可以实现更高速的波束扫描和更快速的波束响应，但其扫描范围较为有限，且窄波束的电扫天线非常难以加工和制造，在短期内太赫兹通信用伺服主要以机械式为主。由于太赫兹频段波束更窄，对伺服系统的控制精度要求远高于一般的微波天线。在实际工程应用中，一般跟踪精度需要设计到波束宽度的十分之一，才能保证较为可靠的波束跟踪。大口径射电天文观测领域和空间光通信领域对于高精度伺服系统的研究已有不少工程积累，其控制精度足以满足太赫兹通信的波束对准要求。但采用太赫兹频段来实现信号测角和跟踪仍然是一个空白的领域，目前在系统设计中虽然有些零星的讨论，但其工程化仍然需要进一步的深入研究。

5.3.2 太赫兹通信系统总体设计

1. 太赫兹通信系统设计的总体考虑

太赫兹频段作为频率处于微波与光波之间的电磁波频段，太赫兹通信系统相应的也可以根据产生太赫兹波原理的不同分为电子学系统与光学系统两大类。本书重点关注基于电子学的太赫兹波产生方法。

　　与传统无线微波通信系统相比,太赫兹通信系统除了工作频率更高,并没有特别的差别。如图 5 - 9 所示是广泛用于传统无线微波通信系统的典型超外差接收机的原理。超外差接收机最早是美国电气工程师 Edwin Howard Armstrong 在一战时发明的,因灵敏度高被广泛用于无线广播收音机中。术语"外差"用于描述一种信号接收方法,即将接收输入的信号频率变换(一般通过混频的办法)到音频(20 Hz～20 kHz),再进行后续的信号解调处理。而 Armstrong 发明的接收机是将接收信号变换到超过 20 kHz 的超声波频率,因此被称为"超外差接收机"。执行超外差操作的器件是混频器。

图 5 - 9
典型超外差无
线通信系统
原理

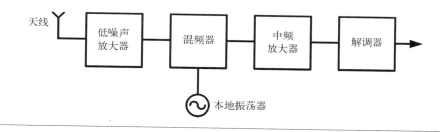

　　在超外差接收机中,传统微波无线通信系统的中频频率一般在几千赫兹到数百兆赫兹量级,而在太赫兹通信系统中,由于基带信号的带宽可能非常宽,中频频率可达数吉赫兹甚至达到数十吉赫兹,甚至已经超过传统微波无线通信系统的射频频率。

　　太赫兹通信系统主要关注点在于宽带、高速,它与传统数字微波通信系统有何异同? 这里首先对两者的技术特点进行一个简单的对比。

　　按照定义[1],微波(Microwave)是波长在 1 mm～1 m 的电磁波,频率覆盖

　　[1]　Hitchcock, R. Timothy (2004). Radio-frequency and microwave radiation. american industrial hygiene assn, p.1, ISBN 1931504555.
　　Kumar, Sanjay; Shukla, Saurabh(2014). Concepts and applications of microwave engineering. PHI Learning Pvt. Ltd., p.3, ISBN 8120349350.
　　Jones, Graham A.; Layer, David H.; Osenkowsky, Thomas G.(2013). National association of broadcasters engineering handbook, 10th Ed. Taylor & Francis, p.6, ISBN 1136034102.
　　Pozar, David M.(1993). Microwave engineering addison. Wesley Publishing Company, ISBN 0 - 201 - 50418 - 9.
　　Sorrentino, R. and Bianchi, Giovanni(2010). Microwave and RF engineering, John Wiley & Sons, p.4, ISBN 047066021X.

300 MHz～300 GHz。无线通信则是一种采用无线传输技术实现信息传输的手段。数字微波通信涵盖的范围非常广泛,它是微波通信的一种数字化实现,与光纤通信、卫星通信并称为现代通信传输的三大主要手段[①]。数字微波通信系统一般采用"接力"的方式,在地面上实现超过视距的信息传输。其最早的承载业务包括电话、电视、电传等,随着通信容量的提升,已可承载分组数据、多媒体等业务。

数字微波通信系统的设计涉及物理层、链路层甚至网络层和应用层的一系列协议和技术。太赫兹通信系统与数字微波通信系统相比,核心差异在于系统采用的载波频率更高、波长更短,由此带来物理层技术的差异;而更高的通信速率意味着链路层及以上各层技术和协议存在不可忽略的差别。因此太赫兹通信系统设计的核心主要聚焦在物理层技术的研究和实现,同时需要考虑上层技术和协议在该物理层上的适用性,必要时需要对上层技术和协议进行改进或优化,特殊情况下甚至要重新进行设计。

实际上,太赫兹通信系统是一个比传统"微波通信系统"更加宽泛的概念。太赫兹波实际上是电磁频谱上一段特殊的电磁波,太赫兹通信并不局限于传统微波通信所局限的地面场景,也可以涵盖卫星通信、飞机通信、舰船通信等各种应用场景,甚至设备内部、芯片内部的超宽带和超高速互连。

2. 太赫兹通信系统总体设计的步骤

由于太赫兹通信系统与数字微波通信系统的差异主要在于物理层,因此太赫兹通信系统的设计步骤与传统数字微波通信系统的设计遵循许多相同的规律。

图 5-10 为数字微波通信系统的大致设计步骤。首先以任务要求作为整个系统设计的输入,在调查掌握现有系统工作状况的基础上(如有),结合考虑任务所在环境对系统设计的约束(环境约束)、现有国家标准、国际标准和行业标准等规范的约束(标准约束)、现有技术/工艺成熟度,综合设计出初步的系统技术指

---

① 唐贤远,邓兴成.数字微波通信系统[M].北京:高等教育出版社,2011.

标、与现有通信网的工作关系、系统的总体方案等。然后对相关技术指标进行系统方案可行性论证,形成技术可行性研究报告(可研报告),并进行详细的实施方案设计,包括系统的组成/配置设计、各组成部分的技术指标分解等,设计内容包含网络结构设计、系统组成设计、系统指标分配、业务种类设计、工程可靠性设计、配套设施等,有时甚至需要深入考虑具体设备的技术实现路线、软件架构、电气接口、安全性、电磁兼容性、备份方案等等技术细节。

图 5-10
数字微波通信系统的设计步骤

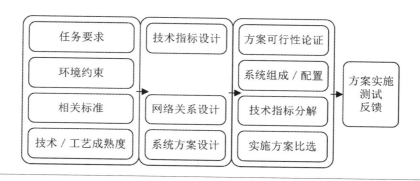

在设计太赫兹通信系统时,与传统数字微波通信系统的设计步骤相比,需要在设计过程中更多地考虑到以下几方面的问题:① 系统数据吞吐容量的迅速扩大对现有数据网络和设备的影响,如新系统与现有通信系统的网络边界互连兼容性、通信设备内部的信号和数据处理算法的选择等;② 与微波通信设备相比,由于太赫兹通信的传输距离相对较近,在网络方案的设计上可能需要考虑采用更加密集的站点分布结构;③ 技术/工艺对通信设备设计方法的影响和限制,如对信号调制方式的选择;④ 太赫兹波的强烈大气吸收特性造成通信系统对天气等气象因素过于敏感,需要特殊考虑系统对天气的适应性问题。具体如下。

(1)太赫兹通信系统设计首先需要考虑的问题就是系统数据吞吐容量的迅速扩大对现有数据网络和设备的影响。太赫兹通信系统的设计吞吐容量一般在 Gbps 以上,甚至可高达 100 Gbps,已经达到现有光纤传输的带宽,关键节点的数据吞吐量经过网络汇聚后将更加庞大,将给现有网络设备的处理能力带来极大的压力。此外,庞大的数据吞吐量对太赫兹通信终端设备的处理速度和数据接口带宽都提出了很高的要求,同时大数据量的处理也增加了设备的功耗,当设备功耗是系统设计的关键指标时,需要考虑采用更加先进的功耗控制技术和更低功耗的器件。以上这些都是在系统设计时需要加以考虑的。

（2）由于太赫兹通信的传输距离相对较近,在网络方案的设计上可能需要考虑采用更加密集的站点分布结构。以无线接入网为例,电信运营商和电信设备厂商对于无线接入网的大量数据统计显示,约50%的移动基站间距离在3 km以下,70%的移动基站间距离在5 km以下,90%的移动基站间距离在10 km以下,也就是说约40%的移动基站间距离在3～10 km。随着5G移动通信标准的定型和商用化,毫米波频段被用于实现数据的大容量传输,移动基站无线信号的覆盖范围比4G移动通信进一步减小。工作频段的提升对信号覆盖范围的影响在从3G标准向4G标准的演进过程中已有所体现。此外,无线接入网对带宽需求的提升促进了基站微波回传技术的升级,具体体现在将通信载波频率进一步提升至毫米波/太赫兹频段。因此,随着无线接入标准的演进和回传链路载波频率的提升,更加密集的布站和组网结构必将成为数据网络的发展趋势。这也是太赫兹通信系统的设计与应用过程中不得不考虑的问题。

（3）传统微波通信由于可用频谱带宽受限。在有限的带宽内实现高速数据传输,需要采用高阶调制实现较高的频谱效率。常用的高阶调制技术包括QPSK、8-PSK、16-QAM、32-QAM和64-QAM等,图5-11分别为QPSK、16-QAM和64-QAM调制的星座图。目前已经商用的高阶调制技术高达4096-QAM,频谱效率达到8～10(bit/s)/Hz。虽然高阶调制可以达到更高的频谱效率,但高阶调制的应用难点在于对整个信道的线性程度要求非常高,越高的调制阶数对信道的线性程度要求就越高。而整个信道的线性度受到传输器件和无线信道两方面的制约,其中以功率放大器件的非线性影响最大。在传统微波通信中,在兆赫兹量级的带宽中实现较高的线性度是较为成熟的。但在太赫兹频段,通信业务相关的频谱划分标准正在讨论中,系统可能的传输带宽高达数十吉赫兹甚至数百吉赫兹,而且由于太赫兹器件对工艺的要求远高于传统微波器件,所以受限于现有工艺,目前太赫兹器件的非线性度仍然不是很理想,系统要在如此宽的带宽内保持线性度是非常难的。因此在太赫兹通信系统的设计时,要充分考虑系统非线性特性的影响,根据系统的应用场景、使用方式和可用的频谱资源,选择合适的信号调制方式,并采取适当的信号预失真处理算法或射频预失真技术。也就是说,系统的工作频率、工作带宽与信号的调制形式(调制阶数)存在一个最佳的匹配设计问题。合理的设计才能让系统的数据吞吐量达到最优,否则设计出来的系统吞吐量可能还比不过传统微波通信系统。

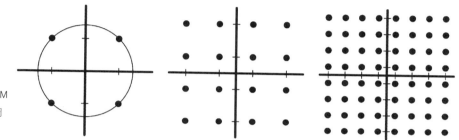

图 5 - 11
QPSK、16 - QAM
和 64 - QAM 调
制的星座图

（4）大气中占据相当比例的氧气分子、水分子对电磁波的共振吸收峰处于太赫兹频段,太赫兹频段电磁波在大气中传输时的吸收衰减远大于微波频段。因此,当系统的传输距离是需要主要考虑的指标时,大气吸收就是系统设计时不得不特别考虑的问题。图 5 - 12 为根据分子吸收谱线计算出的电磁波大气吸收衰减曲线(依据国际电信联盟 ITU - R P.676 - 11 推荐标准),大量物理实验和实际系

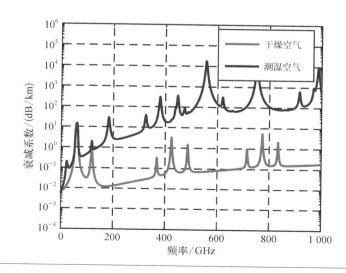

图 5 - 12
电磁波的大气
吸收衰减曲线

统的观测数据已经对此曲线的准确性进行了证实。可以看到,在指定气象参数条件下(图中大气温度为15℃,相对湿度为60%),300 GHz以上电磁波的衰减系数达到了5 dB/km以上,在557 GHz左右衰减系数达到了最大(17 700 dB/km)。因此在设计应用于如星-地、飞机等大空间场景的远距离太赫兹通信系统时,大气吸收的影响需要优先考虑。

为了减小大气吸收对系统性能的影响,可行的办法包括:① 选择合适的气象条件;② 选择衰减相对较小的工作频点;③ 增加系统的发射功率。气象条件与系统的工作场景密切相关,往往不受系统设计者控制,而系统发射功率的增加相对有限,因此相对可行的办法是为系统选择合适的工作频点。从图5-12可以看到,存在某些频点,其衰减系数比附近的其他频点更低,这些频点被称为“大气窗口”。系统的工作频点应该从一系列大气窗口中进行选择。除了需要考虑各“窗口”频点的吸收系数,该频点附近的可用带宽也是需要重点考虑的。例如窗口频点340 GHz附近存在着两个吸收峰,分别为325 GHz和380 GHz,若吸收峰落在系统工作频带内,势必造成接收频谱的局部“陷落”失真,因此系统的工作带宽选择应尽量避开这些吸收峰。在这个例子中,这两个吸收峰的存在造成340 GHz附近只有约20 GHz的频谱的吸收系数较为平坦,限制了系统能达到的最大容量。

3. 太赫兹通信系统的总体性能指标设计

当用户对太赫兹通信系统的需求明确后,即可据此进行系统整体性能指标的设计。一般开始进行系统设计前,设计师需向用户明确以下需求:① 系统使用环境/场景要求;② 技术指标要求;③ 设备硬件要求;④ 设备软件要求;⑤ 其他要求。

系统使用环境/场景要求一般包括是否需要与现有通信系统兼容、系统所使用的自然环境、所搭载的平台、系统使用的方式方法、所承载的业务等。技术指标要求一般包括通信速率相关的要求、通信延迟相关要求、网络及协议相关的要求等。设备硬件要求一般包括设备的体积、重量、功耗、结构及安装、与现有硬件的兼容性、工作安全性、可靠性、可维修性等。设备软件要求一般包括软件架构、软件功能、软件界面(如有)、软件的可更新性、与现有软件的兼容性等。其他要求是指上述未包括的客户其他的需求,例如系统的研制成本、后期维护成本、设备装调周期等。

例如某用户要求实现空中平台到地面的实时数据传输,最大传输带宽不低于 100 Gbps,最远传输距离不低于 10 km,并且要求地面可实现与现有光纤宽带网络的对接。通过简单分析,可以知道通信系统的使用环境/场景为移动空中平台与固定地面站,兼容现有光纤宽带网络,承载业务为实时数据;技术指标要求包括最大传输带宽不低于 100 Gbps、最远传输距离不低于 10 km。由于系统搭载在空中平台使用,因此系统硬件应满足机载设备相关的设计标准和要求。软件上应符合现有光纤宽带网络数据传输协议。更加具体的设计细节需要跟用户就设备最终使用环境进行详细沟通。

5.3.3 太赫兹通信系统的数字部分设计

太赫兹通信系统的组成与传统微波通信系统类似,功能上可以划分为基带信号处理部分和射频前端部分。基带信号处理算法一般较为复杂,采用数字信号处理的办法来实现,因此这里把基带信号处理部分归为数字部分,射频前端部分归为模拟部分。

基带信号处理部分与传统微波通信系统的差别在于需要处理的数据量更大,大约是传统微波通信系统的 10~1 000 倍。如何在有限的硬件资源和功耗限制下实现大数据量的处理,是基带信号处理部分关心的首要问题。

由于需要处理的数据量是传统微波通信系统的 10~1 000 倍,太赫兹通信系统的数字部分需要采用大规模并行的方式实现数字信号的处理,因此在信号处理算法的选择上,应选择易于实现并行化设计的算法。

以 QAM 调制为例,太赫兹通信系统的数字部分一般由如图 5 - 13 所示的功能模块组成,上方为发射机,下方为接收机。

相对接收端,发射端的结构相对简单,其核心功能是对待发送数据进行前向纠错编码(Forward Error Correction, FEC)和成型滤波。纠错编码一般采用便于并行实现的 Turbo 码、低密度奇偶校验(Low Density Parity Check, LDPC)码

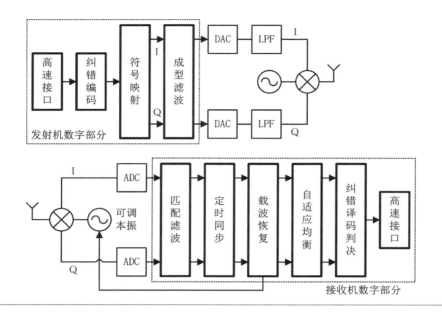

图 5 - 13
太赫兹通信系
统的数字部分

等,相关算法及其实现可参考第 5.5.3 节的内容。成型滤波为根升余弦低通滤波器,需要进行并行实现,相关算法及其实现可参考第 5.5.1 节的内容。

5.3.4 太赫兹通信系统的模拟部分设计

1. 太赫兹射频前端特性对通信信号的影响

射频前端信道包括 DAC/ADC 器件、滤波器、混频器、功率放大器(以下简称"功放")、本地振荡器(本振)、天线、信号馈线等有源或无源的功能器件,而且这些器件实际上都不是理想的,那么原始的数字基带信号在经过这些功能器件时必然受到不同类型、不同程度的损伤,从而造成信号失真。

造成信号失真的原因可能包括:① 所有器件的固有传输特性;② DAC/ADC 采样时钟、本振的相位噪声;③ 混频器、功放的交调;④ 功放的增益压缩(非线性);⑤ 混频器的本振泄露;⑥ 射频器件的带内幅相波动;⑦ 如果采用零中频架构,还存在 I/Q 两路的不一致性。

图 5 - 14 为一个理想 16 - QAM 调制的数字基带信号的功率谱密度,已经过调制器的成型滤波,其中只画出第一奈奎斯特域的谱形。研究通信信道特性及

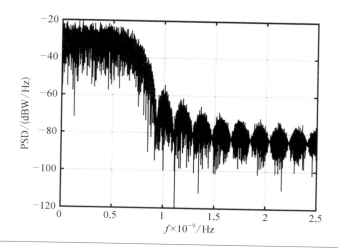

图 5 - 14
一个理想 16 -
QAM 调制的数
字基带的信号
的功率密度谱

其补偿方法的目的就是使这个信号尽可能少损失地传输到接收端。

DAC 器件将数字基带信号进行模拟化,然后经过低通滤波器得到模拟基带信号。一般的 DAC 器件将输入的数字信号在输出端进行模拟电平保持,形成类似于图 5 - 15 所示的"阶梯"模拟信号,相当于在数字基带信号的基础上进行了一次信号调制。如图 5 - 16 所示为"阶梯"模拟信号的功率密度谱。可以看到,在信号的高频部分出现了一定程度的"滚降",这是 DAC 器件对信号造成的固有失真。

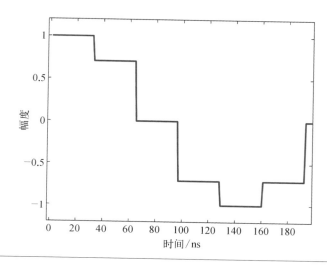

图 5 - 15
理想 DAC 器件
输出的阶梯模
拟信号

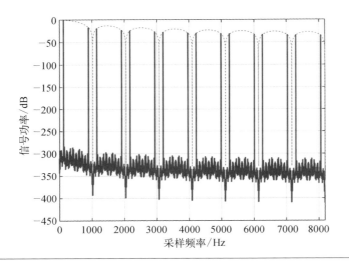

图 5-16
经过理想 DAC
器件后的模拟
基带信号的功
率密度谱

描述实际 DAC 器件的主要参数包括无杂散动态范围（Spurious-Free Dynamic Range，SFDR）、噪声功率比（Noise Power Ratio，NPR）、有效位数（Effective Number of Bits，ENOB）、双音互调失真（Intermodulation Distortion，IMD）、三阶互调失真（Third-order Intermodulation Distortion，IMD3）等。

DAC/ADC 器件的采样时钟、本振频率源均不是理想单频信号，而是在固有频率附件存在一个微小的抖动，即相位噪声（相噪）。相噪的存在会导致接收信号的星座图出现不同程度的扩散，增加解调的误码率。由于采样时钟信号、本振信号都通过锁相环（Phase Locked Loop，PLL）产生，因此其相噪可以用平稳高斯噪声模型来描述。PLL 是一个基于相位误差为控制对象的反馈控制系统，它的相位噪声主要来自两个部分：基准参考振荡器固有的相位噪声和 PLL 压控振荡器（Voltage-Controlled Oscillator，VCO）引入的相位噪声。PLL 输出信号的相位噪声可以用如图 5-17 所示的三段折线法来表示。图中，f_0 为 PLL 输出单频点信号的频率，f_1 为 PLL 的环路带宽，f_2 为 PLL

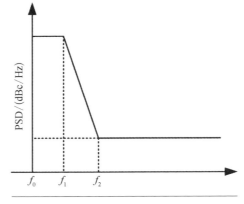

图 5-17
PLL 输出信号
的相位噪声

的最大截止频率。

　　低通滤波器、带通滤波器、天线、馈线均属于无源微波器件,其对信号可能造成的失真包括插入损耗、带内(幅度)波动、群延时波动(相位非线性)等。图5-18为一个实际的太赫兹带通滤波器的 S_{21} 曲线,其通带设计为 140.53～147.19 GHz,可以看到其在带内的插损约 0.3 dB,带内幅度波动约 2.4 dB。

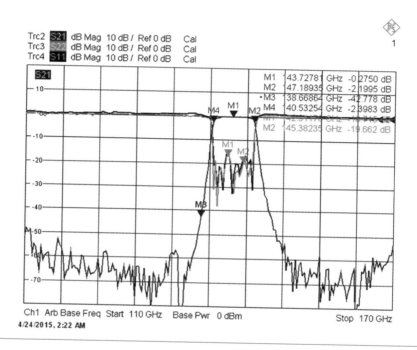

图 5-18
一个实际带通
滤波器的 S_{21}
曲线

　　功放器件目的是将小的输入信号功率进行放大,追求对信号的放大增益。但信号增益越大,工作点越接近功放器件的饱和区,信号的非线性失真就越严重,表现为时域波形的"平顶"效应和接收星座图的"收缩"。图 5-19 为受到功放增益压缩影响的 16-QAM 接收信号星座图。

　　上述各种器件对信号的损伤特性不是固定不变的,可能还会随着器件工作时间和温度的变化而变化,这就需要在作信号

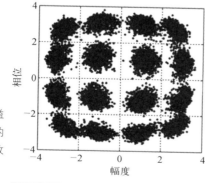

图 5-19
受到功放增益
压缩影响的
16-QAM 接收
信号星座图

补偿时采用自适应调节的办法。

2. 太赫兹射频前端信道失真的补偿

为了减少接收信号的失真,降低接收端信号处理的难度,有必要在发射端对信号进行一定程度的补偿,提高发射信号的质量。

常用的补偿手段有功放线性化技术(如功率回退、预失真等)、I/Q 通道不平衡校正技术、自适应相噪消除技术等。

3. 太赫兹射频前端信道特性的测试方法

太赫兹射频前端信道的测试可以使用网络矢量分析仪,同时获得前端信道的在设定带宽内的幅频特性和相频特性。由于目前的网络矢量分析仪无法达到太赫兹频段,所以一般采用"背靠背"的方法对太赫兹射频前端进行测试。即将发射端射频前端的发射端口(一般为波导口)与接收端射频前端接收端口直接连接,直接测量从发射中频(或基带)输入端口到接收中频(或基带)输出端口的传输特性,如图 5-20 所示。

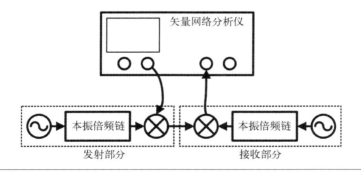

图 5-20
"背靠背"法对太赫兹射频前端进行测试

矢量网络分析仪是一套复杂的测试系统,包括测试信号源、功率分配器(功分器)、定向耦合器、驻波比桥、测试接收机等。矢量网络分析仪主要用于测试高频微波、毫米波、太赫兹器件、电路和系统的性能参数,如线性参数、非线性参数、变频参数和混合 S 参数等。在太赫兹射频前端信道特性的测试中,会用到矢量网络分析仪的散射矩阵(S 参数)测量功能。

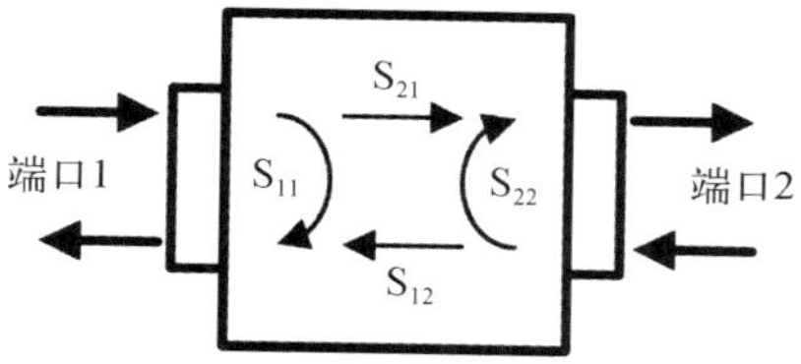

图 5-21
双端口器件的
S 参数

端口 1　　　　　　　　端口 2

S_{21}

S_{11}　　　S_{22}

S_{12}

"背靠背"连接在一起的太赫兹射频收发前端可以看作一个具有输入和输出的双端口器件,其散射矩阵一共包含有四个 S 参数,如图 5-21 所示,分别为 S_{11}、S_{12}、S_{21} 和 S_{22}。其中参数 S_{21} 反映了射频前端链路的幅频特性和相频特性。

由于篇幅原因,这里不对矢量网络分析仪的工作原理和内部结构作过多介绍,相关资料可参阅仪器厂商编写的仪器使用说明。

5.4　太赫兹通信信道特性与链路分析

5.4.1　太赫兹通信信道特性

1. 无线微波通信信道、光通信信道与太赫兹通信信道

微波和光波在大气中传播时,都会受到传播路径上的障碍物和大气成分本身的影响,分别表现出不同的传播特性。微波通信一般采用全向天线或宽波束传递信号能量,且微波与大气的相互作用较弱,接收信号容易受到收发两地间障碍物的影响。光通信一般采用定向传播,一般收发设备之间为直视(LOS)信道,没有障碍物的影响,但光波与大气组成成分的相互作用较强,主要受到大气本身特性及气象条件的影响。太赫兹频段电磁波介于微波和光波之间,根据不同的系统使用方式和应用场景,可能表现出类似于微波或光波通信的信道特性。

2. 不同通信场景下的太赫兹无线信道特性分析

无线通信的信道模型是跟具体的通信场景紧密相关的,实际的电磁波传播特性往往受到现场各种因素的影响,有时可能与模型估计的理想值存在巨大的偏差。结合太赫兹无线通信的可能应用场景,可以对不同场景下太赫兹无线信道特性进行建模。下面简述了几种太赫兹可能的应用场景下的信道特性。

（1）极近距离点对点通信应用

该应用场景可统一描述为太赫兹波通过极短距离的直视信道进行传输,典

型应用环境为 Kiosk 下载和文件交换。即使是 LOS 信道,仍然需要考虑搭载太赫兹设备的消费电子产品外面的金属等包裹材料对太赫兹波的影响,即信道建模时必须考虑该金属介质层。

一般来说,LOS 信道在工作于 60 GHz 的 IEEE802.15.3c 和 IEEE802.11ad 两个毫米波 PAN/LAN 标准中均采用了 TSV 模型。但对于极近距离的通信应用,由于终端外面金属包裹层的存在,终端内部及表面的信号反射很明显,也就是说 TSV 模型在这种场景下需要进行改进以适应相应的信号传输机理和工作频率。

(2)设备内通信应用

设备内通信的距离一般限制在数十厘米以内,速率一般超过 100 Gbps,应用模式与设备的具体情况息息相关。由于速率极高,还需采用频分复用和空分复用,该场景的信道特性需要考虑全部的可用频段。另外,设备内通信的场景中,视距及非视距传输中的封装材料、电路板 PCB 材料导致的反射、吸收、波导等效应需要被充分考虑。

(3)蜂窝网无线回传应用

该场景可以认为是公里级远距离太赫兹点对点无线通信应用模式,为了弥补远距离下信号严重的路径衰减,收发双方都需要采用至少 40 dBi 增益的天线,且双方需处于直视信道下。这种场景下的高增益天线相当于空间滤波器,可几乎将多径信号完全滤除,信号完全通过直视路径传输。此信道可近似用高斯白噪声信道模型来描述,信号路径衰减除了自由空间损耗外,还主要受到温度、湿度、降雨、云雾等外界气候条件的影响。

(4)无线数据中心应用

在数据中心中采用无线连接对光缆连接进行替代/补充,可以带来一定的优势,例如灵活性高、维护成本低、冷却环境好等。在这种场景下,实际传输场景为在较大室内封闭空间内,在屋顶及数据机箱上设有太赫兹传输天线,其信道需要考虑数据机箱(良导体)的反射及屋顶、墙壁材料(良吸收体)的吸收,因室内电磁环境复杂,接收天线可能接收到多个视距及非视距传输的信号,最优信道选择也是该场景必须要考虑的重要因素。

3. 太赫兹无线信道模型

目前常见的可描述太赫兹频段电磁波无线传播的一些较成熟的模型和工具具体如下。

1) HITRAN(High Resolution Transmission)

HITRAN 实质上是一个数据库,即高分辨透射率谱线数据库,数据来源于实际观测和理论计算的混合。HITRAN 最早由美国空军剑桥实验室(Air Force Cambridge Research Laboratories)编译,目前由哈佛-史密松天体物理中心(Harvard-Smithsonian Center for Astrophysics)进行维护与开发。最新版本(HITRAN2016)包括了 49 种分子的谱线数据。HITRAN 可以从网上免费获得。

2) MODTRAN(Moderate Resolution Atmospheric Transmission)

MODTRAN 软件的核心代码由光谱科学公司(Spectral Sciences, Inc., SSI)和美国空军实验室(Air Force Research Laboratory,AFRL)共同研发和维护,完全由 FORTRAN 语言编写。现在的应用软件设计了图形用户界面(Graphical User Interface,GUI)便于用户使用。该模型可描述波长大于 $0.2~\mu m$ 电磁波的大气传播特性,分辨力最高为 6 GHz(波长 5 cm)。目前已经过超过三十年的数据累积验证,但该软件受知识产权保护,模型的代码并不公开。

3) ITU-R 建议书

国际电信联盟(International Telecommunication Union,ITU)无线电通信组(ITU-Radio Communications Sector,ITU-R)为方便全球无线电通信设备的开发和标准化,给出了一系列太赫兹低频段(1 THz 以下)电磁波的传播模型建议书,如大气衰减、降雨衰减、云雾衰减等。ITU-R 给出的建议用于指导无线电通信设备开发过程中对无线电传播特性的估计,在一般情况下其精度足以满足无线电通信设备的设计。

ITU-R P.676-11 建议书提供了对地面和斜径大气气体衰减进行评估的方法,ITU 建议对于一般应用,最高至 1 000 GHz 频率上,应假设与高度相对的气压、温度和水汽密度,采用逐线求和来计算大气气体造成的衰减;在 1~350 GHz 频率内,应假设地球表面的水汽密度,对衰减系数和路径气体衰减进行近似估算;或者假设沿路径的整层大气水汽含量,对路径衰减进行近似估算。这些预测方法可使用当地气象数据,或在缺少当地数据的情况下,使用其他 ITU－RP 系列建议书中提供的与所需超出概率对应的参考大气或气象图。

干燥空气引起的吸收衰减可用下式计算。

$$\gamma_o = \left[\frac{3.02 \times 10^{-4}}{1 + 1.9 \times 10^{-5} f^{1.5}} + \frac{0.283 r_t^{0.3}}{(f - 118.75)^2 + 2.91 r_p^2 r_t^{1.6}} \right] f^2 r_p^2 r_t^{3.5} \times 10^{-3} + \delta$$

$$(5-3)$$

$$\delta = -0.003\,06\phi(r_p, r_t, 3.211, -14.94, 1.583, -16.37) \qquad (5-4)$$

$$\phi(r_p, r_t, a, b, c, d) = r_p^a r_t^b \exp[c(1 - r_p) + d(1 - r_t)] \qquad (5-5)$$

式中,$r_p = p_{tot}/1\,013$,p_{tot} 为总的大气压力;$r_t = 288/(273 + t)$,其中 t 为温度(℃);f 为频率,GHz。

大气中水汽引起的吸收衰减可用下式计算。

$$\gamma_w = \left\{ \frac{3.98\eta_1 \exp[2.23(1 - r_t)]}{(f - 22.235)^2 + 9.42\eta_1^2} g(f, 22) + \frac{11.96\eta_1 \exp[0.7(1 - r_t)]}{(f - 183.31)^2 + 11.14\eta_1^2} \right.$$

$$+ \frac{0.081\eta_1 \exp[6.44(1 - r_t)]}{(f - 321.226)^2 + 6.29\eta_1^2} + \frac{3.66\eta_1 \exp[1.6(1 - r_t)]}{(f - 325.153)^2 + 9.22\eta_1^2}$$

$$+ \frac{25.37\eta_1 \exp[1.09(1 - r_t)]}{(f - 380)^2} + \frac{17.4\eta_1 \exp[1.46(1 - r_t)]}{(f - 448)^2}$$

$$+ \frac{844.6\eta_1 \exp[0.17(1 - r_t)]}{(f - 557)^2} g(f, 557)$$

$$+ \frac{290\eta_1 \exp[0.41(1 - r_t)]}{(f - 752)^2} g(f, 752)$$

$$\left. + \frac{8.332\,8 \times 10^4 \eta_2 \exp[0.99(1 - r_t)]}{(f - 1\,780)^2} g(f, 1\,780) \right\} f^2 r_t^{2.5} \rho \times 10^{-4}$$

$$(5-6)$$

$$\eta_1 = 0.955 r_p r_t^{0.68} + 0.006\rho \qquad (5-7)$$

$$\eta_2 = 0.735 r_p r_t^{0.5} + 0.035\,3 r_t^4 \rho \qquad (5-8)$$

$$g(f, f_i) = 1 + \left(\frac{f - f_i}{f + f_i}\right)^2 \qquad (5-9)$$

式中, ρ 为水汽密度, g/m³。

图 5 - 22 给出了使用上述方法计算的在气压为 1 013.25 hPa[①]、温度为 15℃、水汽密度为 7.5 g/m³(标准)和干燥空气(干燥)两种情况下, 0~1 000 GHz 频段的特征衰减(步长为 1 GHz)。

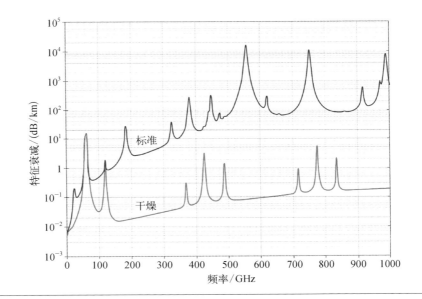

图 5 - 22
大气气体造成
的无线电波的
衰减

对于倾斜路径, 总衰减 A_{gas} (dB)为

$$A_{\text{gas}} = \sum_{n=1}^{k} a_n \gamma_n \qquad (5-10)$$

式中, γ_n 为特征衰减; a_n 为无线电波束在第 n 层内穿越的长度。

δ_n 为第 n 层的厚度, n_n 为第 n 层的折射率, α_n 和 β_n 为第 n 层的入射角和出射角。r_n 为半径, 指从地球中心到第 n 层起点的距离。由此 a_n 为

$$a_n = -r_n \cos \beta_n + \frac{1}{2}\sqrt{4r_n^2 \cos^2 \beta_n + 8r_n \delta_n + 4\delta_n^2} \qquad (5-11)$$

———————————

① 1 hPa＝100 Pa。

入射角 α_n 为

$$\alpha_n = \pi - \arccos\left(\frac{-a_n^2 - 2r_n\delta_n - \delta_n^2}{2a_n r_n + 2a_n \delta_n}\right) \qquad (5-12)$$

β_1 是在地面站的入射角（与仰角 θ 互余）。应用 Snell's 定律，β_{n+1} 可由 α_n 计算，即

$$\beta_{n+1} = \arcsin\left(\frac{n_n}{n_{n+1}}\sin\alpha_n\right) \qquad (5-13)$$

式中，n_n 和 n_{n+1} 分别为第 n 层和第 $n+1$ 层的折射率。

图 5-23 给出了使用上述方法计算的大气气体造成的电磁波天顶衰减情况。

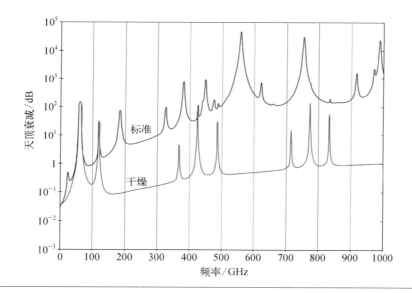

图 5-23
大气气体造成
的电磁波天顶
衰减

对于降雨带来的衰减，ITU-RP.838-3 建议书中建议降雨衰减 γ_R（dB/km）可以从降雨强度 R（mm/h）的幂次律关系中得到，即

$$\gamma_R = kR^{\alpha} \qquad (5-14)$$

系数 k 和 α 的值由下列等式确定，这些等式是通过从离散计算中获得的曲线拟合到幂次律系数来推出的。

$$\lg k = \sum_{j=1}^{4} a_j \exp\left[-\left(\frac{\lg f - b_j}{c_j}\right)^2\right] + m_k \lg f + c_k \qquad (5-15)$$

$$\alpha = \sum_{j=1}^{5} a_j \exp\left[-\left(\frac{\lg f - b_j}{c_j}\right)^2\right] + m_\alpha \lg f + c_\alpha \qquad (5-16)$$

式中,f 为频率在 $1\sim1\,000\,\text{GHz}$ 的频率的函数,GHz;a_j、b_j、c_j、m_k、c_k、m_α、c_α 为曲线拟合的系数。

图 5-24 给出了使用上述方法计算的降雨强度为 10 mm/h 时,降雨对不同频率电磁波的衰减系数曲线。

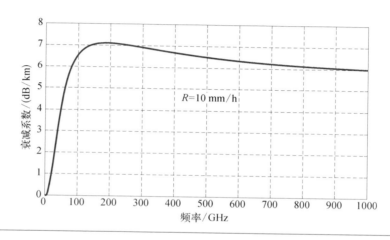

图 5-24
降雨强度为 10 mm/h 时,降雨对不同频率电磁波的衰减率

对于云雾引起的衰减,在 ITU - R P.840 - 7 建议书中提供了预测衰减的方法,对于给定的概率 p,斜路径云衰减 A(dB)为

$$A = \frac{L_{\text{red}} K_l(f,\ 273.15)}{\sin\varphi},\ 5° \leqslant \varphi \leqslant 90° \qquad (5-17)$$

式中,L_{red} 为在概率 p 时温度降至 273.15 K 的斜路径液态水的总柱状含量,kg/m^2;φ 为仰角;K_l 为云中液态水比衰减系数,$(\text{dB/km})/(\text{g/m}^3)$。

如果没有当地云中液态水总柱状含量的测量数据,基于瑞利散射,将双德拜模型用于水的介电常数 ε 的数学模型可用于计算最高达 $1\,000\,\text{GHz}$ 的频率的云中液态水比衰减系数 K_l。

$$K_l(f,\ T) = \frac{0.819 f}{\varepsilon''(1 + \eta^2)} \qquad (5-18)$$

式中,f 为频率,GHz;ε''为水的复介电常数;η 为

$$\eta=\frac{2+\varepsilon'}{\varepsilon''} \tag{5-19}$$

水的复介电常数可表示为

$$\varepsilon''(f)=\frac{f(\varepsilon_0-\varepsilon_1)}{f_p[1+(f/f_p)^2]}+\frac{f(\varepsilon_1-\varepsilon_2)}{f_s[1+(f/f_s)^2]} \tag{5-20}$$

$$\varepsilon'(f)=\frac{\varepsilon_0-\varepsilon_1}{[1+(f/f_p)^2]}+\frac{\varepsilon_1-\varepsilon_2}{[1+(f/f_s)^2]}+\varepsilon_2 \tag{5-21}$$

其中,

$$\varepsilon_0=77.66+103.3(\theta-1)$$
$$\varepsilon_1=0.067\,1\varepsilon_0$$
$$\varepsilon_2=3.52$$
$$\theta=300/T$$

式中,T 为液态水的温度,K。

主要弛豫频率 f_p(GHz)和次要弛豫频率 f_s(GHz)为

$$f_p=20.20-146(\theta-1)+316(\theta-1)^2 \tag{5-22}$$

$$f_s=39.8f_p \tag{5-23}$$

如果有当地云中液态水总柱状含量的测量数据,云中液态水比衰减系数 $K_l^*[(\text{dB/km})/(\text{g/m}^3)]$ 为

$$K_l^*(f,\,T)=\frac{0.819(1.947\,9\cdot10^{-4}f^{2.308}+2.942\,4f^{0.743\,6}-4.945\,1)}{\varepsilon''(1+\eta^2)} \tag{5-24}$$

图 5-25 给出了使用上述方法计算的不同概率下 220 GHz 电磁波在青海地区全年不同时间的天地倾斜路径衰减情况。

4)am

am 是一个用于计算电磁波在大气中沿特定路径的传播特性的工具软件。该软件结合了实际的大气层物理模型,在无线电天文学和大气物理观测中有重要的应用价值。软件对大气层和电磁波传播路径进行分层建模,采用"逐线吸

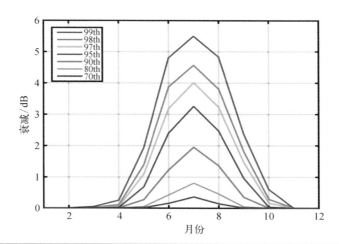

图 5 - 25
云雾造成的
220 GHz 电磁
波天地衰减

收"法对电磁传播特性进行计算,吸收参数基于 HITRAN 模型。

5) 802.15.3d 标准推荐模型

802.15.3d 标准中对几种典型应用场景均推荐了相应的信道模型,本小节对几种应用场景进行了简单介绍,更详细的信息可参阅 802.15.3d 标准中的"Channel Modelling Document"文档。

（1）极近距离点对点应用

主要瞄准 Kiosk 下载应用,采用大量的射线追踪法仿真结合实际实验测量,获得了相应的随机模型。透射路径和反射路径的功率随波达时间的增加而降低,透射路径是准自由空间传输,其幅度可表达为

$$a_{\text{trans}} = 20\lg\left(\frac{c}{4\pi f}\right) - 20\lg(\tau_{\text{trans}}c) - A_{\text{PET}} \qquad (5-25)$$

式中,τ_{trans} 为透射路径时延;A_{PET} 为 PET 挡板的衰减系数,其数值可通过测量数据标定。利用具有随机偏差的线性函数来拟合所有路径幅度和延时之间的关系。所有反射路径幅度可表达为

$$a_{i,\,\text{Refl}} = a_{\text{trans}} - \Delta a_{\text{trans}} - n_{\tau}(\tau_i - \tau_{\text{trans}}) + \Delta a_i \qquad (5-26)$$

式中,Δa_{trans} 为与透射路径比的偏差;n_{τ} 为沿着延时方向的幅度斜率;τ_i 为第 i 反射路径的时延;Δa_i 为拟合结果的标准方差。从计算得到的延时即可推算出

相应路径的幅度。

透射路径的相位可表达为

$$\varphi_{\text{trans}} = -2\pi f_0 \tau_{\text{trans}} \qquad (5-27)$$

式中，f_0 为参考频率。而所有反射路径的相位在 f_0 处均是均匀分布的。

（2）设备内通信应用

该场景下的信道模型可以利用一系列完整描述全频段信道的传递函数来表示。其反傅里叶变换即可表达一个符号经信道传输后的接收信号。在通用模型下的信道传递函数可以利用如下的公式表示：

$$\boldsymbol{H}(f, \vartheta_{\text{Tx}}, \varphi_{\text{Tx}}, \vartheta_{\text{Rx}}, \varphi_{\text{Rx}}, P_{\text{Tx}}, P_{\text{Rx}})$$
$$= \sum_i A_{\text{Rx}}(\vartheta_{\text{Rx}} - \vartheta_{\text{AoA}, i}, \varphi_{\text{Rx}} - \varphi_{\text{AoA}, i}, P_{\text{Rx}}) \cdot \boldsymbol{CTF}_i(f, H_i)$$
$$\cdot A_{\text{Tx}}(\vartheta_{\text{Tx}} - \vartheta_{\text{AoD}, i}, \varphi_{\text{Tx}} - \varphi_{\text{AoD}, i}, P_{\text{Tx}}) \qquad (5-28)$$

式中，$\boldsymbol{H}$ 为极化通道矩阵；f 为频率；ϑ_{Tx} 和 φ_{Tx} 分别为发射天线辐射图的伸长和方位角坐标；ϑ_{Rx} 和 φ_{Rx} 分别为接收天线辐射图的伸长和方位角坐标；P_{Tx} 和 P_{Rx} 为天线的偏振矢量；$\vartheta_{\text{AoA}, i}$ 和 $\varphi_{\text{AoA}, i}$ 分别为到达角的伸长和方位角坐标；$\vartheta_{\text{AoD}, i}$ 和 $\varphi_{\text{AoD}, i}$ 分别为发射角的伸长和方位角坐标。等式右边的表达式代表的是各个传集群的总和。每个传播集群带来的影响可以用其偏振通道传递函数 $\boldsymbol{CTF}_i$ 和天线辐射模式 A_{Tx} 和 A_{Rx} 的方向相关增益相乘的结果来表示，如下所示。

$$\boldsymbol{CTF}_i(f, H_i) = \begin{bmatrix} H_{i, 11}(f) & H_{i, 12}(f) \\ H_{i, 21}(f) & H_{i, 22}(f) \end{bmatrix} \qquad (5-29)$$

式中，$H_{i, 11}$ 和 $H_{i, 22}$ 为每个集群的极化通道矩阵的项。需要注意的是，每个入口都是一个频率函数，用来生成所需的通道传递函数。最后，可以得到发射和接收天线的表达式为

$$\boldsymbol{A}_{\text{Tx/Rx}} = g_{\text{Tx/Rx}}(\vartheta_{\text{Tx/Rx}} - \vartheta_i, \varphi_{\text{Tx/Rx}} - \varphi_i) \cdot \begin{pmatrix} J_{\vartheta, \text{Tx/Rx}} \\ J_{\varphi, \text{Tx/Rx}} \end{pmatrix} \qquad (5-30)$$

式中，$g_{\text{Tx/Rx}}$ 为天线增益，这个增益根据不同角度而不同；$\boldsymbol{J}$ 为天线的 Jones 向量。

（3）蜂窝网无线回传应用

该应用下的信号路径衰减主要考虑自由空间损耗、传输路径上的大气气体吸收衰减、水汽衰减、云雾尘衰减、雨衰减几个方面。相关因素的具体计算可直接利用 ITU - R 标准推荐的模型进行，这里不再赘述。

（4）无线数据中心应用

该应用场景的信道模型相对复杂，其随机信道模型可基于海量射线追踪法的仿真获得。具体步骤包括：① 确定传输路径数量；② 为每条路径指定延时；③ 根据路径延时确定每条路径的路径损耗；④ 明确 NLOS 路径和 LOS 路径间的角度差；⑤ 为每条路径产生均匀分布的相位；⑥ 为每条路径产生频率色散。

802.15.3d 标准中定义了 3 种类型的传输模型，每种模型的路径数为 10～20 条不等，其延时分布也各有特点，最终标准中给出了信道传递函数的数据集。

上述列举了常见的对电磁传播进行建模仿真的模型和工具，实际中不同行业的从业人员往往根据不同的目的来使用这些模型和工具。在太赫兹无线通信系统的设计过程中，也需要根据系统的应用场景有效地利用这些传播模型和工具。

对于太赫兹无线信道的测试一般采用扩频滑动相关法。扩频滑动相关法充分利用了扩频通信的抗干扰特性，其配置灵活，具有较高的测量精度，是当前最常用的宽带信道探测方法之一。其主要原理是发射机发送一段已知的具有良好相关特性的 PN 序列，接收机接收到这段通过无线信道后的信号，同时将该信号与已知的 PN 序列进行相关运算，即可从噪声中分离出需要的信息，包括功率延迟谱（Power Delay Profile，PDP）、抽头延迟线模型、均方根时延扩展（Root - Mean Squared，RMS）等参数。

采用扩频滑动相关法获取信道冲击响应的原理结构图如图 5 - 26 所示。其中信号 $s(t)$ 的相关运算表达如下。

$$R(\tau) = \sum_{-\infty}^{+\infty} s(\tau)s(t+\tau) \tag{5-31}$$

式中，$R(\tau)$ 为相关系数；$s(\tau)$ 为输入信号；t 为时间；τ 为时延。

PN 序列良好的自相关性是扩频滑动相关法估计信道的前提，常用的 PN 序列有 m 序列、M 序列、Gold 序列和 CAZAC 序列。其中最重要的序列是 m 序

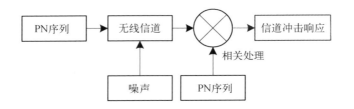

图 5 - 26
扩频滑动相关
法原理结构图

列,该序列是最长线性移位寄存器序列,由带反馈的移位寄存器产生,长度为 $L=2^n-1$,其中 n 表示移位寄存器的级数,该序列容易产生且自相关性良好。在 m 序列的基础上增加全零检测电路可以得到长度为 $L=2^n$ 的 M 序列,自相关性较好。Gold 序列由两组长度相等的 m 序列逐比特完成模二加运算得到,长度与 m 序列相同,自相关性不如 m 序列。CAZAC 序列是恒包络零自相关序列的简称,长度为 $L=2^n$,是自相关性很强的复值序列。

图 5 - 27 是 m 序列、M 序列、Gold 序列和 CAZAC 序列的相关性能仿真结

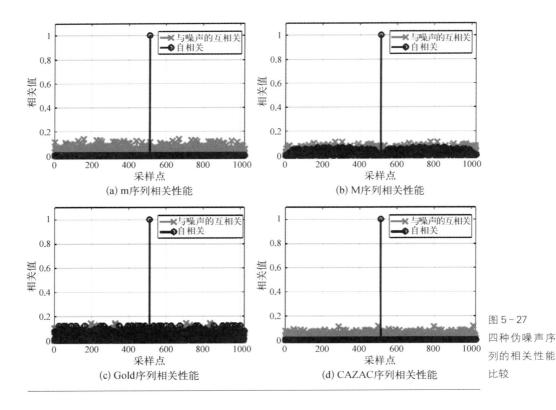

(a) m序列相关性能

(b) M序列相关性能

(c) Gold序列相关性能

(d) CAZAC序列相关性能

图 5 - 27
四种伪噪声序
列的相关性能
比较

果,其中与噪声的互相关性用来反映 PN 序列在相关处理时的抗噪声性能。仿真中,移位寄存器级数为 9,即 m 序列长度为 511,高斯白噪声方差为 1。从对比结果可以看出,无论从序列的自相关性还是与噪声互相关性来说,CAZAC 序列的相关性能最好,m 序列次之并有着接近 CAZAC 序列的自相关性,其次是 M 序列,最差的是 Gold 序列。

扩频滑动相关法主要用于滤除带通滤波器较宽频带所带来的干扰,它具有处理增益的优点,不但可以在较低发射功率时使用,还可以在相同的发射功率时扩大覆盖范围。但是扩频滑动相关法不能实时进行,其测量时间由收发机 PN 序列的时钟频率差决定。在两频率差值较小的时候,两 PN 序列相对"滑动"速度较慢,这将导致测量时间较长。另外,扩频滑动相关法不能同时检测接收信号的幅度和相位,此时只能采用相干接收技术,即先经过下变频器,将接收信号转换为中频信号,再利用相干解调得到无线信道的功率时延谱和多径相位响应。

5.4.2 太赫兹通信链路分析

1. 无线通信链路分析的基本方法

无线电波在自由空间的传播损耗 L_o 可以用下式计算。

$$L_o = \left(\frac{c}{4\pi f d}\right)^2 \tag{5-32}$$

式中,f 为电磁波频率;d 为传播距离;c 为光速。

假设发射机馈入发射天线馈源波导口的功率(将此功率定义为发射功率)为 P_t,发射天线增益为 G_t,接收天线增益为 G_r,由于大气等因素造成的吸收衰减为 L_a,则接收天线波导口输出的功率 P_r 为(其中 P_t 的单位为 dBm,G_t、G_r 和 L_a 的单位为 dB)

$$P_r = P_t + G_t + G_r - L_o - L_a \tag{5-33}$$

实际工程中,L_o 和 L_a 由系统工作场景决定,P_r 由通信系统所承载的业务对误码率 BER 的要求和接收机的噪声性能所决定。在满足系统误码率(Bit Error Rate,BER)要求的情况下,接收机可接受的最小输入功率 P_r,即接收机的灵敏度 $P_{r,min}$ 为

$$P_{r,min} = kTR_b(E_b/N_0) \tag{5-34}$$

式中，R_b 为通信系统的通信速率，bit/s；T 为接收机的等效噪声温度，K，其计算可见第七章；E_b/N_0 为达到系统要求的误码率所需要的比特信噪比；k 为玻耳兹曼常量，$k=1.38\times10^{-23}$ J/K。针对不同的调制模式，达到相同的误码率所需的 E_b/N_0 也不尽相同，可通过理论分析和仿真对不同的调制模式所需的 E_b/N_0 值进行计算。图 5-28 给出了 QPSK、16-QAM 和 64-QAM 几种调制模式所需的比特信噪比 E_b/N_0 与误码率的对应曲线。

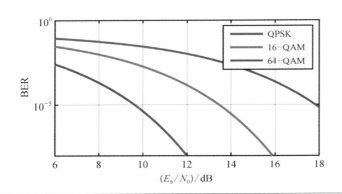

图 5-28
几种调制模式所需的 E_b/N_0 与误码率的关系

若系统对信息进行了前向纠错编码（Forward Error Correction，FEC），可以降低达到相同误码率所需的 E_b/N_0 值，从而降低对接收功率的要求，即提高了接收机的灵敏度。

无线通信链路分析的基本步骤可以总结如图 5-29 所示。具体如下。

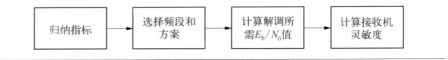

图 5-29
无线通信链路分析的步骤

（1）根据需求归纳出系统指标要求如 BER、R_b，评估系统工作场景相关参数如通信距离、工作环境、大气状况、气候状况、连通率等。

（2）根据 BER 指标要求和系统工作场景，选择系统的工作频段、拟采用的调制和 FEC 方案，计算接收机解调所需的 E_b/N_0 值。

（3）根据器件技术水平设计接收机指标如噪声系数（或等效噪声温度 T），然后计算接收机灵敏度。

（4）分配 P_t、G_t、G_r 指标，分配天线指标时应根据天线口径限制、波束对准精度要求分配天线增益，分配发射机发射功率指标时应根据所采用的调制模式的不同，并考虑放大器的功率回退问题，同时预留一定的链路裕量。

2. 太赫兹无线通信链路分析举例

下面以某固定点对点通信场景为例，说明太赫兹无线通信链路的分析过程。某无线通信系统的设计要求如下：① 系统使用场景为地面两点间的固定点通信，业务主要为实时数据传输；② 系统可在小雨（降雨量≤5 mm/h）状况下正常工作；③ 通信距离不低于 1 km；④ 通信空口速率峰值不低于 100 Gbps；⑤ 在 FEC 前的误码率要求不高于 10^{-6}。

该系统的使用场景较为简单，为地面固定点对点无线通信，但系统技术指标要求较高，特别是通信速率峰值要求 100 Gbps。

根据系统设计要求，工作频段设计在 0.26 THz 附近，采用 16 - QAM 调制方式，FEC 方案为 RS 编码。根据 BER—（E_b/N_0）曲线得到接收机解调所需的 E_b/N_0 为 11 dB。参考太赫兹器件的制造工艺水平，接收机噪声系数设计为 7 dB，根据式（5 - 34）计算出接收机的灵敏度为 −43.5 dBm。接下来根据具体的安装要求和波束对准精度设计天线的增益，在能保证可靠安装和波束对准精度要求的前提下采用尽可能高增益的天线。最终根据接收机灵敏度和设计的天线增益，计算出发射机的发射功率（送入发射天线的功率，非 EIRP）。整个链路的计算汇总如表 5 - 1 所示。

表 5 - 1 某固定点对点通信场景链路分析

	指　标	备　注
发射功率	−5 dBm	
发射天线增益	56.0 dBi	直径 0.3 m 反射面
自由空间损耗	−140.7 dB	260 GHz，1 km
接收天线增益	56.0 dBi	直径 0.3 m 反射面
接收功率	−33.7 dBm	
接收机灵敏度	−43.5 dB	16 - QAM，接收机噪声系数 7 dB
链路裕量	9.8	① 大气吸收衰减；② 天线对不准损耗；③ 其他余量

链路裕量为 9.8 dB,根据国际电信联盟关于电磁波的降雨吸收模型建议书ITU - R P.838 - 3,小雨(降雨量≤5 mm/h)天气下的吸收衰减约为 4.5 dB/km(图 5 - 30),该链路裕量可以满足小雨情况下的系统工作要求。

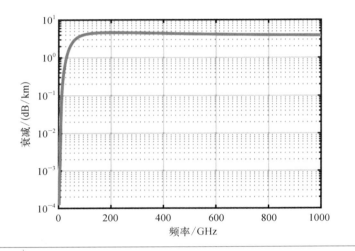

图 5 - 30
ITU 建议的电磁波降雨衰减模型

5.5 太赫兹通信信号处理

5.5.1 高速基带信号调制技术

太赫兹通信系统中的高速基带信号调制与传统微波通信中的信号调制基本过程是一致的,主要包括比特映射、成型滤波及数字变频几个部分,当然,为了抗功放非线性失真,一般还可以增加数字预失真模块。这些传统算法模块在太赫兹通信中的特殊之处在于其速率很高,采用现有串行处理构架无法在现有数字信号处理器件上实现,因此必须采用并行的信号处理构架,即将相关算法模块进行并行化设计。

1. 成型滤波

数字通信系统中,滤波器是不可或缺的。滤波器既可以使基带信号频谱成型以限带,又可以在接收端限制白噪声,滤除信号带外噪声,增大信号正确判决概率。在设计最佳线性滤波器时,使滤波器输出信噪比在某特定时刻最大准则具有重要意义,可以利用这一时刻进行判决,得到最小的差错概率。

基于输出信噪比最大准则,可以推导出最佳接收滤波器需满足的条件,具体推导过程可参考相关文献,这里简述如下。

假设输出信噪比最大的最佳滤波器时域冲击响应为 $g_R(t)$,频域传递函数为 $G_R(f)$,发送信号波形为 $g_T(t)$,频域传递函数为 $G_T(f)$,双边功率谱密度为 $\Phi_n(f) = n_0/2$ 的信道高斯白噪声为 $n(t)$,则滤波器输出为

$$y(t) = [g_T(t) + n(t)] * g_R(t) \tag{5-35}$$

式中,$*$ 表示卷积。则在 $t=T$ 时刻输出的信号采样值为

$$y_s(T) = \int_{-\infty}^{\infty} G_T(f) G_R(f) \exp(j2\pi fT) df \tag{5-36}$$

滤波器输出噪声平均功率为

$$N_0 = \int_{-\infty}^{\infty} \Phi_n(f) \mid G_R(f) \mid^2 df \tag{5-37}$$

因此,在 $t=T$ 时刻输出信噪比为

$$\mathrm{SNR} = \frac{\left| \int_{-\infty}^{\infty} G_T(f) G_R(f) \exp(j2\pi fT) df \right|^2}{\int_{-\infty}^{\infty} \Phi_n(f) \mid G_R(f) \mid^2 df} \tag{5-38}$$

SNR 最大的条件为

$$G_R(f) = K G_T^*(f) \exp(-j2\pi fT) \tag{5-39}$$

式中,$K = 2k/n_0$ 为常数;G_T^* 为 G_T 的复共轭。由此可知,输出的信噪比为最大的那个滤波器,它的传递函数与信号频谱的复共轭成正比,故而称之为匹配滤波器。

此外,匹配滤波器的冲击响应可以用下式来表示。

$$g_R(t) = \int_{-\infty}^{\infty} K G_T^*(f) \exp[-j2\pi f(T-t)] df = K g_T(T-t) \tag{5-40}$$

由此可知,匹配滤波器的冲击响应是输入信号波形的镜像及平移。

实际的通信系统中,如果基带信号波形直接采用矩形脉冲,则其频谱是无穷

的。在频带有限的实际信道中传输时,接收到的频谱必然与发送端不同,使得接收信号波形失真。因此需要对发送波形进行成型以将信号频谱限定在一定带宽内。而频带受限信号其时域波形又是无限延伸的,这会引起各码元间的相互串扰问题。因此需要研究在采样判决时刻波形幅度可以无失真传输的波形。

实际系统中广泛应用的升余弦滚降信号是满足奈奎斯特第一准则,即采样点无失真条件的信号,它可以保证无码间串扰的带限传输,其信号频谱为

$$
H(\omega) = \begin{cases}
T, & 0 \leqslant |\omega| < \dfrac{\pi(1-\alpha)}{T} \\[2mm]
\dfrac{T}{2}\left\{1 - \sin\left[\dfrac{T}{2\alpha}\left(\omega - \dfrac{\pi}{T}\right)\right]\right\}, & \dfrac{\pi(1-\alpha)}{T} \leqslant |\omega| \leqslant \dfrac{\pi(1+\alpha)}{T} \\[2mm]
0, & |\omega| > \dfrac{\pi(1+\alpha)}{T}
\end{cases}
$$

$$(5-41)$$

式中,α 为滚降系数,$0 \leqslant \alpha \leqslant 1$。由此得到的升余弦信号在前后抽样时刻取值均为 0,没有码间串扰问题。α 越小,波形振荡起伏越大,但信号带宽越小;α 越大,波形振荡起伏越小,但带宽越大。实际系统中,理想精确抽样是不可能的,必然存在抽样定时误差。为了减小此误差,α 不能太小,因此需要在带宽和定时精度间折中,一般选取 $0.3 \leqslant \alpha \leqslant 0.6$。

根据最佳接收理论,在理想信道情况下,整个系统的发送和接收滤波器应满足升余弦特性,即

$$H(f) = G_{\mathrm{T}}(f)G_{\mathrm{R}}(f) = |G_{\mathrm{T}}(f)|^2 \qquad (5-42)$$

由此可知,发送成型滤波器及接收匹配滤波器均应为平方根升余弦谱,其时域波形为

$$g_{\mathrm{T}}(t) = g_{\mathrm{R}}(t) = \frac{4\alpha t \cos[(1+\alpha)\pi t/T] + T\sin[(1-\alpha)\pi t/T]}{\sqrt{T}\,\pi t[1 - (4\alpha t/T)^2]} \qquad (5-43)$$

由此得到的滤波器是时域无限的,但幅度按立方衰减。实际应用中常对其按精度要求进行加窗截短处理,得到有限长度的 FIR 滤波器。当然,这会引入有限的性能损失。实际应用中应根据系统要求设计得到滤波器相关参数。

以 R_b 为 5 Gbps 码率信号的调制为例,若采用 16 - QAM 调制,则符号映射后的数据速率为 1.25 GHz,4 倍升采样后的成型滤波的计算时钟速率将达 5 GHz,如此高的速率在现有 FPGA,甚至最高速的 DSP 上都是无法实现的。因此必须进行并行化滤波结构设计。

对于高速并行成型滤波的实现,首先可以对基于升采样的成型滤波实现一次多相分解。这里以 4 倍升采样为例进行原理分析具体如下。

假设输入数据流为

$$\boldsymbol{x}(n) = [x_1,\ x_2,\ \cdots]^T \tag{5-44}$$

则 4 倍升采样后为

$$\boldsymbol{x}'(n) = [0,\ 0,\ 0,\ x_1,\ 0,\ 0,\ 0,\ x_2,\ \cdots]^T \tag{5-45}$$

假设成型滤波器系数为 $\boldsymbol{h}(n) = [h_0,\ h_1,\ \cdots,\ h_{31}]^T$,则高速并行成型滤波后数据可表示为

$$\boldsymbol{y}(n) = \boldsymbol{h}(n) * \boldsymbol{x}'(n) \tag{5-46}$$

将 $\boldsymbol{y}(n)$ 展开可得到

$$\begin{cases} y(1) = x_1 h_{28} + x_2 h_{24} + \cdots + x_8 h_0 \\ y(2) = x_1 h_{29} + x_2 h_{25} + \cdots + x_8 h_1 \\ y(3) = x_1 h_{30} + x_2 h_{26} + \cdots + x_8 h_2 \\ y(4) = x_1 h_{31} + x_2 h_{27} + \cdots + x_8 h_3 \end{cases} \tag{5-47}$$

由此可知,4 倍升采样的成型滤波可以分解为对同一输入数据进行的 4 路子滤波,最后将 4 路子滤波结果顺序输出即可。其中,4 路子滤波系数为原滤波系数的 4 倍抽取,即

$$\begin{cases} \boldsymbol{h}_0(n) = [h_0,\ h_4,\ \cdots,\ h_{28}]^T \\ \boldsymbol{h}_1(n) = [h_1,\ h_5,\ \cdots,\ h_{29}]^T \\ \boldsymbol{h}_2(n) = [h_2,\ h_6,\ \cdots,\ h_{30}]^T \\ \boldsymbol{h}_3(n) = [h_3,\ h_7,\ \cdots,\ h_{31}]^T \end{cases} \tag{5-48}$$

由此可得一次多相分解后的成型滤波实现结构，如图 5 - 31 所示。

即使对升采样成型滤波进行了多相分解，对于 5 Gbps 码率、16 - QAM 调制而言，单个

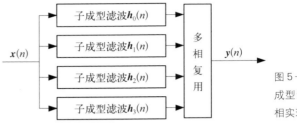

图 5 - 31
成型滤波器多
相实现结构

滤波器的运算速度仍然高达 1.25 GHz，在现有 FPGA 上无法实现，因此需对单路子滤波器进行进一步的并行化分解。

考虑子成型滤波 $\boldsymbol{h}_0(n)$[$\boldsymbol{h}_0(n)$、$\boldsymbol{h}_1(n)$、$\boldsymbol{h}_2(n)$、$\boldsymbol{h}_3(n)$ 指子成型滤波器系数向量]，定义 $\boldsymbol{W}(n)=\boldsymbol{h}_0(n)=[w_0,w_1,\cdots,w_7]^T$（$w_0,w_1,\cdots,w_7$ 表示子成型滤波器系数），则对于该子滤波器，其并行可以利用基于迭代短卷积的并行 FIR 滤波算法以较低的硬件复杂度来实现。

一个 $m \times m$ 的快速短卷积算法可以表示为

$$\boldsymbol{S}_{2m-1}=\boldsymbol{Q}_m\boldsymbol{H}_m\boldsymbol{P}_m\boldsymbol{X}_m \tag{5-49}$$

式中，$\boldsymbol{S}_{2m-1}$ 为卷积结果；$\boldsymbol{X}_m$ 为假设的某输入数据序列；$\boldsymbol{P}_m$ 为前预加矩阵；$\boldsymbol{Q}_m$ 为后加矩阵；$\boldsymbol{H}_m$ 为对角矩阵，可表示为 $\boldsymbol{H}_m=\mathrm{diag}\{\boldsymbol{P}_m\times[h_0,h_1,\cdots,h_{m-1}]^T\}$，则 $M \times M(M=mn)$ 的基于分裂基算法的快速迭代短卷积算法可表示为

$$\boldsymbol{S}_{2M-1}=\boldsymbol{A}_{M\_mn}(\boldsymbol{Q}_m \otimes \boldsymbol{Q}_n)\boldsymbol{H}_{M\_mn}(\boldsymbol{P}_m \otimes \boldsymbol{P}_n)\boldsymbol{X}_M \tag{5-50}$$

式中，$\otimes$ 为张量计算，$\boldsymbol{A}_{M\_mn}$ 是一个 $2M-1$ 行 $(2m-1)(2n-1)$ 列的稀疏重排矩阵；$\boldsymbol{H}_{M\_mn}=\mathrm{diag}\{(\boldsymbol{P}_m \otimes \boldsymbol{P}_n)\times[h_0,h_1,\cdots,h_{M-1}]^T\}$，其中 m、n 均为任意正整数。对这种基于分裂基算法的快速迭代短卷积算法进行进一步的一般化分解并转置，即可得到基于迭代短卷积的并行 FIR 滤波算法，则对于 $L(L=L_1L_2\cdots L_r)$ 路并行的 N 抽头有限长冲击响应滤波器 FIR，对所述子成型滤波，采用基于迭代短卷积的并行 FIR 滤波算法来实现，即

$$\boldsymbol{Y}_L=\boldsymbol{P}^T\boldsymbol{H}_L\boldsymbol{Q}^T\boldsymbol{A}_L^T\boldsymbol{X}_L \tag{5-51}$$

式中，T 为转置运算；$\boldsymbol{P}$ 为前预加矩阵；$\boldsymbol{Q}$ 为后加矩阵；$\boldsymbol{H}_L$ 为对角矩阵；$\boldsymbol{A}_L$ 为稀

疏重排矩阵；$\boldsymbol{X}_L$ 为并行输入数据。

其中，

$$\boldsymbol{X}_L = [X_{L-1}, \cdots, X_0, z^{-L}X_{L-1}, \cdots, z^{-L}X_1]^T$$

$$\boldsymbol{Y}_L = [Y_{L-1}, Y_{L-2}, \cdots, Y_0]^T$$

$$\boldsymbol{P} = P_{L_1} \otimes (\cdots (P_{L_{r-1}} \otimes P_{L_r}))$$

$$\boldsymbol{Q} = Q_{L_1} \otimes (\cdots (Q_{L_{r-1}} \otimes Q_{L_r}))$$

$$\boldsymbol{H}_L = \mathrm{diag}[\boldsymbol{P} \times [W_0, W_1, \cdots, W_{L-1}]^T] \tag{5-52}$$

$$\begin{cases} A_1 = A(L_1, L_2) \\ A_2 = A(L_1 L_2, L_3) \cdot (A_1 \otimes I_{(2L_3-1)\times(2L_3-1)}) \\ \cdots\cdots \\ A_{r-1} = A(L_1 L_2 \cdots L_{r-1}, L_r) \cdot (A_1 \otimes I_{(2L_r-1)\times(2L_r-1)}) \\ A_L = A_{r-1} \end{cases}$$

式中，$A(m, n) = A_{M\_mn}$；W_i 是系数为 $[w_i, w_{L+i}, \cdots, w_{N-L+i}]$ 的子滤波器；$X_i = x(Lk+i)$；$Y_i = y(Lk+i)$，$(i=0, 1, \cdots, L-1, k=0, 1, \cdots)$；$z^{-L}$ 表示延时 L 次。

对于运算速度为 $1.25\,\mathrm{GHz}$ 的单个滤波器而言，若取 $L=8$，则每路运行时钟速率为 $156.25\,\mathrm{MHz}$，完全可以在现有 FPGA 等器件上实现。$L=8$ 可以分解为 $2\times2\times2$ 的三级 2×2 迭代短卷积或者 2×4 的两级迭代短卷积。考虑到利用加法共享分解，4×4 短卷积以直接方式可以比以两级 2×2 卷积方式更高效地实现，这里将 L 分解为 2×4。则 8 路并行的子成型 FIR 滤波可表示为

$$\boldsymbol{Y}_8 = (\boldsymbol{P}_2^T \otimes \boldsymbol{P}_4^T)\boldsymbol{H}_8(\boldsymbol{Q}_2^T \otimes \boldsymbol{P}_4^T)\boldsymbol{A}_8^T\boldsymbol{X}_8 \tag{5-53}$$

其中，

$$\boldsymbol{P}_2 = \begin{bmatrix} 1 & 0 \\ 1 & -1 \\ 0 & 1 \end{bmatrix}, \quad \boldsymbol{P}_4^T = \begin{bmatrix} 1 & 0 & 0 & 0 & 1 & 1 & 0 & 0 & 1 \\ 0 & 1 & 0 & 0 & 1 & 0 & 1 & 0 & 1 \\ 0 & 0 & 1 & 0 & 0 & 1 & 0 & 1 & 1 \\ 0 & 0 & 0 & 1 & 0 & 0 & 1 & 1 & 1 \end{bmatrix} \tag{5-54}$$

$$\boldsymbol{Q}_2 = \begin{bmatrix} 1 & 0 & 0 \\ 1 & -1 & 1 \\ 0 & 0 & 1 \end{bmatrix}, \boldsymbol{Q}_4 = \begin{bmatrix} 1 & 0 & 0 & 0 & 0 & 0 & 0 & 0 & 0 \\ -1 & -1 & 0 & 0 & 1 & 0 & 0 & 0 & 0 \\ -1 & 1 & -1 & 0 & 0 & 1 & 0 & 0 & 0 \\ 1 & 1 & 1 & 1 & -1 & -1 & -1 & -1 & 1 \\ 0 & -1 & 1 & -1 & 0 & 0 & 1 & 0 & 0 \\ 0 & 0 & -1 & -1 & 0 & 0 & 0 & 1 & 0 \\ 0 & 0 & 0 & 1 & 0 & 0 & 0 & 0 & 0 \end{bmatrix}$$

$$(5-55)$$

$$\boldsymbol{H}_8 = \mathrm{diag}\{\boldsymbol{P} \times [W_0, W_1, \cdots, W_7]^T\} = \mathrm{diag}\{[\boldsymbol{P}_2 \otimes \boldsymbol{P}_4][w_0, w_1, \cdots, w_7]^T\}$$

$$(5-56)$$

由此可以得到单路子成型滤波的实现结构,如图 5-32 所示。再将图 5-32 带入图 5-31 中即可得到最终的高速并行成型滤波实现结构,如图 5-33 所示。

图 5-32 单路子成型滤波实现结构

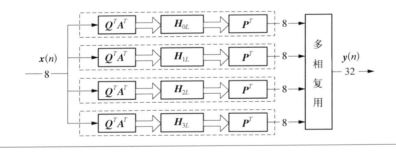

图 5-33 高速并行成型滤波实现结构

2. 数字正交变频

设发送信息符号的 I、Q 分量分别为 $I(n)$、$Q(n)$,载波频率为 f_c,ADC/DAC 的采样率为 f_s,则数字正交上变频的数学表达为

$$s(n) = I(n)\cos(2\pi f_c n / f_s) - Q(t)\sin(2\pi f_c n / f_s) \quad (5-57)$$

相应的数字正交下变频表达式为

$$r(n) = s(n)\cos(2\pi f_c n/f_s) - \mathrm{j}s(n)\sin(2\pi f_c n/f_s) \qquad (5-58)$$

由此可以看出,数字正交上变频和数字正交下变频其实都是一个正弦函数和一个余弦函数的乘法过程。其高速并行实现可等价为并行低速 NCO 的设计。设计 N 路并行 NCO 时,取余弦乘法 $y(n) = x(n)\cos(2\pi f_c n/f_s)$ 为例,则其 N 路并行可表示为

$$\boldsymbol{Y}_k = \boldsymbol{X}_k \cdot \boldsymbol{C}_k \qquad (5-59)$$

其中,

$$\boldsymbol{X}_k = [x(Nk), \ x(Nk+1), \ \cdots, \ x(Nk+N-1)]^T \qquad (5-60)$$

$$\boldsymbol{C}_k = [\cos(2\pi f_c(Nk)/f_s), \ \cdots, \ \cos(2\pi f_c(Nk+N-1)/f_s)]^T \qquad (5-61)$$

$$\boldsymbol{Y}_k = [y(Nk), \ y(Nk+1), \ \cdots, \ y(Nk+N-1)]^T \qquad (5-62)$$

对于第 i 路 $(i = 0, 1, \cdots, N-1)$ 而言,其 NCO 输出为

$$C_k^i = \cos(2\pi f_c(Nk+i)/f_s) = \cos(2\pi f_c Nk/f_s + 2\pi f_c i/f_s) \qquad (5-63)$$

即第 i 路 NCO 相当于频率为 f_c、采样率为 f_s/N、初相为 $2\pi f_c i/f_s$ 的低速 NCO。由此即将一个高速 NCO 分解成了 N 路并行的低速 NCO,其相互间相差 $2\pi f_c/f_s$。

3. 数字预失真

（1）基本预失真算法理论

在传统的微波通信中,射频功放模块作为无线发射机中的重要设备,在决定发射机性能方面起着主要作用。功放的设计主要面临线性度与效率之间的矛盾：一方面,因为功放工作在线性区,才能保证它的线性度,由此带来的问题是,它相应的效率也必然降低,所以追求高线性往往意味着效率的牺牲;另一方面,因为效率高的工作点一般非常接近饱和区,功放的非线性也会变得非常严重,所以追求高效率将伴随着严重的非线性失真。而功放的非线性会引起带内传输信号的非线性失真,导致星座图畸变或旋转,这将恶化信号的误差矢量幅度(Error Vector Magnitude, EVM),引起接收端接收机解调接收误码率的增加。另外,功

放的非线性还会引起带外频谱扩展,使得发射信号的邻近信道功率比(Adjacent Channel Power Ratio,ACPR)恶化,从而干扰其他频段用户的正常通信。目前业界普遍采用功放的线性化技术来解决该问题。这些技术包括诸如数字预失真技术(Digital Pre-distortion,DPD)、模拟预失真技术、功率回退技术等。

目前,在太赫兹频段,0.14 THz功放芯片已经开始应用于太赫兹通信系统中,其除了存在传统的线性度与效率间的矛盾外,还由于使用的带宽较宽(2 GHz以上),而存在较传统功放更大的带内幅相波动。另外,太赫兹混频器也存在一定的非线性失真和宽带幅相失真,同时,太赫兹通信中使用的滤波器、隔离器、高速ADC、高速DAC等在期望使用的宽带宽内也存在较大的幅相失真。由于整套太赫兹射频信道在使用中都是相对固定的,因此,这些幅相失真、非线性失真等影响通信系统性能的失真因素都可以预先进行估计并在数字域进行补偿,从而提高整套太赫兹通信系统的性能。

我们可以借鉴传统微波通信中数字预失真技术的基本思想,并将DPD的经典模型引入太赫兹信道中,同时测试其在宽带太赫兹信道下的性能。太赫兹射频信道DPD的基本思想是:在数字基带构建一个由非线性模块实现的数字预失真器,其非线性特性与整个太赫兹射频信道的非线性特性相反,从而使得数字预失真器与信道级联的整个系统呈线性特性。

对于线性时不变系统,若其冲击响应为$h(m)$,则输入信号$x(n)$通过该系统后的输出信号可以表示为

$$y(n) = \sum_{m=0}^{\infty} h(m) x(n-m) \tag{5-64}$$

类似地,对于非线性系统$h_k(m_1, \cdots, m_k)$,其输出信号可表示为

$$y(n) = \sum_{k=1}^{\infty} \sum_{m_1=0}^{\infty} \cdots \sum_{m_k=0}^{\infty} h_k(m_1, \cdots, m_k) \times \prod_{i=1}^{k} x(n-m_i) \tag{5-65}$$

可以看出,对于非线性系统,其响应包含了静态非线性效应、线性记忆效应、非线性记忆效应等多种耦合效应。基于不同的效应类型,人们提出了多种行为模型,如Wiener模型、Hammerstein模型、记忆多项式(Memory Polynomial,MP)模型、一般记忆多项式(General Memory Polynomial,GMP)模型等。一般

而言,复杂度越低的模型,其性能也越低;反之亦然。在实际应用中,需要在所需的模型性能和所能忍受的模型复杂度之间进行折中,选取最合适的模型进行建模和 DPD 线性化。通过对各种模型的比较,选择了记忆多项式模型这个复杂度与性能相对均衡,且应用广泛的模型作为太赫兹射频信道的基本模型。

记忆多项式模型的一般表达式为

$$y(n) = \sum_{m=0}^{M} \sum_{k=1}^{K} a_{mk} x(n-m) \mid x(n-m) \mid^{k-1} \qquad (5-66)$$

式中,M 为模型的最大记忆深度;K 为模型的最高非线性阶数。MP 模型可以直接表示为模型系数与输入信号的线性组合,因此,可以采用最小二乘算法(Least Squares,LS)对其进行参数辨识。

定义新的中间序列为

$$u_{mk} = x(n-m) \mid x(n-m) \mid^{k-1} \qquad (5-67)$$

则对于 N 点序列,MP 模型可以表示为如下矩阵形式。

$$\boldsymbol{Y} = \boldsymbol{U}\boldsymbol{A} \qquad (5-68)$$

其中,

$$\boldsymbol{Y} = \begin{bmatrix} y(0), & \cdots, & y(N-1) \end{bmatrix}^T \qquad (5-69)$$

$$\boldsymbol{U} = \begin{bmatrix} u_{01}(0) & \cdots & u_{0K}(0) & \cdots & u_{M1}(0) & \cdots & u_{MK}(0) \\ \vdots & \cdots & \vdots & \cdots & \vdots & \cdots & \vdots \\ u_{01}(N-1) & \cdots & u_{0K}(N-1) & \cdots & u_{M1}(N-1) & \cdots & u_{MK}(N-1) \end{bmatrix}$$

$$(5-70)$$

$$\boldsymbol{A} = \begin{bmatrix} a_{01}, & \cdots, & a_{0K}, & \cdots, & a_{M1}, & \cdots, & a_{MK} \end{bmatrix}^T \qquad (5-71)$$

则其最小二乘解为

$$\tilde{A} = (U^H U)^{-1} U^H Y \qquad (5-72)$$

式中,H 为复共轭转置;$\tilde{A}$ 为 A 的估计值。在实际操作中,需要对以上计算过程进行重复迭代以获取最佳的辨识结果,通常而言,仅需两次迭代便可获得收敛的结果。

　　上述过程描述了对信道进行建模的过程,实际上,在进行 DPD 时,需要提取的是信道的逆模型,故需要将上述算法中的输入输出信号进行交换以辨识得到相应的 DPD 参数。实验中,还需要采用图 5-34 所示的间接学习型结构来辨识 DPD,以获取最优的 DPD 系数,通常只需两次迭代便可获得收敛的结果。

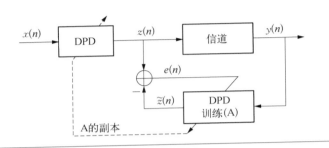

图 5-34
DPD 间接学习型结构

　　(2) 预失真算法的实验验证

　　为了验证 MP 模型作为 DPD 模型在宽带太赫兹信道下的性能,搭建了如图 5-35 所示的 DPD 实验环境。DPD 实验中,先将 262 144 个采样点的原始基带输入信号 $x(n)$ 数字上变频到 6.25 GHz,再从 PC 下载至任意波发生器 AWG70001A 中生成射频信号,调制信号送入太赫兹信道进行混频、放大、滤波后,输出信号由高速示波器 MSO73304DX 接收,然后通过 PC 中的软件解调得

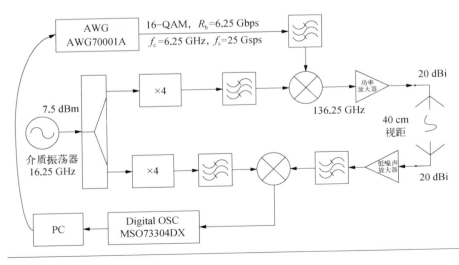

图 5-35
DPD 实验原理框图

到 262 144 个采样点的基带输出复信号 $y(n)$；对 $y(n)$ 和 $x(n)$ 进行延时同步后，利用同步后的 $y(n)$ 和 $x(n)$ 在 MATLAB 中进行 DPD 模型辨识，辨识中仅用到了各自 10 000 个采样点的 $y(n)$ 和 $x(n)$ 信号；最后，对得到的 DPD 模型，利用原始的所有 262 144 个采样点的输入信号 $x(n)$ 作为模型输入，计算得到的输出信号即为基带的预失真信号 $x_d(n)$；将 $x_d(n)$ 再次上变频并下载至 AWG70001A，然后送入太赫兹信道，进行 DPD 补偿验证。上述过程一般需要两次左右的迭代即可得到收敛的结果。

实际实验中采用的测试信号是 16 - QAM 调制、2.2 GHz 带宽的宽带通信信号。实验中的模型参数 K 和 M 通过穷举方式寻找最优值，对于本射频信道的最优值分别为 $K = 3$，$M = 10$。当任意波发生器的输出信号功率为 -9.2 dBm、收发两端相距 40 cm 时，DPD 前与 DPD 后的信号频谱对比如图 5 - 36 中绿线和蓝线所示。作为对比，图中画出了任意波发生器与示波器直连下信号的频谱，如图中红线所示。可以看出：DPD 前，信号带内不平坦，高频部分功率比低频部分高；同时，邻近信道的功率也被抬起来了，呈一个梯形频谱；DPD 后，信号带内平坦度得到了改善，且带外邻近信道的功率也得到了压制，基本与 AWG 与 MSO 直连情况的频谱形状类似，只是带外噪声功率水平提高了而已。

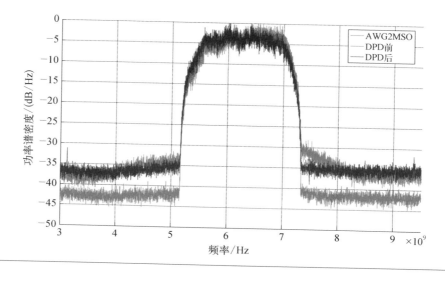

图 5 - 36
DPD 前后频谱
对比图

此外,解调后的星座图及其 EVM 对比如图 5－37 所示,作为对比,AWG 与 MSO 直连时的效果也画在了图中。可以看出:通过 DPD 将 EVM 由 15.8％降低到了 8.16％,效果比直连下的 10.4％更好。DPD 后效果比直连情况下效果更好的原因在于 DPD 将高速 ADC 和 DAC 的带内失真也进行了一定程度的补偿。对比图 5－37(b)和(c)可以看出:DPD 前 16－QAM 信号的对角顶上星座点已经存在一定程度的非线性增益压缩失真,且整体信号质量较差,通过 DPD 算法可以较好地补偿信号失真,并改善信号的增益压缩失真问题,从而提高信号质量。另外,DPD 前后的信号 AM/AM 曲线对比如图 5－38 所示。

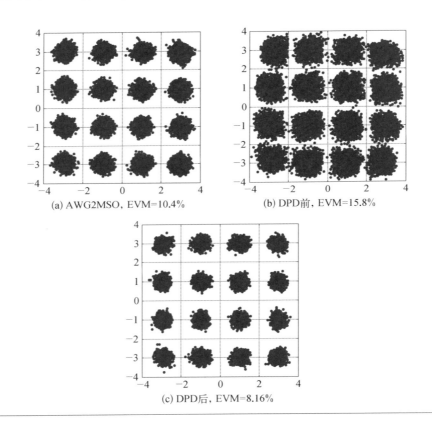

(a) AWG2MSO, EVM=10.4%　　(b) DPD前, EVM=15.8%

(c) DPD后, EVM=8.16%

图 5－37
DPD 前后星座
图对比图

从上述的初步实验结果可以看出:即使采用传统微波通信中经典的 MP 模型,仍然可以在宽带太赫兹通信中获得不错的信号预失真补偿效果。但是,同时也可以看到,对于 16－QAM 调制、2.2 GHz 带宽的信号其最优的 EVM 也就能

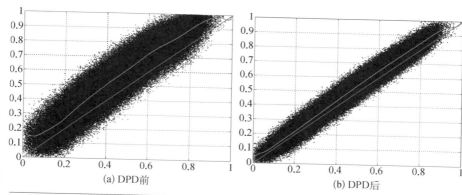

图 5-38
DPD 前后 AM/
AM 曲线对比图

(a) DPD前   (b) DPD后

到 8%,与窄带通信中 3% 以下的预失真效果还有一定的差距,且其 AM/AM 曲线明显比窄带信号粗得多,说明 MP 模型并不能很好地表征太赫兹信道中混频、放大、滤波等效应的综合射频信道模型,还需建立更准确的宽带太赫兹射频信道模型。

5.5.2　高速基带信号解调技术

太赫兹通信系统中的高速基带信号解调与传统微波通信中的信号解调基本过程是一致的,主要包括下变频、匹配滤波、定时同步、载波同步、均衡几个模块。下变频是为了将中频信号转换为基带信号,匹配滤波器为一个与发送端成型滤波匹配的固定系数滤波器,定时同步是为了找到正确采样时刻 $kT+\tau$ 的采样值,载波同步是为了正确补偿载波偏移 $\exp\{\mathrm{j}[2\pi\Delta f(kT+\tau)+\theta]\}$,均衡是为了消除非理想信道引起的码间串扰。当然,匹配滤波过程也可以放到均衡模块中一起处理。与太赫兹通信信号的调制类似,解调相关的传统算法模块在太赫兹通信中的特殊之处也是其速率很高,采用现有串行处理构架无法在现有数字信号处理器件上实现,因此必须采用并行的信号处理构架,即进行相关算法模块的并行化设计。

1. 定时同步

定时同步算法可以分为前馈式定时同步算法和反馈式定时同步算法。在实际当中使用的较多的是反馈式的定时同步算法,普适的反馈式定时同步算法如图 5-39 所示。

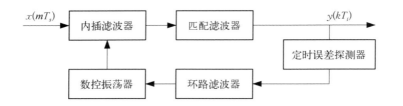

$x(mT_s)$ 内插滤波器 匹配滤波器 $y(kT_i)$
定时误差探测器
数控振荡器 环路滤波器

图 5-39
反馈式定时同步算法结构图

反馈式算法当中目前用得较多的定时同步算法是 Gardner 定时同步算法。该算法利用锁相环原理以及内插的方式实现定时同步。

如图 5-40 所示,假设接收端采样时钟为 f_s,符号周期为 T,接收端的采样信号 $x(mT_s)$ 通过数模转换模块变为模拟信号,再用一个滤波器 $h_I(t)$ 进行滤波,即可得到信号 $y(t)$,其是时间连续的。

$x(mT_s)$ DAC 滤波器 $h_I(t)$ $y(t)$ 重采样 $y(kT_i)$
采样时刻 $t=kT_i$

图 5-40
定时内插滤波器的等效实现

$$y(t) = \sum_m x(mT_s)h_I(t - mT_s) \qquad (5-73)$$

这里 $y(t) \neq x(t)$,在时间点 $t = kT_i$ 上对 $y(t)$ 进行重采样,其中 T_i 为内插器的周期,其与信号的符号同步,即 T/T_i 是一整数。新的采样值,即内插值可表示为

$$y(kT_i) = \sum_m x(mT_s)h_I(kT_i - mT_s) \qquad (5-74)$$

虽然在这个假想的信号处理方法中,有数模转换模块和模拟滤波器模块,从式(5-74)可以看出用全数字的方式也能计算出内插值 $y(kT_i)$,不过其需要知道以下几个值:输入的序列 $x(m)$、内插滤波器的冲击响应 $h_I(t)$、输入采样值的时间 mT_s 和输出采样值的时间 kT_i。 这几个值无论是用模拟方式还是用数字方式,得到的值是相同的。

一个更为有用的形式可以通过重新组织式(5-74)中的参数得到。将 m 看作信号的指示数,可以定义一个滤波器的指示数,即

$$i = \mathrm{int}\left[\frac{kT_i}{T_s}\right] - m \tag{5-75}$$

这里,$\mathrm{int}[z]$ 表示一个整数,其最大值不超过 z。可以定义一个基点指示数,即

$$m_k = \mathrm{int}\left[\frac{kT_i}{T_s}\right] \tag{5-76}$$

和一个分数间隔,即

$$\mu_k = \frac{kT_i}{T_s} - m_k \tag{5-77}$$

这里 $0 \leqslant \mu_k < 1$。由式(5-75)~(5-77)可得 $m = m_k - i$,$(kT_i - mT_s) = (i + \mu_k)T_s$ 和 $kT_i = (m_k + \mu_k)T_s$。式(5-74)可重写为

$$y(kT_i) = y[(m_k + \mu_k)T_s] = \sum_{i=I_1}^{I_2} x[(m_k - i)T_s]h_I[(i + \mu_k)T_s]$$

$$\tag{5-78}$$

式(5-78)就是解调中数字内插的基本等式。

定时调整前后的采样时间的关系如图5-41所示。m_k 表示内插时刻,m_kT_s 与 kT_i 之间的间隔 μ_kT_s 是内插时刻与最佳内插时刻之间的间隔。m_k 与 μ_k 都是由数字控制振荡器提供控制的。

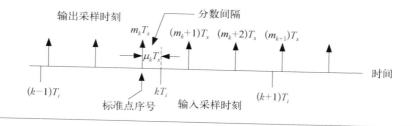

图5-41
定时采样关系图

相关文献中给出了几种典型的内插系数,在很多使用 Gardner 算法的定时同步系统中,均采用了立方拉格朗日内插。在普通的串行通信系统中,综合计

算复杂度和内插精度,立方拉格朗日内插的效果具有比较大的优势。然而在利用 FPGA 实现的系统与一般的数字信号处理系统最大区别是,由于立方拉格朗日内插的系数当中存在 $1/3$ 和 $1/6$ 这样的数值,则必须消耗 FPGA 的乘法器资源来实现除法计算。再考虑这里所应用的并行系统,每一路都要使用相应数量的乘法器,资源消耗量巨大。而四点分段拟合内插,在参数 α 取 0.5 时,所有的系数均可使用移位和加法器来实现。并且,由于四点分段拟合内插最高阶仅仅为 2 阶,所以计算量再一次被大大缩减。在利用 FPGA 实现的数字信号处理系统中,四点分段拟合内插较立方拉格朗日内插得到的数据性能损失非常小,所以在并行化设计时一般选用 $\alpha = 0.5$ 的四点分段拟合内插。其内插系数如下:

$$C_{-2} = \frac{1}{2}x^2 - \frac{1}{2}x$$

$$C_{-1} = -\frac{1}{2}x^2 + \frac{3}{2}x$$

$$C_0 = -\frac{1}{2}x^2 - \frac{1}{2}x + 1 \tag{5-79}$$

$$C_1 = \frac{1}{2}x^2 - \frac{1}{2}x$$

实现结构采用 Farrow Structure,如图 5-42 所示。

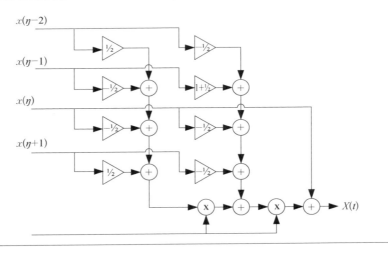

图 5-42
Farrow 四点分段拟合内插实现结构

在全数字解调算法中,由于处理的数据量大、数据速率高,所以要求每个码元的采样点尽可能少,定时误差提取算法的运算量也尽可能小。在 Gardner 定时误差提取算法提出之前,主要的定时误差提取算法是由 Mueller 和 Muller 提出的,其每个码元只需要一个采样点并且需要判决导向操作。因此,其算法的正确性依赖于载波恢复算法的正确性,即在定时同步前先要完成载波恢复。Gardner 提出的算法每个码元需要两个采样点,一个是抽样判决点,在码元幅度的最大值附近,另一个在两个抽样判决点的中间。Gardner 算法与载波恢复是相互独立的,所以可先进行定时同步,也可先进行载波恢复,这给系统的模块化思想带来了方便,Gardner 算法中的误差检测器公式如下。

$$e(n) = I(n-1/2)[I(n) - I(n-1)] + Q(n-1/2)[Q(n) - Q(n-1)]$$

$$(5-80)$$

式中,$e(n)$ 为误差;I 和 Q 分别表示 I 路和 Q 路经过内插器之后得到的数据。

在得到误差检测的误差之后,需要将该误差值送入环路滤波器当中滤除定时误差估计模块输出信号的噪声,从而取出平稳分量控制 NCO。最常用的环路滤波器结构是比例积分滤波器,这种滤波器当中包含一个比例单元和一个积分单元。结构如图 5-43 所示。

图 5-43
定时同步环路
滤波器结构

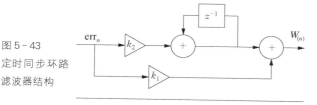

整个定时同步算法当中最复杂的是控制器,由前面的分析知道,内插值的计算需要 $x(m)$、$h_I(t)$、m_k 和 μ_k。其中 m_k 确定采样值集,μ_k 确定滤波器系数集,控制器的作用就是为内插器提供 m_k 和 μ_k。环路滤波器输出的控制字为 $W(n)$,则 NCO 的差分计算公式为

$$\eta(m) = [\eta(m-1) - W(m-1)] \bmod 1 \qquad (5-81)$$

NCO 的详细控制过程如图 5-44 所示。

通过对溢出时刻的判断从而得到差值时刻。从图 5-44 中可以看出,由相似三角形公式得到

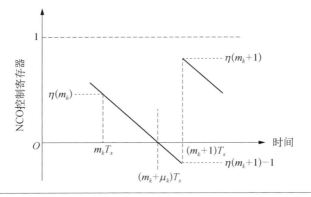

图 5-44
定时同步 NCO
关系

$$\frac{\mu_k T_s}{\eta(m_k)} = \frac{(1-\mu_k)T_s}{1-\eta(m_k+1)} \tag{5-82}$$

由此可以得到 μ_k 可以被表示为

$$\mu_k = \frac{\eta(m_k)}{1-\eta(m_k+1)+\eta(m_k)} = \frac{\eta(m_k)}{W(m_k)} \tag{5-83}$$

又由于 $1/W(m_k) \approx T_i/T_s$，从而可以得到 μ_k 的计算公式为

$$\mu_k = \varepsilon_0 \cdot \eta(m_k) \tag{5-84}$$

式中，$\varepsilon_0 = 1/W(m_k)$。

2. 并行定时同步算法设计

目前对通信速率的要求越来越高，如果利用上述串行的方式实现超高速的通信速率，现有器件是无法满足的，所以需要提出并行化的算法来满足超高速通信速率的要求。

为讨论方便，这里以 64 路并行展开讨论，在实际情况中，并行路数的多少，不影响分析结果。如果接收端晶振频率略高于发射端，则接收端采样得到的 64 路并行数据，仅仅携带了 63 路数据的信息，所以需要添加一级缓冲，再等待一个周期，待第 65 个数据到来以后，才能计算得到定时后的 32 路数据；如果接收端晶振频率略低于发射端，则接收端采样得到的 64 路并行数据的最后一路，携带了下一个周期中数据的信息。该数据必须被放在存储器当中保存起来，以供定时模块在下个周期使用。

　　具体的并行定时同步实现结构如图 5 - 45 所示。在整个结构中,需要特别强调的是控制器 NCO。每个内插器都需要对应的 NCO 提供差值时刻,如果让所有的内插器共用一个 NCO,则至少会导致差值时刻需要调整的整个并行 64 路 I/Q 数据出现问题。在 IPDTS 算法中,每个 PU 当中都包含一个 NCO 控制器。而由式(5 - 81)可知,每一个 NCO 的输入都是依赖于上一个 NCO 的输出的,而在并行实现的过程中,所有的 PU 当中的 NCO 必须是同时输出的。对此 PDTRL 算法给出了较好的解决办法,通过递归来实现 NCO 的并行输出。如表 5 - 2 所示,递归的方式可以有效地将相关联的 NCO 转化为独立式 NCO,从而实现并行 NCO 的控制。

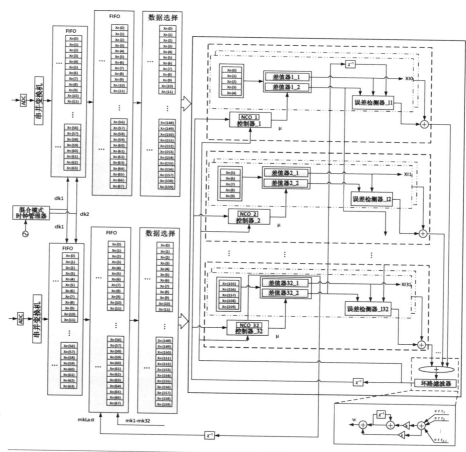

图 5 - 45
并行定时同步
算法整体框图

表 5-2
并行 NCO 转换
关系

NCO 输出值	相关联 NCO 计算	独立式 NCO 计算
$\eta_{n,1}$	$[\eta_{n-1,m} - W_{n-1}]\mathrm{mod}\,1$	$[\eta_{n-1,m} - W_{n-1}]\mathrm{mod}\,1$
$\eta_{n,2}$	$[\eta_{n,m} - W_n]\mathrm{mod}\,1$	$[\eta_{n-1,m} - W_{n-1} - W_n]\mathrm{mod}\,1$
...	...	...
$\eta_{n,m}$	$[\eta_{n,m-1} - W_n]\mathrm{mod}\,1$	$[\eta_{n-1,m} - W_{n-1} - (m-1)W_n]\mathrm{mod}\,1$

其中,W_n 表示第 n 次并行处理时,环路滤波器输出的控制字;$\eta_{n,m}$ 表示第 n 次并行处理时,第 m 个 NCO 的输出值。

在串行 Gardner 算法当中,采用的就是相关联的 NCO 计算方式,通过递归的方式,可以得到独立式 NCO。可以看到,每一个独立式 NCO 的计算只依赖于上一次并行处理中最后一路 NCO 的输出值,以及当前和上一次环路滤波器的控制字,不依赖于当前并行处理中任何一路 NCO 的输出,从而满足了所有 PU 当中 NCO 控制字可以同时输出的条件。得到 $\eta_{n,m}$ 的值以后,利用 $\mu_k = \varepsilon_0 \cdot \eta(m_k)$ 就可以得到对应的 $\mu_{n,m}$ 的值了。图 5-46 为经过并行定时同步前后的星座图对比图。

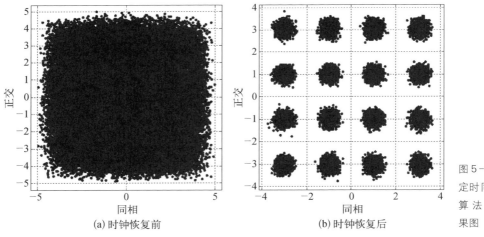

(a) 时钟恢复前   (b) 时钟恢复后

图 5-46
定时同步并行
算法仿真效
果图

3. 载波同步

(1) 串行载波恢复理论分析及其算法改进

载波恢复的主要算法通常可以分为两大类。一种通常称为插入导频法,该方法中,本地振荡器与接收信号的载波频率和相位同步,通常是通过利用接收机提取在发送的信息序列中插入导频序列达到的。但是由于导频信号会占用系统的一些功率,分配给信息序列的有用功率也就相应降低了。另一种通常称为直接法,不再进行导频的传输,直接通过对接收到的已调信号进行非线性变换或采用特殊设计的锁相环技术恢复出载波同步信号,节省了频带,提高了功率效率。和插入导频法对比,直接法的一个非常大的优势就是携带信息的信号会占据全部发送功率,这样频谱资源利用率就被有效地提高了。因此实际系统中一般都采用后一种方法。

直接载波同步通常有反馈闭环结构(利用锁相环)和开环结构(直接参数估计并补偿)。闭环结构是通过反馈载波的相位误差信息去控制本地载波源,使其输出频率和相位逐渐逼近接收信号的载波频率和相位。闭环结构有利于减小载波频偏对前端 AGC、定时恢复的影响,且锁定后同步精度高;但控制较复杂、反馈时延大,难以在短时间内实现快速精确同步,适用于连续的数据传输通信。开环结构通常采用最大似然参数估计方法估计出下变频后基带信号的载波频偏和相偏,然后通过对信号进行相位旋转以补偿频偏和相偏。开环结构避免了反馈环的设计,适合模块化设计,有利于接收机的全数字化,能实现快速同步及跟踪,但其同步精度稍低,而且前端频偏可能会影响 AGC、定时恢复的估计性能,一般适用于突发通信系统。

对于数字通信中常用的抑制载波调制方式,如 M-PSK、M-QAM 等,采用闭环结构时,无法使用普通锁相环进行载波提取。此时需要设计特殊的锁相环路,即所谓的抑制载波跟踪环,常用的包括平方环、科斯塔斯环和判决反馈环(Decision Feedback Phase Locked Loop,DFPLL)三种类型。DFPLL 的误差函数中只含有信号与噪声的乘积,没有噪声间的乘积项,故不存在噪声增强效应,因此其噪声性能优于平方环和科斯塔斯环。当判决误码率低于 10^{-2} 情况下,DFPLL 的性能优于平方环和科斯塔斯环。在大信噪比下,判决反馈环算法与 ML 算法等价,但是由于需要利用判决信息,其抗噪能力稍差,且要求先有一定精度的定时同步。

由于载波频偏一般相对符号率都很小的,因此,通过窄带锁相环进行载波同步是可行的。同时在有一定精度的定时同步和系统误码率不太高情况下，DFPLL 是性能最好的载波同步结构。因此，可以采用基于判决反馈锁相环的反馈载波同步结构进行太赫兹通信的载波同步。

基于判决反馈锁相环的载波同步核心有两个：面向判决算法和全数字锁相环结构。锁相环（PLL）主要由鉴相器（Phase Detector，PD）、环路滤波器（Loop Filter，LF）和压控振荡器（VCO）三部分组成。现代通信系统中的载波同步几乎都使用了锁相环，有时这些环路可能难以分辨，但是其功能总是等效存在的。

由于锁相环在通信中的重要地位，大量文献涉及 PLL 的深入研究。对模拟锁相环（Analog Phase - Locked Loop，APLL）的研究理论体系已经比较完备了。但是随着通信向全数字接收机、软件无线电方向发展，越来越多的锁相环开始使用数字锁相环（Digital Phase - Locked Loop，DPLL）。最早对 DPLL 的研究开始于 1967 年，随后许多人提出了各种 DPLL 结构并对其性能和实现进行了大量研究。其中 1989 年 Shayan 等提出的 DPLL 由于采用相位域处理，鉴相器直接在相位域做减法实现，具有线性鉴相特性，其 DPLL 具有短的捕获时间和大的锁定范围等优点。这种相位域处理方法使得相位旋转补偿通过减法即可实现，非常适合大规模并行化实现。

作为判决反馈锁相环核心的面向判决（Decision - Directed，DD）算法主要实现锁相环中的鉴相器功能。假设载波频偏相对于载波而言非常小，则在一定的观测时间窗口内，可以将载波频偏和相偏统一用一个固定的载波相偏 ϕ 表示。从信号参数估计角度出发，基于最大似然的载波相偏估计算法如下：设接收信号 $r(t)$ 的载波相偏为 ϕ，则似然函数为

$$\Lambda(r \mid \phi) = \exp\left\{\frac{1}{N_0}\text{Re}\left[\int_0^{T_0} r(t)s^*(t)\text{d}t\right] - \frac{1}{2N_0}\int_0^{T_0} \left|s(t)\right|^2 \text{d}t\right\}$$

$$(5 - 85)$$

式中，N_0 为累积符号数量；T_0 为符号周期。$s(t)$ 为基带信号，即

$$s(t) = \text{e}^{-\text{j}\phi}\sum_i c_i g(t - iT - \tau)$$

$$(5 - 86)$$

将似然函数取对数，并舍弃常数项后有

$$\Lambda_L(\phi) = \mathrm{Re}\left[\int_0^{T_0} r(t) s^*(t)\mathrm{d}t\right] \tag{5-87}$$

$$= \mathrm{Re}\left\{\left[\sum_i c_i^* \int_0^{T_0} r(t) g(t-iT-\tau)\mathrm{d}t\right] e^{\mathrm{j}\phi}\right\}$$

取观测区间 $T_0 = KT$，并定义 $y_n = \int_{nT}^{(n+1)T} r(t) g(t-iT-\tau)\mathrm{d}t$，显然 y_n 即为第 n 个符号间隔内的匹配滤波器输出。则上式变为

$$\Lambda_L(\phi) = \mathrm{Re}\left\{e^{\mathrm{j}\phi} \sum_{n=0}^{K-1} c_n^* y_n\right\} \tag{5-88}$$

对 ϕ 求微分并令导数为零，可得到 ϕ 的 ML 估计值为

$$\hat{\phi}_{ML} = -\tan^{-1}\left[\mathrm{Im}\left(\sum_{n=0}^{K-1} c_n^* y_n\right) / \mathrm{Re}\left(\sum_{n=0}^{K-1} c_n^* y_n\right)\right] \tag{5-89}$$

式中，c_n 为已知的信息序列；K 为累积长度；y_n 为经匹配滤波、定时校正后的符号信息。在大信噪比情况下，c_n 可以用判决得到的符号信息替代，这就得到了 DD 算法。可以证明，该估计是载波相位误差 ϕ 的无偏估计。

对于高阶 QAM 调制信号而言，虽然 DD 算法实现起来比较容易，但是它是基于无判决错误前提的全星座比较，因此它虽然具有高估计精度但捕获范围非常小，且抗噪声能力差，主要用于跟踪阶段。为了增加捕获范围，提高收敛速度，很多人对 DD 算法提出了改进。Jablon 在 1992 年提出了一种基于 DD 算法的名叫简化星座（Reduced Constellation，RC）算法的方式，RC 算法只利用星座图的四个外角点进行判决。这种算法增大了捕获范围并且大大加快了频偏的收敛速度。然而，伴随着 QAM 信号阶数的增大，角点的概率会逐渐变小，RC 算法难以实现捕获，同时 RC 算法也不适用于没有外角点的十字星座 QAM 调制。后来多模式的极性判决相位检测算法被 Choi 和 Kim 提出，该算法在跟踪阶段使用 DD 算法，在捕获阶段它利用改进的 RC 算法。这种算法能在保证较高的跟踪精度的同时增大捕获范围，但是由于没有鉴频器，捕获范围有限。为此，他们在载波同步系统中增加了自动频率控制（Automatic Frequency Control，AFC）模块，提高捕获范围。上述算法虽然对 DD 算法进行了改进，但鉴相器都还仅仅是鉴相功能，为提高频偏捕获范围，一般都设计一个鉴频器来和鉴相器并行工作。

Sari 和 Moridi 提出了一种鉴频鉴相算法(Phase and Frequency Discrimination,PFD)以代替并行的鉴频器和鉴相器,该算法在鉴相器基础上增加了一个简单的控制电路,即可在跟踪阶段完成鉴相功能,捕获阶段完成鉴频功能,因此能够极大地增大频偏捕获速度和范围。该 PFD 算法可描述为

$$u_n = \begin{cases} \epsilon_n, & c_n \in \Xi \\ u_{n-1}, & \text{其他} \end{cases} \quad (5-90)$$

式中,u_n 为 PFD 输出;ϵ_n 为鉴相器输出;c_n 为接收到的信息符号;Ξ 为对角线星座点周围的矩形窗集合。即 PFD 算法在对角线星座点上增加一个矩形判断窗口,当接收到信号的星座点在窗口内时,控制鉴相器输出直接送入环路滤波器,否则将上次鉴相误差送入环路滤波器。这样当存在频偏时,PFD 的输出就存在直流分量,从而在捕获阶段起到鉴频器的作用,在跟踪阶段还是起到原来鉴相器的作用。该算法在低阶 QAM 信号上效果非常好,但是随着 QAM 阶数的提高,矩形窗口越来越小,鉴频作用变弱,性能有所下降。显然 PFD 算法能花较小的代价实现大的频偏捕获范围,在 16 - QAM、64 - QAM 这种不太高阶的调制系统中,其载波同步性能比较好。

从前面的分析可知,将 PFD 算法与 DPLL 结合即可得到一个简单的、具有较大频偏捕获范围的载波同步算法。但是考虑到 DPLL 是一种全相位域处理的锁相环,因此可以对 PFD 算法进行一定的改进,将其矩形窗鉴频器改由环形窗鉴频器代替,从而实现全相位域处理的载波同步算法。改进的 PFD 算法为

$$e_k = \begin{cases} \varphi_k, & |\varphi_k| < \lambda \text{ 且 } c_k \in \Theta \\ e_{k-1}, & \text{其他} \end{cases} \quad (5-91)$$

式中,e_k 为 PFD 输出;c_k 为匹配滤波及定时同步后得到的复信息符号;Θ 为对角线星座点集合;φ_k 为鉴相器输出,即理想星座点与 c_k 间的相位误差;λ 为调整 PFD 鉴频性能的误差阈值。

将式(5-91)的改进 PFD 算法与 Shayan 等提出的相位域锁相环结合,同时考虑到载波偏差的旋转补偿可直接通过相位域减法实现,由此得到一种新的串行载波同步算法,如图 5-47 所示。其工作流程为:对于定时同步、均衡后的符

号数据,首先通过 Cordic 算法将其由直角坐标变换到极坐标,然后在相位域进行频偏相偏估计,得到的误差信号经二阶环路滤波和 NCO 后,再反馈回去进行减法的相位补偿,最后将补偿后的数据由极坐标再变换回直角坐标,即可得到载波同步后的符号数据。

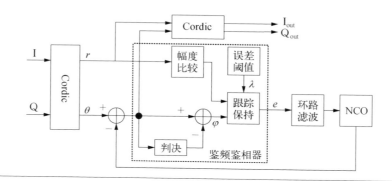

图 5 - 47
串行 DFPLL 载
波同步结构

（2）载波同步算法的并行化设计

前述提出的基于环形窗的相位域判决反馈锁相环载波同步算法,在符号率非常高的情况下无法直接在数字器件上实现,需要设计其并行化实现结构。中国工程院微系统与太赫兹研究中心提出了该载波同步算法的一种基于平均等量补偿的简化 8 路并行实现结构,如图 5 - 48 所示。该并行结构的思想是:直接对8 路并行数据进行鉴相,然后将它们的结果取平均作为本次的鉴相结果,环路滤波和数控振荡器都按传统的串行方式处理,最后在载波频偏相偏补偿时也用同一个 NCO 结果去补偿,直角坐标与极坐标间的转换通过 Cordic 算法实现。需

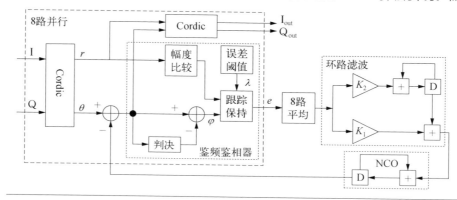

图 5 - 48
基于平均等量
补偿的并行
DFPLL 载波同
步结构

要注意的是,在存在载波频偏情况下,前后符号间存在固有相偏 $2\pi\Delta f/R_s$。 由于在本并行结构中 8 路数据都用了同一个相位去补偿,则后面七路数据都存在固有相偏,且最大相偏为 $\pm 4\times 2\pi\Delta f/R_s$。 但即使在 1 MHz 频偏下,该最大相偏也只有 0.36°,该相偏相对较小。对上述并行载波同步实现结构进行误码率仿真,结果如图 5-49 所示。结果表明,上述简单近似的并行结构是合理的,系统性能损失小于 0.5 dB,并不会严重降低系统性能。

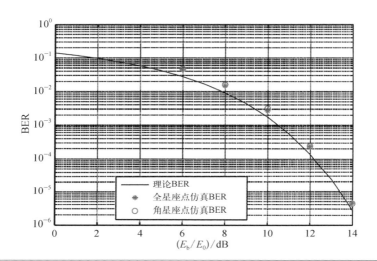

图 5-49
16-QAM 并行载波同步误码率仿真曲线

4. 自适应均衡

在实际系统中,滤波器的有限长度截断和定时采样时刻的偏差都会造成码间前后拖尾的叠加,从而引起码间串扰;宽带射频器件和模数转换器的带内幅相不一致性、宽带信道的幅度、相位非线性衰落及多径信道等也会引起码间串扰,这就需要利用均衡技术来消除或减少这些码间串扰并恢复原始信号。若把这些器件到信道的影响均用统一的信道频率响应函数 $H_c(f)$ 来表示,则为了消除信道的影响,一个被称为均衡器的滤波器也必须被设计出来,该滤波器频率响应为 $H_c(f)^{-1}$。 均衡器能够消除模拟器件的非线性失真导致的码间串扰和信道失真。由于实际信道及器件非线性的影响往往是未知的,而且很多情况下,信道还是时变的,因此往往需要采用自适应均衡或盲均衡算法。同时,由于在高速解调器中,符号率往往非常高,超过了 FPGA 的最高时钟频率,因此均衡算法需要以并行的方式进行。而均衡算法一般本身的复杂度就比较高,其并行下的复杂度及计算量就更大,实现起来具有相当的难度,因此在并行化构架设计时还需要考虑怎样以更低的复杂度来实现并行均衡算法。

（1）均衡器一般算法理论

均衡器一般分为如下几类：第一种是基于最大似然（Maximum Likelihood,ML）序列检测准则,从错误概率观点看,这种算法是最佳的,但是实现复杂度太高,因此基本无法实现；第二种是基于系数可调的线性均衡滤波器,这种均衡器类似于一般的 FIR 滤波器；第三种是利用已检测的符号来抑制当前被检测符号中的码间串扰,即判决反馈型均衡器,它一般由两个滤波器组成,分别是前馈滤波器和反馈滤波器。对于后两种均衡器,一般又可以分为符号率均衡器和分数间隔均衡器,分数间隔均衡器克服了符号率均衡器对定时敏感的缺点。分析表明,当判决误差对性能影响可以忽略时,判决反馈均衡器性能优于线性均衡器。

实际通信系统中,由于信道特性未知且是时变的,均衡器的系数一般设计为可自适应调整,这称为自适应均衡。这时的自适应调整算法一般可以采用自适应滤波器理论中的各种算法,如 LMS 算法、RLS 算法、快速 RLS 算法及格型RLS 算法等。这些自适应均衡器通常都需要先发送一个特定的训练序列给接收机,从而调整均衡器的初始系数,在系数完成初始收敛后再利用均衡结果及其判决值间的误差来对均衡器系数进行自适应细调节。

不需要训练序列的均衡算法称为自适应盲均衡。这类算法一般基于随机梯度法进行系数更新,代价函数或误差函数一般利用接收信号的统计不变量作为期望目标。自适应盲均衡算法由于不利用训练序列,其收敛时间一般相对较长,收敛后误差相对较大。但其即使在眼图闭合的情况下也可以实现均衡器系数的收敛,且由于其代价函数利用的是信号的统计不变量,因此一般不受载波偏差及信号星座图的影响。自适应盲均衡算法主要有基于最大似然准则的盲均衡、基于高阶累积量的盲均衡和基于 LMS 自适应的盲均衡。前两种盲均衡实现都比较复杂,而 LMS 类自适应盲均衡中的恒模类算法（Constant Modulus Algorithm,CMA）由于其算法简单易于实现,在实际盲均衡器中得到了广泛的应用。在本小节中,选择了 CMA 算法为基本盲均衡算法,研究其高速并行实现。

对于广泛应用的自适应线性均衡器及自适应判决反馈均衡器,其原理框图可分别用图 5-50、图 5-51 表示。当 K=1 时即为符号率均衡器,当 K>1 时即为分数间隔均衡器。

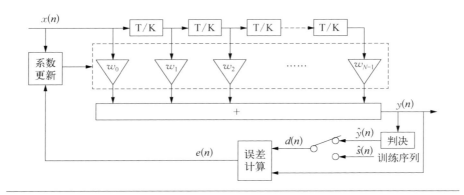

图 5-50
自适应线性均衡器原理框图

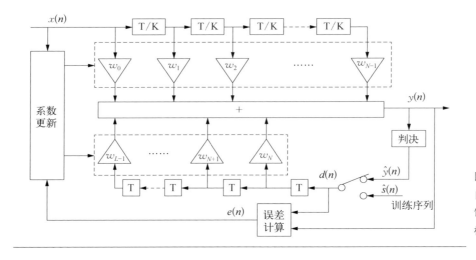

图 5-51
自适应判决反馈均衡器原理框图

下面以图 5-50 为例,介绍符号率自适应线性均衡器的基本原理。

设发送的信息符号为 $s(n)=a(n)+jb(n)$,训练序列为 $\hat{s}(n)$,均衡器的长度为 N,接收到的基带信号经采样后送入均衡器的信号的复矢量可以表示为 $\boldsymbol{X}(n)=[x_n, x_{n-1}, \cdots, x_{n-N+1}]^T$,均衡器系数为 $\boldsymbol{W}(n)=[w_0(n), w_1(n), \cdots, w_{N-1}(n)]^T$,则均衡器的输出可表示为

$$\boldsymbol{y}(n) = \boldsymbol{W}^T(n)\boldsymbol{X}(n) \qquad (5-92)$$

对应的判决后信号为 $\hat{y}(n) = \hat{a}(n) + \mathrm{j}\hat{b}(n)$。

对于图 5-51 所示的判决反馈型均衡器，只需将 $\boldsymbol{X}(n)$ 扩展为包含输出判决信号 $\hat{y}(n)$ 的矢量，并将 $\boldsymbol{W}(n)$ 增加到 L 个即可。

基于随机梯度法的自适应系数更新方程可表示为

$$\boldsymbol{W}(n+1) = \boldsymbol{W}(n) - \mu(\nabla_w J) \qquad (5-93)$$

式中，μ 为自适应更新步长参数；J 为代价函数。一般的 LMS 类自适应算法代价函数为基于符号数值的均方误差（Mean-Square Error，MSE），这类算法初始阶段需要训练序列符号，均衡系数收敛后则以均衡后符号的判决值为期望符号，因此这类算法也称为面向判决（DD）算法。盲均衡算法的代价函数则是基于接收信号符号统计不变量的各种非线性函数。这两类算法的系数更新方程可统一为

$$\boldsymbol{W}(n+1) = \boldsymbol{W}(n) + \mu e(n)\boldsymbol{X}^*(n) \qquad (5-94)$$

则不同的自适应均衡算法只是误差函数 $e(n)$ 不同而已。

对于 DD 算法，误差函数为

$$e^{\mathrm{DD}}(n) = d(n) - y(n)$$
$$d(n) = \begin{cases} \hat{s}(n), & \text{训练阶段} \\ \hat{y}(n), & \text{初始收敛后} \end{cases} \qquad (5-95)$$

对于 RCA 算法，误差函数为

$$e^{\mathrm{RCA}}(n) = R_{\mathrm{R}}\mathrm{csgn}[y(n)] - y(n)$$
$$R_{\mathrm{R}} = E[a^2(n)]/E[|a(n)|] \qquad (5-96)$$

对于 CMA 算法，误差函数为

$$e^{\mathrm{CMA}}(n) = y(n)|y(n)|^{p-2}[R_C^p - |y(n)|^p]$$
$$R_C^p = E[|s(n)|^{2p}]/E[|s(n)|^p] \qquad (5-97)$$

得到广泛应用的是 $p=2$ 的情况，此时的算法实现非常简单，误差函数为

$$e^{\text{CMA}}(n) = y(n)\left[R_{\text{C}}^2 - |y(n)|^2\right] \tag{5-98}$$

$$R_{\text{C}}^2 = E\left[|s(n)|^4\right]/E\left[|s(n)|^2\right]$$

对于 MMA 算法,误差函数为

$$e^{\text{MMA}}(n) = y_{\text{R}}(n)\left[R_{\text{M}}^2 - y_{\text{R}}^2(n)\right] + \mathrm{j}y_{\text{I}}(n)\left[R_{\text{M}}^2 - y_{\text{I}}^2(n)\right] \tag{5-99}$$

$$R_{\text{M}}^2 = E\left[a^4(n)\right]/E\left[a^2(n)\right]$$

式中,y_{R} 为信号 $y(n)$ 的实部;y_{I} 为信号 $y(n)$ 的虚部。

对于调制阶数比较高的 QAM(256 以上)信号,可以将星座图分区,对各区分别用 MMA,即得到 GMMA 算法。

对于 CMA - MMA 算法,该算法结合了 CMA 算法和 MMA 算法的特点,其误差函数为

$$e^{\text{CMA-MMA}}(n) = y_{\text{R}}(n)(R_{\text{C}}^2 - |y(n)|^2) + \mathrm{j}y_{\text{I}}(n)(R_{\text{M}}^2 - y_{\text{I}}^2(n)) \tag{5-100}$$

对于 MCMA 算法,其分为定权值型和权值数据依赖型两种,其误差函数分别为

$$e_{\text{c}}^{\text{MCMA}}(n) = y(n)(R_{\text{C}}^2 - |y(n)|^2) + \beta\frac{\pi}{d}\{\sin[2\pi y_{\text{R}}(n)/d] + \mathrm{j}\sin[2\pi y_{\text{I}}(n)/d]\}$$

$$e_{\text{r}}^{\text{MCMA}}(n) = \lambda(n)y(n)\left[R_{\text{C}}^2 - |y(n)|^2\right] + [1-\lambda(n)]\beta\frac{\pi}{d}\{\sin[2\pi y_{\text{R}}(n)/d]$$

$$+ \mathrm{j}\sin[2\pi y_{\text{I}}(n)/d]\} \tag{5-101}$$

式中,d 为星座点间最小距离;$\lambda(n)$ 的更新方程比较复杂,可参见相关文献。权值数据依赖型 MCMA 性能比定权值型 MCMA 好,但是权值更新计算复杂度要高 5～6 倍。MCMA 算法实际上是代价函数里结合了 CMA 误差和星座匹配误差(Constellation Matching Error,CME),能提高收敛速度和收敛后星座 MSE。

对于 RMMA 算法,其误差函数为

$$e^{\text{RMMA}}(n) = \lambda(n)\{y_{\text{R}}(n)\left[R_{\text{M}}^2 - y_{\text{R}}^2(n)\right] + \mathrm{j}y_{\text{I}}(n)\left[R_{\text{M}}^2 - y_{\text{I}}^2(n)\right]\}$$

$$+ [1-\lambda(n)]\beta\frac{\pi}{d}\{\sin[2\pi y_{\text{R}}(n)/d] + \mathrm{j}\sin[2\pi y_{\text{I}}(n)/d]\} \tag{5-102}$$

对于 RMDA 算法,其误差函数为

$$e^{\text{RMDA}}(n) = \lambda(n)\{y_R(n)[R_M^2 - y_R^2(n)] + jy_I(n)[R_M^2 - y_I^2(n)]\}$$
$$+ [1 - \lambda(n)]\{[\hat{a}(n) - y_R(n)] + j[\hat{b}(n) - y_I(n)]\}$$

$$(5-103)$$

RMMA 算法实际上是代价函数结合 MMA 误差和 CME 误差,RMDA 算法则是结合 MMA 误差和面向判决误差(DD)。这两种算法中的权值更新步长 μ 也变为时变型的 $\mu(n)$。RMMA 和 RMDA 根据均衡后星座点及其判决值间的距离 $R(n) = |\hat{y}(n) - y(n)|$ 来划分不同的均衡阶段,以调节 $\mu(n)$ 和 $\lambda(n)$。一般将 $R(n)$ 划分为 3~5 个区间就足够了,可以极大地缩短收敛时间和减小 MSE。

仿真表明,上述各种盲均衡算法中,从收敛时间、收敛后均方误差、收敛后抖动情况等角度评价,MCMA 算法、RMMA 算法和 RMDA 算法性能最好,但是这些算法也最复杂。RCA 算法和 MMA 算法都可能存在收敛到错误的对角型星座图的情况,但 MMA 算法错误的概率要低很多。RCA 算法、MMA 算法、CMA-MMA 算法、RMMA 算法和 RMDA 算法收敛后的星座图都不存在相位旋转问题,CMA 和 MCMA 算法收敛后星座图存在相位旋转,需要在其后再进行相位同步。若将均衡放在载波同步之前,则要求均衡算法对载波偏差不敏感;考虑到并行实现均衡算法时复杂度上升非常快,这就要求均衡算法本身实现起来应该非常简单;同时考虑到高速解调器一般应用在连续数据通信中,其对收敛时间不敏感,因此可以选择在实际中得到广泛应用的 CMA 算法为并行化的基本自适应盲均衡算法。

(2)均衡算法的并行化设计

自适应 CMA 盲均衡算法可以描述为

$$y(n) = \mathbf{W}^T(n)\mathbf{X}(n) \qquad (5-104)$$

$$\mathbf{W}(n+1) = \mathbf{W}(n) + \mu e(n)\mathbf{X}^*(n) \qquad (5-105)$$

$$e(n) = y(n)(R_C^2 - |y(n)|^2) \qquad (5-106)$$

式中,$R_C^2 = E[|s(n)|^4]/E[|s(n)|^2]$。考虑 L 路并行计算的情况,此时式

(5-104)可表示为

$$y(Lk+i) = \boldsymbol{W}^T(Lk+i)\boldsymbol{X}(Lk+i)$$
$$\approx \boldsymbol{W}^T(Lk)\boldsymbol{X}(Lk+i), \ (i=0, \cdots, L-1)$$

(5-107)

式中,k 为对应于 n 的在 L 路并行下的时间索引。将式(5-105)基于超前变换,展开为

$$\boldsymbol{W}[L(k+1)] = \boldsymbol{W}(Lk+L-1) + \mu e(Lk+L-1)\boldsymbol{X}^*(Lk+L-1)$$
$$= \boldsymbol{W}(Lk) + \mu \sum_{m=0}^{L-1} e(Lk+m)\boldsymbol{X}^*(Lk+m)$$

(5-108)

由弛豫超前变换中的求和近似技术知,式(5-108)中的 L 项求和可用其中的 LA 项求和来代替以减少硬件资源消耗,仿真表明这种简化并不会明显降低这种自适应算法的性能。因此式(5-108)可简化为

$$\boldsymbol{W}[L(k+1)] \approx \boldsymbol{W}(Lk) + \mu \frac{L}{LA} \sum_{m=0}^{LA-1} e(Lk+m)\boldsymbol{X}^*(Lk+m)$$

(5-109)

由于在算法的 FPGA 实现时会有流水线延时,这里假设误差反馈环路的流水线延时为 D_1,则根据系数在收敛后的自适应更新过程应该是缓慢且稳定的。由这个假设而得到的弛豫超前变换中的延时近似技术知,式(5-109)可近似表达为

$$\boldsymbol{W}[L(k+1)] \approx \boldsymbol{W}(Lk) + \mu \frac{L}{LA} \sum_{m=0}^{LA-1} e(Lk+m-D_1)\boldsymbol{X}^*(Lk+m-D_1)$$

(5-110)

对于式(5-107),其并行实现可以利用基于迭代短卷积的并行 FIR 滤波算法以较低的硬件复杂度来实现。该技术在上面成型滤波章节已经进行了描述,这里就不再赘述了。

对于式(5-110),其并行实现可以利用基于组合短卷积的并行自适应系数更新算法以较低的硬件复杂度来实现。为简便分析,暂不考虑计算误差时的延

时,即对式(5-109)进行分析。取 $N=16$, $L=8$, $LA=2$,则式(5-109)为

$$\boldsymbol{W}(8(k+1)) \approx \boldsymbol{W}(8k) + \mu \sum_{m=0}^{1} e(8k+m)\boldsymbol{X}^*(8k+m) \quad (5-111)$$

式(5-111)中的系数更新部分可以看成 7 个 2×2 线性卷积的组合,则其并行系数更新结构可用图 5-52 表示。

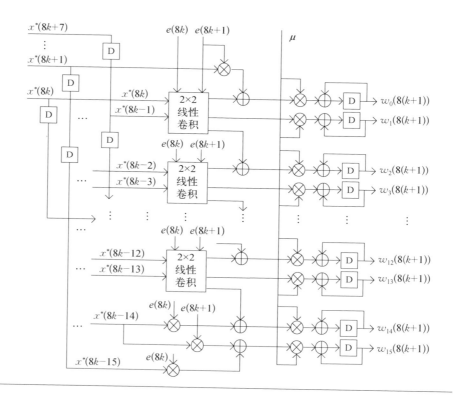

图 5-52
基于组合短卷积的并行自适应系数更新结构

作为图 5-52 中并行系数更新结构核心的 2×2 线性卷积,其高效实现可利用如下的快速算法。

$$\begin{bmatrix} s_0 \\ s_1 \\ s_2 \end{bmatrix} = \begin{bmatrix} 1 & 0 & 0 \\ 1 & -1 & 1 \\ 0 & 0 & 1 \end{bmatrix} \begin{bmatrix} h_0 & 0 & 0 \\ 0 & h_0 - h_1 & 0 \\ 0 & 0 & h_1 \end{bmatrix} \begin{bmatrix} 1 & 0 \\ 1 & -1 \\ 0 & 1 \end{bmatrix} \begin{bmatrix} x_0 \\ x_1 \end{bmatrix} \quad (5-112)$$

最终得到基于短卷积的流水线并行自适应盲均衡的整体实现过程为:首先利用后加矩阵 $\boldsymbol{Q}^T$ 及重排矩阵 $\boldsymbol{A}^T$ 对输入并行数据进行预处理,然后进行并行子

滤波 $\boldsymbol{X}_q(n) = \boldsymbol{X}_p(n)\boldsymbol{H}(n)$，最后利用预加矩阵 $\boldsymbol{P}^T$ 对数据进行后处理,组合得到均衡结果。系数更新方面,先利用图 5-52 所示的结构进行系数更新,然后利用预加矩阵 $\boldsymbol{P}$ 对滤波系数进行预处理以得到并行子滤波器系数 $\boldsymbol{H}(n)$。

下面对整个并行自适应盲均衡算法进行 MATLAB 仿真以验证算法及实现结构的有效性并检测其性能。信道模型采用 SPIB 实验室的一号微波信道模型。则前述流水线并行自适应盲均衡算法与传统串行盲均衡算法的性能比较如图 5-53 所示。从图中可以看出,前述简化高效并行均衡算法能以极低的硬件资源消耗实现高速均衡,同时基本保持原串行算法的性能。

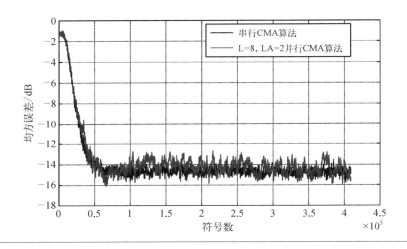

图 5-53
并行自适应盲
均衡算法仿真

5.5.3　高速编译码技术

1962 年,Robert Gallager 第一次提出了一种具有稀疏校验矩阵的 LDPC 码,并提出了比特翻转译码与和积译码算法,但是因为当时条件的限制导致他的工作在很长时间内被遗忘,只有 Tanner 在 1981 年以图论的角度研究过,直到 Mackay 和 Neal 等在 1996 年将其重新发现。LDPC 码是性能接近于 Shannon 限的优秀码。

LDPC 码的编码器主要分为三种:第一种是直接编码的方法,将生成矩阵跟信息位相乘,但是生成矩阵并不是稀疏矩阵,这种编码方法的复杂度较高;第二种是对校验矩阵进行预处理,将其转化为近似下三角结构之后再进行编码;第三种方法是构造出准循环(Quasi cyclic LDPC)矩阵,利用线性移位反馈寄存器实现编码。LDPC 码译码器主要采用串行译码、完全并行译码和部分并行译码三种结构。串行译码结构最简单,硬件消耗也少,但是无法做到高速译码。完全并行译码可以做到高速译码但是硬件资源消耗过大。部分并行译码是将节点分为若干组并行处理,每组内部进行串行处理,直接所有结点更新完成。

1. LDPC 码的表示方法与构造

LDPC 码的校验矩阵是稀疏矩阵,LDPC 码也是一种线性分组码,校验矩阵中 0 的个数远大于 1 的个数,假设 n 为码字的长度,k 为信息位的长度,LDPC 校验矩阵 $\boldsymbol{H}$ 是一个 $(n-k) \times n$ 维矩阵,码率为 k/n,码字 $\boldsymbol{c} = [c_1, c_2, c_3, \cdots, c_n]$ 满足 $\boldsymbol{H}\boldsymbol{c}^T = 0$。

1981 年,Tanner 提出采用一种有向图模型的方式来描述 LDPC 码(图 5-54),LDPC 码的 Tanner 图由变量节点 V 和校验节点 C 两个节点集合构成,对于 $(n-k) \times n$ 维校验矩阵,变量(Variable)节点有 n 个,校验节点有 $(n-k)$ 个,校验节点和变量节点由一条边连接。节点的度定义为与该节点连接的边的个数,校验矩阵的行重和列重可由变量节点和校验节点的度来获得,因此变量节点的度等于该节点所包含的校验节点的个数,校验节点的度等于该节点所包含的变量节点的个数。在构造 LDPC 码时要避免出现大小为 4 的环。

图 5-54
LDPC 码的
Tanner 图

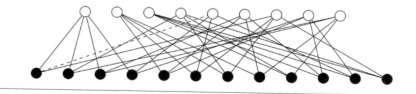

为了便于 LPDC 码在硬件上高速实现,现在普遍采用准循环(Quasi-cycle)的方式来生成 LPDC 码,常见的标准有 802.16e,CCSDS 等。

基矩阵 $\boldsymbol{p}$ 是由单位矩阵循环移位得到,通过对基矩阵进行循环移位并组合就可以得到校验矩阵 $\boldsymbol{H}$。

$$\boldsymbol{p} = \begin{bmatrix} 0 & 1 & 0 & \cdots & 0 \\ 0 & 0 & 1 & \cdots & \vdots \\ \vdots & \vdots & \vdots & \ddots & \vdots \\ 0 & 0 & 0 & \cdots & 1 \\ 1 & 0 & 0 & \cdots & 0 \end{bmatrix} \qquad (5-113)$$

$$\boldsymbol{H} = \begin{bmatrix} p^{a_{11}} & p^{a_{12}} & p^{a_{13}} & \cdots & p^{a_{1m}} \\ p^{a_{21}} & p^{a_{22}} & p^{a_{23}} & \cdots & \vdots \\ \vdots & \vdots & \vdots & \ddots & \vdots \\ p^{a_{m1}} & p^{a_{m2}} & p^{a_{m3}} & \cdots & p^{a_{mm}} \end{bmatrix} \qquad (5-114)$$

2. 高速编码技术

(1) 快速流水线双向递归编码算法

基矩阵 $\boldsymbol{H}_b$ 可分解成两部分 $\boldsymbol{H}_b = [(H_{b_1})_{m \times k} \mid (H_{b_2})_{m \times m}]$，$\boldsymbol{H}_{b_1}$ 代表系统矩阵部分，$\boldsymbol{H}_{b_2}$ 代表校验矩阵部分。将 $\boldsymbol{H}_{b_2}$ 进一步分解为 $\boldsymbol{h}_1$ 和 $\boldsymbol{h}_2$，其中 $\boldsymbol{h}_1$ 是 m 维列向量，只包含三个不等于 -1 的元素，且有 $h_1(1) = h_1(m) \neq -1$，用 x 代表另外一个不等于 -1 元素的行号。$\boldsymbol{h}_2$ 矩阵是双对角矩阵，分别用 i 代表 $\boldsymbol{h}_2$ 的行号，用 j 代表 $\boldsymbol{h}_2$ 的列号，可得到在 $i = j$ 和 $i = j + 1$ 时矩阵中元素为 0，其余元素为 -1（行列均是从 1 开始计数）。

$$\boldsymbol{H}_{b_2} = [\boldsymbol{h}_1 \mid \boldsymbol{h}_2] = \begin{bmatrix} h_1(1) & 0 & -1 & \cdots & -1 & -1 \\ -1 & 0 & 0 & \cdots & -1 & -1 \\ \vdots & -1 & 0 & \ddots & \vdots & \vdots \\ h_1(x) & \vdots & \vdots & \ddots & 0 & \vdots \\ \vdots & -1 & -1 & \cdots & 0 & 0 \\ h_1(m) & -1 & -1 & \cdots & -1 & 0 \end{bmatrix} \qquad (5-115)$$

令码字 $\boldsymbol{c}$ 由输入序列 $\boldsymbol{s}$ 和检验序列 $\boldsymbol{p}$ 两部分组成，其中 $\boldsymbol{s}$ 代表输入信息序列，$\boldsymbol{p}$ 代表输出的检验序列，其中可将 $\boldsymbol{s}$ 和 $\boldsymbol{p}$ 重新分解为 k 组和 m 组 z 维向量，码字可表示为

$$c = [s \mid p] = [s_1, s_2, s_3, \cdots, s_{k-1}, s_k, p_1, p_2, p_3, \cdots, p_{m-1}, p_m]$$
$$(5-116)$$

用符号 $L_{i,j}$ 表示矩阵 H_{b_1} 中第 i 行第 j 列元素对应的 $z \times z$ 子矩阵，令 $h_1(1) = h_1(m) = a$，$h_1(x) = a_x$，且令

$$b_i = \sum_{j=1}^{k} L_{i,j} s_j, \quad (1 \leqslant i \leqslant m) \qquad (5-117)$$

那么由 $c \times H^T = 0$ 可以得到

$$b_1 + p_1^{(l)} + p_2 = 0 \qquad (5-118)$$

$$b_i + p_i + p_{i+1} = 0, (2 \leqslant i \leqslant m-1, i \neq x) \qquad (5-119)$$

$$b_x + p_1^{(l_x)} + p_x + p_{x+1} = 0 \qquad (5-120)$$

$$b_m + p_1^{(l)} + p_m = 0 \qquad (5-121)$$

式中，p_i 向量向右循环移动 l 次后即为 $p_i^{(l)}$。

将如上 m 个方程相加可得

$$p_1^{(l_x)} = \sum_{i=1}^{m} b_i \qquad (5-122)$$

求出 p_1 后，进行前向递归可求得 p_2 分量。

$$p_2 = b_1 + p_1 \qquad (5-123)$$

同时后向递归可求得 p_m 分量为

$$p_m = b_m + p_1 \qquad (5-124)$$

求出 p_2 分量和 p_m 分量之后，可继续求解 p_3 分量和 p_{m-1} 分量，即

$$p_3 = b_2 + p_2 \qquad (5-125)$$

$$p_{m-1} = b_{m-1} + p_m \qquad (5-126)$$

以此类推，直到求解出中间校验向量的最后一个向量，即

$$p_{(m/2)+1} = b_{(m/2)+1} + p_{(m/2)+2} \qquad (5-127)$$

(2) Richardson - Urbanke(RU)编码算法

Richardson 和 Urbanke 提出了 RU 编码算法,将校验矩阵的行列重新划分成 6 个小矩阵形成一个近似的下三角矩阵(图 5 - 55)。

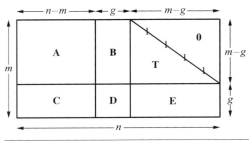

图 5 - 55
RU 编码算法校验矩阵

假设每个子矩阵为大小 $L \times L$ 的循环移位矩阵,则 H 矩阵的大小为 $mL \times nL$,A 矩阵的大小为 $(m-g)L \times (n-m)L$,B 矩阵的大小为 $(m-g)L \times gL$,T 矩阵的大小为 $(m-g)L \times (m-g)L$,C 矩阵的大小为 $gL \times (n-m)L$,D 矩阵的大小为 $gL \times gL$,E 矩阵的大小为 $gL \times (m-g)L$,校验矩阵 H 可写成 $H = \begin{bmatrix} A & B & T \\ C & D & E \end{bmatrix}$,左乘矩阵为 $\begin{bmatrix} I & 0 \\ -ET^{-1} & I \end{bmatrix}$,则

$$\begin{bmatrix} I & 0 \\ -ET^{-1} & I \end{bmatrix} \begin{bmatrix} A & B & T \\ C & D & E \end{bmatrix} = \begin{bmatrix} A & B & T \\ -ET^{-1}A+C & -ET^{-1}B+D & 0 \end{bmatrix}$$

$$(5-128)$$

假设码字为 $c = [s, p_1, p_2]$,s 代表信息位,p_1 和 p_2 代表校验位,由 $Hc^T = 0$ 得到

$$Hc^T = \begin{bmatrix} A & B & T \\ -ET^{-1}A+C & -ET^{-1}B+D & 0 \end{bmatrix} \begin{bmatrix} s^T \\ p_1^T \\ p_2^T \end{bmatrix}$$

$$(5-129)$$

$$= \begin{bmatrix} As^T + Bp_1^T + Tp_2^T \\ (-ET^{-1}A+C)s^T + (-ET^{-1}B+D)p_1^T \end{bmatrix} = \begin{bmatrix} 0 \\ 0 \end{bmatrix}$$

令 $\phi = -ET^{-1}B+D$,且 ϕ 是非奇异的,因此校验部分为

$$p_1^T = -\phi^{-1}[-E[T^{-1}[As^T]] + Cs^T]$$

$$(5-130)$$

$$p_2^T = -T^{-1}[As^T + Bp_1^T]$$

$$(5-131)$$

（3）并行实现结构

采用 RU 编码算法实现的并行编码架构如图 5-56 所示。

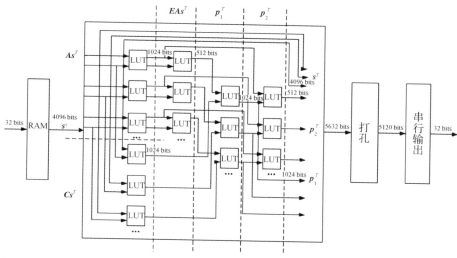

图 5-56
并行编码示
意图

3. 高速译码技术

Gallager 提出硬判决译码算法和软判决译码算法两种译码方案,硬判决译码算法的代表算法有比特翻转译码算法,软判决译码算法的代表算法有置信传播算法等。软判决算法复杂度高,但是译码性能好,硬判断算法复杂度低,但是译码性能较弱,因此基于软判决译码算法又提出了对数似然比译码算法、最大和、最小和译码算法等。为了便于硬件实现,目前硬件上主流采用最小和译码算法。

1）最小和译码算法

最小和译码算法是最便于硬件实现的 LDPC 译码算法。其中 Q_{ij} 表示从变量节点 i 传递到校验节点 j 的信息;R_{ji} 表示从校验节点 j 传递到变量节点 i 的信息;$Ln(i)$ 代表第 i 个比特的初始输入似然信息;$R(j)$ 是变量节点集合,表示与校验节点 j 相连的所有变量节点;$R(j)\backslash i$ 表示不包含变量节点 i 以外的 $R(j)$ 变量节点集合;$C(i)$ 是校验节点集合,表示与变量节点 i 连接的所有校验节点;$C(i)\backslash j$ 表示不包含校验节点 j 以外的 $C(i)$ 校验节点集合;$\hat{c}_i$ 代表第 i 比特码字。

（1）初始化变量节点传给校验节点信息：$L^{(0)}(Q_{ij}) = Ln(i)$。

（2）迭代步骤如下。

① 水平步骤，用来更新校验节点信息。校验节点 j 向跟该节点相连的所有变量节点 $i \in R(j)$ 传递信息，在第 l 次迭代时传递的信息为

$$L^{(l)}(R_{ji}) = \prod_{i' \in R(j) \backslash i} \text{sign}[L^{(l-1)}(Q_{i'j})] \times \min_{i' \in R(j) \backslash i}[\mid L^{(l-1)}(Q_{i'j}) \mid]$$

② 垂直步骤，更新变量节点信息。变量节点 i 跟该节点相连的所有校验节点 $j \in C(i)$ 传递信息，在第 l 次迭代时传递的信息为

$$L^{(l)}(Q_{ij}) = Ln(i) + \sum_{j' \in C(i) \backslash j} L^{(l-1)}(R_{j'i}) \qquad (5-132)$$

③ 对所有变量节点计算判决信息：

$$L^{(l)}(E_{ij}) = Ln(i) + \sum_{j' \in C(i)} L^{(l-1)}(R_{j'i}) \qquad (5-133)$$

$$\hat{c}_i = \begin{cases} 0 & L^{(l)}(E_{ij}) > 0 \\ 1 & L^{(l)}(E_{ij}) \leqslant 0 \end{cases} \qquad (5-134)$$

（3）停止：若 $\boldsymbol{H}\hat{c}^T = 0$ 或者达到最大迭代次数，则结束运算，否则从步骤① 继续迭代。

2）部分并行译码算法

由于全并行译码算法十分占用资源，因此基于全并行译码算法又提出部分并行译码算法，将 $\boldsymbol{H}$ 矩阵划分为多个子矩阵块，每个子矩阵块可认为是变量节点或者检验节点运算单元，这些运算单元并行运算，再对子矩阵内部进行行或者列串行运算。

举个例子说明部分并行译码算法的处理方式，假设有一个 8×16 矩阵，有 2×4 基矩阵，每个子矩阵大小为 4×4 矩阵，如图 5-57 所示，红框内即为一个子矩阵，有一个变量节点和一个校验节点，共 4 个校验节点，2 个变量节点。每次译码的时候，并行更新这些节点（左图的黄色区域），子矩阵内部的矩阵串行更新（右图蓝色区域）。

部分并行译码器操作流程如下（图 5-58）。

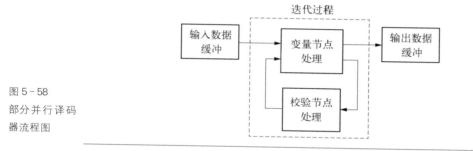

图 5-57
部分并行译码
示意图

图 5-58
部分并行译码
器流程图

第一步,由输入缓冲模块接收数据,每接收一帧数据,存储之后由译码模块读取并准备译码,与此同时,该输入缓冲模块开始接收另一帧数据。

第二步,开始进行译码,变量节点和校验节点运算单元分别进行计算,将计算之后获得的数据存入交换存储模块,并传递到对应的变量节点与校验节点。

第三步,达到预设最大译码次数或者译码已经完成,将译出码字写入到输出缓冲模块,并由输出缓冲模块开始输出。

部分并行译码器主要包含输入缓冲及分组模块、变量节点处理模块、校验节点处理模块、交织存储及原补码转换模块和输出缓冲模块,对应的系统实现框图如图 5-59 所示。

(1) 变量节点更新模块

输入信息为补码形式,将输入的初始似然信息与信息存储阵列中储存的校验节点运算之后的信息进行运算并以补码的形式存入信息存储阵列中以便下一步检验节点使用,并输出判决结果。首先得到校验矩阵中基矩阵中所有的非零元,以行读取的方式进行,从左到右从上到下进行对所有变量节点进行更新。以 3 输入变量节点为例,假设 A、B、C 三个输入端口的信道初始值为 Ln,第一次更

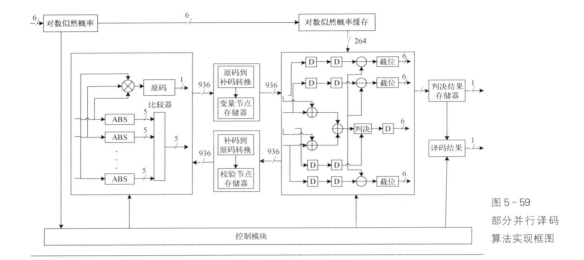

图 5-59
部分并行译码
算法实现框图

新时初始化工作状态，将 Ln 值直接赋值给输出端口。之后每次变量节点更新，在末端限幅器之前加入一个选择器作为判决输出。加限幅器是由于在加法时对数据进行了补位，要恢复成 6 bit 信息必须限幅。由于

$$L^{(l)}(E_{ij}) = Ln(i) + \sum_{j' \in C(i)} L^{(l-1)}(R_{j'i})$$

$$L^{(l)}(Q_{ij}) = Ln(i) + \sum_{j' \in C(i) \setminus j} L^{(l-1)}(R_{j'i}) \qquad (5-135)$$

$$L(Q_{ij}) = L(E_{ij}) - L(R_{ji})$$

因此，对于每个输入可以每次对所有输入进行累加之后得到 $L(E_{ij})$，再从 $L(E_{ij})$ 中减去 $L(R_{ji})$ 得到要传递的变量节点信息 $L(Q_{ij})$，并且由于输入的都是有符号数，所以可以直接将 $L(E_{ij})$ 的最高位作为判决结果，因当最高位为 1 时为 $L^{(l)}(E_{ij}) < 0$，输出判决为 1，反之判决为 0。图 5-60 为 3 变量输入时流水线加法器计算 $L(Q_{ij})$ 示意图。

（2）校验节点更新模块

输入信息为原码形式，需对信息存储阵列中储存的变量节点运算之后的信息进行运算，并以原码的形式存入信息存储阵列中以便下一步变量节点使用。首先得到校验矩阵中基矩阵中所有的非零元，以列读取的方式进行，从上到下从左到右来更新校验节点。校验节点采用式（5-136）进行更新：

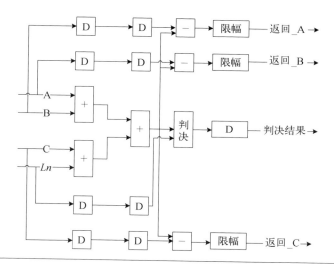

图 5-60
流水线加法器
计算实现框图

$$L^{(l)}(R_{ji}) = \prod_{i' \in R(j) \backslash i} \operatorname{sign}[L^{(l-1)}(Q_{i'j})] \cdot \min_{i' \in R(j) \backslash i}[\mid L^{(l-1)}(Q_{i'j}) \mid]$$

$$(5-136)$$

因此在进行校验节点处理时包含符号计算与计算最小值和次小值两部分。符号计算可直接对最高位进行异或得到,求最小值则需要对输入的变量绝对值依次进行比较,这里选择原码输入的优势就体现出来了,原码的最高位为符号位,后 5 位为绝对值,可直接比较。比较器与上图加法器类似,以 7 输入为例,首先增加一个数据 0,使得数据个数成偶数,然后分别两两比较,得到 4 组的最小值和次小值,将这 4 组最小值和次小值分为 2 组,每组两对最小值和次小值,比较后再得到 2 组最小值和次小值,最后将这 4 个最小值、次小值组成的 4 输入数据比较得到最终的最小值和次小值。需要注意的是,不是每个数据输出的都是符号位+最小值,绝对值最小的那个数据输出的是符号位+次小值的组合,其余数据输出的是符号位+最小值(图 5-61)。

（3）信息存储阵列

信息存储阵列用来存储校验节点信息和变量节点信息,并包含补码到原码转换模块、原码到补码转换模块及地址转换模块。其中由于校验节点信息是原码形式,变量节点信息是补码形式,因此在将校验节点信息传给变量节点时需要

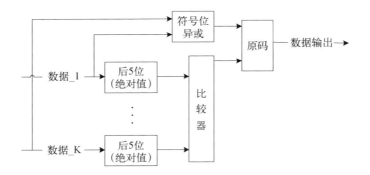

图 5-61
校验节点更新
实现框图

将校验节点信息从原码转换为补码,同理在将变量节点信息传给校验节点时需要将变量节点信息从补码转换为原码。由于基矩阵是由单位矩阵循环右移 $p(i, j)$ 位得到的,存储器的深度为 Z_f 时,$\text{addr}(0)$ 和 $\text{addr}(Z_f - 1)$ 分别代表访问的首地址和末地址,由于变量节点跟校验节点读取顺序不同,变量节点对 RAM 地址的访问次序为

$$
\begin{cases}
\text{addr}(0) = 0 \\
\text{addr}(k) = \text{addr}(k-1) + 1, \ k = 1, 2, \cdots, Z_f - 1
\end{cases}
\tag{5-137}
$$

检验节点对 RAM 地址的访问次序为

$$
\begin{cases}
\text{addr}(0) = p(i, j) \\
\text{addr}(k) = \begin{cases}
\text{addr}(k-1) + p(i, j), & \text{addr}(k-1) < Z_f - p(i, j) \\
\text{addr}(k-1) - p(i, j) + Z_f, & \text{addr}(k-1) \geqslant Z_f - p(i, j)
\end{cases}
\end{cases}
\tag{5-138}
$$

5.6 太赫兹通信系统集成与测试

5.6.1 太赫兹通信系统集成

1. 太赫兹通信系统集成的基本概念

不同的行业不同的领域对"系统集成"四个字的理解各有不同,但可以总结归纳"系统集成"的含义——合理选择技术和产品,组成能够解决具体需求的最优解决方案。太赫兹通信系统主要满足大容量数据无线传输的需求,根据上述

含义,太赫兹通信系统集成的内涵在于根据具体的数据传输需求,对技术和产品进行分析、评估,设计能够满足需求的太赫兹通信系统,并对技术和产品进行整合和优化,达到性能最优、成本最低、使用灵活、维护方便、兼容性强、扩展性好的目的。

2. 太赫兹通信系统集成面临的主要问题

太赫兹通信系统集成不外乎无线通信系统集成的一种特殊形式。与传统无线通信系统集成的区别在于,它主要关注两个通信节点之间在空间上的物理互连,主要解决点对点数据的无线、高速、低延迟、安全可靠传输。

太赫兹通信系统与传统无线通信系统在系统集成上存在以下差别。

(1)传统无线通信系统的设计面临多径信道传输的问题,需要采取技术消除多径信道对信号的影响,而太赫兹通信系统用于直视信道的信息传输,一般不存在多径的影响。

(2)太赫兹通信系统的传输速率是传统无线通信系统的成百上千倍,对无线通信信号的处理速率有高得多的要求,需要对信号处理的算法架构进行特殊设计,一般采用并行处理的方式。

(3)巨大的传输速率对通信系统的数据输入输出接口也提出了很高的要求,传统的大多数低速接口标准已不再适合在太赫兹通信系统中使用。

(4)在对无线通信距离有一定要求时,太赫兹通信系统往往采用高增益的天线,意味着极窄的收发天线波束,在天线波束的对准上需要进行特殊的考虑,如果应用于移动平台,还需要采用天线波束跟踪技术。

(5)现阶段太赫兹频段可用于无线信号收发的器件发展仍然不太成熟,给通信系统的设计带来了较大的困难,因此在太赫兹通信系统的设计时需要额外考虑器件成熟度不足的问题。

总的来说,太赫兹通信系统集成面临的主要问题包括:高速无线通信信号处理架构和算法的特殊设计、高速数据接口的设计、窄波束天线的对准和跟踪设计、太赫兹收发器件的设计。

3. 太赫兹通信系统集成设计的步骤

通信系统集成设计的第一步是结合客户具体业务需求与场景分析,明确通信系统的设计目标,如图 5-62 所示,例如客户对系统成本的预期、对系统后续功能扩展和升级能力的要求、系统承载的业务类型、与其他通信系统的兼容性、系统的通信速率、通信距离、是否允许中继、数据传输延迟要求、系统的天气适应性、系统安装位置的空间功耗等。

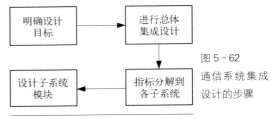

图 5-62
通信系统集成
设计的步骤

在开始进行通信系统集成设计之前,应分析现有成熟解决方案是否可以满足客户要求和当前业务需求,如果没有可满足要求的解决方案,才需要考虑进行系统的重新设计。

通信系统集成设计的目标明确以后,就需要基于现有技术的成熟度,对通信系统进行总体集成设计。系统总体集成设计要根据客户要求提炼出清晰而具体的系统总体功能和技术指标,如系统工作频段、工作带宽、链路连通率、数据接口标准、数据传输延迟、设备的配电、安装方式、散热方式等。

首先需要明确的是系统的工作频段和带宽,一般从以下几个方面进行考虑。

(1) 相关国家标准对该频段频谱资源的使用是否有限定,所开展的相应无线通信业务是否符合相关频谱的规划,系统在该频段内的发射是否会影响在该频段内开展的其他业务,必要时需要向国家有关主管部门进行频谱资源的申请。

(2) 拟采用的工作频段是否能够在当地气候条件下满足系统工作指标。

(3) 拟采用的工作频段是否有成本可接受、性能满足要求的元器件或模块可供使用,若没有,那么新器件的研制周期、研发成本能否满足系统总体的要求。

系统总体指标设计完成后,需要将指标分解到各子系统、组件或模块,明确各子系统、组件或模块的设计指标。一般可以按照以下功能对通信系统的各部分进行划分。

(1) 控制与信息子系统

控制与信息子系统作为整个通信系统的"大脑",主要负责对系统软硬件资源的调度、监控、数据统计和汇报等工作,当设备需要设计控制面板或软件用户界面时,还需要完成与用户的交互工作。控制与信息子系统需要设计的主要指标和功能包括:控制总线标准、资源控制与调度算法、信息总线标准、软件架构、操作系统等。

（2）发射机组件

发射机组件主要关心两件事情:一是如何将信息比特变换成适合于无线信道传播的基带信号,并将基带信号尽可能不失真地送给天线然后发射出去;二是在考虑安全辐射水平和控制带外杂散的前提下尽可能地提高输出功率,以提高到达接收天线的信号质量和信噪比。

（3）接收机组件

接收机组件也同样主要关心两件事情:一是如何减少自身产生的噪声功率以降低对有用信号处理的影响(尽可能少地降低信噪比,即拥有低的噪声系数);二是如何尽可能不失真地将接收天线接收到的带内信号送给基带信号处理模块,并以尽可能低的误码率恢复出信息比特。

（4）天伺馈子系统

天伺馈子系统又包括了天线、馈源、伺服三个组件(伺服的组成较为复杂,可以单独看成一个系统)。天线实现了信号能量的准光聚焦,使信号能量在空间朝向通信对象的方向传播,提高了信号能量的利用效率;馈源用于从发射机接收待发射射频信号,并将其传送给天线,形成特定的波束(某些情况下馈源可能与天线合为一体);伺服主要用于实现通信双方天线的互相对准,若通信在运动平台上展开,还需要实现天线对对方的跟踪。

（5）散热(热控)子系统

散热(热控)子系统主要实现对系统整机的热交换管理,使所有元部件工作在正常温度范围内,避免高温对元部件的损害。

（6）电源(供电)模块

电源(供电)模块主要负责将主输入电源处理、变换为各组部件所需的电压标准并分配到各组部件,同时提供对整机设备的过载、短路、漏电、电源冲击等保护,避免损害各组部件。

（7）机械及装配组件和附件

机械及装配组件和附件实现设备内部各组部件的固定以及设备外部在平台上的安装、固定,使设备具有一定的耐物理振动、冲击等的能力。

5.6.2　太赫兹通信系统性能测试

1. 通信系统性能的测试方法

（1）太赫兹通信系统性能测试的场景选择和设计

一套太赫兹通信系统的实际通信距离与诸多因素有关,特别是太赫兹频段电磁波易受大气状况变化的不确定性影响,因此在设计测试试验时应尽可能地将大气的变化因素排除在外。

一般对于无线通信系统的性能指标测试,理想的测试试验应在微波暗室中展开。但微波暗室的空间尺寸仅有数米至数百米,一般无法满足实际通信距离的测量要求。可行的办法是在微波暗室中对天馈系统进行单独的测试,再结合对发射机、接收机性能的测试结果,评估通信系统的完整性能。

（2）太赫兹通信系统测试的常用工具和仪器

太赫兹通信系统测试常用到的仪器包括信号源、任意波发生器、示波器、频谱分析仪、矢量网络分析仪等。其中信号源和任意波发生器基于高速数模变换器件（Digital to Analog Converter，DAC），示波器和频谱分析仪基于高速模数变换器件（Analog to Digital Converter，ADC），矢量网络分析仪则是一种系统综合测量仪器。各种仪器的主要用途如下。

① 信号源:主要用于产生组件和系统测试的本振参考信号。

② 任意波发生器:一般采用软件调制的方式产生待发送的基带信号,并存入任意波发生器的内存,再模拟太赫兹通信系统发射机的发射信号。

③ 示波器:主要用于太赫兹通信系统接收基带或中频信号的高速采集和存储,便于进行离线分析和处理。

④ 频谱分析仪:主要用于观察和测量太赫兹通信系统各个环节的频谱状态,对于宽带通信系统的调试、维修都非常有用。

⑤ 矢量网络分析仪:实现对模拟信道甚至无线信道特性的测量,也可用于

各功能模块的传输特性的测量。

（3）太赫兹通信系统测试的结果分析

通过测试仪器获得的数据，部分可以使用仪器内部集成的报告生成软件进行简单的分析和归纳，也可以从仪器内部导出，进行更加详细的离线分析。目前常用的离线数据分析软件是 MathWorks 公司的 MATLAB 软件。

2. 通信系统质量评价

（1）太赫兹通信系统的质量评价体系

此处所称太赫兹通信系统的质量是指无线通信系统对数据和信号的传输质量，用于衡量一个通信系统在数据和信号传输水平方面的高低。所评价的是系统本身的工作性能，不涉及用户体验和感受等主观评价。虽然质量更高的通信系统往往带来更好的用户体验，但用户体验涉及更多方面的因素，其评价标准更加复杂。

太赫兹通信系统的质量评价可以从两个方面入手：一是数据传输的质量，二是信号传输的质量。衡量数据传输质量使用数据传输相关的技术指标，如误码率、传输延迟等；衡量信号传输质量使用信号传输相关的技术指标，如眼图、误差矢量幅度等。

（2）太赫兹通信系统的误码率分析

通信系统的误码率与接收信号的信噪比有关，误码率分析的目的就是与系统链路设计时的指标进行比对，确保接收信噪比满足系统设计的要求，排除系统中造成信噪比低于设计指标的各种因素。

（3）太赫兹通信系统的眼图分析

眼图是一系列数字信号波形累积形成的图形，一般用示波器进行观察。通过眼图可以观察到码间串扰和噪声对通信系统影响，因此眼图是分析通信系统性能和信号质量的重要手段。一般眼图分析用于评价一个基带传输系统性能（信号完整性）的优劣，但对于带载波传输的无线通信系统，同样可以用眼图对整个系统的性能进行评价，只需要将无线通信系统看作一个集总的基带传输系统。

显然，对于无线通信系统来说，眼图的波形与系统所采用的调制方式有关（采用 OOK 调制则为八种波形）。对于多幅度的调制方式如脉冲幅度调制

(Pulse Amplitude Modulation，PAM)、QAM 等，其波形状态可能远超过八种。图 5-63 为采用 PAM4 进行调制的基带信号的眼图，PAM4 常用于高速以太网信号的传输，如 200 G/400 G 以太网信号，也可用于太赫兹无线传输。通过对眼图进行分析，我们可以从其中获得反映系统传输性能的信息。"眼睛"睁开的高度和宽度反映了接收信号质量的高低。

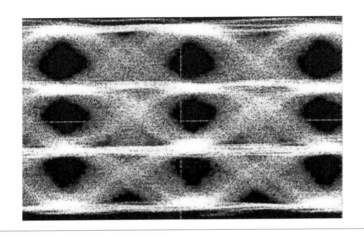

图 5-63
PAM4 调制基带
信号的眼图

当无线通信信号受到噪声、码间串扰等因素的干扰时，会在接收信号的眼图上反映出来。图 5-64 为一个未受到任何干扰的理想信号的眼图，可以看到所有的波形很好地叠加在一起，"眼睛"张得很大。当信号经过一个含加性白噪声的高斯信道，接收信号受到白噪声的污染，眼图中叠加在一起的波形被展宽，如图 5-65 所示。

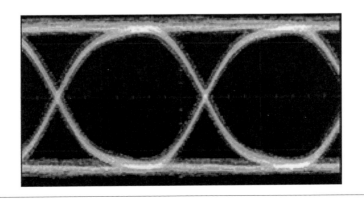

图 5-64
未受任何干扰
的理想信号的
眼图

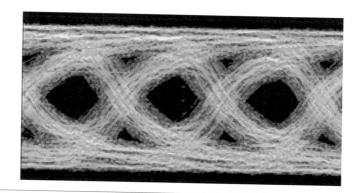

图 5‐65
受到加性高斯
白噪声干扰的
信号的眼图

除了噪声干扰之外,无线通信系统受到的另一种主要干扰是码间串扰。对于理想的基带信号,各符号之间的高低电平切换表现为电平突变的"方波",因此理想基带信号在频域内所占用的带宽是无限的。但实际无线传输信道的带宽总是有限的,必然造成符号的波形在时域上展宽,进而对时间上前后相近的符号造成干扰,这就是码间串扰。

在无线通信系统中消除基带信号经过带限信道后产生码间串扰的办法,是让基带信号经过一组低通滤波器(发射端为根升余弦滤波器,接收端为匹配滤波器),使一个码元展宽的波形在其他码元的抽样时刻的电平为零,这样理想情况下可以完全消除无线带限信道可能造成的码间串扰。但实际工程中低通滤波器可能不是完美的,且无线信道的特性也可能是时变的,因此码间串扰或多或少会存在。

通过对接收眼图的特性的分析和参数的测量,我们可以获得关于无线通信系统的传输特性,并指导我们朝正确的方向对系统进行改进和优化。

(4)太赫兹通信系统的 EVM 分析

EVM 的全称为 Error Vector Magnitude,即误差矢量幅度。这里矢量是指信号空间里的矢量,用于描述任意时刻的信号。误差矢量是在一个给定时刻理想无误差基准信号与实际接收信号的向量差,如图 5‐66 所示。EVM 具体表示通过接收机处理后的信号与理想信号的接近程度,是考量解调信号质量的一种指标。

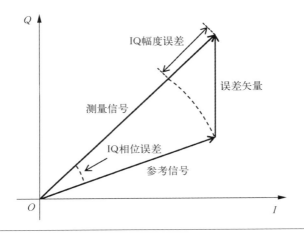

图 5 - 66
EVM 的定义

典型通信系统 EVM 与误码率的关系如图 5 - 67 所示。显然接收信号的 EVM 越大,则解调后信息的误码率也越大,误码率与 EVM 存在一定的对应关系。对于不同的调制方式,误码率与 EVM 的对应关系也不同。从图 5 - 67 可以看出,在相同的 EVM 水平下,16 - QAM 调制的误码率水平高于 BPSK 调制。一般的,调制阶数越高,码间距越小,同等 EVM 水平下解调后信息的误码率越高。

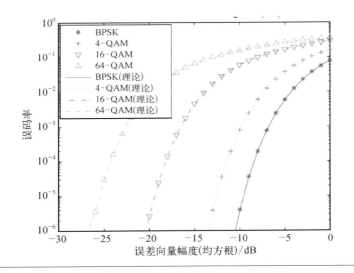

图 5 - 67
典型通信系统的 EVM 与误码率关系 (Shafik, 2006)

参考文献

[1] Toyoshima M, Takayama Y. Space-based laser communication systems and future trends[C]//Lasers & Electro-optics. IEEE, 2012.

[2] Lin C, Shao B, Zhang J. A high data rate parallel demodulator suited to FPGA implementation[C]//International Symposium on Intelligent Signal Processing and Communication Systems. IEEE, 2011.

[3] Wu Q, Lin C, Lu B, et al. A 21 km 5 Gbps real time wireless communication system at 0. 14 THz[C]//2017 42nd International Conference on Infrared, Millimeter, and Terahertz Waves (IRMMW-THz). IEEE, 2017: 1-2.

[4] Su K, Moeller L, Barat R B, et al. Experimental comparison of terahertz and infrared data signal attenuation in dust clouds[J]. Journal of the Optical Society of America A: Optics and Image Science, and Vision, 2012, 29(11): 2360-2366.

[5] Su K, Moeller L, Barat R B, et al. Experimental comparison of performance degradation from terahertz and infrared wireless links in fog[J]. Journal of the Optical Society of America A: Optics and Image Science, and Vision, 2012, 29(2): 179-184.

[6] Lin C, Zhang J, Shao B. A multi-Gigabit parallel demodulator and its FPGA implementation [J]. IEICE Transactions on Fundamentals of Electronics, Communications and Computer Sciences, 2012, E95.A(8): 1412-1415.

[7] Shafik R A, Rahman M S, Islam A R. On the extended relationships among EVM, BER and SNR as performance metrics[C]//2006 International Conference on Electrical and Computer Engineering. IEEE, 2006: 408-411.

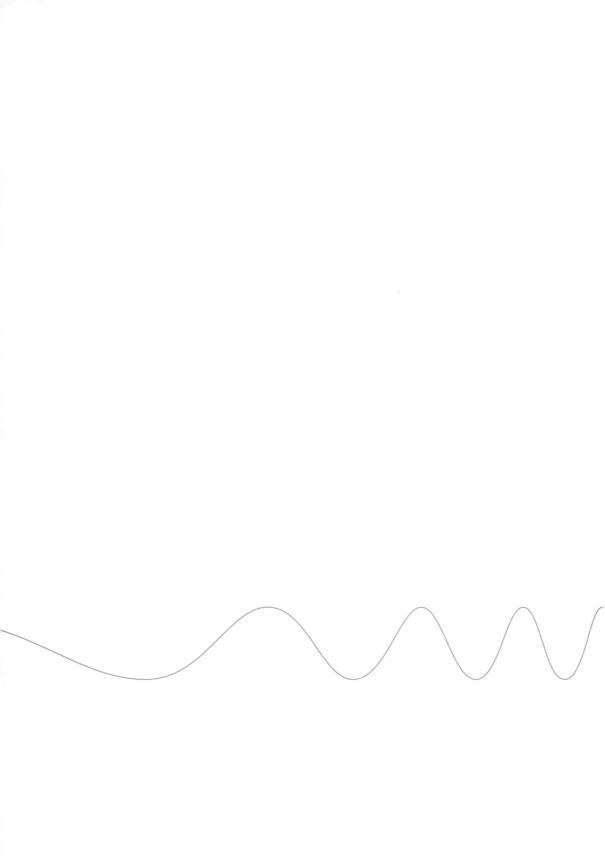

6

典型的太赫兹
通信系统

近十多年来,随着各国纷纷投入太赫兹技术研究,太赫兹器件技术进步显著,由此带动太赫兹无线通信技术取得了很多优秀的研究成果。在系统整体路线方面,太赫兹通信系统主要分为光电结合技术和全电子学技术两种。与全电子学技术相比较,光电结合技术是指发射端将信息调制到光上,然后利用 UTC - PD 等器件将光信号转换为太赫兹信号,接收端采用电子学器件进行接收。在通信调制体制方面,大致可以将典型太赫兹通信系统分为 OOK 调制和高阶调制两类。本章就这四类太赫兹通信系统的基本原理、应用场景及典型演示系统三方面展开介绍。

6.1 全电子学 OOK 类太赫兹通信系统

6.1.1 基本原理

OOK 通信系统在接收端使用包络检波进行接收,在发射端使用 OOK 调制器对信号进行调制。OOK 调制是常规双边带调幅,其时域表达式为

$$s(t) = [A_0 + f(t)]\cos(\omega_c t) \qquad (6-1)$$

式中,A_0 为直流分量;$f(t)$ 为均值为 0 的调制信号;ω_c 为载波频率;t 为时间。必须保证:

$$A_0 + f(t) \geqslant 0 \qquad (6-2)$$

以防止出现过调幅现象包络检波发生失真。刚发生过调幅失真时的调制信号波形可用图 6 - 1 表示。

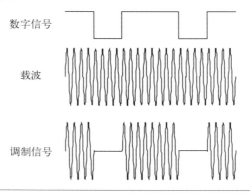

图 6 - 1
OOK 调制信号
波形

该信号的平均功率为

$$P_s = P_c + P_f = \overline{s^2(t)} = \overline{[A_0 + f(t)]^2 \cos^2(\omega_c t)}$$

$$= \overline{A_0^2 \cos^2(\omega_c t)} + \overline{f^2(t)\cos^2(\omega_c t)} + \overline{2A_0 f(t)\cos^2(\omega_c t)} \qquad (6-3)$$

$$= \frac{A_0^2}{2} + \frac{\overline{f^2(t)}}{2}$$

式中，P_c 为载波功率；P_f 为实际的边带调制信号功率。由此可见，常规双边带调幅信号的平均功率由载波功率和实际的边带调制信号功率两项组成。

在刚发生过调制的临界状态下，若 $f(t)$ 为单频正弦信号，则 P_c 比 P_f 大 3 dB；若 $f(t)$ 为方波信号，则 P_c 等于 P_f。

OOK 调制一般采用开关器件实现，输入的载波信号一直存在，太赫兹开关调制器通过输入的数字信号决定开关是导通还是闭合、输出的信号是太赫兹信号还是无信号，因此 OOK 调制较为简单。OOK 调制器实际上是一个幅度调制器，可以采用多种方法实现：（1）将窄脉冲信号经过带通滤波器来实现；（2）将调制信号去控制放大器的电源实现放大器的开关，或者本振频率的开关来实现，此方法的优点是隔离度高，但是由于开关后放大器或本振的稳定需要一定时间，因此开关频率不会很高；（3）采用差分放大器输出结构对消技术实现开关；（4）采用差分发射极对结构实现。但 OOK 调制器需要能够工作在太赫兹频段的高速开关，目前只能采用 TMIC 的方式来实现。在缺少 OOK 调制器时，谐波混频器可以用来间接实现 OOK 调制器。由于谐波混频器的载波抑制特性，包络检波器无法直接对调制后的信号进行包络检波，因此需要在混频后调制信号上另加"直流调制"信号。常规双边带调幅信号的时域表达式可表示为

$$s(t) = A_0 \cos(\omega_c t) + f(t)\cos(\omega_c t) \qquad (6-4)$$

其中，第一项载波可以用太赫兹倍频器实现，第二项信号调制可以用太赫兹谐波混频器实现。

OOK 信号的检测分为相干检测和非相干检测两种方式。由于 OOK 信号可以表示为一个载波信号与基带二进制信号相乘的形式，对于相干检测，采用一个和载波相同的本振与 OOK 信号相混频（乘），即可获得所调制的二进制波形。

非相干检测实现非常简单,核心器件是包络检波器。OOK 相干检测比非相干检测在同等误码率下所需的比特信噪比低约 1 dB。但由于相干检测的硬件实现复杂,需要本振、混频以及信号处理等结构,与非相干检测对比,其硬件成本高,因此一般都采用非相干检测方式。

OOK 信号的非相干检测采用非线性器件实现,其原理如图 6-2 所示。图中,$v_{in}(t)$ 为输入信号,a_0、a_1、a_2 为系数,$g(t)=A_0+f(t)$。

图 6-2
OOK 信号的非
相干检测原理

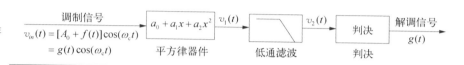

对于已经调制的 OOK 信号,输入非线性器件(一般为二极管)中,它的输出电压为

$$v_1(t)=a_0+a_1v_1(t)+a_2[v_1(t)]^2$$
$$=a_0+a_1g(t)\cos(\omega_ct)+a_2[g(t)\cos(\omega_ct)]^2$$
$$=a_0+a_1g(t)\cos(\omega_ct)+\frac{a_2}{2}[g(t)]^2[1+\cos(2\omega_ct)]$$
$$=\frac{a_2}{2}[g(t)]^2+a_0+a_1g(t)\cos(\omega_ct)+\frac{a_2}{2}[g(t)]^2\cos(2\omega_ct) \quad (6-5)$$

采用低通滤波器,滤除载波及以上的频率,保留基带频率,得到经低通滤波后的电压为

$$v_2(t)=\frac{a_2}{2}[g(t)]^2+a_0 \quad\quad\quad (6-6)$$

可见,输出基带电压与输入基带电压平方呈线性关系,由于输入基带电压为"1""0"状态,因此输出基带电压也是"1""0"状态,只需要进行简单的隔直、放大,然后就可以进行判决得到数字信号。整个解调的波形如图 6-3 所示。

太赫兹 OOK 信号的包络检波器主要包括如下几种:基于肖特基二极管(Schottky Barrier Diode,SBD)、共振隧穿二极管(Resonant Tunneling Diode,RTD)及二维电子三极管等器件的平方律检测器。基于肖特基二极管的包络检

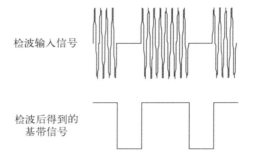

检波输入信号

检波后得到的
基带信号

图 6-3
OOK 信号解调
波形

波器是利用肖特基二极管器件的肖特基势垒非线性 $I-V$ 特性,在波导耦合高频信号通过二极管后,正弦电压波动将在肖特基势垒中产生非线性的电流分量,如图 6-4 所示,通过滤波电路对非线性电流进行滤波,检测直流或交流输出以获取信号的包络特性。

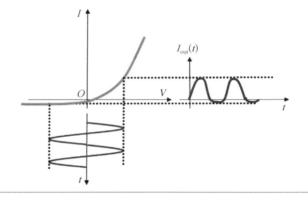

图 6-4
太赫兹包络检
波器原理

肖特基二极管的包络检波器性能的主要参数指标为:电压响应度(Responsivity,Rv)和噪声等效功率(Noise Equivalent Power,NEP)。其中电压响应度定义为在一定的输入功率下,检波器输出的检波电压幅度。噪声等效功率定义为信噪比(Signal to Noise Ratio,SNR)为 1 时的输入功率值。由于太赫兹波段低噪声放大器的暂缺,几百吉赫兹的 OOK 接收机在接收端是没有射频低噪声放大器的,因此检波器往往处于太赫兹接收机的第一级,其噪声性能极大地决定了整个OOK 接收机的解调能力。检波器的噪声来源主要有热噪声、闪烁噪声以及散弹噪声,且在检波器的通常工作状态下,其主要的噪声来源是热噪声。因此可以通过测量检波器的带内归一化噪声电压(V_n)和检波器的电压灵敏度来计算检波器噪声等效功率。

基于 OOK 调制器的实现方式,OOK 通信系统的实现结构有两种方法:一种是采用基于肖特基二极管的混频加直流调制方式,另一种是直接采用 OOK 调制芯片。

采用混频 OOK 调制的高速太赫兹通信系统框图如图 6-5 所示。由介质振荡器产生的本振信号由发送端功分器分两路用来驱动两套倍频链,其中一路本振经四倍频器倍频后作为次谐波混频器的本振信号;另一路首先经移相器移相,然后再经过四倍频器和二倍频器倍频为太赫兹信号。基带高速信号由交流耦合输出,并调节其输出功率,利用该谐波混频器即实现了对太赫兹本振信号的 OOK 调制(也是 BPSK 调制)。为了使合路后的调制信号包络起伏最大,需要保证混频前两路本振信号同频同相,这可以通过移相器来实现。合路后的调制信号经过隔离器和放大器后再通过喇叭天线发射出去。接收端首先将天线接收下来的信号经过低噪声放大器和滤波器后直接送入太赫兹检波器进行包络检波,检波后信号经隔直后再利用中频放大器放大即可得到基带信号码流。

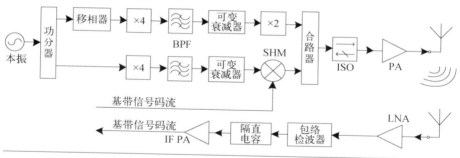

图 6-5
基于混频 OOK
调制的高速太
赫兹通信系统
框图

采用直接 OOK 调制的高速太赫兹通信系统框图如图 6-6 所示。该系统主要由太赫兹倍频链、太赫兹 OOK 调制器、太赫兹包络检波器三部分组成,而基带信号码流采用输入串行方式去调制 OOK 信号实现。

对于检波器而言,其输入信号功率与输出信噪比的关系可表示为

$$P_{in} = NEP + 10\lg(\sqrt{BW}) + SNR \tag{6-7}$$

式中,NEP 为噪声等效功率,$dBm/Hz^{1/2}$;BW 为双边带宽,Hz;SNR 为信噪比,dB。

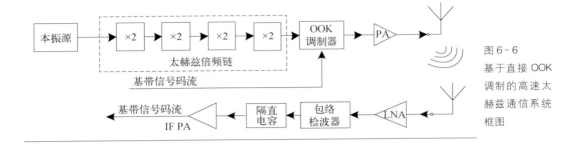

图 6-6
基于直接 OOK
调制的高速太
赫兹通信系统
框图

对于双边带调制 OOK 信号,其信噪比与比特信噪比 E_b/N_0(单位为 dB)的关系为

$$SNR = \frac{E_b}{N_0} + 10\lg(R_b/BW) \tag{6-8}$$
$$= \frac{E_b}{N_0} - 3$$

式中,R_b 为数据速率。则

$$P_{in} = NEP + 10\lg(\sqrt{BW}) + \frac{E_b}{N_0} - 3 \tag{6-9}$$

以 VDI 公司的宽带检波器为例,该宽带检波器在输入功率为 $-30\sim$ -20 dBm 时的噪声等效功率为 10 pW/Hz$^{1/2}$[①],而 15 Gbps 通信信号的双边带带宽为 30 Gbps,则

$$E_b/N_0 = P_{in} - NEP[dBm/Hz^{1/2}] - 10\lg(\sqrt{BW}) + 3$$
$$= P_{in} + 80 - 10\lg(\sqrt{30 \times 10^9}) + 3 \tag{6-10}$$
$$= P_{in} + 30.6$$

对于 OOK 调制而言,在误码率为 10^{-12} 时,其需要的 $E_b/N_0 = 17$ dB,则 P_{in} 必须大于 -13.6 dBm。

上述分析实际是理想情况,即 OOK 信号在调制信号为"1"时通过调制器;在信号为"0"时,信号不能通过调制器。但是,实际太赫兹无源调制器具有有限的开关隔离度(LO-RF Isolation),在信号为"0"时,调制器仍然可能会有射频信

---

① 1 pW=10^{-12} W=10^{-9} mW=-90 dBm,即 10 pW=-80 dBm。

号输出,会恶化接收机性能。

实际情况下具有有限开关隔离度的调制器调制载波得到的 OOK 信号电压波形如图 6-7 所示。在数据为"1"时的输出射频信号为 V_{ON},在数据为"0"时的输出信号为 V_{OFF}。由图可见,V_{OFF} 并不为零。V_{OFF} 是由调制器的射频本振泄露造成的,在分析射频泄露影响时假设 V_{OFF} 和 V_{ON} 满足关系

$$V_{\text{OFF}} = \alpha V_{\text{ON}} \tag{6-11}$$

其中 $0 \leqslant \alpha < 1$。可以看出,当 $\alpha = 0$ 时为理想的 OOK 调制结果;当 $\alpha = -1$ 时为 BPSK 调制体制。

图 6-7
实际情况下具有有限开关隔离度的调制器调制载波得到的 OOK 信号电压波形

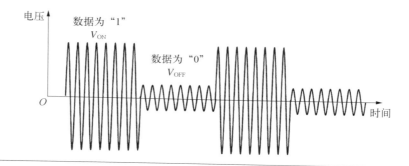

在具有本振泄露的条件下,非相干检测的误码率很难得到显式的表达式,而利用数值求解的方式会浪费时间消耗资源。相干检测和非相干检测的性能差距在 1 dB 左右,且变化趋势相同,因此相干条件下的分析结果可以用来近似非相干检测的性能受本振泄露的影响趋势。考虑本振泄露时,OOK 相干检测误码率计算公式为

$$P_e = \frac{1}{2} \text{erfc}\left(\sqrt{\frac{E_b(1-\alpha)^2}{2N_0(1+\alpha^2)}}\right) \tag{6-12}$$

式中,函数 erfc 定义为

$$\text{erfc}(x) = \frac{2}{\sqrt{\pi}} \int_x^\infty \exp(-y^2) \mathrm{d}y \tag{6-13}$$

图 6-8 显示了 OOK 调制通信系统误码率性能随着 OOK 调制器的开关隔离度的变化关系。由图 6-8(b) 可以看出,当 α 为 0.1~0.56 时,OOK 信号的开

关隔离度为5～20 dB,要实现 BER 为 10^{-12} 的解调误码率,其所需的 E_b/N_0 将比理想条件的值大 1～8.3 dB。

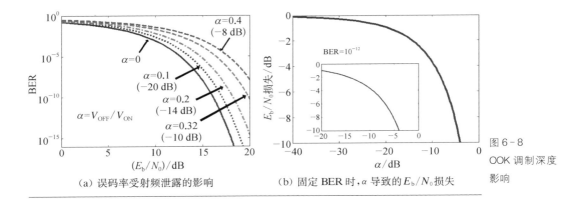

(a) 误码率受射频泄露的影响　　(b) 固定 BER 时,α 导致的 E_b/N_0 损失

图 6 - 8
OOK 调制深度
影响

6.1.2　应用场景

OOK 类通信系统的特点是:实时速率高、占用带宽宽、实现简单、体积功耗小、结构紧凑,因此非常适用于 0.1～10 m 的短距离通信。基于全电子学 OOK 类的太赫兹通信系统典型应用场景如图 6 - 9 所示,大致可概括为芯片间通信、板间通信、设备间通信、数据贩卖机、无线数字家庭、无线 VR 等。这类短距离通信应用可以不考虑太赫兹波的大气"吸收窗口"问题,因此可以有足够宽的频率范围供选择以实现 100 Gbps 以上的通信。但是,需要注意的是,太赫兹波的方向性非常强,遮挡效应也很强,与现有的低频微波通信有很大的不同。现有的 2.4 GHz 和 5 GHz 无线局域网主要靠散射实现大范围覆盖和非视距(None - Line - Of - Sight, NLOS)传播,而典型室内建材一次反射就会导致太赫兹波衰减 20 dB 以上,故太赫兹波几乎只能靠视距传播。当然,这种视距传播也能带来额外好处,例如其非常适合于利用空分复用来进一步提高整个系统的信道容量。

6.1.3　典型系统

目前国际上 10 Gbps 以上的高速实时太赫兹通信基本均采用了 OOK 体制,而在全电子学 OOK 类太赫兹通信系统方面,最典型的代表当属日本电信电话株式会社(Nippon Telegraphand Telephone Corporation, NTT)研发的 120 GHz

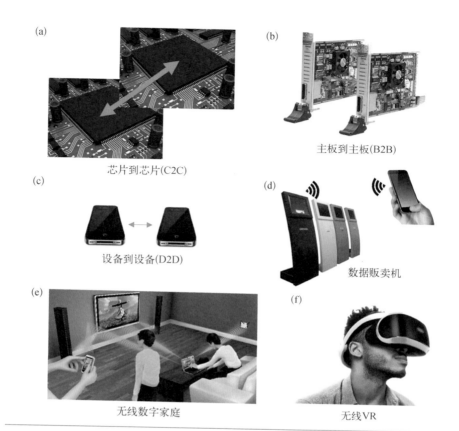

图 6-9
基于全电子学
OOK 类的太赫
兹通信系统典
型应用场景

芯片到芯片(C2C)

主板到主板(B2B)

设备到设备(D2D)

数据贩卖机

无线数字家庭

无线VR

通信系统。

1. 日本 NTT 120 GHz 通信系统

日本 NTT 的 120 GHz 通信系统是太赫兹通信领域最有代表性的无线通信系统。日本 NTT 从 2000 年开始研究 120 GHz 通信系统,2000—2005 年,他们主要进行光电结合的太赫兹通信系统的研究,并实现了 10 Gbps 的数据传输。从 2003 年开始,他们又开始进行 120 GHz 微波单片集成电路(Microwave Monolithic Integrated Circuit,MMIC)芯片的研制,包括低噪声放大器(LNA)、功率放大器(PA)、调制器、解调器等,2007 年,NTT 设计完成了全 MMIC 的 120 GHz 通信系统,并于 2009 年进行了 5.8 km 10 Gbps 传输实验。日本 NTT 在 120 GHz 通信系统研究方面总体的技术路线如图 6-10 所示。

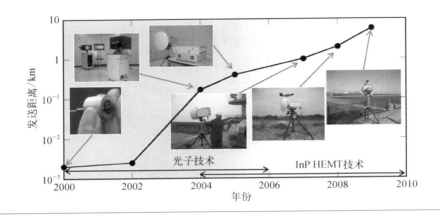

图 6 - 10
日本 NTT 120 GHz 通信系统技术路线图 (Hirata, 2012)

电子束栅极光刻技术的进步使得高电子迁移率晶体管（High Electron Mobility Transistor，HEMT）栅极尺寸得以缩小，工作频率不断提高，InP HEMT 的 f_{max} 已经超过 1 THz，这使得使用晶体管制作 100 GHz 以上的电子学器件成为可能。

NTT 成功开发基于光电结合的 120 GHz 无线通信系统，又研制了基于 0.1 μm InP HEMT 工艺的 Tx/Rx MMIC 芯片的 120 GHz 无线通信系统。跟光学技术对比，基于电子学 MMIC 器件的 120 GHz 无线通信系统具有体积小、造价低、功耗小等优点。该全电子学 120 GHz 通信系统如图 6 - 11 所示。该无线通信系统发射机的核心模块为发射机 Tx MMIC 模块和功率放大器 PA MMIC 模块；接收机模块的核心模块是 LNA 和解调器。这些 MMIC 器件都被集成为波导模块的形式。

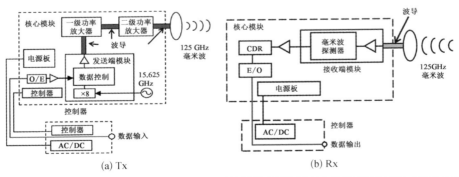

(a) Tx

(b) Rx

图 6 - 11
日本 NTT 全电子学 120 GHz 通信系统框图 (Hirata, 2012)

发送端先利用 3 个两倍频锁相环将 15.625 GHz 载波倍频到 125 GHz,再用行波开关对载波进行 ASK 调制,输入的基带数字光信号经光-电转换为电信号后控制 ASK 调制器,产生 125 GHz 已调制的毫米波信号,此信号经过二级功率放大器放大到 16 dBm 后输出至天线。其中 ASK 调制器采用 7 级行波开关来实现,其原理是:将多个 HEMT 的漏极并联搭接在传输线上,通过控制晶体管栅极电压(输入数据流高低电平),高电平时 HEMT 导通,漏极视入等效为电阻,行波开关关断;低电平时 HEMT 关断,漏极视入等效为容抗,行波开关导通。接收端采用肖特基二极管进行包络检测 ASK 解调。为了抑制环境因素导致的接受功率的变化,在 Rx MMIC 芯片上设计了自动增益控制 AGC 功能,通过控制LNA 的 HEMT 栅极电压来实现。解调以后的数据比特流通过限幅放大(LIA)、10 Gbps XFP、电光转换(E/O)后输出为光纤信号。

2008 年,他们利用这两个集成芯片搭建了亚太赫兹通信系统,测试表明,该系统可以在 -36 dBm 下实现 800 m 的远距离传输,误码率达到 10^{-12},估计其最大传输距离可达 2 km。2008 年北京奥运会期间,NTT 使用该系统在国际广播中心(the International Broadcast Centre,IBC)和北京媒体中心(Business Service Management,BMC)之间进行了传输距离 1 km 的系统实地测试,传输无压缩的HDTV 信号,工作时间长达三周。

为了降低传输要求的信噪比,提高传输距离,NTT 公司于 2009 年研制成功了基于 BPSK 调制解调的 MMIC 芯片,该调制解调器原理框图如图 6-12 所示。其调制端利用定向混合耦合器对 125 GHz 载波直接进行相移,然后利用待传数据来选择传输同相或者 180°反相载波,解调端采用类似于数字通信中的差分相

图 6-12
日本 NTT BPSK
调制解调 MMIC
原理图(Takahashi,
2009)

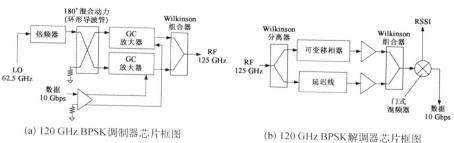

(a) 120 GHz BPSK 调制器芯片框图　　(b) 120 GHz BPSK 解调器芯片框图

干解调技术进行解调。初步测试表明,这两片芯片可以在-39 dBm 下达到
10^{-12} 误码率,而采用 ASK 调制解调 MMIC 时,相同误码率下功率要求达到
-37.5 dBm。

日本 NTT 公司在 120 GHz 系统上做了许多实用性的实验。2008 年使用图
6-11 所示全电子学 MMIC 芯片系统做了日本 Atsugi 地区 400 m 室外雨衰统计
实验,当降雨量分别为 20 mm/h、40 mm/h、60 mm/h 时平均雨衰分别为
9.5 dB/km、17 dB/km、23 dB/km,该实验结果与 ITU 理论雨衰模型和 Laws -
Parsons 模型均吻合较好。

2010 年,日本 NTT 公司使用极化复用技术实现双向 10 Gbps 的传输或单向
20 Gbps 的传输速率,其双向数据传输的系统框图如图 6-13 所示。系统核心是
设计了紧凑型高隔离度的正交模式变换器(Orthogonal Mode Transformation,
OMT),其交叉极化鉴别及隔离度分别达到了 23 dB 和 50 dB。利用该 OMT 在
1 mW 发射功率下实现了通信距离 60 cm 的双向 10 Gbps 传输,在 10 mW 的发射
功率下实现了 20 Gbps 的传输。

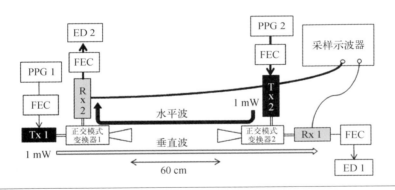

图 6-13
日本 NTT 120
GHz 双向数据
传输的系统框
图（Takeuchi,
2010)

由于 OOK 调制 50% 的功率均为载波功率,其余功率分布在很宽的信号带
宽内,谱密度较低,故提高载波频率处的隔离度将有助于降低信号混频后的噪
声,提高信号质量。针对 OOK 调制的这个特点,2012 年日本 NTT 公司在前面
极化复用的模式变化器基础上进行了针对性优化改进,在 10 μm 的加工精度下
将中心频率 125 GHz 处的极化隔离度提高到 59 dB 以上。利用该 OMT 在
0 dBm 的发射功率下即使不采用 FEC 仍然可以实现双向 10 Gbps 的无误码通信

（BER＜10^{-12}）。集成 10 GbE 以太网接口的双向 10 Gbps 通信链路设备原理框图如图 6-14(a)所示，其大小仅为 18 cm×18 cm×30 cm。在采用 22 dBi 喇叭天线、0 dBm 发射功率、FEC 纠错情况下，系统最远传输距离可达到 1 m 以上（BER＜10^{-12}），实验结果如图 6-14(b)所示，若采用 52 dBi 卡塞格伦天线则通信距离可扩展到 1 km 以上。最后他们利用该系统实现了两台 PC 机间的 10GbE 以太网互联，并完成了文件传输实验。

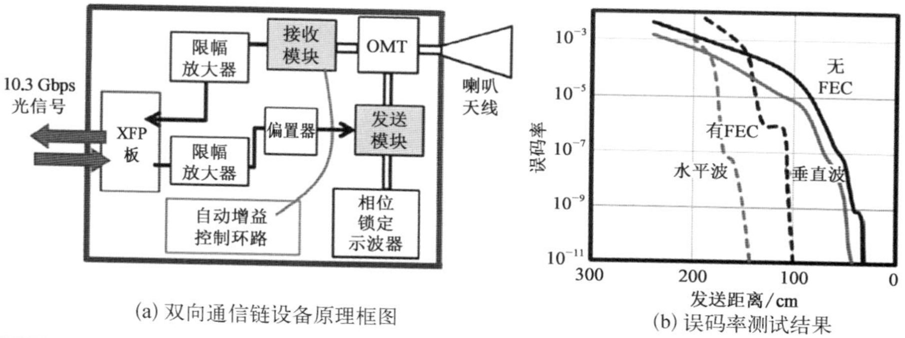

图 6-14
日本 NTT 双向 10 Gbps 通信链路设备原理框图及实验结果（Takeuchi，2012）

(a) 双向通信链设备原理框图　　(b) 误码率测试结果

为了进一步提高通信距离，2009 年日本 NTT 公司基于具有高击穿电压的 0.08 μm InGaAs/InP 混合 HEMT MMIC 芯片将 120 GHz 输出功率提高到了 16 dBm，并最终完成了 5.8 km、10 Gbps 的通信传输实验。该系统发射机原理框图如图 6-15 所示，其主要由控制器、主机和天线三部分组成。控制器部分提供三种数据接口：电子学 1 Mbps～11 Gbps 数据接口、光学 9.95～11.1 Gbps 接口、1.5 Gbps 无压缩高清视频（High Definition Television，HDTV）接口。主机将数据调制到 125 GHz 频率上，并放大至 16 dBm 输出，主要包含发射模块和两个放大器模块。发射模块将 15.625 GHz 锁相点频源信号倍频至 125 GHz，ASK 调制器将 10 Gbps 数字信号调制到 125 GHz 载频上，信号带宽为 116.5～133.5 GHz，调制后的毫米波信号再被放大至 1 mW 后，送入后继两级放大器模块，分别放大至 10 mW 和 16 dBm。第二级放大器使用了基于 0.08 μm InGaAs/InP 混合 HEMT 的 MMIC 芯片，其在 125 GHz 处的最大输出功率为 140 mW，1 dB 压缩点输出功率为 80 mW。天线部分配置了 4 种卡塞格伦天线，从 100 mm（37 dBi）到 600 mm（52 dBi）。5.8 km 实验系统收发端天线增益分别为 52 dBi 和 49 dBi，同时外置了采用 RS(255，239)码的纠错编译码（Forward Error Correction，FEC）模块，误码率低于 10^{-10} 所需接收功率为 -44 dBm。

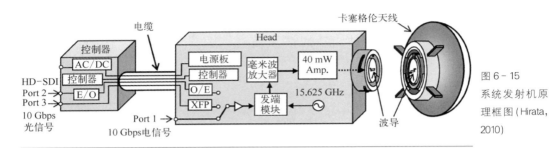

图 6-15 系统发射机原理框图（Hirata, 2010）

由于太赫兹波束非常窄，为了保证收发端之间精确对准，需要手动缓慢调节收发天线指向，该操作非常费时且对操作人员经验要求很高。为了在远距离通信中提高收发系统的部署速度，日本 NTT 于 2012 年完成了基于机械扫描的自动对准系统研制，其原理框图如图 6-16(a)所示。该系统利用 2.4 GHz 无线局域网在收发双方间传输控制信号和接收信号功率信息。无线局域网采用 IEEE 802.11g 标准，利用高增益天线可以在 10 km 距离上实现 12 Mbps 的通信速率。PC 机用来监控接收信号功率并控制天线的机械扫描，扫描策略为基于矩形路径的渐进扫描方式，如图 6-16(b)所示。实验表明在 1 km 距离上，收发双方角度偏差 1.4°时，系统可以在 4～10 分钟内完成自动对准。

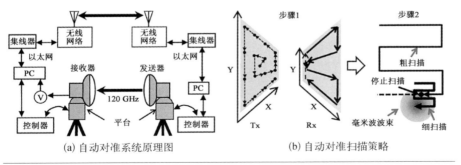

(a) 自动对准系统原理图　　(b) 自动对准扫描策略

图 6-16 日本 NTT 120 GHz 自动对准系统（Hirata, 2012）

2014 年，日本频谱管理委员会将 116～134 GHz 频段划为广播服务使用，从而扫清了 120 GHz 通信系统在日本商业化的障碍。目前，日本的 120 GHz 通信系统已经在 4 K 及 8 K 高清赛事转播方面找到了应用并开始了商业化进程，这应该是第一个商业化的太赫兹通信产品。

2. 德国 IAF 220 GHz 通信系统

2011 年德国 IAF 实现基于全固态电子学 InP mHEMT 0.22 THz 通信系统，并实现 OOK 调制与 QAM 调制体制。整个发射机框图主要由 220 GHz 二倍频器、220 GHz 混频器以及 220 GHz LNA 组成，而接收机同样由 220 GHz LNA、220 GHz 混频器以及 220 GHz 的二倍频器组成，将整个发射机集成在一个 MMIC 芯片内，同样接收机也集成在一个芯片内，实现了 MMIC 的高度集成。2012 年，他们进行了 110 GHz 本振倍频放大链的设计，并将设计的本振倍频链集成到了 220 GHz 的通信系统中。图 6-17 为 MMIC 集成的发射端实物图，改进后的 OOK 调制通信系统框图如图 6-18 所示。该系统可实现 30 Gbps 的传输，在 10 m 能实现 25 Gbps 的传输，20 m 能实现 15 Gbps 的传输。该套系统收发端均采用了混频器以实现 OOK 信号的调制和检测，由于采用的是混频器，为了防止收

图 6-17
德国 IAF 220
GHz MMIC 集
成发射模块
(Kallfass, 2012)

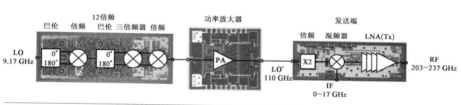

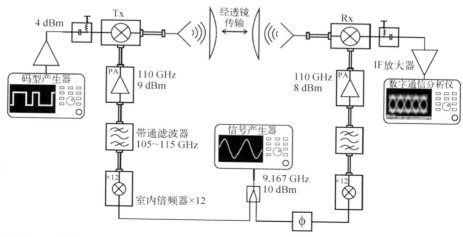

图 6-18
德国 IAF 220
GHz MMIC 集
成通信系统
(Antes, 2012)

发不同源导致的频偏问题,实验中系统收发端是源自同一参考时钟的,即相当于相干 OOK 通信,这在实际应用中很受限。对 OOK 类调制而言,实际的应用系统中接收端还是应该采用包络检波器进行非相干检测比较合适。

3. 美国 BELL 实验室 625 GHz 通信系统

由于目前太赫兹频段 OOK 调制器还比较匮乏,且已有实验室级调制器的输出功率都较低,而目前太赫兹倍频器的输出功率显著优于混频器和直接调制器,因此另一种实现 OOK 调制的思路是在低频段进行 OOK 调制,然后再倍频至太赫兹频段。2011 年,贝尔实验室就利用了这种思想,使用肖特基倍频技术实现了 625 GHz 通信,其系统框图如图 6 - 19 所示。脉冲发生器产生 2.5 Gbps 的非归零码信号,经延时合路得到频带压缩的预编码信号,经准高斯滤波后对 13 GHz 单音信号进行调制,生成带宽为 12.2~13.6 GHz 的调制信号,然后经放大后送入太赫兹倍频链倍频至 625 GHz,信号带宽为 585~653 GHz,输出功率达到了 1 mW。太赫兹倍频链由 4 个二倍频器和一个三倍频级联而成,这些倍频器均基于偏置肖特基二极管。最后产生的 625 GHz 调制信号经 2.4 mm 口径喇叭天线发射出去。为了提高接收功率,收发系统中间使用了两个 20 mm 的介质透镜。接收端采用零偏置肖特基二极管工作于低功率区域作为平方率检波器,进行 OOK 调制信号的包络检波。包络检波信号经两级 42 dB 放大后再经过准高斯低通滤波器即可得到恢复的发送数据码序列。

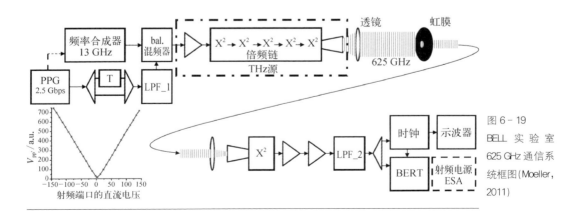

图 6 - 19
BELL 实验室 625 GHz 通信系统框图(Moeller, 2011)

4. 日本 TIT 500 GHz 通信系统

前述各种电子学 OOK 类通信系统太赫兹源的产生都采用了低频微波源通过倍频方式得到不同频段的太赫兹源,这种多次倍频源的功率效率较低,相位噪声会随着倍频次数的增加而逐步恶化,且集成度也不够高。目前部分研究机构正在研究一种可以直接震荡产生太赫兹波的信号源——共振隧穿二极管(Resonant Tunneling Diode,RTD)振荡器,通过调节 RTD 的偏压即可实现 OOK 调制。这方面的典型机构是日本东京工业大学(Tokyo Institute of Technology,TIT),2012 年,TIT 利用 RTD 完成了 0.542 THz 上的 3.25 Gbps 无线通信实验,系统通过对 RTD 偏置电压的调节实现了 OOK 直接强度调制,接收采用肖特基势垒二极管 SBD 进行直接检波接收。RTD 原理组成框图、实物图及通信系统测试场景如图 6 - 20 所示,RTD 采用了在半绝缘 InP 衬底上生长的 InGaAs/AlAs 双栅结构。2016 年,TIT 对 RTD 的外围辅助调制电路进行了优化设计,将调制速率提高到了 30 Gbps 以上,并利用 SBD 完成了实验室级的通信测试,30 Gbps 速率下误码率为 1.3×10^{-3}。

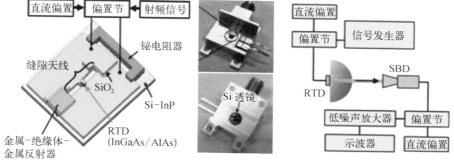

图 6 - 20
日本 TIT 500 GHz RTD 通信系统(Ishigaki,2012)

6.2   全电子学高阶调制类太赫兹通信系统

6.2.1   基本原理

高阶调制类太赫兹通信基本原理与目前微波通信原理一样,主要采用 QPSK、8 - PSK、16 - QAM 等数字高阶调制方式对载波的幅度和相位进行调制,只是载波频率从微波段提高到了太赫兹波段。下面就其基本原理进行简要介绍。

已调制的信号一般可以用如下模型表示。

$$s_{IF}(t) = \text{Re}\{s_{CE}(t)\exp(j2\pi f_c t)\} \qquad (6-14)$$

式中，f_c 为载波频率；$s_{CE}(t)$ 为成型后的基带信号，公式为

$$s_{CE}(t) = \sum_i c_i g_T(t-iT) \qquad (6-15)$$

式中，$g_T(t)$ 是信号的成型脉冲，一般为根升余弦函数；c_i 是待发送的信息符号；T 为符号周期。对于 QAM 调制信号，c_i 可用如下正交形式表达

$$c_i = I_i + jQ_i \qquad (6-16)$$

式中，I_i，Q_i 均属于 $\{\pm 1, \pm 3, \cdots, \pm(M-1)\}$，其中 M 为偶数。 相应的，对于 PSK 调制信号

$$c_i = \exp(j\alpha_i) \qquad (6-17)$$

式中，$\alpha_i \in \{0, 2\pi/M, \cdots, 2\pi(M-1)/M\}$。

太赫兹信号的数字高阶调制与微波信号调制类似，同样可以分为零中频调制结构和数字中频调制结构两种，分别如图 6-21(a) 和(b)所示。零中频调制的基带数字调制主要完成比特流信息到星座图的符号映射及成型滤波处理，随后利用 DAC 将数字信号转换为模拟信号后利用太赫兹正交混频器将该信号调制到太赫兹波上输出，从而实现太赫兹信号的数字高阶调制。数字中频调制结构的基带数字调制主要完成比特流信息到星座图的符号映射、成型滤波处理以及数字正交上变频处理，得到某一低中频调制的数字信号，再利用 DAC 转换为模

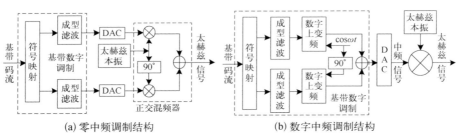

(a) 零中频调制结构 (b) 数字中频调制结构

图 6-21 高阶调制系统结构

拟信号,随后利用混频器将该信号混频至太赫兹频段,从而实现太赫兹信号的数字高阶调制。

当信号 $s_{IF}(t)$ 经过一个时延为 τ,噪声为 $\omega_{IF}(t)$ 的信道后,接收到的信号为

$$r_{IF}(t) = s_{IF}(t-\tau) + \omega_{IF}(t) \tag{6-18}$$

为了恢复发送的信息,对于数字高阶调制信号,其解调一般采用相干解调实现。即首先利用正交下变频器将 $r_{IF}(t)$ 下变频到基带,再进行后继处理。正交下变频操作通过将接收到的信号 $r_{IF}(t)$ 分别乘以 $2\cos(2\pi f_{cl}t + \phi_1)$ 和 $-2\sin(2\pi f_{cl}t + \phi_1)$,再利用低通滤波器去掉 $(f_c + f_{cl})$ 的频率分量来实现,其中,f_{cl}、ϕ_1 分别为本地载波频率和初相。由于本地载波与发送端载波不可能完全同步,因此定义载波频偏 $\Delta f = f_c - f_{cl}$,相偏 $\theta = -(2\pi f_c \tau + \phi_1)$,则经理想低通滤波的下变频后基带信号为

$$r(t) = s(t) + \omega(t) \tag{6-19}$$

式中,$\omega(t)$ 为低通滤波后的噪声分量,$\omega(t) = \omega_R(t) + j\omega_I(t)$;$s(t)$ 为

$$
\begin{aligned}
s(t) &= \exp[j(2\pi\Delta ft + \theta)]s_{CE}(t-\tau) \\
&= \exp[j(2\pi\Delta ft + \theta)]\sum_i c_i g_T(t - iT - \tau)
\end{aligned} \tag{6-20}
$$

将此基带信号经过匹配滤波器后[定义 $h(t) = g_R(t) \star g_T(-t)$],则:

$$x(t) = \exp[j(2\pi\Delta ft + \theta)]\sum_i c_i h(t - iT - \tau) + n(t) \tag{6-21}$$

式中,$n(t)$ 为噪声分量。对此信号进行定时同步,寻找到正确采样时刻 $kT + \tau$。若 $h(t)$ 为理想升余弦函数,即 $h(t)$ 满足无码间串扰条件,则在 $kT + \tau$ 时刻进行采样可得到

$$x(k) = c_k \exp\{j[2\pi\Delta f(kT + \tau) + \theta]\} + n(k) \tag{6-22}$$

对 $x(k)$ 进行载波同步,即对 $x(k)$ 进行载波频偏旋转 $\exp[-j2\pi\Delta f(kT + \tau)]$ 和相偏旋转 $\exp(-j\theta)$,最后即可得到正确的发送符号 c_k,至此完成解调过程。

与调制结构类似,太赫兹信号的数字高阶解调结构分为零中频和数字中频两种解调架构,分别如图 6-22(a) 和(b) 所示。零中频解调首先通过太赫兹下变

频器将已调太赫兹信号下变频到低中频,通过与低中频接近的模拟正交下变频器以及本振频率将低中频信号再变频为零中频的基带 I、Q 两路信号(也可以直接利用太赫兹正交混频器一次性将太赫兹信号变频为基带信号),对 I、Q 两路信号进行低通滤波和 ADC 采样,然后进行数字匹配滤波、定时同步、载波同步、均衡和译码等数字基带解调处理,最后得到基带码流输出。数字中频解调结构与零中频解调结构类似,只是在正交下变频前先对低中频信号进行 ADC 采样,然后将采样后数据下变频为基带的 I、Q 两路数据,后续处理步骤与零中频解调处理一致。

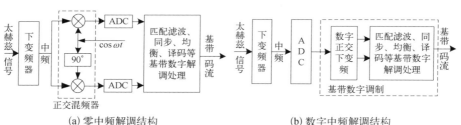

图 6 - 22
高阶解调系统
结构

(a) 零中频解调结构　　　　　　　(b) 数字中频解调结构

　　零中频调制解调结构对 ADC、DAC 采样速率及相关数据处理速率要求较低,因为它的所有数字操作都是在基带进行的,太赫兹射频前端及模拟滤波器的复杂度较低。然而由于模拟器件的不一致性导致的 I、Q 路数据的幅相不平衡问题、带内不平衡以及模拟器件的非线性失真,都会降低系统的性能,增大数字处理难度,同时基带采样需要的 ADC、DAC 变成两个,也增加了系统复杂度和成本。而数字中频调制解调结构基本是全数字化处理(从中频开始),不存在 I、Q 数据的幅相不平衡问题以及直流偏置和温度漂移等问题,利于系统集成和小型化;同时整套系统只需要一片 ADC 及 DAC。当然,这种中频直接采样的数据处理要求运行在更高的工作频率上,需要更高速的 ADC、DAC(至少比零中频高一倍),增加了数字实现的难度;同时由于是中频直接宽带采样,对射频前端及滤波器的要求也更高。对于 10 Gbps 以上的太赫兹通信而言,射频器件的性能及 ADC、DAC 的速率限制都是较大的挑战,因此这两种各有优劣的调制解调构架在太赫兹通信研究的起始阶段将同时存在。一种使用数字中频调制解调的太赫兹通信系统框图如图 6 - 23 所示。

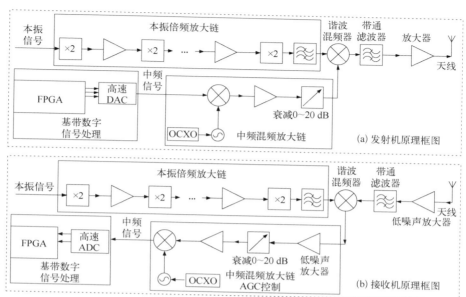

图 6-23
数字中频调制
解调的太赫兹
通信系统框图

数字高阶调制的阶数越高,所占用的带宽越窄。对于相位调制,它的星座图位于单位圆上,即调制后的信号幅度保持不变,那么它对于末级功放而言,可以推至接近饱和而不需要回退,调制阶数越高,两个不同信息之间的相差越小,噪声或者信道的非线性对它的影响越大,即它要求的解调比特信噪比越高;QAM是幅度和相位均变化的一种调制体制,相对于 PSK 单纯的相位变化,在同等阶数下它要求的比特信噪比较 PSK 小(同等阶数下星座图上相邻的两个符号相位差较大),同时由于引入的幅度调制,使得信号幅度非等幅,这对非线性器件如混频器、放大器要求较高,不能工作在饱和状态,必须进行相应的回退,调制阶数越高,回退得越多,因此虽然高阶调制所占用的带宽窄,但它对信号、信道的要求较高。同样输出功率的放大器,PSK 调制与 QAM 调制相比,在相同的误码率下后者要求更高的输出功率。

图 6-24 为不同调制体制误码率与比特信噪比的关系,从图中的趋势与上面的分析相吻合,因此对于太赫兹高速系统选用的体制,主要是考虑带宽、实现难易程度、功率等因素。系统能够占用的带宽宽,对信道的要求低,同样误码率情况下要求的比特信噪比也低,但带宽宽对信号的采集较难,要求的 ADC、DAC

的速率高,增加了数字器件的难度;使用更高阶调制,需要的带宽低,对 ADC、DAC 的速率要求也较低,降低了数字器件的难度,但它增加了模拟器件的难度。因此实际的系统需要在这几者之间进行折中考虑。

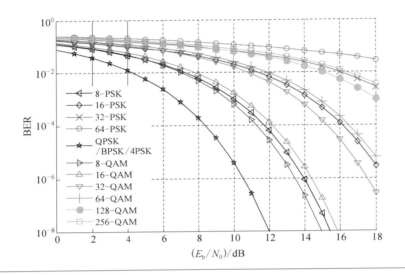

图 6-24
不同调制体制
误码率与比特
信噪比的关系

相比于 OOK 类调制,数字高阶调制具有如下优势。(1) 频谱利用率高:10 Gbps 通信系统,16QAM 调制占用带宽约 3.6 GHz,远低于采用其他模拟调制方式所占用的带宽(日本 120 GHz、10 Gbps 的 OOK 通信系统,占用带宽17 GHz)。(2) 功率提升潜力大:如图 6-25 所示,没有大的功率很难实现远距离通信应用。电真空等功率器件具有输出功率大的特点,但其绝对带宽有限。要实现 17 GHz 工作带宽,至少目前来看是不可能的。相反,如采用数字高阶调制方式,如 16-QAM,其占用带宽为 3.6 GHz(如采用更高阶的调制方式,如 32-QAM、64-QAM 等,带宽还可以更小),其工作带宽能够适应电真空等功率器件的带宽要求,可以实现功率级联,因此通过固态器件获得激励功率,然后通过级联电真空器件可以获得足够高的功率输出,以实现远距离无线通信。(3) 抗信道

图 6-25
太赫兹通信功
率级联

失真能力强：采用了灵活的数字信号处理技术，具备较强的信道失真补偿能力。

6.2.2　应用场景

　　高阶调制类通信系统具有频谱利用率高、占用带宽窄、功率提升潜力大（与电真空级联）、抗信道失真能力强（数字信号处理技术）等优点，因此非常适用于 10 km 距离以上的中远距离通信。但是，由于现有数字器件的水平限制，高速情况下的数字信号处理十分困难，因此基于数字调制的太赫兹通信系统的实时数据传输速率都还比较低，很少达到 10 Gbps 量级，且整套系统基带部分体积功耗均较大。目前这类太赫兹通信演示系统主要以非实时处理为主（即软件离线处理）。未来将基带信号处理部分芯片化以后，可以一定程度解决其实时速率低、体积和功耗大等问题，但由于其必须包含高速 ADC/DAC，以及千万门级逻辑资源以实现复杂并行信号处理，所以其最终的体积功耗仍然会显著高于 OOK 类通信系统。

　　基于全电子学高阶调制类的太赫兹通信系统典型应用场景如图 6 - 26 所示，大致可概括为卫星间骨干通信链路、星地骨干通信链路、陆基/海基/空基高

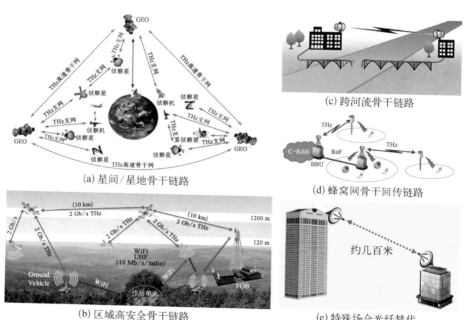

图 6-26 基于全电子学高阶调制类的太赫兹通信应用场景

(a) 星间/星地骨干链路

(b) 区域高安全骨干链路

(c) 跨河流骨干链路

(d) 蜂窝网骨干回传链路

(e) 特殊场合光纤替代

速大容量骨干数据传输链路、地面固定点对点高速数据传输链路等,其核心是充当类似光纤角色的海量数据骨干传输链路。地面固定点对点高速数据传输链路的民用领域包括蜂窝网骨干回传链路、微微蜂窝骨干链路、赛事等高清视频实时转播、特殊场合光纤替代(如跨越高速公路、铁路等交通设施,高山、河流等不利地理因素,抢险救灾等应急通信等场合)。这类中远距离通信应用需要对体积功耗等因素不是特别敏感,而且这种场合天线增益一般需要 50 dBi 以上,波束宽度非常窄,自动波束捕获跟踪对准(Acquisition,Tracking,Pointing,ATP)技术也非常重要。

6.2.3 典型系统

在基于电子学高阶调制类太赫兹通信系统方面,最典型的代表当属德国的 IAF、KIT、ILH 等机构研制的一系列 200～300 GHz 通信系统。国内则主要以中国工程物理研究院微系统与太赫兹研究中心研制的 140 GHz 通信系统、340 GHz 通信系统,以及电子科技大学的 220 GHz 通信系统为代表。

1. 德国 IAF、KIT、ILH 等机构的 200～300 GHz 通信系统

2012 年,德国 IAF 实现了基于全固态电子学 InP mHEMT MMIC 的 220 GHz 通信系统,该套系统收发端均采用了混频器以实现 OOK 信号的调制和检测。但实际上混频器更适合相干通信,且利于高阶调制可实现更高的通信速率。因此,2013 年,德国 IAF 对原有的 220 GHz、30 Gbps 通信系统进行了优化设计,利用 35 nm mHEMT 工艺研制了基于集成 IQ 次谐波混频器和 LNA 的收发前端 MMIC 芯片,发射芯片及接收芯片相同的封装形式,其版图及实物图如图 6-27 所示。集成化的芯片面积只有 4 mm×1.5mm,收发芯片均采用了次谐波单平衡混频结构,内部集成了 3 级 LNA,总增益超过 35 dB,发射功率达到 −1 dBm,接收变频增益 10 dB。封装成模块后的发射机 120 GHz 本振功率 7 dBm 时的发射功率达−3.6 dBm,中频带宽 35 GHz,I/Q 不一致性低于 1 dB。接收机变频增益 3 dB,I/Q 不一致性低于 2 dB,双边带噪声功率约 11 dB。

利用该芯片,德国 IAF 在实验室内利用喇叭天线及透镜,实现了 8 - PSK 调

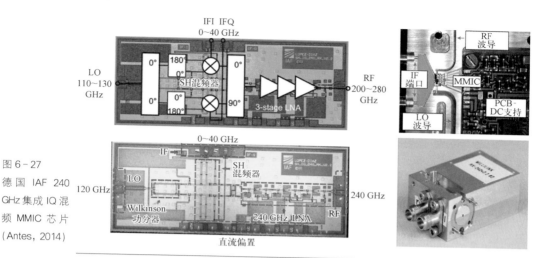

图 6-27
德国 IAF 240 GHz 集成 IQ 混频 MMIC 芯片 (Antes, 2014)

制的 30 Gbps、40 m 无线通信，EVM 约为 15%；同时，利用 55 dBi 的天线成功实现了基于 QPSK 调制的 240 GHz、24 Gbps、1.1 km 的远距离高速太赫兹通信，其 EVM 约为 23%，具体实验场景如图 6-28 所示。调制信号采用任意波发生器 AWG 生成，信号解调采用 80 Gsps 高速示波器采集后进行离线解调处理。

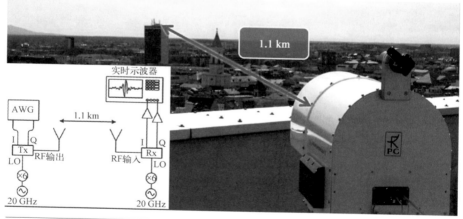

图 6-28
德国 IAF 240 GHz、24 Gbps、1.1 km 通信实验场景 (Antes, 2014)

　　为了将系统往实时化、实用化方向发展，2015 年，德国 ILH 联合 IAF 和 KIT，将上述通信样机进行了优化设计，同时引入高速 ADC 和 DAC，采用 QPSK 和 8PSK 调制，在 240 GHz 实现了 64 Gbps、850 m 的通信演示系统，系统框图及实验场景如图 6-29 所示。基带信号处理部分采用了富士通公司采样率

64 Gsps、分辨力为 8 比特,模拟带宽分别达到 13 GHz 和 20 GHz 的高速 ADC 和 DAC。利用 2 倍过采样,DAC 实时循环读取片内 256 kSa 存储的复基带信号并输出,以产生 32 GSps 符号率的调制信号。接收端利用 ADC 每次采集 0.25 μs 数据存于片内 16 kB 内存,最后用安捷伦矢量信号分析软件进行同步、均衡等离线解调处理。系统发射功率为 −4.5 dBm,接收信号 SNR 约为 24 dB,最后实验表明 64 Gbps QPSK 调制下的 EVM 为 26%、64 Gbps 8 - PSK 调制下的 EVM 为 20%(误码率约为 5×10^{-3})。

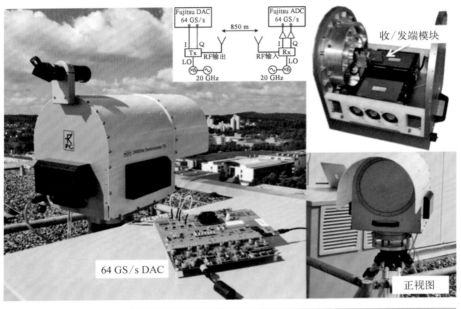

图 6 - 29
德国 ILH、IAF、KIT 64 Gbps、850 m 通信系统实验场景 (Kallfass, 2015)

2015 年,ILH 还联合 IAF 和布伦瑞克工业大学设计了一套工作频率可达 300 GHz 的全电子学集成 MMIC 芯片,内部采用了基波正交混频器,最大发射功率 −7 dBm。同时,基于该 MMIC 收发芯片及 24 dBi 喇叭天线,采用 QPSK 调制实现了 64 Gbps、1 m 的通信演示,离线解调的 EVM 为 −9.65 dB。

2. 中国工程物理研究院微系统与太赫兹研究中心 140 GHz、340 GHz 通信系统

从 2009 年开始,中国工程物理研究院微系统与太赫兹研究中心即开始太赫

兹通信相关研究工作,采用一种"低中频高阶矢量调制+谐波混频+放大"的太赫兹高速通信路线,于 2011 年成功实现了 140 GHz、0.5 km、10 Gbps 高速信号实时传输和软件化事后解调,同时完成了 4 路视频信号的传输演示。2013 年,经过优化完善,完成了基于 16 - QAM 调制的 140 GHz、1.5 km、10 Gbps(软件离线处理)和 3 Gbps(实时处理)通信实验,系统原理框图如图 6 - 30 所示。系统太赫兹射频前端由基于肖特基二极管的倍频器和谐波混频器、腔体滤波器以及低噪声放大器组成,信号发射功率为 −5 dBm,卡塞格伦天线增益 51 dBi,3 Gbps 基带信号实时处理采用了基于 8 路并行的调制解调算法在 FPGA 上实现。最后接收信号 E_b/N_0 可达 23.5 dB,误码率低于 10^{-10},当系统 E_b/N_0 降至 14 dB 时仍可保证误码率低于 10^{-3} 量级。2015 年,中国工程物理研究院微系统与太赫兹研究中心基于设计的波导正交模式变换器,采用极化复用方式,在 1.5 m 距离上实现了 0.14 THz、80 Gbps 通信(离线处理)演示,在信噪比大于 23 dB 情况下系统误码率优于 10^{-6}。

图 6 - 30
中国工程物理研究院微系统与太赫兹研究中心 140 GHz、1.5 km 通信系统原理框图

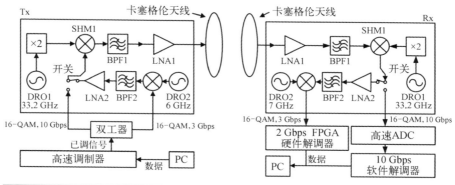

2016 年,中国工程物理研究院微系统与太赫兹研究中心进一步攻克了基于"固态倍频源和谐波混频调制"的 340 GHz 收发模块技术,研制了各单元组件和收发前端。在 2016 年,实现了 340 GHz、5 Gbps、62 m 通信系统,同时完成了三路 HD - SDI 高清视频传输演示。

2017 年,中国工程物理研究院微系统与太赫兹研究中心攻克电真空放大器,采用"固态功率放大+电真空器件放大"级联的功率放大技术,实现了

140 GHz 频段瓦量级的功率输出。同时，对原 140 GHz 系统各组件进行了优化设计，接收机等效噪声温度为 1 100 K，接收灵敏度达到 −57 dBm。发射功率 26 dBm 情况下，采用两个增益 50 dBi 的卡塞格伦天线，开展了距离 21 km 的无线通信试验，单路实时通信速率达到 5 Gbps，误码率低于 10^{-6}，并成功同时实时传输了两路符合 HD‑SDI 标准的无压缩高清视频数据流，每一路的标准有效速率达到 1.485 Gbps。通信实验场景及视频传输效果如图 6‑31 所示。试验时的气象条件为：温度为 10℃，相对湿度为 66%，空气质量指数（Air Quality Index，AQI）为 175（中度污染）。由于雾霾原因，两地的实际大气能见度仅有 3 km 左右。

（a）通信地点及距离；（b）发射机；（c）接收机；（d）发射机视频传输场景；（e）接收端接收到的无压缩 1080p 视频

图 6‑31
中国工程物理研究院微系统与太赫兹研究中心 140 GHz、21 km 通信效果图

3. 电子科技大学 220 GHz 通信系统

2016 年，电子科技大学利用研制的次谐波混频器及商用低中频 IQ 正交混频器，基于 QPSK 调制实现了 220 GHz、3.5 Gbps、200 m 通信演示系统，并完成了裸眼 3D 视频传输演示实验，系统原理框图如图 6‑32 所示。系统信号带宽 2.2 GHz，发射信号功率 −14 dBm，天线增益 52 dBi，接收机噪声温度 6 000 K，接收信号信噪比约 26 dB。

图 6 - 32
电子科技大学
220 GHz、3.5
Gbps、200 m 通
信 系 统 框 图
(Chen, 2016)

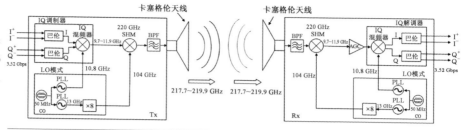

6.3 光电结合 OOK 类太赫兹通信系统

6.3.1 基本原理

  光电结合 OOK 类太赫兹通信系统的基本原理与全电子学 OOK 类太赫兹通信系统类似,这里就不再赘述。两者的区别主要在于:光电结合类通信系统利用了光混频技术来产生太赫兹信号,且基带数字信号的调制是先调制到光信号上,而不是直接对太赫兹波进行调制。

  两束相邻频率的激光经光混频可生成频率为两束激光频率之差的太赫兹辐射,光混频一般采用光电二极管、光电导开关等光电转换器实现。光混频的基本原理具体如下。假设两束激光的光电场可分别表示为

$$E_1 = A\cos(2\pi f_1 t + \varphi_1) \tag{6-23}$$

$$E_2 = A\cos(2\pi f_2 t + \varphi_2) \tag{6-24}$$

式中,A 为幅度;t 为时间;φ 为初始相位;$f_1 = c/\lambda_1$,$f_2 = c/\lambda_2$。 光电二极管的输出电流可表示为

$$
\begin{aligned}
I = \alpha P \propto (E_1 + E_2)^2 &= E_1^2 + 2E_1 E_2 + E_2^2 \\
&= A^2[1 + \cos(2\pi 2 f_1 t + 2\varphi_1)]/2 + A^2\cos[2\pi(f_1 - f_2)t + (\varphi_1 - \varphi_2)] \\
&\quad + A^2\cos[2\pi(f_1 + f_2)t + (\varphi_1 + \varphi_2)] + A^2[1 + \cos(2\pi 2 f_2 t + 2\varphi_2)]/2
\end{aligned}
\tag{6-25}
$$

式中,α 为功率电流转换因子。

  光电二极管具有低频响应特性,只对 $f_1 - f_2$ 的频率分量有响应,因此,最终

的输出可表示为

$$I = \alpha P \propto (f_1 - f_2) \propto (\lambda_2 - \lambda_1)c/\lambda_1^2 \qquad (6-26)$$

对于 1.55 μm 波长的激光,当两束激光波长相差 1 nm 时,光电二极管输出约 125 GHz 的太赫兹波。

光电结合 OOK 类太赫兹通信系统发射机原理框图如图 6-33 所示,其核心是利用了光学技术来产生和调制太赫兹信号。对红外激光器产生的光信号进行太赫兹频率的强度调制以生成光学太赫兹信号,随后利用马赫-曾德尔调制器(Mach - Zehnder Modulator,MZM)等光强调制器将基带数字信号调制到光学太赫兹信号上(与光纤通信中的基带信号调制过程和使用器件一样),该光信号经 EDFA 等光放大器放大后,利用光电二极管(Photo - Diode,PD)或光电导天线等光电转换器将该光信号转换为带调制信息的太赫兹信号,最后经放大器放大后通过天线发射出去。

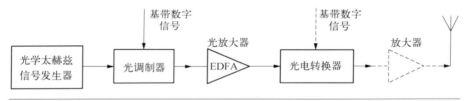

图 6-33 光电结合 OOK 类太赫兹通信系统发射机原理框图

对于光学太赫兹信号的产生和数据调制,一般有两种方法,即基于双波长激光器的方法和基于光学频率梳的方法,分别如图 6-34 和图 6-35 所示。基于双波长激光器的方法利用两个波长分别为 λ_1 和 λ_2 可调谐激光器的输出通过光混频来产生太赫兹波,激光器的频率差即为最后产生的太赫兹信号频率。通过调谐激光器的频率即可实现输出太赫兹频率的调节,但是由于两个激光器是非相干的,最后生成的太赫兹信号存在相位波动,其质量较差,比较适合 OOK 类通信体制,采用 16 - QAM 等高阶调制方式时需要额外的信号处理算法进行信号补偿。在基带数字信号调制方法上一般也有两种方式,一种是双子载波同时调制同样信息,另一种是只将信息调制到单一子载波上,分别如图 6-34(a)和(b)所示,一般前者可以得到更高的信噪比。

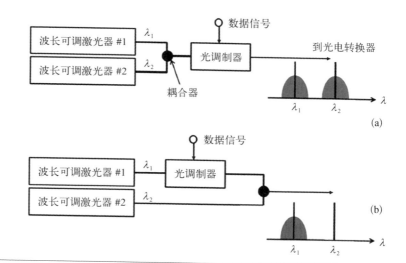

图 6 - 34
基于双波长激光器的光学太赫兹信号产生与调制 (Nagatsuma, 2013)

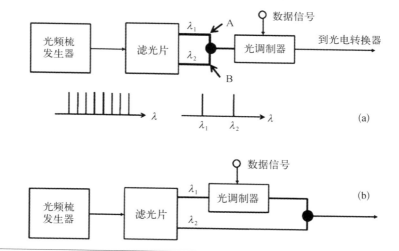

图 6 - 35
基于光学频率梳的光学太赫兹信号产生与调制 (Nagatsuma, 2013)

  为了采用更高阶调制方式以实现更高速率的通信,采用相干激光以生成更稳定的太赫兹信号显得十分必要。相干激光可以利用多波长激光器或者光学频率梳来产生,然后利用光学滤波器滤出需要的波长分量。即使采用了相干光源,仍然需要仔细调节两路激光间的相位关系,以得到最优的太赫兹波输出。

  在光学频率梳信号的生成方面,一般也有两种方式,如图 6 - 36 所示。第一种是频率为 f_0 的微波信号对固定波长激光器的输出进行两级相位调制,即可得到频率间隔为 f_0 的光学频率梳,然后利用可调滤波器选择所需的频率间隔分量,通过光电转换器即可得到频率为 Nf_0 的太赫兹波。第二种方式是直接利用频率为 f_0 的微波信号调节锁模激光器,即可得到频率间隔为 f_0 的光学频率梳,后继生成太赫兹波方式与第一种方式一样。

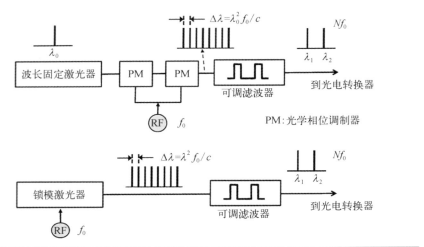

图 6 - 36
光学频率梳信号产生方式
(Nagatsuma,
2017)

在光电转换器方面,一般有基于 GaAs 的光电导开关和基于 InGaAs 的 p - i - n 光电二极管两种,而后者又有三种典型结构:堆叠 p - i - n 超晶格结构(Nipnip)、波导集成光电二极管和单行载流子光电二极管(Uni - Traveling - Carrier Photo Diode,UTC - PD)。目前 UTC - PD 是应用最广,也可能是最有前途的太赫兹产生器件,其将高带宽和高功率太赫兹输出进行了统一。UTC - PD 具有适度 p 型掺杂 InGaAs 吸收层和耗尽层、无掺杂或轻 n 型掺杂 InP 载流子收集层的特点。光载流子在吸收层产生,靠近 p 型接触。电子扩散到收集层,但不能到达 p 型接触。空穴移动到 p 接触,但不进入收集层。这种方式的电子和空穴都会产生高频光电流。目前当光电流为 18 mA 时,工作频率为 300 GHz 的 UTC - PD 输出功率可以达到 1 mW。

可以看出,光电结合 OOK 类太赫兹通信系统与传统光纤通信的发射端大部分均一样,使用的器件也可以通用,其产生太赫兹信号的核心是光电转换器,或者说目前应用最广泛的 UTC - PD。如何制作响应频率足够高(至 10 THz)、输出功率足够高的 UTC - PD 器件是该类通信系统的核心技术。

在接收解调方面,仍然采用与电子学 OOK 类太赫兹通信系统一样的方式实现,即采用基于肖特基二极管(SBD)、共振隧穿二极管(RTD)及二维电子三极管等器件进行太赫兹 OOK 信号的包络检波解调,其具体原理和实现过程前文已经描述,这里不再赘述。

6.3.2　应用场景

光电结合 OOK 类太赫兹通信系统特点与电子学 OOK 类似,因此电子学 OOK 类适用的场合光电结合方式均适用,如芯片间通信、板间通信、设备间通信、数据贩卖机、无线数字家庭、无线 VR 等。但是目前大部分优质光学源体积功耗等方面都还比电子学源差,因此要想在上述体积功耗敏感场合使用,必须解决光源小型化、光电异构集成等问题。好在目前分布式反馈激光器(Distributed Feedback Laser, DFB)光源已经可以做到拇指大小,且光电异构集成方面也有了一些研究进展,可以预见在不久的将来,这类通信系统进入商用领域是完全可能的。此外,由于光电结合 OOK 类太赫兹通信系统的发射端与现有光纤通信的发射端大部分模块和功能均一样,因此可以很好地融入目前的有线光纤网络中,用于实现“最后一公里”的高速无线接入,达到“无线光纤”的效果。例如,在高清赛事无压缩转播方面(图 6-37),日本已经开始了产业化,并推出了部分用于 4 K、8 K 高清赛事转播的原型产品。

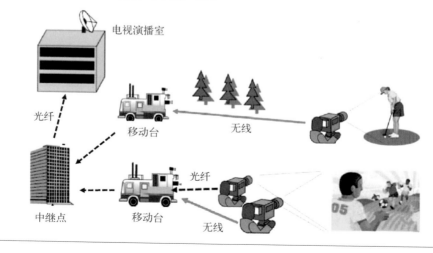

图 6-37
光电结合 OOK
类太赫兹通信用
于高清赛事转
播(Nagatsuma,
2017)

电视演播室

光纤

移动台

无线

中继点　移动台

光纤

无线

6.3.3　典型系统

在光电结合 OOK 类太赫兹通信系统方面,最典型的代表当属日本 NTT 研发的 120 GHz 通信系统和日本大阪大学研发的 300 GHz 通信系统。

1. 日本 120 GHz 通信系统

日本 NTT 研发的 120 GHz 无线通信系统是目前技术最成熟、最早实用化的 THz 无线通信系统。NTT 于 2004 年首先实现了基于 UTC - PD 非线性光混频的 120 GHz、10 Gbps 无线通信系统,并在此基础上实现了可传输 6 路 HDTV 信号的 10 Gbps 转播链路。NTT 研制的基于 UTC - PD 非线性光混频的 120 GHz、10 Gbps 无线通信系统的主要系统原理简述如下。(1) 发射端:首先在 1 552 nm 激光信号上调制出 120 GHz 载波包络,其次对具有 120 GHz 载波包络的 1 552 nm 激光信号进行 10 Gbps 的 ASK 调制,使用 ASK 信号调制的光信号激励 UTC - PD 用非线性光混频方式产生 THz 辐射并发射。(2) 接收端:接收 120 GHz 通信载波,放大,使用 SBD 包络检波方式恢复数据比特流。系统整体框图如图 6 - 38 所示。

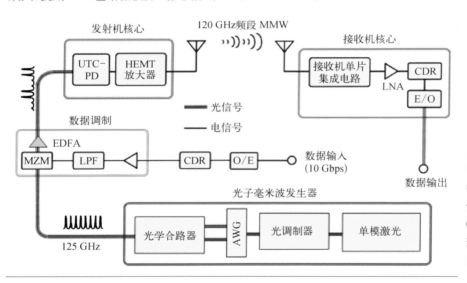

图 6 - 38
日本 NTT 基于 UCT - PD 非线性光混频的 120 GHz、10 Gbps 通信系统框图 (Hirata, 2007)

整套系统的具体实现过程简述如下。

(1) 在光学毫米波信号产生器中,1 552 nm 激光信号由窄谱线单模激光产生后,输入 LiNbO₃ 光学密度调制器。在 62.5 GHz 电信号激励下,LiNbO₃ 光学密度调制器输出频率间隔为 62.5 GHz 的梳状谱激光。

（2）间隔为 62.5 GHz 的梳状谱激光被导入一平面光波电路(Planar Lightwave Circuits, PLC),PLC 中包含一个集成波导栅阵列(Arrayed Waveguide Grating, AWG)和 3 dB 耦合器。AWG 栅阵列的每个相邻通道的频率间隔为 62.5 GHz, 邻近通道抑制达-25 dB,则将两频率间隔为 125 GHz 的栅阵列通道使用 3 dB 耦合器连接起来,就可以选出梳状谱激光的两路频率间隔为 125 GHz 的光谱,即 3 dB 耦合器的输出具有 125 GHz 包络的激光信号。PLC 的输出信号被 EDFA 放大后,送入数据调制器。

（3）在数据调制器中,数据由 OC - 192 标准或者 10 GbE 标准的光纤输入, 通过光电转换和时钟数据恢复(Clock and Data Recovery, CDR)转换为电信号比特流,并使用贝塞尔低通滤波器限制其频谱带宽。

（4）数据比特流和光学毫米波发射器产生的具有 125 GHz 包络的激光信号进入马赫-曾德尔调制器(Mach-Zehnder Modulator, MZM)中,获得具有 ASK 调制和 125 GHz 包络的光信号。

（5）调制后的光信号被第二级 EDFA 放大,并用光学带通滤波器滤波。

（6）滤波后的光信号激励 UTC - PD,产生带调制信息的 125 GHz 射频信号,再由 InP HEMT 放大器放大后(20 dB 增益),通过天线辐射至传输信道中。 UTC - PD 和放大器制作在同一片 MMIC 芯片上。发射机天线辐射功率为 10 dBm,载噪比(C/N)为 42.4 dB(接收端仅需要 20.2 dB 的载噪比即可实现 BER< 10^{-12}),辐射中心频率 125 GHz,带宽约 17 GHz。

（7）接收端天线将接收信号馈入 MMIC 接收机芯片,芯片上集成低噪声放大器和肖特基势垒二极管检波器,将信号放大之后直接通过包络检波的方式获得解调的 10 Gbps 比特流。MMIC 集成的低噪声放大器的噪声系数为 6 dB,带宽为 20 GHz。

（8）解调信号由基带低噪声放大器(LNA)放大,输入 CDR,最后通过电光转换成为光信号由光纤输出。

在该系统测试时使用 48.7 dBi 增益的卡塞格伦天线,传输速率为 9.953 Gbps (OC - 192),传输距离为 200 m,BER< 10^{-12} 的接收信号功率水平为-32.5 dBm;

使用 52.7 dBi 增益的高斯光学透镜天线（GOA），传输速率为 10.312 5 Gbps
（10 GbE），传输距离为 300 m，BER<10^{-12} 的接收信号功率水平为 −30.2 dBm。
随着接收功率的下降，BER 增大，例如使用卡塞格伦天线，当 BER<10^{-12} 时接收
信号功率水平为 −32.5 dBm；当 BER<10^{-4} 时接收信号功率水平为 −38 dBm。

按照 1.5 dB/km 的大气衰减计算，为达到 OC-192 标准的误码率为 10^{-12}，
用卡塞格伦天线时的最大传输距离为 1.5 km，使用高斯光学透镜天线时为
3 km。如果降低 BER 标准到 10^{-4}，则使用卡塞格伦天线的最大传输距离为
2.5 km，高斯光学透镜天线为 4.4 km。

日本 NTT 将上述 120 GHz 无线通信系统与其开发的 i-Visto 系统相结合，
构成了传输 6 通道各 1.5 Gbps HDTV 信号的高速电视转播链路，其系统框图及
实验场景如图 6-39 所示。目前 NTT 的 120 GHz 6 通道高清转播系统已经经
过了多次实验验证，例如，NTT 2005 年在富士电视台开展了邻近建筑 100 m 传
输实验，并在当年的国际广播设备展上做了现场演示。

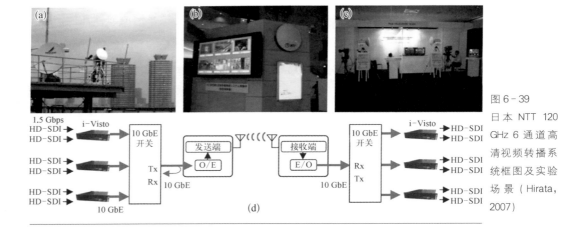

图 6-39
日本 NTT 120
GHz 6 通道高
清视频转播系
统框图及实验
场景（Hirata，
2007）

2. 日本 300 GHz 通信系统

日本大阪大学和 NTT 在 2013 年联合研制了一套使用了 UTC-PD 光电技术的
300 GHz 太赫兹通信系统，系统结构如图 6-40 所示。该系统采用了基于双波长激
光器的方法来产生光学太赫兹信号，4 通道脉冲发生器（每通道最高 12.5 Gbps）和

4:1复用器产生的最高 50 Gbps 基带比特数据通过电光强度调制器(Electro - Optic Modulator,EOM)对光学太赫兹信号进行双子载波数据调制,调制后的光信号经 EDFA 放大、光滤波器滤波后送入波导封装的 UTC - PD 中以生成带调制信息的 300 GHz 太赫兹波(两激光器波长差 2.4 nm)。太赫兹信号通过 20 dBi 喇叭天线辐射出去,同时利用介质透镜来收集、聚焦太赫兹信号。收发天线距离 0.5～1 m,接收端利用封装在 WR2.8 波导结构上的、基带 6 dB、带宽 28 GHz 的 SBD 进行检波接收,SBD 灵敏度为 2 000 V/W,工作在平方律检波区间的最大接收功率为 100 μW。检波输出的基带信号经预放大器(SHF806E,40 kHz～38 GHz,26 dBi)和限幅放大器(MICRAM TI5633,DC～35 GHz)两级放大后输出进行误码率测试。实验表明,在光电流为 8 mA 时,UTC - PD 输出功率 90 μW,速率为 40 Gbps 时,系统误码率低于 10^{-11}。

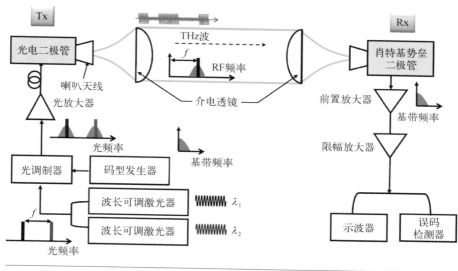

图 6 - 40
日本 NTT 和大阪大学联合研制的光电结合 300 GHz 通信系统框图(Nagatsuma,2017)

另外,通过采用集成天线的更高频率 UTC - PD 和 600 GHz SBD(WR1.5 波导),他们还测试了频率为 450～720 GHz 的各种太赫兹信号,在 1.6 Gbps 速率下仍然可以得到清晰的眼图。

为了进一步提高通信速率,日本大阪大学和 NTT 将上述系统进行了极化复用,完成了 300 GHz、48 Gbps 的无线通信实验,其极化器采用了线栅极化器,系统框图如图 6 - 41 所示,带调制信息的光信号经 EDFA 放大后直接功分为两路,一路水平极化、一路垂直极化,随后分别送入不同的 UTC-PD 中以生成太赫兹信号。由于两路携带了相同信息,为了去相关,其中一路引入了 1 m 的延时。系统在 48 Gbps 速率下误码率优于 10^{-10} 量级。

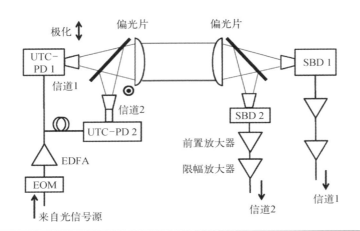

图 6-41
日本大阪大学和 NTT 联合研制的光电结合 300 GHz、48 Gbps 通信系统框图 (Nagatsuma, 2013)

2016 年,他们对该系统进行了优化,将 SBD 检波模块的 3 dB 带宽提高到了 37 GHz,系统载波频率提高到了 330 GHz,天线更换为 53 dBi 反射面天线,最终完成了 50 Gbps、100 m 的通信演示,实验样机及场景如图 6-42 所示。

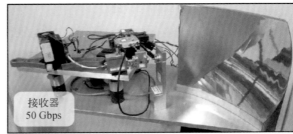

图 6-42
日本大阪大学和 NTT 联合研制的光电结合 330 GHz、50 Gbps、100 m 通信系统 (Nagatsuma, 2016)

6.4 光电结合高阶调制类太赫兹通信系统

6.4.1 基本原理

光电结合高阶调制与全电子学高阶调制的异同和光电结合 OOK 调制与全电子学 OOK 调制的异同类似,其主要区别在于:光电结合类通信系统利用光混频技术来产生太赫兹信号,且经 DAC 转换后的数字信号先调制到光信号上,而不是直接对太赫兹波进行调制;全电子学高阶调制中的数字中频调制结构由于输出就是单路携带信息的射频信号,因此可以直接用光电结合 OOK 调制构架实现。全电子学高阶调制中的零中频调制结构由于基带数字调制器经双路 DAC 输出信号为 I/Q 两路信号,因此将其调制到光信号上时,需要光 IQ 正交调制器。为了充分利用光调制器的带宽,目前所有的光电结合高阶调制类太赫兹通信系统均采用了零中频调制结构的发射机,其原理框图如图 6 - 43 所示。其中,光 IQ 调制器由两个并行光强度调制器组成(如 MZM),两者间相差 $90°$。光学太赫兹信号发生器的原理和生成方式上一节已经进行了详细描述,但由于高阶调制需要利用载波的多级幅度和相位信息,因此一般采用光学频率梳的方式生成相干光学太赫兹信号,且需要对各路光信号进行严格的幅度及相位补偿。

图 6 - 43
光电结合高阶调制类太赫兹通信系统发射机框图

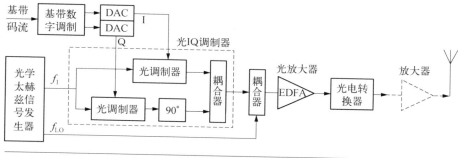

在接收解调方面,仍然采用与电子学高阶调制类太赫兹通信系统一样的相干解调方式实现,即采用太赫兹混频器将太赫兹波下变频后进行数字解调处理,其具体原理和实现过程可参考前文相关描述。

6.4.2　应用场景

　　光电结合高阶调制类太赫兹通信系统特点与电子学高阶调制类似,因此电子学高阶调制类适用的场合光电结合方式同样适用,即主要用于各种点对点间的高速骨干数据传输链路。由于光电结合太赫兹通信系统的发射端与现有光纤通信的发射端大部分模块可以共用,因此其可与目前的光纤网络进行无缝融合,在不适宜铺设光纤的场合实现"无线光纤"的效果。由于采用高阶调制可以带来100 Gbps以上的通信能力,因此其特别适合于蜂窝网骨干回传链路、微微蜂窝骨干链路等海量数据传输场合,如图6-44所示。

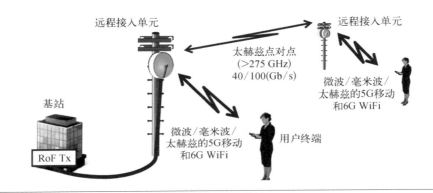

图6-44
光电结合高阶
调制类太赫兹
通信用于骨干
回传链路(Kanno,
2014)

6.4.3　典型系统

　　在基于光电结合高阶调制类太赫兹通信系统方面,目前研究机构最多,典型的代表包括德国IAF、KIT、ILH等机构研制的240 GHz通信系统、日本大阪大学的300 GHz系统、国内浙江大学的400 GHz通信系统等。

1. 德国IAF等机构的240 GHz通信系统

　　2013年,德国IAF和KIT的学者联合在 *Nature Photonics* 上发表了他们利用太赫兹光电结合方式在237.5 GHz载频上实现的20 m、100 Gbps的无线通信系统(图6-45)。

　　在该通信系统的发射端,主要利用了太赫兹光子学技术生成带调制信息的太赫兹波,其发射原理如图6-46所示,具体如下。(1)利用一个锁模激光器

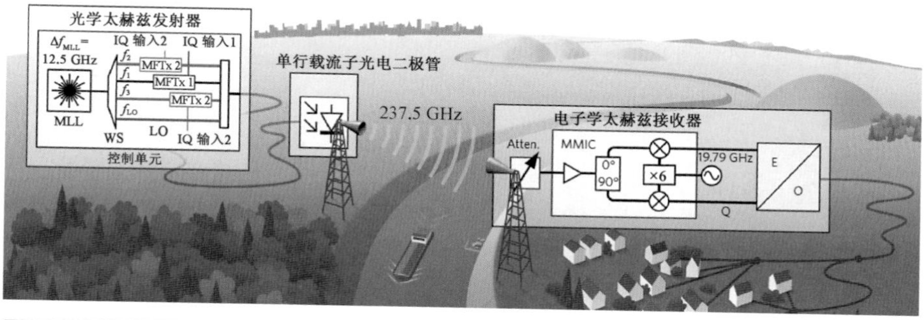

图 6-45
德国 IAF 100 Gbps 通信系统框图 (Koenig, 2013)

(Mode-Locked Laser，MLL)生成一系列频率间隔为 12.5 GHz 的相干锁频梳状谱激光。(2) 先利用交织器将生成的一系列激光进行奇偶梳状激光分离,再利用可编程波长选择器(Wavelength Selector，WS)从中选择需要的几路相近激光:本振激光 $f_{LO}=193.138$ THz、中心载波激光 $f_1=193.3755$ THz、两路邻近载波激光 $f_{2,3}=f_1 \pm 12.5$ GHz。(3) 分别利用多格式发射机(Multi-format Transmitters，MFT)对三路光载波 ($f_{1,2,3}$) 进行数据的高阶调制。(4) 将三路调制后光载波和本振激光分别经 0.6 nm 带通滤波器滤波,再进行极化对齐。(5) 通过极化保持耦合器将它们耦合成一路,通过一根光纤传输给远程单行载流子光电二极管进行光混频,同时完成光电转换,即 f_1 与 f_{LO}、f_2 与 f_{LO}、f_3 与 f_{LO} 分别在 UTC-PD 的光敏面上混频,产生三个频率的带调制信息的射频信号(225 GHz、237.5 GHz、250 GHz),其他不需要的低频混频信号被 UTC-PD 与天线间的矩形波导(截止频率 174 GHz)滤除,UTC-PD 的输出功率为 -13.5 dBm;最后将调制后的太赫兹信号利用增益为 22 dBi 的喇叭天线发射出去。

高阶复调制器的组成框图如图 6-47 所示,信源及符号映射后的 I/Q 数据由 FPGA 产生后通过高速 DAC 转换为模拟信号,再经放大后送入两个由同源激光驱动的马赫-曾德尔调制器(MZM)中分别进行 I/Q 路的幅度调制,随后将其中一路信号移相 90°,再将两信号合成为一路,从而实现 I/Q 复调制。

在该通信系统的接收端,主要利用了太赫兹电子学技术以完成太赫兹波的接收检测。具体来说,首先,在一定的距离外利用 43 dBi 的天线收集发射信号;然后送入带宽为 35 GHz 的集成 IQ 接收 MMIC 芯片中进行相干混频接收,得到分离的 I/Q 路基带信号,该 IQ 混频器由一个 30 dB 的 LNA 和一个次谐波 IQ 下

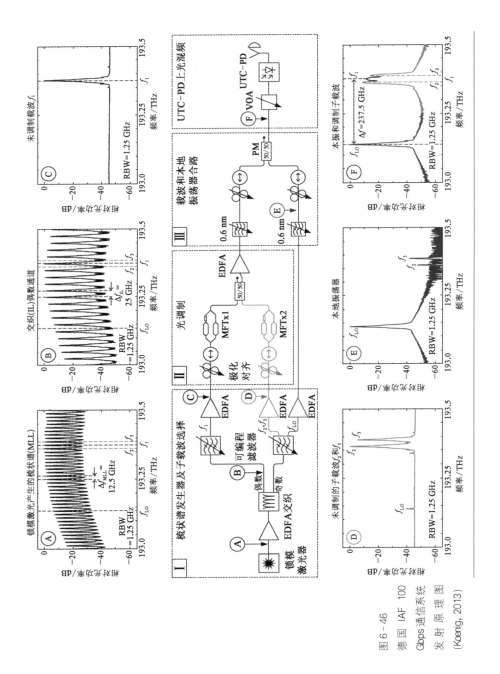

图 6-46 德国 IAF 100 Gbps 通信系统发射原理图 (Koenig, 2013)

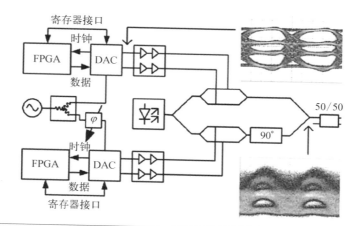

图 6 - 47
高阶复调制器原理图(Schmogrow, 2010)

混频器组成;最后,基带 I/Q 信号通过安捷伦的 80 Gsps 示波器 DSO - X - 93204A 进行采集,再进行离线解调信号处理(包括信道均衡、载波同步、滤波和信号解调)。其接收端实物图如图 6 - 48(b)所示。整套系统的收发前端都安装在三脚架上,在收发喇叭天线之间采用了直径 10.3 cm 的凸透镜天线进行太赫兹波的聚焦。

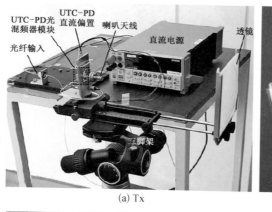

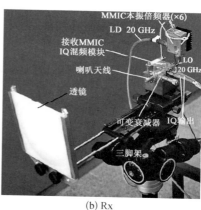

(a) Tx

(b) Rx

图 6 - 48
德国 IAF 100 Gbps 收发端实物图(Koenig, 2013)

系统采用了两种实现 100 Gbps 通信的方式:一种是在单通道方式下实现了 25 Gsps、16 - QAM 调制的无线通信,另一种是采用的三通道方式,其中中心载波上实现 13 Gsps、16 - QAM 调制、左右相邻载波上分别实现 8 Gsps、8 - QAM 调制。两种方式下不同距离对应的误码率如图 6 - 49 所示,可以看出,3 通道下

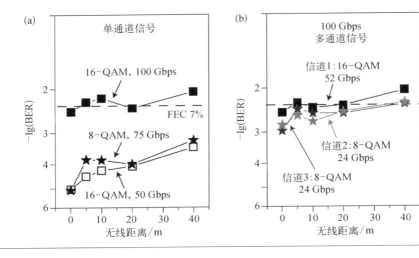

图 6-49
德国 IAF 100
Gbps 通信效果
图(Koenig, 2013)

的系统性能要略优于单通道模式。

2. 日本 300 GHz 通信系统

2016 年,日本大阪大学及 NTT 联合在 300 GHz 频段推出了采用光电结合技术、QPSK 调制的 90 Gbps 通信系统,系统发射端框图如图 6-50 所示。光学太赫兹信号发生器利用 22～33 GHz 的微波源对激光器输出进行两级调相以实

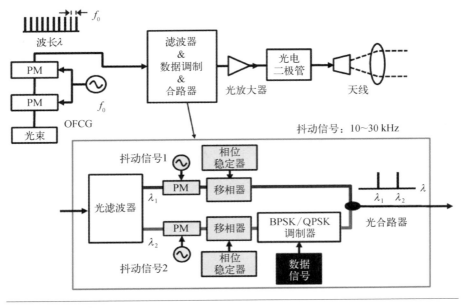

图 6-50
日本大阪大学
及 NTT 联合研
制的 300 GHz 通
信系统发射端
示意图(Nagatsuma,
2017)

现频率梳输出,随后经滤波选出两个频率间隔 320 GHz 的光信号,随后对其进行稳相处理,再对其中某一路光信号进行 QPSK 调制,最后两路光信号经 UTC-PD 转换为 320 GHz 太赫兹信号输出至天线。接收端采用了零中频解调结构,利用两路正交次谐波混频器将 320 GHz 载频直接搬移到基带,然后直接利用仪器进行误码率测试。该系统与一般光电结合系统不同之处在于对两路光信号进行了相位稳定处理,从而极大提高信号质量,在 40 Gbps BPSK 调制下系统误码率低于 10^{-11}。随后,他们对稳相电路进行了优化设计,采用 QPSK 调制、通信距离 10 cm,通信速率达到 90 Gbps 时误码率为 1.7×10^{-3}。具体的稳相电路及原理可参考相关论文。另外,采用类似系统结构,他们还实现了基于 16 - QAM 调制的 385 GHz、32 Gbps(离线处理)、25 m 通信系统。

3. 美国布朗大学 300 GHz 通信系统

2017 年,美国布朗大学的科研人员基于研制的漏波复用/解复用器,采用光电结合方式在 300 GHz 频段实现了 QPSK 调制、2 通道复用的 50 Gbps(离线处理)通信系统,同时基于 OOK 调制完成了两路 1.5 Gbps 高清视频传输演示,部分实验场景及效果如图 6 - 51 所示。其研制的漏波复用/解复用器基于平行板

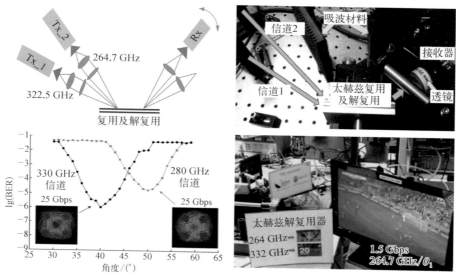

图 6 - 51
美国布朗大学
300 GHz、50
Gbps 通信系统
(Ma, 2017)

漏隙波导结构,通过调节平行板间隙、板间角度、板内形状等参数可以实现50～500 GHz频率内电磁波的定向传输,即折射角度随入射电磁波频率的不同而不同,且其带宽可以在0～80 GHz内动态调整。通信实验中264.7 GHz利用全电子学倍频源实现,280 GHz、322.5 GHz和330 GHz均可利用UTC-PD以光学方式生成。接收端利用次谐波混频器接收,随后利用仪器采集进行解调处理。

4. 复旦大学400 GHz通信系统

2012年,复旦大学研究人员利用光电结合方式在100 GHz载频上实现了1 m、108 Gbps的光纤无线通信系统。该通信系统的组成框图如图6-52所示。该系统由基带光发射机、光学上变频器、无线链路、W波段无线接收机组成。

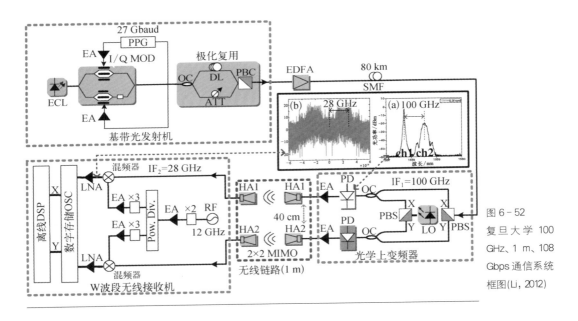

图6-52
复旦大学100 GHz、1 m、108 Gbps通信系统框图(Li, 2012)

具体来说,在基带光发射机方面,首先选用外腔激光器(External Cavity Laser, ECL)生成波长1 558.51 nm、线宽小于100 kHz、输出功率14.5 dBm的种子光载波;然后,将该光载波通过I/Q复MZM调制器(由两个并行MZM调制器组成,两者相差90°)进行数据的I/Q调制,该调制信源由27 Gbps的脉冲码型发生器(Pulse Pattern Generator, PPG)产生;随后进行数据的偏振复用,即先用光偏振保持器(OC)将调制后激光分为两路,一路进行150个符号的延时(DL),另一路进行功率平衡的衰减控制(ATT),最后再用极化波束合成器(PBC)将两路激光合成;生成的两路激光经 EDFA 放大后经过 80 km 的单模光纤 SMF - 28 传输。

在光学上变频器中,采用一个波长 1 557.71 nm(与已调制激光频差 100 GHz)、线宽小于 100 kHz 的 ECL 激光作为本振激光,两个偏振光分离器(Polarized Beam Splitter,PBS)和两个 OC 被用于实现本振激光与调制激光的偏振分集,X 极化和 Y 极化的两路激光(本振激光与调制激光)分别经过两个 75 GHz 带宽的光探测器(Photo Detector,PD)进行光混频,得到两路携带调制信息的 100 GHz 微波信号。两路微波信号分别通过 32 dB 的放大器放大后,再通过两个 25 dBi 的喇叭天线发送出去。

接收端首先利用两个 25 dBi 的天线将两路偏振的 100 GHz 微波信号接收下来,然后进行模拟下变频。即先对 12 GHz 的本振进行 6 倍频得到 72 GHz 本振信号,然后分别与 X 极化、Y 极化的 100 GHz 调制信号进行下变频,得到两路 28 GHz 载频信号。两路 28 GHz 载频信号经 LNA 放大后直接利用 120 Gsps 采样率、45 GHz 带宽示波器进行双路采集。采集下来的数据再进行离线解调相关信号处理(包括色散补偿、I/Q 分离、CMA 均衡、载波同步、差分译码及误码率统计)。

该通信系统采用的是单载波双发双收的偏振复用 27 Gsps QPSK 调制,即总速率为 $2 \times 2 \times 27$ Gbps＝108 Gbps。随后,复旦大学学者将 QPSK 调制升级为 16 - QAM 调制,即将 PPG 改为生成 14 Gbaud 的 AWG 以调制 ECL 激光,同时将载频降低到 35 GHz 实现了 112 Gbps 通信。接着,他们又以三载波方式实现了 120 Gbps 偏振复用 QPSK 调制的通信($3 \times 2 \times 2 \times 10$ Gbps＝120 Gbps),中心载波为 92 GHz,两个相邻载波的频偏由 QPSK 调制后 ECL 激光经过一个 12.5 GHz 本振驱动的 MZM 实现。然后,他们将 108 Gbps 系统的 PPG 改为 AWG 生成 OFDM 调制信号实现了 100 GHz、30.67 Gbps 的无线通信($11.5 \times 192/288 \times 2 \times 2$ Gbps＝30.67 Gbps)。另外,他们对两路 ECL 激光分别进行 28 Gbps 的 QPSK 调制后再分别偏振复用,再分别与两路 ECL 激光进行混频,得到两路在 35 GHz 载波上的偏振复用 QPSK 调制信号,其中一路通过水平极化的双发双收天线进行无线传输,另一路通过垂直极化的双发双收天线进行无线传输,从而实现了 112 Gbps 的无线通信(2×2×2×14 Gbps=112 Gbps)。

最后,复旦大学学者将上述各种复用合成在一套系统中于 2013 年实现了超过 400 Gbps 的无线通信。其原理框图如图 6-53 所示,实验现场实物如图 6-54 所示。即利用 MZM 对 4 路 ECL 激光中的两路进行 14 Gbaud 的 16-QAM 调制,另两路进行 27 Gbaud 的 QPSK 调制,然后进行光偏振复用;调制后 4 路 ECL 激光经 80 km 单模光纤传输后再分别与 4 路本振 ECL 激光经过 PD 进行光混频,将两路 16-QAM 调制信号混频到 37.5 GHz,两路 QPSK 调制信号混频到 100 GHz;两路 37.5 GHz 调制后载波信号分别通过水平极化和垂直极化的双发双收天线进行无线传输,另两路 100 GHz 调制后载波信号再分别通过另外的水平极化和垂直极化的双发双收天线进行无线传输;随后,37.5 GHz 载波信号直接通过 120 Gsps 示波器采集,100 GHz 载波信号先进行一次下变频到 28 GHz,再通过 120 Gsps 示波器进行采集;最后,对采集到的低中频调制信号分别进行离线软件解调处理。总的来说,该系统由 2×(2×4×14) Gbps PDM-16-QAM@37.5 GHz 链路和 2×(2×2×27) Gbps PDM-QPSK@100 GHz 链路组

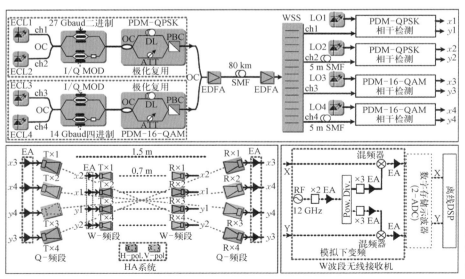

图 6-53
复旦大学 400
Gbps 通信系统
框图(Li, 2013)

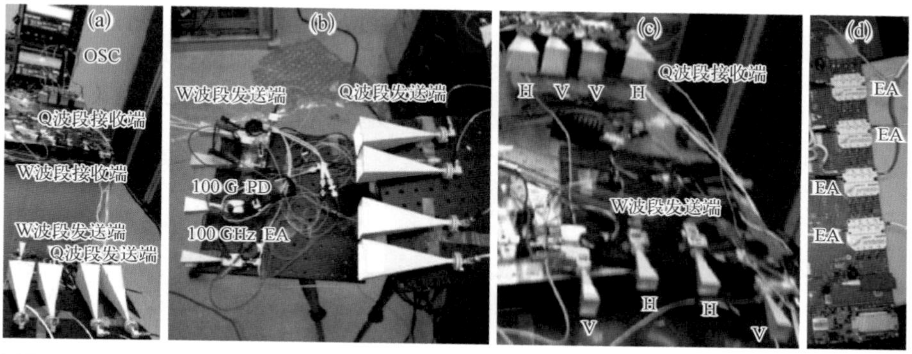

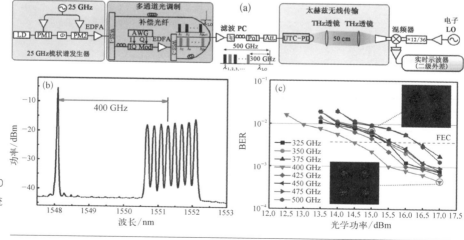

图 6-54
复旦大学 400
Gbps 通信系统
实物图（Li，
2013）

成，其总速率达到了（2×112＋2×108）Gbps＝440 Gbps。整套系统中利用了光波的偏振复用、天线的极化复用、多载波复用。

5. 浙江大学 400 GHz 通信系统

2016 年，浙江大学在 300～500 GHz 频段实现了 QPSK 调制、8 通道频分复用的 160 Gbps、50 cm 通信系统，系统组成框图及传输效果如图 6-55 所示。该系统发射端先基于光学频率梳生成频率间隔 25 GHz 的相干光，然后利用任意波发生器（Arbitrary Wave Generator，AWG）生成 20 Gbps、QPSK 调制的电信号对 8 路相干光分别进行 IQ 调制后，经 UTC-PD 转换为太赫兹信号；中间利用两个 25 dBi 太赫兹透镜聚焦太赫兹波，经 50 cm 传输后，接收端采用数字中频解调

图 6-55
浙江大学 400
GHz 通信系统
（Yu，2016）

结构,利用肖特基混频器将太赫兹信号下变频至低中频,然后经过 42 dB 放大,最后利用示波器采集并进行离线解调处理。该系统在光本振通道中增加了延时补偿单元以提高 UTC-PD 前光的相干性,降低经 UTC-PD 后太赫兹信号的相噪。

6.5 小结

纵观近十年来太赫兹无线通信技术的发展历程及取得的成果,可以看出,太赫兹无线通信正在往更高频段、更高通信速率、更高频带利用率方向发展,并一步步地往工程化、实用化方面靠拢。目前公开文献报道的典型高速太赫兹通信系统的指标对比如表 6-1 所示。

表 6-1 典型高速太赫兹通信系统指标对比

调制体制	频率/GHz	速率/Gbps	技术途径	调制解调	复用方式	机　构	时间
8PSK	85	6	SHM/SHM	实时 DSP	4 路频分	澳大利亚 CSIRO ICT	2007
QPSK	100	108	PD/SHM	离线 DSP	偏振复用	复旦大学	2012
16-QAM	140	80	SHM/SHM	离线 DSP	极化复用	中国工程物理研究院微系统与太赫兹研究中心	2015
QPSK	200	75	UTC-PD/SHM	离线 DSP	3 路频分	英国伦敦大学	2014
QPSK	220	3.5	SHM/SHM	实时 DSP	非复用	电子科大	2016
16-QAM	237.5	100	UTC-PD/MMIC	离线 DSP	非复用	德国 IAF	2013
QPSK/8-PSK	240	64	MMIC/MMIC	离线 DSP	非复用	德国 ILH	2015
QPSK	300	64	MMIC/MMIC	离线 DSP	非复用	德国 ILH	2015
16-QAM	340	5	SHM/SHM	实时 DSP	非复用	中国工程物理研究院微系统与太赫兹研究中心	2015
QPSK	400	160	UTC-PD/SHM	离线 DSP	8 路频分	浙江大学	2016
OOK	125	10	UTC-PD/SBD	实时	非复用	日本 NTT	2008
OOK	125	20	MMIC/MMIC	实时	极化复用	日本 NTT	2010

调制体制	频率/GHz	速率/Gbps	技术途径	调制解调	复用方式	机　　构	时间
OOK	220	25	MMIC/MMIC	实时	非复用	德国 IAF	2011
OOK	300	40	UTC-PD/SBD	实时	非复用	日本大阪大学	2013
OOK	300	48	UTC-PD/SBD	实时	极化复用	日本大阪大学	2013
OOK	330	50	UTC-PD/SBD	实时	非复用	日本大阪大学	2016
OOK	350	10	UTC-PD/SBD	实时	非复用	日本大阪大学	2013
OOK	400	40	UTC-PD/SHM	非实时	非复用	法国 IEMN	2014
OOK	625	2.5	Multiplier/SBD	实时	非复用	美国 BELL	2011
OOK	720	1.6	UTC-PD/SBD	实时	非复用	日本大阪大学	2013

从表 6-1 可以看出,在系统整体路线方面,太赫兹通信发展的初期主要采用光电结合技术,目前也有相当一部分系统采用这种技术路线。近几年来,随着半导体工艺水平和技术的进步,全固态电子技术也开始得到广泛应用,全固态电子学技术将调制器、解调器、混频器、倍频器、滤波器等器件集成为 MMIC、TMIC 芯片,使得通信系统更紧凑、更轻便、更低功耗。

在频段方面,最初的太赫兹通信系统主要使用 120 GHz、140 GHz 频段,如日本采用的 120 GHz 频段、加拿大多伦多大学采用的 140 GHz 频段。近几年来,太赫兹通信系统逐渐开始采用 220 GHz、300 GHz、340 GHz、625 GHz 频段,正在由太赫兹低端频段往太赫兹中端频段前进,如德国 IAF 的 240 GHz、日本 NTT 的 300 GHz、贝尔实验室的 625 GHz 等。

在通信速率方面,最初的太赫兹无线通信系统的数据传输速率都在 10 Gbps 以内,如加拿大多伦多大学的 4 Gbps 通信、日本 NTT 的 10 Gbps 通信等。近几年来,太赫兹通信系统的数据传输速率得到了极大的提高,已经可以达到 100 Gbps 量级。

在通信系统调制方式方面,OOK 类目前可以实现 50 Gbps 的实时高速传输,高阶调制类可以实现 100 Gbps 量级的高速传输,但是目前基本都不是实时处理。最初的太赫兹通信系统主要采用光强调制、OOK 调制、ASK 调制等最简单、最低效的调制方式。近几年来,大家已经开始研究更高阶的调制方式,如

BPSK、QPSK 等,基于数字高阶调制解调的太赫兹通信系统近几年也开始出现,如 16 - QAM、64 - QAM。但是,由于现有数字器件的水平限制,高速情况下的数字信号处理十分困难,因此基于数字调制的太赫兹通信系统的数据传输速率都还很低,很少达到 10 Gbps 量级。

在系统实用化方面,最初的太赫兹通信系统基本都是原理演示样机,主要是实现了数据的传输,完成眼图测试等。近几年来,太赫兹无线通信系统已经往实用化方向前进了很多,例如,日本 2012 年完成了双向 10 Gbps 数据链与 10 GbE 的无缝连接,这就使得我们可以在具备 10 GbE 的电脑等设备终端上直接连接太赫兹通信系统进行高速的太赫兹无线通信。2014 年,日本的 120 GHz 通信系统已经在 4 K 及 8 K 高清赛事转播方面找到了应用并开始了商业化进程。2013 年,制定太赫兹无线通信标准的国际标准小组将 802.15IGthz 升级为了 SGthz,旨在制定"可波束切换的点对点 40/100 Gbps 无线链路"标准。2014 年,TG3d 小组成立,旨在制定瞄准 100 Gbps 波束切换点对点链路的 802.15.3 修正版标准,其主要应用场景包括无线数据中心、无线 backhauling/fronthauling、Kiosk 下载、设备间通信,TG3d 的第一版标准已于 2017 年发布,即 IEEE Std 802.15.3d—2017。另外,近几年来,美国、德国等国的研究机构已经开始对太赫兹室内信道模型、室外信道模型等进行研究,并取得了初步研究成果,这些研究结果将进一步指导太赫兹通信系统设计、太赫兹通信协议设计,并将太赫兹通信系统往实用化方向推进。

参考文献

[1] Hirata A, Kosugi T, Takahashi H, et al. 120-GHz-band wireless link technologies for outdoor 10-Gbit/s data transmission[J]. IEEE Transactions on Microwave Theory and Techniques, 2012, 60(3): 881 - 895.

[2] Hirata A, Kosugi T, Takahashi H, et al. 120-GHz-band millimeter-wave photonic wireless link for 10-Gb/s data transmission[J]. IEEE Transactions on Microwave Theory and Techniques, 2006,54(5): 1937 - 1944.

[3] Takahashi H, Kosugi T, Hirata A, et al. 120-GHz-band BPSK modulator and

demodulator for 10-Gbit/s data transmission[C]//2009 IEEE MTT-S International Microwave Symposium Digest. IEEE, 2009: 557 - 560.

[4] Takeuchi J, Hirata A, Takahashi H, et al. 10-Gbit/s bi-directional and 20-Gbit/s uni-directional data transmission over a 120-GHz-band wireless link using a finline ortho-mode transducer[C]//2010 Asia-Pacific Microwave Conference. IEEE, 2010: 195 - 198.

[5] Hirata A, Kosugi T, Takahashi H, et al. 5.8-km 10-Gbps data transmission over a 120-GHz-band wireless link[C]//2010 IEEE International Conference on Wireless Information Technology and Systems. IEEE, 2010: 1 - 4.

[6] Wang C, Lin C X, Deng X J, et al. Terahertz communication based on high order digital modulation[C]//2011 International Conference on Infrared, Millimeter, and Terahertz Waves. IEEE, 2011: 1 - 2.

[7] 邓贤进,王成,林长星,等.0.14 THz 超高速无线通信系统实验研究[J].强激光与粒子束,2011,23(6): 1430 - 1432.

[8] 王成,林长星,邓贤进,等.140 GHz 高速无线通信技术研究[J].电子与信息学报,2011,33(9): 2263 - 2267.

[9] Wang C, Lin C, Chen Q, et al. 0.14 THz high speed data communication over 1.5 kilometers[C]//2012 37th International Conference on Infrared, Millimeter, and Terahertz Waves. IEEE, 2012: 1 - 2.

[10] Lu B, Huang W, Lin C, et al. A 16QAM modulation based 3 Gbps wireless communication demonstration system at 0. 34 THz band [C]//2013 38th International Conference on Infrared, Millimeter and Terahertz Waves IRMMW. IEEE, 2013: 1 - 2.

[11] Wang C, Lin C, Chen Q, et al. A 10-Gbit/s wireless communication link using 16 - QAM modulation in 140-GHz band[J]. IEEE Transactions on Microwave Theory and Techniques, 2013, 61(7): 2737 - 2746.

[12] Wang C, Lu B, Lin C, et al. 0.34-THz wireless link based on high-order modulation for future wireless local area network applications [J]. IEEE Transactions on Terahertz Science and Technology, 2014, 4(1): 75 - 85.

[13] Lin C, Lu B, Wang C, et al. A 2×40 Gbps wireless communication system using 0.14 THz band oritho-mode transducer[C]//2015 40th International Conference on Infrared, Millimeter and Terahertz Waves IRMMW-THz. IEEE, 2015: 1 - 2.

[14] 吴秋宇,林长星,陆彬,等.21 km,5 Gbps,0.14 THz 无线通信系统设计与试验[J].强激光与粒子束,2017,29(6): 1 - 4.

[15] Kallfass I, Antes J, Lopez-Diaz D, et al. Broadband active integrated circuits for terahertz communication [C]//European Wireless2012, 18th European Wireless Conference. VDE, 2012: 1 - 5.

[16] Koenig S, Loper-Diaz D, Antes J, et al. Wireless sub-THz communication system with high data rate[J]. Nature Photonics, 2013,7(12): 977 - 981.

[17] Kallfass I, Dan I, Rey S, et al. Towards MMIC-based 300 GHz indoor wireless

communication systems[J]. IEICE Transactions on Electronics，2015，98（12）：1081－1090.

[18] Kallfass I，Boes F，Messinger T，et al. 64 Gbit/s transmission over 850 m fixed wireless link at 240 GHz carrier frequency[J]. Journal of Infrared，Millimeter and Terahertz Waves，2015，36(2)：221－233.

[19] Moeller L，Federici J，Su K. 2.5 Gbit/s duobinary signalling with narrow bandwidth 0.625 terahertz source[J]. Electronics Letters，2011，47(15)：856－858.

[20] Nagatsuma T，Horiguchi S，Minamikata Y，et al. Terahertz wireless communications based on photonics technologies[J]. Optics Express，2013，21(20)：23736－23747.

[21] Nagatsuma T，Ducournau G，Renaud C C. Advances in terahertz communications accelerated by photonics[J]. Nature Photonics，2016，10(6)：371－379.

[22] Ma J J，Karl N J，Bretin S，et al. Frequency-division multiplexer and demultiplexer for terahertz wireless links[J]. Nature Communications，2017，8(1)：729.

[33] Li X Y，Dong Z，Yu J J，et al. Fiber-wireless transmission system of 108 Gb/s data over 80 km fiber and 2×2 multiple-input multiple-output wireless links at 100 GHz W-band frequency[J]. Optics Letters，2012，37(24)：5106－5108.

[24] Yu X，Jia S，Hu H，et al. 160 Gbit/s photonics wireless transmission in the 300－500 GHz band[J]. APL Photonics，2016，1(8)：81301.

太赫兹雷达与通
信中的信道技术

7.1 太赫兹雷达与通信射频信道概述

太赫兹射频信道是指位于雷达(通信)信号产生与雷达(通信)信号处理之间的系统组成部分,包括射频信号变换、放大部分(有线信道)和射频信号传输部分(无线信道)。本章节重点阐述有线信道。

通常来说,采用电子学方法的太赫兹雷达系统和通信系统在有线信道上具有一定的共性器件技术,其中主要包括太赫兹倍频源(链)、功率放大器、低噪声放大器等有源器件技术,也包括太赫兹混频器、滤波器和天线等无源器件技术。图7-1为典型的太赫兹雷达系统基本构成框图,图7-2为典型的太赫兹通信系统基本构成框图。

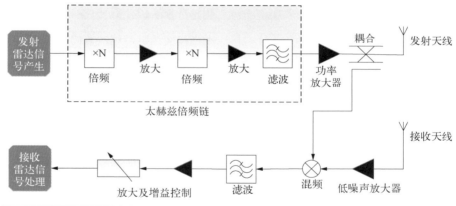

图7-1
典型的太赫兹
雷达系统基本
构成框图

与常规微波频段有线信道不同,太赫兹频段有线信道通常工作在高频率、高带宽的条件下,其杂散特性、输出功率、带内平坦度以及噪声性能等方面面临严峻挑战。因此,太赫兹有线信道设计的重点是如何实现低相位噪声、低杂散、良好的带内平坦度以及高输出功率等技术指标问题。

基于电子学方法的太赫兹雷达系统中的太赫兹发射源和通信系统中的本振源,一般采用倍频链的方式实现。相比输入的参考信号,每进行一次倍频,相位

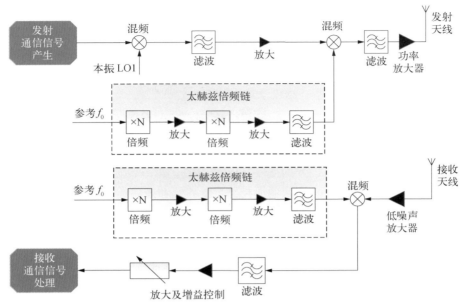

图 7 - 2
典型的太赫兹
通信系统基本
构成框图

噪声损失 6 dB,倍频次数越高,相位噪声恶化越严重。因此低相位噪声太赫兹源的设计需要重点关注输入参考信号的相位噪声和倍频链倍频次数的选择。

　　太赫兹频段有线信道的杂散性能需要重点关注太赫兹混频模块的设计。混频可分为基波混频和谐波混频。基波混频的特点是混频效率高、功率损失小,但对本振信号的要求较高;谐波混频则刚好相反。混频模块的设计主要在于工作频点、混频器和滤波器参数的设计。混频器在对信号的变频中存在非线性效应,即有可能存在高阶交调信号。输入载频为 f_1 和 f_2 的两个信号,混频后输出的信号频率 f_{out} 为

$$f_{out} = mf_1 \pm nf_2 \qquad (7-1)$$

式中,$m=1, 2, \cdots, n=1, 2, \cdots$,均为正整数。$m=1$ 且 $n=1$ 的输出谐次波信号为希望获得的主信号;$m+n>2$ 的频率的输出谐波信号则为高阶交调信号,是不希望获得的信号,因此其功率比主信号低越多越好。当 $m+n=3$ 时称为二次谐波信号,也称为三阶交调信号。混频器输出的三阶交调信号和其他高阶交调信号的示意图如图 7 - 3 所示。

　　理想的工作频段设计是使得高阶交调信号完全落在主信号的带外,可以通过带通滤波器将高阶交调信号滤除。但对于宽带信号,特别是零中频信号、高阶

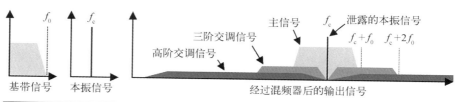

图 7-3
混频器输出的
高阶交调信号
示意图

基带信号　　　本振信号　　　　　　　　　经过混频器后的输出信号

三阶交调信号　　主信号　　f_c　泄露的本振信号
高阶交调信号　　　　　　　　　　　f_c+f_0　f_c+2f_0

交调信号与主信号重叠在一起,无法进行滤波,此时就应注意混频器的一个重要指标——三阶交截点(IP3)。三阶交截点定义为:当输出主信号与三阶交调信号的功率一样时,输入的中频(IF,如果是上变频)或射频(RF,如果是下变频)信号的功率。如图 7-4 所示,当本振功率保持不变时,随着混频器输入信号功率

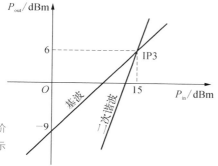

图 7-4
混频器的三阶
交截点(IP3)示
意图

的线性增加,输出基波信号(主信号)和二次谐波信号的功率也在线性增加(这里不考虑饱和的情况),但二次谐波信号的功率增加率是基波信号的 3 倍,体现在图 7-4 中二次谐波信号的输入(P_{in})-输出(P_{out})功率曲线的斜率是基波信号的 3 倍。当输入信号功率达到一定值时,输出的二次谐波信号功率将等于基波信号功率,此时输入信号的功率就是三阶交截点。

因此,若要提高输出谐波的抑制水平,应减小输入信号的功率,或使用 IP3 值更高的混频器。仍以图 7-4 为例,混频器的 IP3 值为 15 dBm,插损为 -9 dB(当输入信号功率为 0 dBm 时,输出信号功率为 -9 dBm),系统设计要求三阶交调抑制不低于 -40 dBc。那么可以根据几何关系计算出输入信号功率应不大于 -5 dBm,如图 7-5 所示。此时基波信

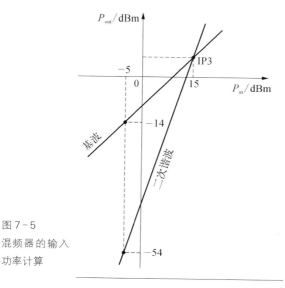

图 7-5
混频器的输入
功率计算

号的输出功率为－14 dBm,二次谐波信号的输出功率为－54 dBm。

由于混频器对输入功率的上限有限制,上变频后的基波信号(即需要的射频信号)功率一般无法满足系统发射功率的要求,因此需要采用功率放大器对混频和滤波后的信号进行放大。设计放大器指标首要考虑的是其增益 G 和饱和输出功率 P_{sat} 能否满足系统发射功率的要求。与混频器类似,放大器也存在三阶交截点的概念。实际上,混频器和放大器的输入-输出功率曲线应如图 7-6 所示一样存在一个饱和输出功率。当输出功率低于理想线性增益的输出功率 1 dB 时,此时的输出功率

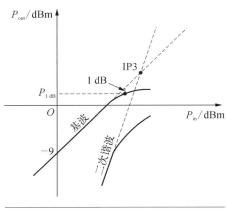

图 7-6
混频器和放大器的实际输入-输出功率曲线

称为放大器的 1 dB 压缩点(P_{1dB})。通常情况下,器件达到饱和时的输入功率小于 IP3 的值。

理想的用于雷达和通信系统中的功率放大器一般要求工作在线性区,特别是太赫兹通信系统,以保证输出信号不失真。因此通信信号的平均输出功率设计应在放大器 P_{1dB} 输出功率的基础上采取功率回退。如采用复杂的调制系统的实际输出功率需要比 P_{1dB} 回退 5～6 dB,调制阶数越高,回退量也越大。

在系统设计中,在设计功率放大器指标时还应关注的一个指标是放大器的带内平坦度。当带内起伏过大时,接收端的信号均衡处理可能无法实现对信号失真的完全纠正,需要采用模拟预失真或数字预失真技术对放大器的带内增益起伏进行补偿。但应注意补偿后的带内增益仍应满足系统发射功率的要求。

在接收系统的设计中,主要关注接收机的噪声系数,其性能直接影响接收机的灵敏度,也决定了系统的性能。接收机的整体噪声系数又与各组成模块的噪声系数相关,特别是靠近天馈部分的低噪声放大器的噪声系数。典型的太赫兹接收机噪声系数计算模型如图 7-7 所示。

各部分的噪声系数分别为 F_1、F_2、…,

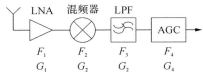

图 7-7
典型的太赫兹接收机的噪声系数计算模型

增益分别为 G_1、G_2、$\cdots$，均以绝对量计算[①]。则级联后的接收机中噪声系数 F_e 为

$$F_e = F_1 + \frac{F_2 - 1}{G_1} + \frac{F_3 - 1}{G_1 G_2} + \cdots \tag{7-2}$$

接收机的性能也可以用等效噪声温度 T_e 来表示。

$$T_e = (F_e - 1)T_0 \tag{7-3}$$

式中，T_0 为定义噪声系数的标准噪声温度，$T_0 = 290\,\mathrm{K}$。级联系统的等效噪声温度可以由式(7-4)计算。

$$T_e = T_{e1} + \frac{T_{e2}}{G_1} + \frac{T_{e3}}{G_1 G_2} + \cdots \tag{7-4}$$

式中，T_{e1}、T_{e2}、T_{e3}、$\cdots$ 为各级的等效噪声温度。

对于无源器件，可以将其增益 G 看作 1。

由式(7-2)可以看出，要降低接收机整体的噪声系数，应在第一级采用增益 G_1 较高、噪声系数 F_1 较低的器件。一般为低噪声放大器。

此外，在天线部分设计中，由于太赫兹频段电磁波波长处于毫米和亚毫米量级，同等口径下的太赫兹天线增益比微波频段大得多，同时带来的一个结果就是天线主波束的变窄，也就是实现了能量的定向传播。

在设计太赫兹系统的天线时，主要应考虑到以下几点约束：① 搭载通信系统的平台可接受的天线的物理尺寸；② 天线波束对准的精度对天线波束宽度的约束；③ 目标信号覆盖要求；④ 平台对天线的其他要求；⑤ 阵列化布局设计要求。

一般的设计原则是在平台空间和伺服系统对准精度允许的情况下，采用尽可能大的天线口径，以获得更高的天线增益。

下面针对太赫兹通信和雷达有线信道中的重点共性部分、新型振荡源以及集成微系统进行详细阐述。

---

① 注：不是 dB。

7.2 太赫兹倍频与混频技术

本节主要阐述太赫兹信道中固态倍频和混频技术,倍频链路可用于提供太赫兹通信系统的本振源以及太赫兹雷达系统的发射源,太赫兹混频器主要用于太赫兹通信中中频信号上混频至太赫兹频段以及太赫兹通信和雷达系统接收信号下变频至中频信号。

7.2.1 太赫兹肖特基二极管技术

倍频和混频技术是当前太赫兹波产生和检测的重要手段,其核心就是太赫兹肖特基二极管器件。肖特基二极管利用金属-半导体接触特性制成,结构如图7-8(a)所示,其命名是为了纪念德国物理学家华特·肖特基(Walter H. Schottky)。图7-8(b)是理想热平衡时的金属-半导体能带图。接触前,半导体的费米能级高于金属的费米能级;当热平衡时,为了使费米能级连续变化,半导体中的电子流向比它能级更低的金属,但正电荷的空穴仍留在半导体中,从而形成一个空间电荷区,即耗尽区。肖特基二极管具有电阻非线性和电容非线性。在加正偏压时,可以视为一个压控的电阻;而加反偏压时,耗尽层厚度会随加载的反向偏压值而改变,因此可以视为一个压控的电容。利用非线性特性,可以实现对输入信号的倍频或者混频输出功能。

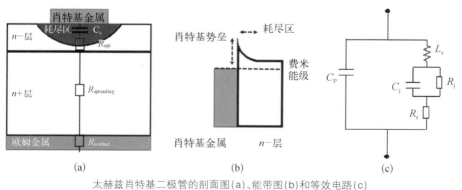

太赫兹肖特基二极管的剖面图(a)、能带图(b)和等效电路(c)   图7-8

太赫兹肖特基二极管的等效电路如图 7 - 8(c)所示。其中 R_j 为等效结电阻，C_j 为等效结电容，R_j 和 C_j 共称"本征二极管"参数。C_j 与 R_j 均随外加偏压呈非线性变化。R_s 为级联电阻，源自二极管非耗尽外延区，呈极弱的非线性，可近似认为是线性元件。封装引起的寄生参量 L_s 为引线电感，C_p 为管壳寄生电容，两者均对 R_j 产生分压和分流作用，从而消耗了部分本应加载在二极管上的有用信号。因此寄生参量 L_s 和 C_p 应设法减小。太赫兹肖特基二极管的截止频率 $f_c = 1/[2\pi R_s(C_j + C_p)]$。一般而言，变频电路的工作频率是肖特基二极管截止频率的 1/8～1/5。高截止频率的太赫兹肖特基二极管是实现高工作频率太赫兹变频电路的关键。

太赫兹肖特基二极管主要以 GaAs 和 GaN 等化合物半导体材料为主。GaAs 基材料的迁移率高，因此肖特基二极管的高频特性和噪声特性非常好，是应用最广泛的太赫兹器件材料之一。太赫兹肖特基二极管结构的发展主要可分为两个阶段，20 世纪 90 年代以前主要以触须接触型(晶须)二极管为主[图 7 - 9(a)]。其优势在于寄生参数低、触须位置可调及制造简单。然而触须接触结构的缺点也是很明显的：触须结构极其脆弱，容易损坏；触须制造可重复性低；触须结构器件很难实现集成，不适合在平面电路中应用。自 1900 年初 Walter H. Schottky 在实验室实现触须式肖特基二极管接触后，1965 年 Young 和 Irvin 将其扩展到太赫兹应用。到 20 世纪 80 年代后期，由弗吉尼亚大学的 Robert Mattauch 小组(美国弗吉尼亚州夏洛茨维尔市的 UVA)研制的晶须二极管，因

图 7 - 9　触须接触型肖特基二极管(a)和平面型肖特基二极管(b)(Robert Mattauch，1990)

其极佳的性能,成功地用于射电天文学和光谱学。具有代表性的触须接触型肖特基二极管结构如图 7-9(a)所示,阳极直径为 0.5 μm,芯片尺寸为 250 $\mu m \times$ 250 $\mu m \times$120 μm。其材料结构为在重掺杂砷化镓(GaAs)衬底上(衬底掺杂浓度 4.5 $\times$ 10^{18}/cm^3)先外延 1 μm 厚度的 n 型重掺杂缓冲层(掺杂浓度 4.5 $\times$ 10^{18}/cm^3),然后再在缓冲层上外延 0.1 μm 厚度的 n 型轻掺杂 GaAs(掺杂浓度 4$\times$$10^{17}$/$cm^3$)作为器件层。器件的串联电阻为 33~35 Ω,零偏结电容为 0.45~0.5 fF,估算其截止频率约为 10.6 THz。

随着研究的深入,材料、工艺的进步,基于空气桥技术制作的平面太赫兹肖特基二极管技术在 20 世纪 80 年代中期开始出现,极大地降低了由二极管结构引起的寄生参数,使太赫兹平面肖特基二极管真正实用,大大促进了太赫兹全固态源的发展。平面肖特基二极管的优点包括:结构更加牢固、可重复性高、有利于与平面电路集成等。平面型肖特基二极管采用半绝缘 GaAs 材料为基底,在基底上依次外延生长重掺杂 n+过渡层和轻掺杂 n—层[图 7-9(b)]。空气桥(Air-bridge)结构可有效减小平面型肖特基二极管的并列电容,从而提高工作频率。以 VDI-SC2T6 为例,其尺寸为 200 $\mu m \times$ 80 $\mu m \times$ 55 μm,串联电阻最大为 4 Ω,零偏总电容最大为 10 fF,器件的截止频率约为 4 THz。当前 GaAs 基 SBD 单管器件的去嵌截止频率已超过 30 THz。

GaAs 基平面太赫兹肖特基二极管的结构比较典型的分为三种:表面沟道平面肖特基二极管(Surface Channel Planar Diode)、空气桥平面肖特基二极管(Air-Bridged Planar Diodes)、准垂直平面肖特基二极管(Quasi-Vertical Planar Diodes)。

表面沟道平面肖特基二极管的开拓性研究工作由弗吉尼亚大学 Mattauch 教授展开。通过利用 GaAs 不同晶面的各向异性腐蚀来实现低寄生平面二极管,该技术被发明人称为"表面沟道蚀刻二极管"。图 7-10 为所得到的二极管结构示意图。1993 年,第一个 180 GHz 频率的平面肖特基变容二极管成功研制,这首次证实了平面芯片可以与晶须接触二极管竞争。该二极管技术于 1996 年从弗吉尼亚大学分离,成立了现在二极管领域著名的 VDI 公司。该肖特基二极管的主要改进是表面沟道通过用空气取代阳极指下方的 GaAs 来减小阳极和

阴极之间的寄生电容。另外,通过干法或湿法刻蚀控制台面的侧壁边缘。欧姆接触(阴极)和阳极之间的距离可以通过光刻控制。采用该技术已成功地实现了 2.7 THz 倍频器和 3.2 THz 谐波混频器。

图 7-10
表面沟道平面肖特基二极管结构示意图
(Imran Mehdi, 2017)

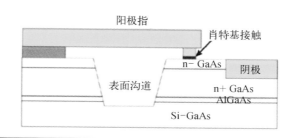

为了进一步简化组装过程并使用 3~4 英寸晶圆制造更多数量的芯片,美国喷气推进实验室(Jet Propulsion Laboratory,JPL)开发了一种新颖的肖特基二极管芯片制造工艺——空气桥平面肖特基二极管(图 7-11),其具备很高的技术水平,但从未商用化,主要用于天文观测。在此过程中的台面由反应离子蚀刻(Reaction Ion Etching,RIE)加工。与湿蚀刻不同,RIE 允许制造更小的台面,更好地控制台面尺寸和台面侧壁轮廓,并且还减少寄生电阻和电容。空气桥实现最小化错位,这种具有电路拓扑结构的技术可在悬置带状线下完全去除 GaAs。基于该二极管结构,JPL 实验室还提出了一种名为单片薄膜二极管工艺(Monolithic Membrane-diode Process)的方法,把肖特基二极管与混频电路和倍频电路集成制作在一根厚度为 3 μm 的 GaAs 薄膜上,薄膜由四周厚度为 50 μmGaAs 框架支撑(图 7-12)。后来为了增加电路设计灵活性、增加与波导匹配应用的可行性,减小芯片尺寸面积等方面考虑,甚至将四周 50 μm 厚度

图 7-11
空气桥平面肖特基二极管结构示意图
(Imran Mehdi, 2017)

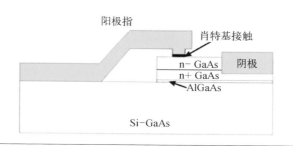

的 GaAs 框架支撑也完全去除,整个混频器或倍频电路都集成在一根宽30 μm、厚度 3 μm 的 GaAs 薄膜上(图 7 – 13)。

平面肖特基二极管能够整体集成,但它们也具有某些缺点,包括额外的寄生电容和串联电阻。为了减少这些缺点,准垂直平面肖特基二极管被达姆施塔特技术大学(德国)和Advanced Compound Semiconductor Technologies(ACST,德国)提出并开发。肖特基接触形成在外延层(外延层)的正面上,而欧姆接触阴极形成在其背面上,直接在相应的肖特基接触下面,以确保垂直电流流动(图 7 – 14)。

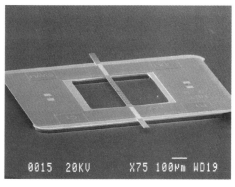

图 7 – 12
JPL 2.5 THz 框架式薄膜电路(Peter H. Siegel, 1999)

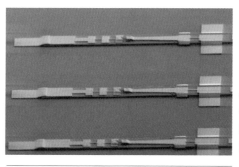

图 7 – 13
JPL 2.5 THz 无框架式薄膜电路(Berhanu T. Bulcha, 2016)

这种结构可以有效防止电流拥挤效应,降低欧姆损耗。此外,背面欧姆金属具有比 GaAs 膜更好的散热特性。图 7 – 15 为几种典型平面二极管结构研制电路的结果比较。

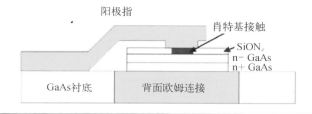

图 7 – 14
准垂直平面肖特基二极管结构示意图(Imran Mehdi, 2017)

GaN 基材料的禁带宽度大、击穿电场高,在大功率和耐高温方面具有独特优势。GaN 基 THz – SBD 器件的研究工作在国内外开展均较晚,大部分器件结果报道和性能提升发生在 2000 年以后。按结构特点,GaN 基 THz – SBD 器件可分为以下几类:基于 n – GaN/n+GaN 体材料的垂直结构 SBD(V – SBD),基于 GaN 基异质结二维电子气(2DEG)的横向结构 SBD(L – SBD)和金属-半导

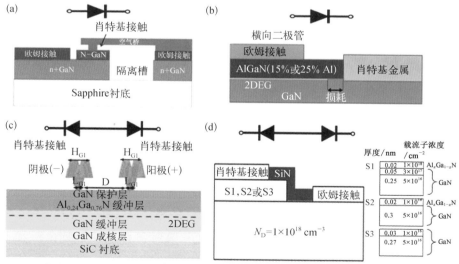

机构	主要技术特征	混频器最高频率	倍频器最高频率	极道最高效率(输出功率)	图片
ACST，德国	垂直结构	660 GHz (RPG)	600 GHz 三倍频器	30% @332 GHz 二倍频器 (14mW)	
查尔姆斯理工大学，瑞典	表面沟道腐蚀	1200 GHz, Trec=3,000K (DSB)	440 GHz 二倍频器	35% @ 170 GHz 二倍频器 (3.5 mW)	
Farran Tech.，爱尔兰	未批露	370 GHz, Tmix N/A	325 GHz	42.5% @190 GHz (80 mW)	无
JPL，美国	回流光刻胶工艺，薄膜二极管	2,514 GHz, Tmix=9,000 K (激光本振源); 1200 GHz, Tmix=2800 K,	2,700 GHz 三倍频器	25%@180 GHz 二倍频器 (120 mW)	
Observatory de Paris，法国	回流光刻胶工艺，薄膜二极管	1200 GHz, Trec=3,500K (DSB)	300 GHz 二倍频器	27% 295 GHz 二倍频器 (10.5 mW)	
卢瑟福·阿尔普顿实验室，英国	表面沟道腐蚀	664 GHz, Tmix=3,500K	220 GHz 二倍频器	29.4% @168 GHz (14 mW)	
United Monolithic Semiconductors，法国	BES工艺	380 GHz Tmix=4000	200 GHz	7% @ 190 GHz (3mW)	
弗吉尼亚大学，美国	垂直结构	-	172 GHz 四倍频器(x4)	29% @160 GHz 四倍频器(70mW)	
VDI，美国	表面沟道腐蚀	1,570 GHz, Tmix=5,900	3,100 GHz tripler 三倍频器	25% @160 GHz, 二倍频器 (125mW)	

图 7 - 15
几种典型平面二极管结构研制电路的结果比较（Imran Mehdi，2017）

体-金属（MSM）变容二极管，以及反向串联肖特基变容二极管（ASV）。如图 7 - 16所示，V - SBD 和 L - SBD 的阴极和阳极分别由欧姆接触电极和肖特基接

图 7 - 16

垂直结构 SBD（Shixiong Liang，2014）(a)、横向结构 SBD（Grzegorz Cywiński，2016)(b)、MSM - 2DEG 变容管(Ji Hyun Hwang，2017)(c)和 ASV(d)的结构示意图

触电极构成。MSM-2DEG变容二极管的阴阳极均由肖特基接触电极构成，无欧姆接触电极。ASV由肖特基接触电极和欧姆电极串联的异质结势垒构成。另外还有异质结势垒变容管（Heterojunction Barrier Varactor，HBV）等非肖特基接触变容二极管器件。其中，前三种GaN基器件发展相对更充分，高频性能也更好。表7-1统计了近年内有截止频率特性报道的GaN基SBD器件，当前已公开报道的截止频率超过1.5 THz。

表7-1 近年内有截止频率特性报道的GaN基SBD器件性能统计

研 制 单 位	器件结构	R_s/Ω	C/fF	f_c/GHz	发表时间
摩尔多瓦TU 德国TUD	垂直结构	48	16	390	2004
德国TUD		20.9	36	211	2010
法国IEMN		24	17.6	376	2012
法国IEMN 美国波士顿大学				~200	2013
中电13所①		16	12.5	796	2014
中电13所				1 200	2016
中电13所		21	8.4	902	2015
美国HRL	横向结构	7.127	24.78	900	2013
德国RCJ	平面MSM结构	58.8	36.5	74	2006
韩国光州科技院		77.3	6.71	308	2015
韩国光州科技院		11.4	9.08	1 540	2017
中国工程物理研究院微系统与太赫兹研究中心		10.6	4.40	3.42	2018

注：① 中国电子科技集团公司第十三研究所

7.2.2　基于肖特基二极管的太赫兹倍频技术

1. 倍频链架构

在太赫兹倍频源发展起来之前，太赫兹频段的超外差接收机主要使用气体FIR激光作为本振，这种振荡器体积重量大、操作困难、功耗大，且仅在特定频点可用。电真空器件工作在强电场/磁场条件下，使用寿命有限。而二端口振荡器，如Gun、IMPATT振荡器等，即使工作在谐波状态下，输出频率也难以提高。

近年来,随着太赫兹倍频器及倍频链的发展,太赫兹倍频源可以在 0.1~3 THz 频段内提供高频率稳定度、低相位噪声、输出功率从数百毫瓦(0.1 THz)到数微瓦量级(3 THz)的固态太赫兹源。太赫兹倍频源主要包含两个研究内容:太赫兹倍频器的研制和太赫兹倍频链的构建。太赫兹倍频器主要原理是使用低频段射频信号驱动非线性器件产生倍频谐波输出。目前太赫兹倍频器采用的非线性器件主要有肖特基变容二极管、肖特基变阻二极管和异质结垒变容二极管。太赫兹倍频链典型架构图如图 7-17 所示,倍频链包含本振频率源、芯片倍频器、驱动放大器、肖特基二极管倍频器等。本振频率源以微波振荡源为主,利用锁相环将兆赫兹量级晶振拓展至微波频段,一般在 10~20 GHz。倍频芯片和芯片放大器主要用于低频段,将频率从微波段提升至毫米波频段,一般集中在 30~100 GHz,该频段的放大器芯片功率大,倍频芯片功耗可以接受,相比利用肖特基完成的倍频器更具优势。在 100 GHz~3 THz 的高频段放大器芯片功率不足或没有相应放大器芯片支持,通过肖特基二极管倍频具有较大优势,常规的利用二倍频或三倍频器件完成,为了保证足够的驱动功率,在太赫兹频段的倍频器一般也可采用功率合成方式增加输出功率,从而进一步扩展倍频级数。

图 7-17
典型的太赫兹
倍频链架构

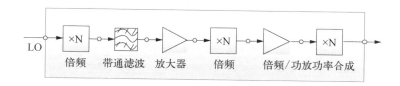

2. 太赫兹固态倍频源发展及趋势

二十世纪五六十年代就有科学家开始了对点接触式肖特基二极管毫米波倍频器的研究,在二十世纪七八十年代开始出现基于点接触肖特基二极管倍频混频电路的报道。二十世纪九十年代,随着平面肖特基二极管的提出,各大实验室将部分精力集中到二极管的研制和电路的理论分析上,随后数年,电路仿真软件和有限元数值计算仿真软件的兴起大大地加快了肖特基二极管倍频源的研究进程,这让肖特基二极管在太赫兹频段组件研制中凸显优势,成为推动太赫兹技术发展的核心器件之一,目前国际上已经具备 3 THz 频率源研制能力。

(1) 固态倍频源发展

1995—2000 年肖特基二极管相关技术发展非常迅猛,研究频率不断提高。1994 年,基于平面肖特基二极管倍频器向频率更高、功率更大的方向发展,相关研究机构设计了 270 GHz 和 320 GHz 倍频器。1996 年,JPL 开始研究基于肖特基二极管的 THz – MMIC 倍频电路,实现了 320 GHz 和 640 GHz 倍频电路设计 [图 7 – 18(a)(b)],采用 MDS、MOMENTUM 和 HFSS 进行联合仿真;德国 ACST 使用准垂直结构,开始了垂直肖特基结构的技术路线研究。1997 年,相关科研人员开始研究高频仿真方法(如 MCHB、DDHB 等),实现了 600 GHz THz MMIC,产生了 10 μW 级的功率输出,并开始研究无衬底肖特基二极管以达到提高工作频率的目的。1998—1999 年,肖特基二极管混频器发展至 1 THz。2000 年,GaN HEMT 开始发展,DARPA 立项开展下一代源和探测器技术研究;开始发展 MEMS 腔体,如图 7 – 18(c)所示,其为无框薄膜、无衬底空气介质微组装技术。

(a) 320 GHz倍频MMIC电路　　(b) 640 GHz倍频MMIC电路　　(c) MEMS腔体加工图

图 7 – 18
基于肖特基二极管的太赫兹电路和腔体图
(J. Bruston, 1998)

2001—2010 年,NASA 和 ESA 相继支持了一系列的天文项目,推动肖特基倍频器频率接近 2 THz,并致力于提高 1 THz 以下倍频链的输出功率。2001 年,实现了 1.5 THz 和 2.7 THz 单片倍频器,输出功率 1 μW 量级,效率<1%。2002 年,Alain Maestrini 设计了平衡式和非平衡式 1.1～1.9 THz 三倍频器,两者之间倍频效率差距 2 倍以上;同时实现四个二倍频级联的 1.5 THz 倍频链,最高输出功率为 45 μW。2005 年,实现了室温多结二极管 560 GHz 和 900 GHz 三倍频,其中在 540～640 GHz 频段内输出功率为 0.8～1.6 mW,120 K 时输出功率

提高至2～4 mW;2007年,VDI等实现了在1.8～1.9 THz频段内的商用倍频源,输出功率为1～3 μW。其中,1～2 THz典型倍频链路和倍频器集成电路如图7-19所示。

图7-19
1～2 THz典型倍频源链路构成和单片电路结构(N. R. Erickson, 2001)

2011—2018年,肖特基倍频源的发展从指标提升阶段过渡为工程化和稳定性相关技术研究,决定二极管性能的主要因素可以归纳为图7-20。其中,包括高热传导基片单片技术和焊接装配工艺,基于蒙特卡洛的谐波电路方法仿真肖特基二极管和对应电路的噪声、倍频效率和功率等相关性能,基于GaN肖特基

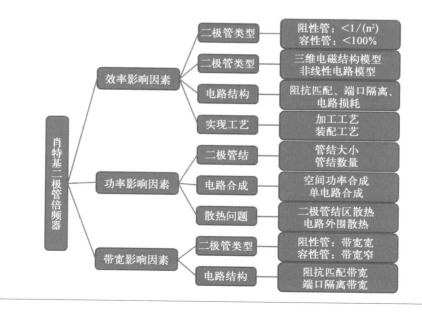

图7-20
肖特基二极管倍频器影响性能因素(蒋均, 2017)

二极管倍频的倍频电路,这些技术都增加了肖特基二极管倍频源的稳定性和可靠性,推动太赫兹倍频源在系统级的应用。

(2)固态倍频趋势

太赫兹倍频源在发展上向着高频、高效、高功率和高可靠性四个方向发展,具体如下。① 目前在高频方向已经突破 3 THz,这方面主要限制在工艺水平上,其中包括了肖特基二极管器件外延材料、器件制作工艺、薄膜电路工艺、腔体加工和微组装工艺等多重挑战。② 在高效率倍频器的发展中,电路的拓扑结构和二极管物理结构至关重要,以 VDI、ACST、JPL 等为代表的国外机构正在不断地提高相关方面的性能;③ 在高功率的倍频器发展中,功率容量和效率对其有重要影响,提高功率容量往往将二极管工作状态推到顶点,多管芯并串的方式成为目前解决该问题的主要途径,目前国外已经报道了 128 单元二极管阵列同时工作倍频模块,这也验证了该方向的重要性;④ 高可靠性是对一个产品最基本也是最重要的要求,目前基于肖特基二极管的商用化倍频源并不多,主要包括 VDI、RPG、FORRAN 等,影响可靠性的主要因素包括了二极管散热、功率容量以及微组装工艺等,在这几个方面的重要突破将进一步提升其工作的稳定度。

从倍频源结构上分析,太赫兹倍频源发展趋势可以分为两部分:二极管和电路实现。在二极管上的发展方向主要包括:① 建立更加精确二极管模型,准确描述寄生电容、电感和电阻等,其中包括优化二极管结构,建立二极管物理仿真模型(例如 MC、HD 等模型),探索新的低寄生的二极管结构;② 探索有别于 GaAs 材料的新二极管,典型的 GaN 基肖特基二极管已经成功应用在倍频电路上,从理论上 GaN 肖特基二极管具有更高的电压和功率容量,另外,基于 InAs 材料的混频肖特基二极管具有更加优异的检测性能。在电路实现上的发展趋势主要包括:① 倍频源和电路朝着集成化发展,利用 MEMS 工艺对太赫兹倍频电路进行封装集成成为一种比较可行的技术途径;② 太赫兹阵列电路的实现,未来空间功率合成、相控阵和阵列成像等技术存在大量的应用场景,如何扩展阵列数,提高功率适应不同的应用场景将是电路设计的巨大挑战之一;③ 电路稳定性将不断增强,随着太赫兹的逐步应用和二极管功率提升,其自热效应和载流子饱和效应将体现愈加明显,散热的设计、稳定性的设计将成为制约电路性能进一步提升的因素。

3. 太赫兹固态倍频理论

所有纯电抗性非线性器件理论满足 Manley - Rowe 准则，根据变容管的电压-电流以及电压-电容关系理论可以分析二极管在电路中的工作方式以及电路的阻抗值，包括输入输出阻抗以及空闲电路的阻抗值。在此基础上，通过理论分析不同谐波的倍频电路的功率和效率等相关核心参数，最后结合空闲电路的作用对电路设计做理论指导性的总结，结合理论分析可以进行相应的倍频电路拓扑研究。

图 7 - 21
变容二极管等
效电路模型

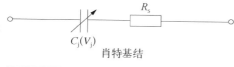

图 7 - 21 为变容二极管的等效电路，电压 v 和电流 i 分别表示加在变容二极管变容电容上的电压和流经二极管的电流，那么加载肖特基变容二极管的总电压 v_{st} 为

$$v_{st} = v + iR_s \qquad (7-5)$$

已知二极管电压与电荷的 V-Q 特性关系，利用归一化电荷 $\tilde{q}$ 计算得到归一化电流和电压，代入二极管中，可得到经过二极管后总电压、电流和电荷之间的关系，即

$$v_{st} - \phi = (V_B - \phi) f(\tilde{q}) + R_s (Q_B - Q_\phi) \frac{d\tilde{q}}{dt} \qquad (7-6)$$

式中，ϕ 为相位；V_B 为反向击穿电压；R_s 为串联电阻；Q_B 为反向电压达击穿电压的情况下变容二极管中电容对应的电荷值；Q_ϕ 为变容二极管开启电压下电容的电荷；$f(\tilde{q})$ 为归一化函数，$f(\tilde{q}) = \tilde{q}^{1/(1-M)} = (Q_\phi - v)/(Q_\phi - Q_B)$，其中 M 为分级系数。

利用上述电压-电荷公式，假设输入信号为角频率 ω_i 的三角函数，那么可以推算出 $(v_{st} - \phi)$、$\tilde{v}$、$\tilde{q}$、$d\tilde{q}/dt$ 都是时间周期的三角函数。经过变容二极管电容的非线性，从而产生基波的谐波分量，即可将上述变量展成傅里叶级数，表示为

$$v_{st} - \phi = \sum_{n=0}^{\infty} V_n \cos(n\omega_i t + \theta_{Un})$$

$$\tilde{v} = f(\tilde{q}) = \sum_{n=0}^{\infty} v_n \cos(n\omega_i t + \theta_{vn})$$

$$\tilde{q} = \sum_{n=0}^{\infty} Q_n \cos(n\omega_i t + \theta_{qn}) \tag{7-7}$$

$$i = (Q_B - Q_\phi)\frac{\mathrm{d}\tilde{q}}{\mathrm{d}t} = (Q_\phi - Q_B)\sum_{n=0}^{\infty} n\omega_i Q_n \sin(n\omega_i t + \theta_{qn})$$

$$= \sum_{n=0}^{\infty} I_n \cos(n\omega_i t + \theta_{in})$$

式中，θ_{Un}、θ_{vn}、θ_{qn}、θ_{in} 分别为不同参数在不同谐波分量下的相位角；n 为对应的谐波分量编号；V_n 为输入信号电压峰值；v_n 为输入信号电压瞬时值；Q_n 为谐波 n 的电量峰值；$I_n = (Q_\phi - Q_B)n\omega_i Q_n$，$\theta_{in} = \theta_{qn} + \dfrac{\pi}{2}$。将式(7-7)代入式(7-6)中可以得到变容管上的电压，得到一系列谐波分量的和。

$$\sum_{n=0}^{\infty} V_n \cos(n\omega_i t + \theta_{vn}) = (V_B - \phi)\sum_{n=0}^{\infty} v_n \cos(n\omega_i t + \theta_{vn}) + R_s \sum_{n=0}^{\infty} I_n \cos(n\omega_i t + \theta_{in})$$

$$\tag{7-8}$$

在倍频器电路中因为各次谐波分量对应输入和负载不尽相同，最终可以将倍频电路中各次谐波归入四类电路：输入回路、空闲回路、开路电路及输出回路。最终只有输入频率、输出频率、空闲频率三个回路的电流能够通过二极管，开路谐波电流被抑制，将不会产生该次谐波信号。利用变容二极管倍频电路的输入输出电流电压值可以计算得到变容二极管对应电路的三部分阻抗值：空闲回路阻抗值、输入回路阻抗值及输出回路阻抗值。将各次谐波对应的方程利用复数形式表示，即

$$\sum_{n=0}^{\infty} \dot{V}_n = (V_B - \phi)\sum_{n=0}^{\infty} \dot{v}_n + R_s \sum_{n=0}^{\infty} \dot{I}_n \tag{7-9}$$

对应各参量为

$$\dot{V}_n = V_n \exp(\mathrm{j}\theta_{vn}), \quad \dot{v}_n = v_n \exp(\mathrm{j}\theta_{vn}),$$

$$\dot{I}_n = I_n \exp(\mathrm{j}\theta_{in}) = \mathrm{j}n\omega_i(Q_B - Q_\phi)\dot{Q}_n, \quad \dot{Q}_n = Q_n \exp(\mathrm{j}\theta_{qn})$$

（1）输入电路阻抗分析

设置激励频率为 ω_i，根据式（7-9）和和对应各参量求得变容二极管上的电流 $\dot{I}$ 与电压 $\dot{V}$ 为

$$\left.\begin{aligned} \dot{V}_1 &= R_s \dot{I}_1 + (V_B - \phi)\dot{v}_1 \\ \dot{I}_1 &= j\omega_i(Q_B - Q_\phi)\dot{Q}_1 \end{aligned}\right\} \qquad (7-10)$$

最终求得变容二极管的输入阻抗值为

$$Z_i = \frac{\dot{V}_1}{\dot{I}_1} = R_s + \frac{1}{j\omega_i}\left(\frac{V_B - \phi}{(Q_B - Q_\phi)}\right)\frac{\dot{v}_1}{\dot{Q}_1} \qquad (7-11)$$

通过代入最小电容 C_{min} 对上式做一定等量变换，可以将变容二极管输入阻抗值化简为阻抗的实部和虚部值，即

$$\left.\begin{aligned} R_i &= R_s + \frac{(1-m)S_{max}}{\omega_i}\left(\frac{v_1}{Q_1}\right)\sin\beta_1 \\ X_i &= -\frac{(1-m)S_{max}}{\omega_i}\left(\frac{v_1}{Q_1}\right)\cos\beta_1 \end{aligned}\right\} \qquad (7-12)$$

式中，$\beta_1 = \theta_{v1} - \theta_{q1}$，为基波电压与电荷之间的相角差；$S_{max} = 1/C_{min}$。

综上所述，变容二极管的输入阻抗为电阻串联电容的方式，所以在设计基于变容管倍频电路时，匹配网络往往利用高低阻抗的方式，从而获得良好的匹配效果。利用变容二极管的相关参数和外部激励状态等，根据上述公式的推导，利用式（7-7）进行傅里叶展开得到输入阻抗值中所需的未知参数：v_1、Q_1、β_1，通过计算可以得到输入阻抗的实部和虚部值（阻抗和容抗）。

（2）输出电路阻抗分析

在上小节输入阻抗推导过程中，式（7-10）计算了在变容二极管处的各个谐波的电压电流关系，如果输出电路调谐在 nf_i 上，同样可以计算出对应 n 次谐波的输出阻抗值，如式（7-13）所示。

$$Z_o = -R_s - \frac{S_{max}}{n\omega_i}(1-m)\frac{v_n}{Q_n}\sin\beta_n - j\frac{S_{max}}{n\omega_i}(1-m)\frac{v_n}{Q_n}\cos\beta_n \quad (7-13)$$

式中 $\beta_n = \theta_{vn} - \theta_{qno}$。进一步可以获得 n 次谐波输出时的阻抗值虚部实部，如式

(7-14)所示,与输入阻抗值对比不难发现,输入阻抗的电阻值为正值而输出的则为负值,这主要是因为对二极管而言输入阻抗和输出阻抗分别对应功率的吸收和功率的输出。

$$
\left.
\begin{aligned}
\frac{R_{\mathrm{o}}}{R_{\mathrm{s}}} &= -\left(1-m\right)\frac{\omega_c}{n\omega_i}\left(\frac{v_n}{Q_n}\right)\sin\beta_n - 1 \\
\frac{X_{\mathrm{o}}}{R_{\mathrm{s}}} &= -\left(1-m\right)\frac{\omega_c}{n\omega_i}\left(\frac{v_n}{Q_n}\right)\cos\beta_n
\end{aligned}
\right\}
\tag{7-14}
$$

式中,$\omega_c = S_{\max}/R_{\mathrm{s}}$。

（3）空闲电路阻抗分析

空闲电路指除了输入输出和开路的谐波电路回路,假设对应角频率为 $\omega_I = x\omega_i$（其中 x 为空闲电路对应的谐波数）,利用求解输入输出电阻的方法,通过式(7-9)求得空闲电流和空闲电压的关系,最终得到空闲电路的阻抗,如式(7-15)所示,二极管对空闲频率呈现为倒电容。

$$
\left.
\begin{aligned}
\frac{R_{\mathrm{I}}}{R_{\mathrm{s}}} &= -\left(1-m\right)\frac{\omega_c}{x\omega_i}\left(\frac{v_x}{Q_x}\right)\sin\beta_x - 1 \\
\frac{S_{0x}}{S_{\max}} &= \left(1-m\right)\frac{v_x}{Q_x}\cos\beta_x
\end{aligned}
\right\}
\tag{7-15}
$$

式中,R_{I} 为输入阻抗的实部 $\beta_x = \theta_{ux} - \theta_{qx}$,$S_{0x} = 1/C_{0x}$。

（4）输出功率和倍频效率

通过前述方法,已经求出了对应的输入阻抗、输出阻抗以及空闲电路阻抗值,各自电流可以通过傅里叶展开前述算出,通过电阻和电流计算出各次谐波所消耗的功率,其中包括输入功率、输出功率以及空闲电路消耗功率。

首先求出输入功率为

$$
P_{\mathrm{i}} = \frac{1}{2}\,|\,\dot{I}_1\,|^2 R_{\mathrm{i}} = \frac{1}{2}\,|\,\omega_i(Q_{\mathrm{B}} - Q_\phi)Q_1\,|^2 R_{\mathrm{i}} = \frac{1}{2}\omega_i^2(Q_{\mathrm{B}} - Q_\phi)^2 Q_1^2 R_{\mathrm{i}}
\tag{7-16}
$$

标称功率为

$$P_{\text{norm}} = \frac{(V_{\text{B}} - \phi)^2}{R_{\text{s}}} \qquad (7-17)$$

进而可以将其归一化,得到归一化输入功率为

$$\frac{P_{\text{i}}}{P_{\text{norm}}} = \frac{1}{2} \left(\frac{\omega_i}{\omega_c} \right)^2 \frac{1}{(1-m)^2} Q_1^2 \frac{R_{\text{i}}}{R_{\text{s}}} \qquad (7-18)$$

输出标称归一化功率为

$$\frac{P_{\text{o}}}{P_{\text{norm}}} = \frac{1}{2} \left(\frac{n^2 \omega_i^2}{\omega_C^2} \right) \frac{1}{(1-m)^2} Q_n^2 \frac{R_{\text{L}}}{R_{\text{s}}} \qquad (7-19)$$

通过输入输出功率可以求出倍频效率为

$$\eta = \frac{P_{\text{o}}}{P_{\text{i}}} = n^2 \left(\frac{Q_n}{Q_1} \right)^2 \frac{R_{\text{L}}}{R_{\text{i}}} \qquad (7-20)$$

空闲电路部分产生的功率经过变容二极管后将发生倍频、与输入信号进行混频等非线性变换,最终得到所需的 $n\omega_i$ 的输出功率,所以这部分功率实际上不会全部消耗。最终总功率将小于输入功率、输出功率和空闲功率的总和,对应空闲电路阻抗功率为

$$\frac{P_{\text{r}}}{P_{\text{norm}}} = \frac{1}{2} \left(\frac{x\omega_i^2}{\omega_C} \right) \frac{1}{(1-m)^2} Q_x^2 \frac{R_{\text{r}}}{R_{\text{s}}} \qquad (7-21)$$

变容二极管倍频器的功率损耗包括两方面:变容二极管串联电阻 R_{s} 上的损耗为主要损耗;空闲电路、输入电路和输出电路往往采用低损耗的金或铜,所以电阻性损耗为次要损耗。假设各电路的损耗电阻分别为 R'_{i}、R'_1、R'_{o},变容二极管串联电阻 R_{s},计算得到电路损耗功率、二极管损耗以及总功率损耗为

$$P_{R_{\Sigma}} = \frac{1}{2} (|\dot{I}_1|^2 R'_i + |\dot{I}_x|^2 R'_1 + |\dot{I}_n|^2 R'_o)$$

$$P_{R_s} = \frac{1}{2} (|\dot{I}_1|^2 + |\dot{I}_x|^2 + |\dot{I}_n|^2) R_{\text{S}} \qquad (7-22)$$

$$P_R = P_{R_{\Sigma}} + P_{R_s}$$

4. 固态倍频器设计

固态倍频器的设计主要分为三部分：二极管建模、场结构仿真和电路仿真。电路上需要选择一种拓扑结构，根据倍频次数不同倍频器可以分为低次谐波倍频和高次谐波倍频，从电路结构上分为平衡式倍频器和非平衡式倍频器。在本小节作者将以四次谐波非平衡式结构为例，对整个倍频器设计进行详细说明。设计过程主要为：二极管建模——→场结构仿真——→电路仿真。

设计指标如下。工作频率为 0.34 THz；倍频效率最大值大于 6%；输出功率小于 5 mW；输出带宽大于 2 GHz。

(1) 二极管建模

肖特基二极管建模流程分为两部分：非线性建模和线性模型。非线性模型主要用于电路的谐波平衡仿真，而线性模型主要用于寄生参数的提取，提高高频仿真精度。具体需要实现以下三个步骤：① 建立基于三维全波电磁场仿真软件 HFSS 的三维模型结构；② 建立肖特基二极管正向偏压下的电学结区模型；③ 建立肖特基二极管反向偏压电学模型。为实现这三个目的，在理论分析的基础上，需要对器件分别进行三维模型电镜扫描或根据器件版图建模、正向 $I - V$ 测试和反向 $C - V$ 测试。

等效电路中有一个极其重要的部分是 3D 仿真模型，在太赫兹频段二极管尺寸可以比拟波长而不能被忽略成等效参数，为此需要通过同轴探针方法得到外围结构在电路中的电磁参数，所谓同轴探针法就是通过肖特基二极管在高频结构仿真器(High Frequency Structure Simulator，HFSS)电磁仿真模型插入同轴端口以获得二极管整体参数的方法。在二极管结区 Anode 插入一个与 Anode 尺度相同的同轴内导体，深入 n+GaAs 层 2 μm，并在该层插入外围空气腔体构成同轴探针替代二极管结区，仿真时通过 deembed 方法到 n+与 n−掺杂的交界面。其中有不少文献进行过同轴探针法探针大小选取的探讨，等于阳极半径的大同轴探针相当于去除结电容，实现三维结构和非线性结区模型的分离。HFSS 难以准确仿真出实际的损耗，所以在选取仿真材料上并不需要完全参照二极管的真实材料，而是选择导电性较好的 Gold、n+GaAs 以及欧姆接触均设置为 PEC，这样可以得到想要的外围结构对电路造成的寄生参数。

肖特基二极管在 ADS 中建立模型，该建模主要分为两类：基于 ADS 的 PN

二极管模型库进行建模和基于 ADS 中 Verilog - A 语言编写二极管数学模型(图
7 - 22)。两者各有优劣,相比之下 ADS 中 Verilog - A 语言编写的模型具有更好
扩展性,但模型并未优化。加入电路非线性仿真算法后收敛性较差,需要辅助其
他算法,增加整个设计难度。实际上,两者在常温下仿真结论相差并不大,但在
高温下,PN 结模型就显得不准确,所以不同温度要使用不同参数。

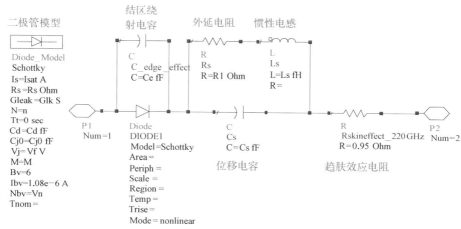

图 7 - 22
肖特基二极管
ADS 模型

图 7 - 22
肖特基二极管
ADS 模型

    基于 ADS 中 Verilog - A 语言编写模型时,需要通过实际物理函数,通过给
定的物理参数(结区面积、掺杂以及厚度等)计算出对应的 C_{j0}、R_s 等一系列的电
特性参数(图 7 - 23),其中通过 ADS 封装后模型如图 7 - 24 所示。

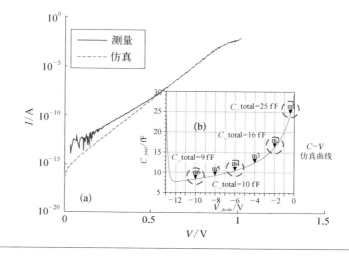

图 7 - 23
$I - V$ 和 $C - V$
测试以及仿真
曲线对比图

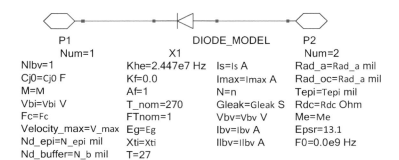

图 7 - 24
Verilog - A 语
言编写的肖特
基二极管模型

（2）场结构仿真

场结构仿真主要是无源网络仿真，主要包括：输入输出无源网络、二极管安置无源结构、滤波电路和匹配网络。输入无源网络包含两部分：输入悬置微带到波导探针过渡结构和超宽带倍频程低通滤波器。这两种结构各自实现不同的功能，其中输入探针主要负责输入信号的馈入，而超宽带倍频程低通滤波主要负责四次倍频中实现其他谐波回路接地以及抑制高频回波。

超宽带倍频程低通滤波电路：紧凑型悬置微带谐振单元（Compact Suspended Microstrip Resonators，CSMRs）滤波器是四倍频电路拓扑结构中最重要组成部分，其中 CSMRs 滤波器电路平面结构如图 7 - 25（a）所示，电路两个 CSMRs 谐振结构和四分之波长短路枝节。图 7 - 25（b）给出两个 CSMRs 谐振单元级联成低通滤波器，仿真得到滤波器的 S 参数表明该低通 CSMRs 的滤波电路结构的谐振点均在四倍频器的各次谐波附近，利用仿真斯密斯圆图可以读出各次谐波对应的阻抗值为：$60-550i\Omega$@$340\ \text{GHz}$、$0.75+7i\Omega$@ $250\ \text{GHz}$、$0.6+5i\Omega$ @ $170\ \text{GHz}$ 及 $40-10i\Omega$@$85\ \text{GHz}$。从仿真阻抗值可以看出利用该电路结构实现了二次和三次谐波空闲电路的短路，但在 $250\ \text{GHz}$ 附近会有不理想抑制（10 dB 隔离），额外并联两段 $250\ \text{GHz}$ 的 $\lambda/4$ 短路线。改进型 CSMRs 滤波器电路结构和等效电路如图 7 - 25（c）所示，与紧凑微带共振（Compact Microstrip Resonators，CMRs）滤波器相比，接地电容从微带面积与地之间形成大电容变成到金属壁的边缘电容，$C3$ 和 $C5$ 接地电容值大大减小。从谐振频率 $f_0 = 1/(LC)^{1/2}$ 分析，这有利于谐振频率提高，$C1$、$C2$ 和 $C4$ 主要影响滤波器的抑制度，不必减小微带面积，保证 $L1 \sim L4$ 的调节空间，调整 T 形谐振器尺寸，

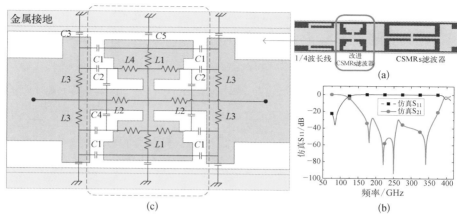

图 7 - 25
紧凑型悬置微带谐振单元滤波器电路

(a) CSMRs 滤波器电路平面结构;(b) 输入滤波器仿真结果;(c) 改进型 CSMRs 滤波器电路结构和等效电路结构

容易改变 $L1 \sim L2$ 这两个最为关键的分量,$C1$ 和 $C2$ 也随之改变。

输入无源网络:输入无源网络在输入 68~86 GHz 频段内具有良好,$S_{11} <$ —15.4 dB;在 5 次谐波频段内(140~480 GHz)具有良好的抑制作用,$S_{12} <$ —20 dB,完全满足整个四次倍频电路的输入要求(图 7 - 26)。

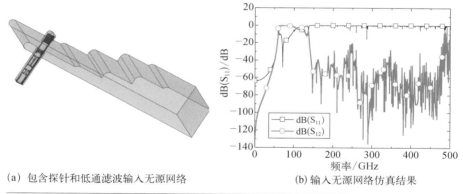

图 7 - 26
输入无源网络结构和仿真结果

(a) 包含探针和低通滤波输入无源网络

(b) 输入无源网络仿真结果

输出无源网络仿真:直流偏置结构,输出波导悬置微带探针过渡和减宽波导。直流供电位于输出端,谐波分量相对丰富,理论上会有产生从基波到所有高次谐波的可能性,同时,该网络会对输出输入匹配有巨大牵引作用,所以在设计直流偏置结构时需要特别考虑。其中一种解决方案是使用四分之一短路线和滤波器,因为基片宽度有限,对四分之一短路线很难实现,所以可以利用 Hammer -

Head 滤波器实现,为了便于高频悬置微带安装,减少悬置微带长度,在 DC 端口采用典型的微带线结构,电路图和仿真结果如图 7 - 27 所示。仿真结果虽然并不是在 50 GHz 以上实现全带宽抑制,但在对应的几个谐波频段抑制度均满足该电路的设计需求。滤波器和输出探针模型给出了整个探针结构及对应的 Port1~Port3,Port1 表示射频输出端口,Port2 表示邻近二极管各次谐波输入端口,Port3 对应 DC 端口,图 7 - 27(c)给出了其仿真结果,仿真结果表明 DC 端口至波导对各次谐波(n≤4)的抑制度均达 20 dB 以上,Port1 对应四次谐波输出驻波 S_{11}＜－20 dB,满足输出网络需要。

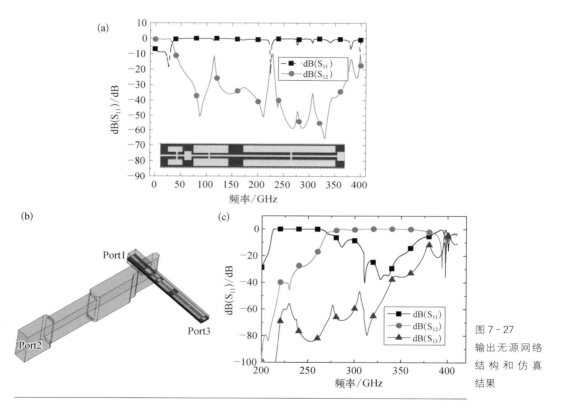

图 7 - 27 输出无源网络结构和仿真结果

（3）电路仿真

理论仿真:高频段目前电磁场仿真工具(如有限元的 HFSS 和时域有限积分的 CST)均可以实现无源的精确仿真,而谐波平衡仿真工具(例如 Keysight 的 ADS 以及 Microwave Office AWR)均可以建立二极管的非线性模型,并结合电磁场仿真工具实现联合仿真。理想电路仿真框图如图 7-28 所示。利用理想的开路滤波器将不同谐波回路分开,并通过谐波平衡仿真工具,加入谐波平衡算法和优化算法进行各回路阻抗优化,得到最佳阻抗值,并计算出倍频效率和输出功率。

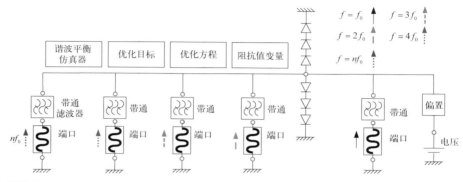

图 7-28
倍频谐波平衡理论仿真框图

优化目标是输出功率和倍频效率,最终可以获得不同谐波以及本振输入阻抗值,如表 7-2 所示。$Z_{output1} \sim Z_{output3}$ 分别表示二次谐波阻抗、三次谐波阻抗和输出四次谐波阻抗值。仿真中不同谐波回路数对应的效率如图 7-29 所示。

表 7-2
优化后得到的输入和输出以及各回路的阻抗值

类　型	Z_{input}	$Z_{output1}$	$Z_{output2}$	$Z_{output3}$	V_{bias}
1-2-3-4	52+189i	0.03+62i	0.02+52i	24+49i	−12.5
1-3-4	28+192i	开路	0.02+69i	26+34i	−12.3
1-2-4	27+168i	0.01+86i	开路	21+45i	−10.5
1-4	42+199i	开路	开路	19+45i	−14

通过理论计算可以知道不同谐波回路对四倍频的作用都比较大,通过仿真可以知道 1-2-3-4 型四倍频器具有最好的倍频效率。但是这里必须指出,一般而言带宽会随着倍频次数的增加而减小。理论仿真理想滤波器将各谐波回路完全分开,所以该仿真并不能体现出带宽的影响。

传统仿真中往往需要优先仿真出电路各级阻抗,该方法对一般二倍频、基波

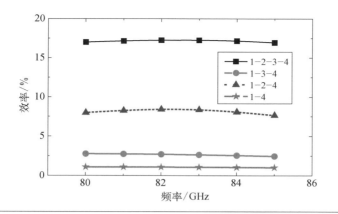

图 7－29
不同谐波回路
数对应的效率
的理论仿真
结果

以及谐波混频器等组件来说相对适用，且仿真也相对容易，但对于谐波分量较多的四次倍频或更高的倍频器而言该方法难以达到目的，为此在仿真高次倍频过程中需要特别关注各次谐波功率分量和阻抗值等，需要系统联合仿真匹配，综合考虑输入输出阻抗牵引，从而将复杂的阻抗匹配变成功率输出的优化，目标从各次谐波阻抗变为单个功率输出。

全局电路仿真：将输入无源网络、二极管安置段和输出无源网络仿真 S 参数结果加入如图 7－30 所示的 ADS 优化电路仿真中，在优化电路中加入理想微带线优化匹配阻抗值。系统优化一般分为以下三步。首先，必须根据电路实际尺寸计算出对应的阻抗值范围，根据装配需要约束阻抗匹配电长度。通

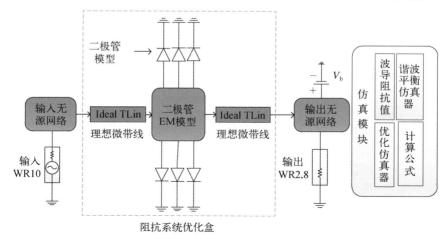

图 7－30
ADS 优化电路
仿真结构图

过优化输入输出多个理想微带线电阻和电长度得到较好的输入驻波、最优输
出效率和功率以及最佳偏置电压。其次，通过优化得到理想微带线的值，算出
对应实际微带线的宽度，仿真得到微带线互联不连续性的 S 参数，加入各理想
微带线之间，并固定理想微带线的阻抗值优化电长度，得到最优效率和功率。
最后，根据理想微带线的电长度，计算获得精准的 HFSS 微带线模型，仿真 S 参
数替换理想微带线，从而完成系统优化。最终加入输入输出匹配段到二极管
安置段内，得到仿真模型。

为了防止二极管位置电磁场不均匀，影响各个部分合并后的整体仿真结果
与分离仿真结果差距太大，将二极管和匹配段集成到一个模块里仿真，同时将输
入输出与匹配段采用同样宽度线，用 Deembed 端口设计仿真，肖特基二极管安
置段 HFSS 仿真模型如图 7-31 所示。

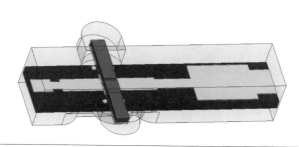

图 7-31
肖特基二极管
安置段 HFSS
仿真模型结构
示意图

图 7-32(a)和(b)分别显示了在外置偏压为 9 V 时，不同驱动功率下的倍频
效率，以及输出效率与频率之间的关系。

图 7-32
谐波平衡仿真
结果

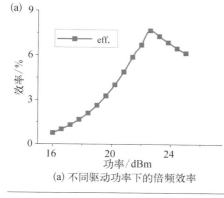

(a) 不同驱动功率下的倍频效率

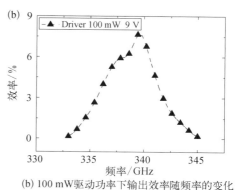

(b) 100 mW 驱动功率下输出效率随频率的变化

7.2.3 基于肖特基二极管的太赫兹混频相干检测技术

在固态放大器还比较缺乏太赫兹频段,太赫兹混频器的性能很大程度上决定了系统的整体性能。同时在太赫兹雷达与通信系统中,往往采用超外差式接收机链路,因此利用平面肖特基二极管设计基次或者高次混频器是太赫兹接收链路的重要研究点。根据不同系统的要求,太赫兹混频器主要分为太赫兹基次混频器、太赫兹谐波混频器及太赫兹高次混频器(主要根据混频器的本振频率与射频频率关系来分类)。高次谐波的太赫兹混频器噪声将恶化,但有利于简化太赫兹接收链路的本振驱动电路的复杂度。近年来,太赫兹混频器主要利用 GaAs 肖特基二极管,工作频率范围可达 $0.1 \sim 5$ THz。

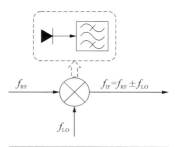

混频器通常由非线性元件和选频回路组成,当本振信号与射频或中频信号同时激励电路的非线性元件时,便产生了各次谐波和交调信号,混频电路的作用就是通过选频网络输出需要的频谱分量,实现频率变换,并对不需要的信号进行回收利用,原理图如图 7-33 所示。

图 7-33 混频器实现频率变换的原理

利用肖特基二极管设计太赫兹混频器,除了要求半导体工艺制备满足条件的器件,二极管的电气模型和噪声模型是准确仿真设计太赫兹混频器的关键。

1. 混频肖特基二极管建模

(1) 电气模型

图 7-34 为肖特基二极管理想简易等效模型。其中包含两个并联的元件:非线性电流源(等效为结电阻 R_j)和非线性结电容 C_j,以及串联的寄生电阻 R_s。

肖特基结的结电容 C_j 取决于施加在上面的电压值,即

$$C_j(V) = \frac{\mathrm{d}Q}{\mathrm{d}V} = \frac{C_{j0}}{\left(1 - \dfrac{V_j}{V_b}\right)^y} \tag{7-23}$$

式中,C_{j0} 为零偏压结电容;V_b 为内建电压或扩散电位;V_j 为结电压(肖特基结

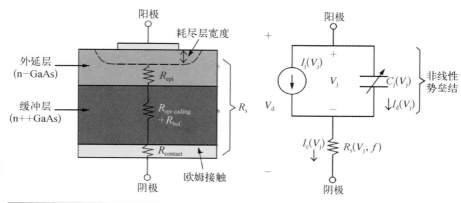

图 7 - 34
肖特基二极管
理想等效模型

正偏则 $V_j > 0$);y 为理想因子,均匀掺杂时 $y = 0.5$。 零偏结电容可表示为

$$C_j(0) = S\left(\frac{q\varepsilon_{epi}N_d}{2BV_b}\right)^{1/2} \qquad (7 - 24)$$

式中,S 为阳极探针面积;q 为单位电荷电量;ε_{epi} 为外延层介质的介电常数;N_d 为外延层掺杂浓度。

肖特基二极管的 I/V 特性可由二极管方程描述,与 PN 结二极管类似。

$$I(V) = I_S\left[\exp\left(\frac{qvV_j}{ykT}\right) - 1\right] \qquad (7 - 25)$$

式中,I_S 为饱和电流;V 为加载电容;y 为理想因子;k 为玻耳兹曼常数。

二极管的截止频率定义为

$$f_T = \frac{1}{2\pi R_s C_{j0}} \qquad (7 - 26)$$

在设计太赫兹器件时,二极管的选取原则为:电路的工作频率应低于其截止频率 f_T 的八分之一甚至更小。

(2)噪声模型

简化的肖特基二极管电气模型不能表征二极管噪声参数。因此为了进一步模拟仿真太赫兹混频器的噪声特性,需要构建一些复杂的模型,具体如图 7 - 35 所示。

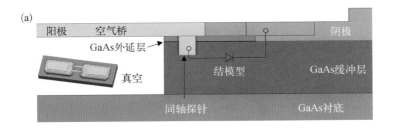

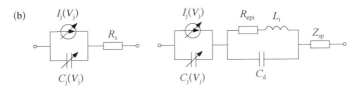

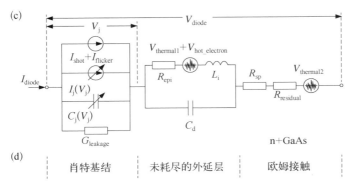

(a) 二极管的电磁三维模型;(b) 简化的二极管电气模型;(c) 引入位移电容、等离子谐振、趋肤效应的二极管电气模型;(d) 引入热噪声的二极管噪声模型

图 7-35

通常,太赫兹肖特基二极管的噪声激励主要包括闪烁噪声、散射噪声、热噪声和热电子噪声等,在进行太赫兹混频器设计中,为了准确降低电路的噪声,全面表征二极管的噪声激励是二极管建模的关键因素。

散射噪声是由经过二极管结的随机电流引起的,可以由二极管 DC 结电路来表示,即

$$\frac{\overline{i_{shot}^2}}{\Delta f} = 2qI_j(V_j) \tag{7-27}$$

式中,$\overline{i_{shot}^2}$ 为散射噪声电流;Δf 为频谱带宽;q 为电荷电量;I_j 为结电流。

闪烁噪声表示二极管结载流子密度不规则起伏引起的噪声,其与偏离中心

频率成反比,有时也称为 $1/f$ 噪声,其表达式为

$$\frac{\overline{i_{\text{flicker}}^2}}{\Delta f} = K_{\text{f}} \cdot \left[I_{\text{j}}(V_{\text{j}}) \right]^{A_{\text{f}}} \qquad (7-28)$$

式中, K_{f} 为闪烁噪声系数; A_{f} 为闪烁噪声指数。

热噪声是太赫兹二极管的主要因素,热噪声主要跟二极管的串联有关,其表达式为

$$\frac{\overline{V_{\text{thermal}}^2}}{\Delta f} = 4KTR_{\text{epi}} \qquad (7-29)$$

热电子噪声是由于二极管外延层不均匀电子重新分布移动引起的。太赫兹二极管工作时,当二极管的结电路比较大的时候,热电子噪声将是太赫兹混频器噪声的重要来源,同样热电子噪声与二极管外延层电阻有关,即

$$\frac{\overline{V_{\text{hot\_electron}}^2}}{\Delta f} = 4K_{\text{B}}K_{\text{h}}R_{\text{epi}} \qquad (7-30)$$

式中, K_{h} 为热电子噪声系数,当二极管结的直径接近 $1~\mu\text{m}$、能量消耗时间为 $1~\text{ps}$、电子迁移率为 $5~000~\text{cm}^2/\text{V}$、掺杂浓度为 $2\times10^7~\text{cm}^{-3}$ 时,K_{h} 为 $2.447\times10^7~\text{K/A}^2$。

2. 太赫兹混频器分析

太赫兹混频器与太赫兹倍频器是一种典型的非线性电路。目前对毫米波混频器分析最有效的方法包括谐波平衡分析法、大信号-小信号分析与广义谐波平衡分析法。太赫兹混频器往往采用谐波仿真 EDA 软件、电磁仿真软件分别进行非线性分析与电磁三维结构分析。在太赫兹频段,受限于加工工艺,器件的封装、安装结构、屏蔽腔尺寸已可以与工作波长相比拟,必须添加由其带来的寄生参数影响对本征参数模型进行修正,由电磁全波分析软件提取肖特基二极管的附加参数建模。下面简单介绍基于肖特基二极管分析设计太赫兹混频电路的流程。

在不同的太赫兹应用系统,太赫兹混频器混频次数和性能指标的要求不同。

前文介绍到,根据系统要求混频次数的不同,太赫兹混频器可以分为太赫兹基次混频、谐波混频器和高次混频器。太赫兹混频器主要由变频损耗、噪声温度和端口隔离等指标来限制。基次混频器具有变频损耗低、噪声温度低等优点,但由于射频与本振频率相差很小,所以端口隔离度很难保证,同时对于高频太赫兹混频器来说(>500 GHz 以上),本振驱动功率往往不能达到。对于太赫兹谐波混频器来说,本振频率是射频频率的一半,降低了本振驱动电路的难度,是目前使用比较广泛的太赫兹混频器。太赫兹高次谐波混频器常常应用在系统对于混频器要求不高的情况下,作为宽带频率变换器件使用,很多仪器设备中往往采用高次混频来使用全频带的频率变换(比如四次、八次等)。

(1) 参数模型

在太赫兹混频器设计中,平面肖特基二极管是太赫兹电路设计的核心,而优化匹配网络结构,为器件提供适宜的输入输出匹配阻抗,是发挥二极管的最优工作性能的关键所在。在电气仿真软件 ADS 中建立肖特基二极管参数模型,针对器件的混频性能(如变频损耗、等效噪声温度),仿真分析太赫兹器件的工作状态。肖特基二极管在不同匹配阻抗状态下,太赫兹混频器电路产生不同的混频性能指标。为了得到最优工作状态下的太赫兹混频电路,应基于负载牵引理论,采用输入输出阻抗优化的手段,寻找二极管器件的最佳匹配点。得到二极管器件在某个工作频率下的最佳阻抗值后,仿真设计输入输出探针结构、偏置电路等,整合太赫兹电路无源结构部分进行整体优化得到最终状态下的太赫兹混频电路结构。在太赫兹混频器电路设计过程中,主要目的就是为太赫兹二极管提供一个最佳的阻抗匹配网络,使太赫兹二极管器件在电路中实现最优的混频性能。对于阻抗匹配的优化,最简单的设计方法是结合二极管的非线性电气模型,直接对电路结构参数进行优化,省去对太赫兹器件的状态分析。但这种直接非线性优化电路参数的方法往往仿真设计的效率低下,参数变量极多,仿真软件有时无法优化选取到最佳工作的点,因此这种直接法一般在有限资源的情况下很少采用。在太赫兹混频器电路设计中,往往采用非线性仿真和线性无源结构 S 参数仿真结合的办法,来提高仿真设计的速度,同时降低对仿真资源的消耗。采用 EDA 软件的谐波仿真方法寻找器件特定工作频率下的最佳工作状态点(阻抗值、电流值),再通过将器件等效为最佳阻抗值进行无源结构线性参数仿真。由于无源结构的 S 参数匹配仿真响应速度较快,适合多变量的优化仿真,因此在设计中对太赫兹混频电路中的无源结构进行参数分解,同时在电气仿真软件中建立分解结构的等效参数模型,参数模型可以对不均匀电路结构进行表征,电路中模型参数与电路结构进行一一对应。在电路仿真软件中实现初步的电路参数优化仿真,需要结合电磁仿真软件建立对应的电路结构、仿真对应的 S 参数性能,并且在电路仿真软件中进行验证,如此电气模型和电磁模型进行相互迭代仿真,实现对电路进行最终优化,完成整个太赫兹混频器设计流程(图 7 - 36)。

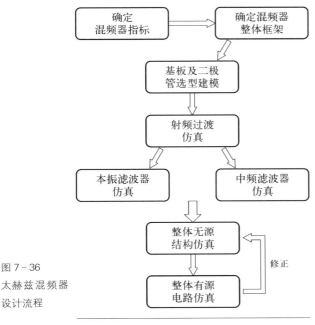

图 7 - 36
太赫兹混频器
设计流程

(2)变频损耗

太赫兹混频器的变频损耗是指混频器的射频信号功率与混频后产生输出的中频功率之比。在超外差接收机中的二极管混频器,一般来讲,本振信号相当于一个大信号,使二极管工作于接近开关状态。在太赫兹混频器正常工作状态下,其变频损耗表达式为

$$L = 10\lg \frac{\text{射频信号输入信号功率}}{\text{中频信号输出信号功率}} \qquad (7 - 31)$$

式中,L 为变频损耗,dB。

(3)噪声温度和噪声系数

太赫兹混频器混频过程中,器件将产生的各种噪声(如热噪声、闪烁噪声等)通过本振信号与射频信号的混频作用转移到输出信号上,从而一定程度上恶化输出信号的信噪比。通过网络噪声系数的定义,混频器噪声系数 NF 是表示一个混频器性能优劣的重要指标。噪声系数定义为

$$NF = \frac{SNR_\mathrm{i}}{SNR_\mathrm{o}} \tag{7-32}$$

式中，NF 为噪声系数，dB；SNR_i 为输入信噪比；SNR_o 为输出信噪比。由于太赫兹混频器的噪声性能通常采用 Y 因子方法来测试，因此表征太赫兹混频器的噪声性能往往采用噪声温度来表示。

$$T_\mathrm{mix} = T'(NF - 1) \tag{7-33}$$

式中，T' 为混频器的环境温度。

下文将简单介绍利用 Y 因子测试太赫兹混频器噪声性能的计算方法。

Y 因子测试方法：将混频器分别置于高温和常温条件下，测取固定中频链路 IF=1 GHz 的功率变化量，按下述过程算出混频器的变频损耗和噪声温度。已知接收机整体噪声温度的关系为

$$T_\mathrm{total} = T_\mathrm{SHM} + \frac{T_\mathrm{IF}}{G_\mathrm{SHM}} \tag{7-34}$$

式中，T_SHM 为等效噪声温度；G_SHM 为混频器增益；T_total 为接收机噪声温度，其计算公式为

$$T_\mathrm{total} = \frac{T_\mathrm{hot} - \mathrm{Y}T_\mathrm{cold}}{\mathrm{Y} - 1} \tag{7-35}$$

当 IF 链路衰减值为 0 dB 时，测试得到接收机噪声温度为

$$T_\mathrm{total\_0} = T_\mathrm{SHM} + \frac{T_\mathrm{IF\_0}}{G_\mathrm{SHM}} \tag{7-36}$$

当 IF 链路衰减值为 1 dB（或其他衰减值）时，测试得到接收机噪声温度为

$$T_\mathrm{total\_X} = T_\mathrm{SHM} + \frac{T_\mathrm{IF\_X}}{G_\mathrm{SHM}} \tag{7-37}$$

最后联立该二元一次方程式，可计算得到 T_SHM 和 G_SHM，再换算出混频器的变频损耗，这里测试得到的值均为双边带性能。

在不同的超外差接收机中，接收射频信号可以为单边带信号（Single Side Band，SSB）和双边带信号（Double Side Band，DSB）两种，因此对应的系统噪声

温度也不同,可以分为单边带噪声温度和双边带噪声温度,两者的关系为

$$T_{SSB} = 2T_{DSB} \qquad (7-38)$$

（4）端口隔离度

太赫兹混频器在实现太赫兹信号变频的同时,在不同信号端口之间还将会产生信号的泄露。信号泄露将严重影响器件性能,同时对系统工作造成较大影响。端口之间的信号泄露程度用信号端口间的隔离度来表示。其中隔离度指标中比较重要的是本振/射频信号端口隔离度、射频信号/中频端口的隔离度、本振/中频端口隔离度和射频信号/本振端口隔离度。其通常情况下定义为与本振能力或者射频信号能量泄漏到其他端口的功率与原来功率的比值,单位为 dB,在测量隔离度时,其他未测端口接入匹配负载。

3. 混频器设计

本小节以 670 GHz 谐波混频器设计为例,全面阐述混频电路的设计、测试方法,设计指标为：工作频率为 670 GHz;变频损耗小于 15 dB;工作模式为谐波混频器;工作带宽大于 15 GHz。

670 GHz 谐波混频（SHM）器的原理框图如图 7 - 37 所示,采用的反向并

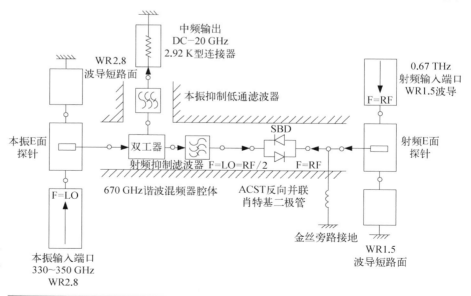

图 7 - 37
670 GHz 谐波混频器原理框图

联变阻二极管,本振激励该器件时,能双向工作,所以这种拓扑结构成为平衡电路,拥有如下优点:① LO 驱动频率为 RF 射频频率的一半,降低了本振获取的难度和成本;② 本振和射频跨度较大,变频交调和谐波分量影响较小;③ 平衡式混频电路对简化接收机系统的复杂性,降低了本振功耗。

(1) 谐波混频器理论仿真

谐波混频电路虽然可以进一步降低本振频率和系统成本,但是所需本振功率将会进一步提高,变频损耗增加,系统噪声增加整体性能将会降低。对图 7-37 所示的电路进行高次谐波混频理论仿真,得到如图 7-38 所示的仿真结果。结果基本符合理论分析,不同谐波混频电路存在差距,但并不是非常明显,存在以下几个主要原因:① 仿真结果基于特定阻抗值,即射频(RF)、中频(IF)和本振(LO)网络的阻抗不变,当改变谐波次数时最佳阻抗匹配会发生偏移;② 本振低通滤波结构为理想滤波器,并未考虑混频次数越高滤波器将越长越复杂,进而损耗也将大幅增加;③ 高次混频需要增加本振驱动,存在稳定性隐患,所以不能无限制增加,一般均在 10 dBm 以内。

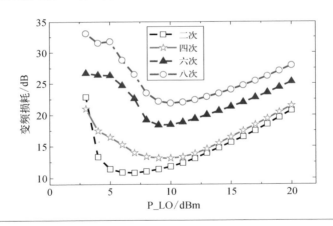

图 7-38
670 GHz 谐波混频变频损耗与本振功率和谐波次数的关系

(2) 无源网络

电路仿真过程中分为两部分:分段优化和系统联合优化。分段仿真主要仿真一些关键结构:输入输出 Probe、低通紧凑型滤波结构以及直流工分等。为了提高电路的紧凑性,用 Hammer-Head 高频谐振以及改进型紧凑型谐振单元的低通滤波结构,从而提高了隔离度、减小尺寸,并降低了电路(图 7-39)的装配难度。同时，双工电路将滤波结构、探针结构等设计到同一电路基片中，避免过多金丝、导电胶等微组装带入的不确定性误差。展示了整体电磁仿真电路三维图，

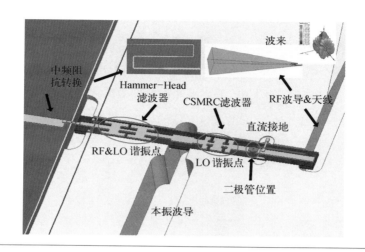

图 7－39
670 GHz 谐波混频器无源结构图

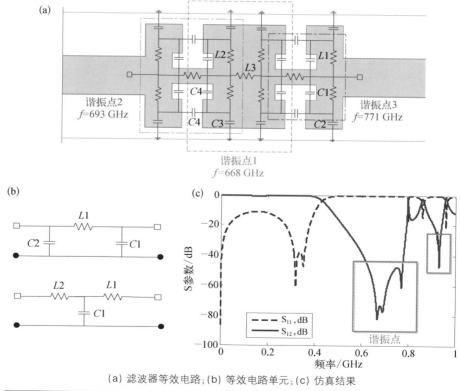

图 7－40
滤波器的等效电路和仿真结果

（a）滤波器等效电路；（b）等效电路单元；（c）仿真结果

其中包括CSMRC和Hammer-Head的滤波结构,该结构减小了电路的长度,以本振端口的Hammer-Head滤波器为例,该结构的等效电路主要是由π和T形低通滤波器谐振单元级联组成,滤波器的等效电路和仿真结果如图7-40所示。

（3）谐波平衡仿真

通过谐波平衡仿真带入二极管的非线性模型,利用如图7-41所示的原理进行整体仿真,图7-41(b)为改变本振频率得到的仿真结果,固定不同端口的阻抗值,$Z_{RF}=50\ \Omega$, $Z_{LO}=70\ \Omega$, $Z_{IF}=85\ \Omega$, $Z_{higher}=10\ \Omega$。

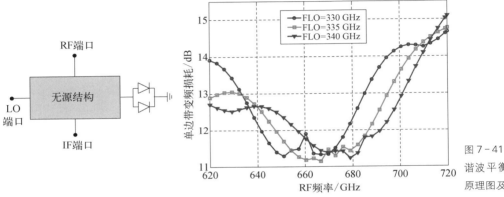

图7-41
谐波平衡仿真
原理图及结果

（4）670 GHz谐波混频器测试

在以往的研究中,混频器变频损耗可以通过单音小信号注入的方法获得,而双边带噪声温度通过Y因子测试方法获得。这种方法的弊端是混频器的两个重要性能不是在同一种LO激励状态下测量得到的,增大了测试的不确定度。我们提出了一种基于可变中频放大链的混频器双边带噪声温度和双边带变频损耗的同时测试方法,其原理如图7-42所示。

该原理同样基于Y因子测试方法,高温黑体辐射温度为1 273 K,低温黑体采用室温(300 K)。测试中采用的IF频率为1 GHz+/—50 MHz,为此我们研制了低噪声IF放大链。在IF放大链的输入端置入一可变衰减器,通过改变可变衰减器的衰减值(在0 dB和2 dB间切换),可以获得不同的中频放大链路噪声系数NF。通过测试在不同中频放大链NF时的接收机Y因子,可以推导得到混频器的双边带噪声系数和变频损耗性能。

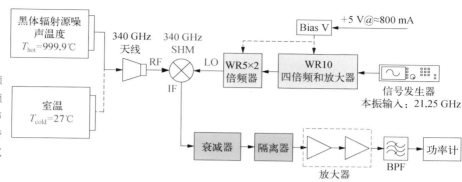

图 7-42
基于可变中频放大链的混频器双边带噪声温度和双边带变频损耗测试原理

（5）测试结果与分析

图 7-43 给出的 670 GHz 谐波混频器测试结果表明：670 GHz 谐波混频器工作范围为 665～715 GHz，带内双边带变频损耗小于 16 dB，变频损耗最小值为 13.1 dB@685 GHz。仿真结果和测试结果的总体趋势保持一致，仿真实测两者性能相差约 3～4 dB，混频电路带宽变窄。混频电路测试结果和带内平坦度并不理想，主要原因在于 670 GHz 谐波混频器采用实阻抗匹配。此外相比仿真测试结果的中心工作频率从 670 GHz 上偏到 685 GHz。

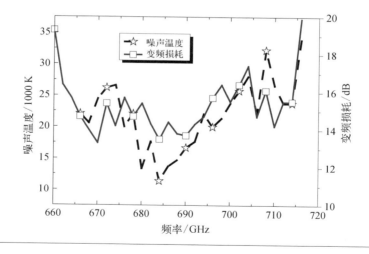

图 7-43
670 GHz 谐波混频器测试结果

（6）难点分析

混频器噪声测试有三大难点：测试的精度、测试平台的稳定性以及测试平台的校准。目前根据 Y 因子测试理论搭建的测试平台解决了同时测量变频损耗和噪声温度的问题,实现了测试的自动化,排除人工读数的不准确性。但是,目前平台测量精度有一定的局限性,测量时需要保证黑体辐射源的温度变化足够大,差距明显在噪声温度比较高的情况下才能测试得出,所以目前该平台在噪声较差的情况下往往测试精度会受到一定影响。另外,对于噪声系数较大的混频器,该平台难以测量准确,黑体温度变化不大(900℃),Y因子变化不明显,设备读取精度不足以区分。该测试平台本身是利用噪声系数较大(相比超导体制)的元器件构架而成,平台的噪声校准存在一定困难,遇到噪声系数过大或是过小的测试件,就难以实现准确测量。

670 GHz谐波混频电路采用分离器件的方式,基于反向并联肖特基混频二极管,利用谐波平衡仿真工具和三维电磁仿真结合分析来实现。在设计上,采用Hammer‐Head和紧凑滤波器、30 μm厚度石英基片,不仅成功减小高次模式也将石英电路长宽比从常规20缩减至12.5,增加微组装容错性。测试上,利用搭建实验室混频器自动测试平台,可以实现混频器变频损耗和噪声温度两个重要参数的同时测量。

7.3　太赫兹功率放大与低噪声放大技术

7.3.1　太赫兹晶体管技术

太赫兹晶体管是太赫兹放大器电路中的核心器件。基于化合物半导体的晶体管具备高频与高功率的优势,是针对高性能太赫兹应用的重要选择。基于化合物半导体的晶体管主要包含两种类型,双极型异质结晶体管(Heterojunction Bipolar Transistor, HBT)与高电子迁移率晶体管(High Electron Mobility Transistor, HEMT)。相较于HBT,HEMT通常具有更高的频率特性,本小节以HEMT器件为例介绍太赫兹晶体管。

HEMT器件的结构如图7‐44所示,其最基本的结构是两层不同禁带宽度的化合物半导体材料,一般将上层叫作势垒层,下层的叫做沟道层。这两层材料本身是近乎绝缘的,但在两层材料的界面处,会因为能带的突变,形成一个导电性很高的导电通道,即沟道。在特定栅电压范围内,沟道中电子浓度会随着栅电

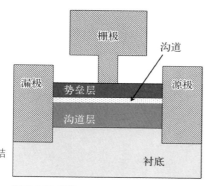

压的微弱变化而出现较大的涨落。当在漏极和源极之间加载一定电压后,沟道中电子浓度的较大涨落就转化为了输出电流的巨大波动。当在栅极加载微弱的正弦电压,源极和漏极间就会输出较大的正弦电流,从而实现信号的放大。

图 7-44
HEMT 器件结构图

衡量 HEMT 器件性能,有两个最主要的参数:最高振荡频率(f_{max})及输出功率密度。HEMT 的功率增益随着频率上升而下降,当增益下降为 1 时对应的频率即为 f_{max}。正常工作时,器件一般不会在 f_{max} 这样的极限状态工作,一般工作频率为 f_{max} 的 $1/5\sim1/4$,以获得较高增益。常见的太赫兹 HEMT 有三种材料体系:InP、GaAs 和 GaN。三种材料体系的半导体参数如表 7-3 所示,材料的特性决定着 HEMT 的器件性能。InP 的电子迁移率最高,这使得 InP HEMT 具有最高 f_{max}。目前公开报道的 25 nm 栅长 InP 基 HEMT,其 f_{max} 达到了 1.5 THz,相比之下,20 nm 栅长 GaAs 基 HEMT 的 f_{max} 约为 1 THz、20 nm 栅长 GaN 基 HEMT 的 f_{max} 为 0.57 THz。在功率密度方面,GaN 具有最大的禁带宽度、临界击穿场强和电子饱和速度,因此其具有最大的输出功率密度。GaN 基 HEMT 能实现 4 W/mm 功率密度。而 GaAs 基 HEMT 及 InP 基 HEMT 无明显差别,功率密度均小于 1 W/mm。

表 7-3
不同材料体系半导体参数对比

材料特性	InP	GaAs	GaN
禁带宽度/eV	1.35	1.42	3.49
电子迁移率/[cm²/(V·s)]	10 000	8 500	2 000
电子饱和速度/(10^7 cm/s)	2.3	2.1	2.7
临界击穿场强/(MV/cm)	0.5	0.4	3.3

7.3.2 太赫兹功率放大技术

固态太赫兹功率放大器的性能主要受制于晶体管的增益、工作频率、输出功率以及线性度,目前国内外研制的固态太赫兹功率放大器多集中在 1 THz 以下。为了提高固态太赫兹功率放大器的工作频段,科研人员主要可以从工艺方面着手。以 Hyeon-Bhin Jo 等研制的 mHEMT 结构为例,如图 7 - 45 所示,可以通过减小 T 栅的栅宽来提高工作频率,同时也可以通过调节合适的 In 比例来实现较高的工作频率。

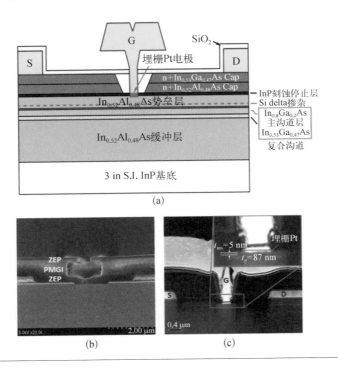

图 7 - 45
Hyeon-Bhin Jo 等研制的 mHEMT 结构

就固态太赫兹功率放大器的设计而言,首先需要根据设计指标,选择合适的工艺,如 InP、GaAs、GaN 等工艺;然后选择合适的电路形式,如 cascode 结构的功率放大器、共源(Common Source, CS)结构的功率放大器等结构;最后通过分析晶体管的直流、射频特性,选择合适的偏置点,使其在较好的静态工作点稳定工作以及通过负载牵引(Load Pull)等技术实现固态太赫兹功率放大器的设计。

7.3.3 太赫兹功率合成技术

由于太赫兹功率器件目前输出功率不大,而太赫兹系统对功率的需求又很高,因此科研人员为了得到更高的输出功率,必须展开太赫兹频段的功率合成技术研究。太赫兹功率合成理论与毫米波功率合成理论类似,其合成技术的区别主要在于太赫兹频段的器件和结构物理尺寸减小,导致一些原本在毫米波频段的合成方法并不适用。毫米波频段常用的功率合成方法有三种:芯片级功率合成、电路级功率合成以及空间功率合成,然而,太赫兹功率合成技术通常需要同时使用几种类型的复合功率合成技术(图7-46)。

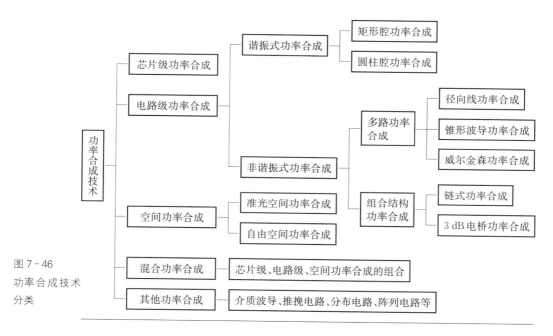

图7-46
功率合成技术
分类

芯片级功率合成顾名思义是依托于单芯片的功率合成技术。采用并联、串联等方式将多个独立有源管芯直接连接在单芯片上,再通过输入/输出匹配网络连接,实现大功率输出。该合成技术具有稳定的电路性能、较宽的频带、较高的合成效率、较小的体积等优点。但是,由于芯片尺寸有限,阻抗匹配电路和各元件之间的相互作用等因素制约着芯片级功率合成技术。伴随着工作频率的提升,电磁波波长相应减小、相应的电路尺寸也要减小、制作偏置和匹配电路变得越来越困难。器件之间的热相互作用也限制了可以合成的管芯的数量,这在毫米波频段就已经表现得非常明显,到了太赫兹频段更甚。简而言之,芯片级功率合成对设计和工艺水平都有很高的要求,无论技术水平如何,仅通过芯片级合成来提高功率输出的能力非常有限。

电路级功率合成主要分为两大类：一种是谐振式功率合成,将多个器件的功率直接耦合到谐振腔中进行矢量合成输出(图 7 - 47)；另一种是非谐振式功率合成,利用非谐振合成网络,通过功率合成网络电路将多个功率单元组合在一起,得到更大的功率输出。一般太赫兹频段,由于太赫兹频段的波在微带线等传输线上传输损耗很大,所以通常都采用非谐振式的波导功率合成,其具有高工作频率、较小的插入损耗、高隔离度、较高的合成效率、结构简单等优点。但从芯片的电路到波导腔体之间,需要进行微带转波导探针过渡或者其他类型的过渡结构。

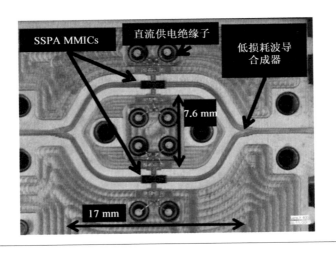

图 7 - 47
经典的谐振式
两路腔体功率
合成

空间功率合成技术是将多个功率辐射单元通过一定的相位组合起来,直接在空间中叠加功率矢量,然后将叠加的功率矢量直接定位在高功率需求的位置,或通过天线接收,从而达到功率合成放大的目的。当合成的路数越多,频率越高时,该技术的合成效率比采用传输线结构的电路级功率合成效率高。空间功率合成技术主要分为两大类(图 7 - 48)：第一种是准光空间功率合成技术,它是早期空间功率合成技术的主要方式,它的原理是利用透镜等光学器件,控制自由空间中的电磁波波束,从而将各功率放大器单元的输出功率耦合放大进行输出；第二种是自由空间功率合成技术,其不需要透镜等光学器件对电磁波波束进行控制,它通常利用波导或天线来控制电磁波波束和场,使其耦合在自由空间中实现功率合成,在太赫兹频段常见的是波导径向功率合成技术,由于它相较于准光空

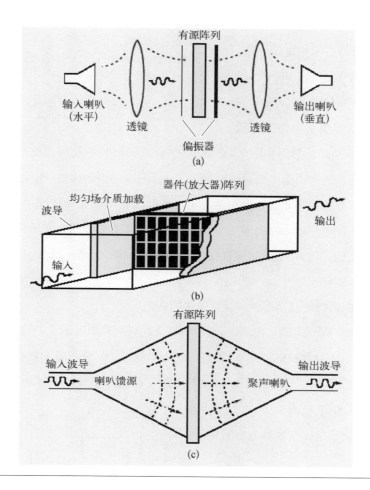

图 7 – 48
空间功率合成
示 意 图（ K.
Chang, 1983）

间功率合成较为容易实现，并且结构更多变，因此成为了目前主流的空间功率合成技术。

（1）功率合成技术理论

功分网络将射频输入信号等分为幅度一样的 N 路信号，各路放大单元对信号分别放大，然后增大后的各路信号被汇入功率合成网络，通常要保证经过功率分配/合成网络后的每路信号的总相位变化是较为一致的，最后，信号通过矢量合成叠加放大由功率合成网络输出端口输出，其输出功率 P_{out} 为

$$P_{out} = \eta N P_{MMIC} \qquad (7-39)$$

式中，η 为功率网络合成效率；N 为信号功分的路数；P_{MMIC} 为各路放大单片的

输出功率。功率合成放大器原
理框图如图 7 - 49 所示。

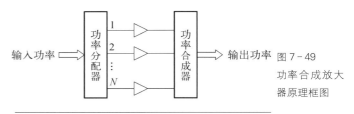

图 7 - 49
功率合成放大
器原理框图

在合成效率为 100% 的理
想情况下,N 路功率合成放大
器的输出功率应为单路放大器
输出功率的 N 倍。然而实际中,功率分配/合成网络并不是理想结构。功率合
成网络的合成效率由很多因素共同决定:合成网络的路径损耗、相位一致性、幅
度一致性及各放大单元的输出功率决定。在合成效率很差的情况下,总的输出
功率甚至不如单路放大器的输出功率。因此,如何提高合成效率是研究功率合
成技术的关键,下面将主要讨论合成网络的路径损耗、幅值一致性、相位一致性
对合成效率的影响。

① 合成网络的路径损耗对合成效率的影响

当功率合成放大器采用多级合成方式,合成路数和级数越多,单路信号通过
的路径就越长,路径损耗就越大,显然,每一路损耗越大,合成效率就会越低。因
此,合成路数并不能无限量增加,过多的路数反而会降低整体的输出功率,通常
合成路数不超过 32 路。

② 幅值和相位一致
率的影响

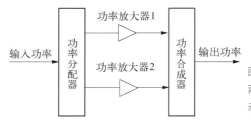

图 7 - 50
两路功率合成
示意图

在图 7 - 50 中,两只放大器经过
功率合成网络进行合成。在实际应
用中,由于放大器中的功率晶体管不
可能一致,并且受功率分配/合成网络结构的影响,两个放大信号合成前的功率
幅值和相位不能完全一致。

设图中两路放大信号合成前的功率分别为 P_1 和 P_2,相位分别为 ϕ_1 和 ϕ_2,
则总输出功率 P 为

$$P = \frac{1}{2} \mid \sqrt{P_1}\, \mathrm{e}^{\mathrm{j}\phi_1} + \sqrt{P_2}\, \mathrm{e}^{\mathrm{j}\phi_2} \mid^2 \qquad (7 - 40)$$

相应合成效率为

$$\eta = \frac{P}{P_1 + P_2} = \frac{1}{2} + \frac{\sqrt{P_1 P_2}}{P_1 + P_2}\cos(\phi_2 - \phi_1) \qquad (7-41)$$

如图 7-51 所示,保证每路放大器相位的一致性对合成效率的提升十分重要。在设计功率合成放大器时,一方面尽可能选用同批次、相同工艺条件下产生相同功率输出和路径相位的 MMIC 功率放大芯片作为放大单元;另一方面对功率分配/合成网络进行优化,保证合成过程中所涉及的信号幅值和相位的一致性,提高合成效率。

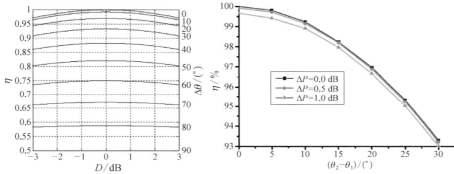

图 7-51
幅值及相位不平衡对合成效率的影响

（2）典型的太赫兹功率合成技术

2015 年,由 DARPA 资助的雷神导弹系统(Raytheon Missile Systems)项目启动,Darin Gritters、Ken Brown 等与 Teledyne 科技公司的 Zach Griffith、Miguel Urteaga 合作,采用了混合式功率合成技术,其中包含芯片级功率合成、电路级功率合成和空间功率合成。在 220 GHz 附近频率,将 32 个饱和输出功率可达 50 mW 的 InP HBT 放大芯片进行了 32 路功率合成。

该芯片采用 250nm InP HBT 工艺,利用了前级一分二、中后级一分四路共三级功率合成放大的太赫兹功率放大芯片(图 7-52),实现了在 200～260 GHz 频率内,单芯片输出功率可达 50 mW。

220 GHz 功率合成放大模块如图 7-53 所示,其 32 路功率合成器采用 2 级,第一级为一分四功率分配器将输入信号从入口分配到四层独立的板,第二级为四个独立的一分八路功率合成器板,在这个板上每个 MMIC 放大器都由独立的驱动电路控制,波导功率分配器与每个 MMIC 放大芯片之间都由高性能的波

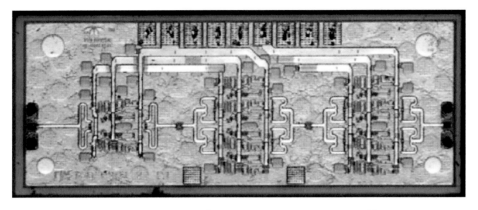

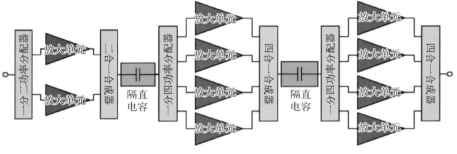

图 7 - 52
运用芯片级功率合成的 SSPA 芯片(Zach Griffith, 2014)

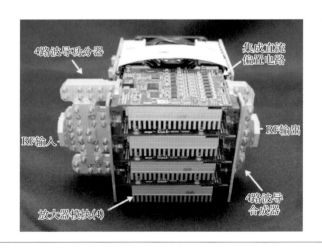

图 7 - 53
220 GHz 功率合成放大模块 (Darin Gritters, 2015)

导-微带探针转换连接,每层板都有独立的散热结构,整个放大模块的原理框图如图 7 - 54 所示。最终,该功率合成放大模块在 200～260 GHz 的频率内,小信号增益可达到 40 dB,并能产生大于 700 mW 的饱和输出功率。

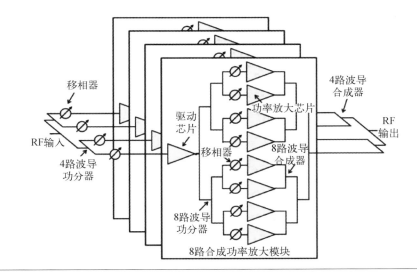

图 7 - 54
32 路功率合成
放大模块原理框
图(Darin Gritters,
2015)

7.3.4　太赫兹低噪声放大技术

1. 太赫兹噪声放大技术概述

系统噪声是评价太赫兹接收链路最关键参数,因为其将限制系统的信号分辨率或者通信系统的噪声比。根据系统噪声的计算公式,可以计算图 7 - 1 和图 7 - 2 中太赫兹接收链路的系统噪声为

$$T_{\text{LNA-RX}} = T_{\text{LNA}} + \frac{T_{\text{Schottky}}}{G_{\text{LNA}}} + \frac{T_{\text{IF}}}{G_{\text{LNA}}G_{\text{Schottky}}}$$

$$T_{\text{Schottky-RX}} = T_{\text{Schottky-mixer}} + \frac{T_{\text{IF}}}{G_{\text{Schottky}}}$$

(7 - 42)

式中,T 为噪声温度;G 为增益或损耗(带正负,正为增益,负为损耗)。下标 LNA 为低噪声放大器;Schottky - mixer 或 Schottky 为单混频器状态;IF 为中频。

从上面的系统噪声计算公式可以看出,对于太赫兹接收链路的噪声,前端太赫兹低噪声放大器或者太赫兹混频器的噪声将是系统的主要来源,因此系统中需要尽可能降低其中低噪声放大器或者混频器的噪声。对于系统来说,后级的中频链路噪声也将影响系统总体噪声,然而对于低噪声放大器或者混频器接收链路系统是不同的,因为低噪声放大器的增益 G_{LNA} 远远大于1,而混频器 G_{mixer} 小于1,因此对于整体系统噪声来说,太赫兹低噪声放大器比混频器更有利于降低系统噪声。在含有低噪声放大器的太赫兹接收链路中,后级中频链路的噪声对系统有影响,因此太赫兹接收链路系统的噪声可以近似为

$$T_{LNA\text{-}RX} \approx T_{LNA}$$

$$T_{Schottky\text{-}RX} \approx T_{Schottky\text{-}mixer} + \frac{T_{IF\text{-}LNA}}{G_{mixer}} \tag{7-43}$$

式中,$T_{IF\text{-}LNA}$ 为中频链路噪声;G_{mixer} 为变频增益。

2. 太赫兹低噪声放大器基本原理

为了提高太赫兹接收链路的灵敏度,其链路中的前置放大器一般采用低噪声放大器。在放大微弱信号的场景中,放大器固有的噪声对信号的干扰可能很严重,通过研究希望减小放大器自身的噪声,以提高系统的输出信噪比,本章节主要研究放大信号的太赫兹低噪声放大器。对于太赫兹放大器往往需要考虑保证放大器正常工作的稳定性系数、衡量放大能力的增益、衡量噪声大小的噪声系数、衡量匹配好坏的输入输出的驻波、功耗以及面积等,针对每个指标需要采用相应的设计手段来满足其需要。

常见的太赫兹低噪声放大器设计原理图如图7-55所示,太赫兹信号输入后加载最小噪声匹配网络,信号通过放大器后用最大增益输出匹配网络实现信号的输出。

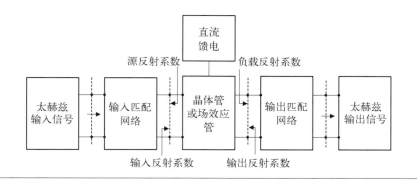

图7-55
太赫兹低噪声
放大器结构图

3. 太赫兹低噪声放大器的指标

（1）稳定性

稳定性是保证放大器正常工作的必要条件，因为射频电路工作在某一频段和终端负载时，如果产生了振荡，此时放大器极有可能使得整个系统的信号产生无限次放大进而导致起振，使得系统极为不稳定，常见的衡量放大器稳定性有三种方法：遵循输入输出反射系数小于 1 的原则、K 因子判别法、稳定圆判别法。

具体的增加放大器的稳定性的方法主要有：选择合适的元器件、电阻性加载、选择良好的匹配电路、减小器件的工作电流、引入相应的反馈电路、做好电路的散热，以及增加适当的屏蔽装置。

（2）噪声系数

噪声的定义为随机的干扰信号，该干扰信号对原有的基波信号产生了传输、解调干扰的影响，对于一个二端口网络，噪声大小就是输入信噪比比上输出信噪比。太赫兹放大器为接收机前端电路，其噪声系数是判别太赫兹放大器性能好坏的一个重要的参量。

噪声的来源大致分为以下几类。

① 电阻热噪声

电阻或电子元器件工作在热力学零度以上时，其内部的自由电子会由于不是绝对零度做随机运动，进而产生噪声。电子的热运动会在电子元器件的两端产生起伏电压，进而产生对原有信号的干扰电压，当温度越大，电子的热运动也就越厉害，此时产生的热噪声也就越大。

② 半导体器件噪声

半导体的噪声主要分为两种。（a）散粒噪声：在半导体中载流子通过 PN 结时的随机注入和随机复合，使得真实的结电流是随机的围绕 I_0 的均值起伏，这种起伏带来的噪声叫做散粒噪声。（b）闪烁噪声：由于形成载流子的结或者沟道的表面光洁度不佳带来的噪声叫做闪烁噪声。

③ 无源器件的插入损耗

在接收机前端常常需要加载滤波器或者双工器等无源器件，此时无源器件的插入损耗便是电子器件的噪声系数。

④ 宇宙噪声

在电子系统中,如果对屏蔽信号的屏蔽腔未采取相应的措施,电子元器件会接收到宇宙中微弱的干扰信号,引入到设备中来,故而在设计时需要充分考虑屏蔽。

有两种噪声系数的标定方法,具体如下。

(a) 按照输入信噪比与输出信噪比来标定

$$F = \left(\frac{S_i/N_i}{S_o/N_o} \right) \qquad (7-44)$$

式中,F 为噪声系数;S_i 为输入信号功率;N_i 为输入信号的噪声功率;S_o 为输出信号功率;N_o 为输出信号的噪声功率。

(b) 按照等效噪声温度来标定

$$N_n = FGKTB - GKT_0B = (F-1)GKT_0B \qquad (7-45)$$

式中,T_0 为器件工作的常温温度,一般情况下取 290 K;B 为系统噪声的工作带宽;k 为波耳兹曼常数。因此可以根据等效噪声温度 T_e 来表示噪声功率,即

$$T_e = (F-1)T_0 \qquad (7-46)$$

对于 T_e 的求解,在实际工程中多是利用 Y 因子法来实现,Y 因子测量法相对简单容易实现,即通过将被测器件放在两种不同温度的测试条件下,测试出两个不同温度时的输出噪声功率,然后得出 Y 因子,根据相应公式求解出 T_e。最后根据 T_e 求解出噪声系数 F。

(3) 增益

衡量低噪声放大器的放大能力的参量是增益,其可以分为三类:资用功率增益 G_A、功率转换增益 G_T 以及实际工作功率增益 G_P。对于太赫兹低噪声放大器,输入需要对最小噪声进行匹配,而在匹配 L 型匹配网络时,需要注意其匹配禁区。

资用功率增益 G_A 定义为放大器的输入与输出共轭匹配的增益。

$$G_A = \frac{P_{Lmax}}{P_A} = \frac{|S_{21}|^2(1-|\Gamma_L|^2)}{|1-\Gamma_s S_{11}|^2(1-|\Gamma_{out}|^2)} \qquad (7-47)$$

功率转换增益 G_T 定量地描述了放大器的放大能力,它定义为负载获得的功率与信号源发送出来的资用功率之比。

$$G_T = \frac{P_L}{P_A} = \frac{(1-|\Gamma_s|^2)|S_{21}|^2(1-|\Gamma_L|^2)}{|1-\Gamma_s\Gamma_{in}|^2|1-S_{22}\Gamma_L|^2} \qquad (7-48)$$

实际工作功率增益 G_P 定义为负载获得的功率与信号进入放大器的功率大小之比。

$$G_P = \frac{P_L}{P_{in}} = \frac{|S_{21}|^2(1-|\Gamma_L|^2)}{|1-\Gamma_{in}|^2|1-S_{22}\Gamma_L|^2} \qquad (7-49)$$

将低噪声放大器中的晶体管看作二端口网络,在式(7-47)、式(7-48)、式(7-49)中,P_{Lmax} 为输出为共轭匹配时负载获得的资用功率,P_A 为信号源发出的资用功率,P_{in} 为输入二端口网络的功率,P_L 为输出到负载的功率,S_{11}、S_{22}、S_{21} 为二端口网络的 S 参数分量,Γ_s 为源端反射系数,Γ_{in} 为输入端反射系数,Γ_{out} 为二端口网络输出端反射系数,Γ_L 为负载端反射系数。

(4)其他指标

低噪声放大器除了上述的几个核心指标外,同时也需要关注:① 非线性特性,放大器的非线性特性通常采用 IP3 和 P-1 dB 来衡量;② 工作频段,由于选择的管子有一定的截止频率,因此在设计之初就需要考虑好放大器的工作频率与工艺器件本身的频率上限的关系;③ 输入输出匹配,通常我们希望信号在放大器内部不放大、不被反射回输入端口,此时我们选择回波损耗或者电压驻波比来度量匹配的好坏程度;④ 反向隔离度,方向隔离度表征了放大器输出端口发射到输入端口的信号强度,当反向隔离度不够好时本征信号极容易串扰到天线端,进而造成干扰。

4. 固态太赫兹低噪声放大器设计

太赫兹低噪声放大器与常规太赫兹放大器设计基本相同,需要注意的是根据任务要求选择合适的工艺器件,在设计匹配电路时也应该充分认识到寄生参数对电路的影响,具体流程如下。

① 确定放大器的技术指标。对于放大器的技术指标上文做了详细的描述，这里不再赘述，指标确定决定了设计的方向，需要考虑指标能否实现，是否合理。

② 选择合适的工艺。太赫兹放大器工作频率较高，可以选择的工艺相对较少。目前主要有 CMOS、InP、GaAs、GaN、SiGe BiCMOS 等工艺，根据低噪声放大器的性能指标需求、成本、面积、生产周期等因素选择合适的生产工艺。

③ 设计偏置电路。偏置电路主要为太赫兹放大器提供直流能量以及保证太赫兹放大器能够工作在放大区，常用的偏置电路有无源偏置和有源偏置，其中无源偏置结构简单容易实现，但是常常受温度影响较大，而有源偏置电路的偏置点稳定但结构复杂且加大了系统的功耗，在常用设计中多采用无源偏置电路。

④ 稳定性以及匹配电路的设计。稳定性设计是设计放大器的大前提，同时放大器的输入输出的匹配亦极为重要，常见太赫兹低噪声放大器的输入口多采用最小噪声匹配，输出口采用共轭匹配。

⑤ 仿真原理图与版图。通过选择合理的工艺以及理论计算，得到最初的放大器模型，然后在仿真软件（ADS、MWO、ANSYS HFSS 等软件）仿真。

⑥ 绘制版图加工。将设计好的电路图绘制加工流片版图，然后根据厂家反馈的信息进行版图修改，最后经确认无误后开始流片生产。

⑦ 测试、调试。搭建适合的测试平台，采用合适的测试方法测试太赫兹低噪声放大器的各项指标，有必要时可以将测试的数据导入仿真软件重新进行计算调试，通过多次迭代，最后得到期望的结果。

为了让读者更加清晰地了解固态太赫兹低噪声放大器芯片的设计流程，本小节列举出《A SiGe HBT *D*-Band LNA With Butterworth Response and Noise Reduction Technique》(Esref Turkmen, 2018)一文中的低噪声放大器的设计实例。其设计需求如表 7 – 4 所示。

设计需求	D波段低噪声放大器芯片	反射系数	$\leqslant -10$ dB
工作频段	$0.12 \sim 0.14$ THz	噪声系数	$\leqslant 6$ dB
尺寸大小	$\leqslant 1$ mm^2	功耗	$\leqslant 30$ mW
增益	$\geqslant 28$ dB	输出 1 dB 压缩点	$\geqslant -40$ dBm

表 7 – 4
一款低噪声放大器的设计需求

（1）需求分析

如上所述,该低噪声放大器要求工作在太赫兹频段且其增益要求、集成度要求以及功耗要求较高,若采用Ⅲ、Ⅳ族化合物半导体工艺来实现的话,很难同时满足上述指标要求,因此针对该需求,寻找合适的工艺来实现显得尤为重要。

对于硅基工艺而言,在此频段的噪声系数相对化合物半导体工艺而言较大,但也存在截止频率高的 SiGe HBT 工艺,该类截止频率高的硅基工艺适合设计噪声系数较低的放大器,适合本次设计任务要求,因此选择 0.13 μm SiGe BiCMOS 工艺作为此次的流片工艺。

在选择好合适的工艺后,由于低噪声放大器工作在太赫兹频段,其寄生参数对电路的影响尤为重要,因此还需对其管子以及无源结构进行建模分析,然后针对高增益的要求,设计中还应该规避低频振荡等不稳定因素。

（2）有源晶体管建模以及无源寄生模型分析

首先根据晶体管的小信号模型,对其噪声系数以及稳定性进行仿真设计（图7-56）,得到最佳的管芯数目与噪声以及稳定性之间的关系,然后进行后续设计。

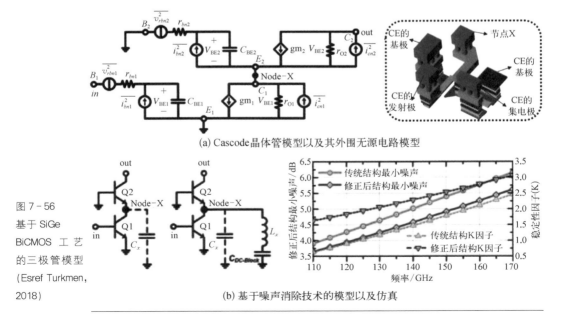

（a）Cascode晶体管模型以及其外围无源电路模型

图 7-56
基于 SiGe
BiCMOS 工 艺
的三极管模型
(Esref Turkmen,
2018)

（b）基于噪声消除技术的模型以及仿真

（3）电路原理图设计

在分析完晶体管电性能后，需要采用合适的电路形式去设计符合指标要求的低噪声放大器。如图7-57所示，给出了一种基于Cascode电路拓扑结构的4级低噪声放大器原理框图，该原理图采用了噪声消除技术、直流供电低频稳定技术、负反馈技术，通过相应的电路设计仿真软件可以大致得到各个指标基于设计要求的电路结构。

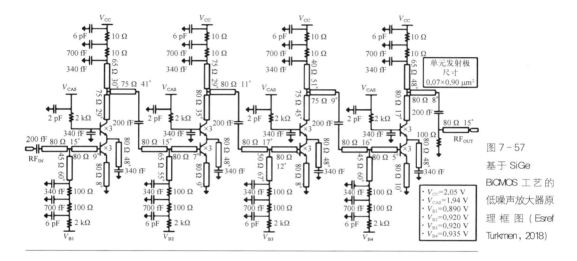

图7-57
基于SiGe BiCMOS工艺的低噪声放大器原理框图（Esref Turkmen，2018）

（4）版图绘制与流片加工与测试

基于上述原理图仿真设计，在电磁仿真软件中建立相应的电磁场无源部件模型，然后对其进行整版电磁仿真，最后根据仿真结果调整相应的电路结构，通过指标折中得到相应的电路后再在版图绘制软件中绘制出符合工艺厂家规则的版图，然后进行流片生产，最后得到芯片实物进行测试，芯片原理图仿真、电磁场仿真、实测S参数如图7-58所示。

该低噪声放大器增益在所需的工作频段内均大于设计需求，其反射系数也满足设计需要，其噪声以及输出1dB压缩点如图7-59所示，该放大器设计与测试均满足设计要求，该放大器面积小于1mm²实测功耗为28 mW满足了设计要求。

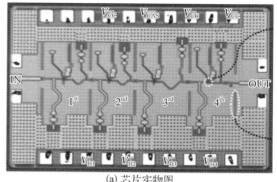

(a) 芯片实物图

图 7-58
基于 SiGe
BiCMOS 工艺
的低噪声放大
器实物图及其
S 参数（Esref
Turkmen，2018）

(b) 芯片S参数

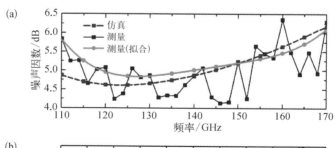

图 7-59
基于 SiGe
BiCMOS 工艺
的低噪声放大
器噪声(a)以及
输出 1 dB 压缩
点（b）（Esref
Turkmen，2018）

7.4 太赫兹振荡器技术

现有的太赫兹源主要基于频率变换技术,包括频率倍频的固态电子学太赫兹源和频率差频的光学太赫兹源,如图 7 - 60 所示。下文主要讨论太赫兹固态振荡源,两端负阻器件因其更高的单管频率和功率水平、少量器件完成多种复杂电路功能、易片上集成等特性,成为当前太赫兹固态振荡源领域的研究热点。

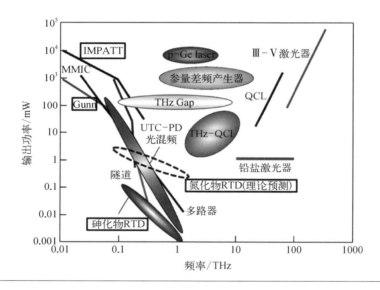

图 7 - 60
典型太赫兹源的工作频率和输出功率关系分布 (M. Tonouchi, 2007)

7.4.1 太赫兹两端负阻器件

两端负阻器件是指电压电流特性具有静态或动态负微分电阻的半导体二极管器件,其中适用于太赫兹固态源开发的器件主要包括共振隧穿二极管(Resonant Tunneling Diode,RTD)、耿氏二极管(Gunn Diode)及碰撞电离雪崩渡越时间(Impact Ionization Avalanche Transit - Time,IMPATT)二极管,分别通过共振隧穿、能谷间转移电子、或雪崩击穿等物理效应实现负阻特性,结合适当的振荡电路设计,产生太赫兹振荡输出。

1. 负阻器件的基本原理

(1) 共振隧穿二极管：RTD 利用量子隧穿效应产生静态负微分电阻，其典型能带结构是如图 7-61(a)所示的双势垒单势阱量子结构，势阱宽度足够小时（小于 10 nm），阱内将出现一系列的分立能级，导致其隧穿概率随着入射电子能量的增加出现了共振隧穿峰。当入射电子的能量与阱中的分立能级相等时，隧穿概率约为 1[图 7-61(b)]，而当入射电子能量偏离势阱中的分立能级时，隧穿概率迅速衰减[图 7-61(c)]，由此产生了负微分电阻的直流特性[图 7-61(d)]。该效应最早是在 1973 年由 Tsu 和 Esaki 通过计算半导体超晶格两端电流电压特性提出的。

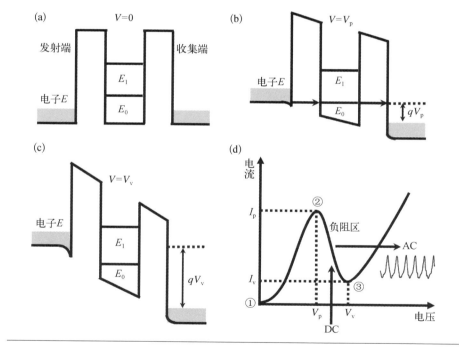

图 7-61
共振隧穿二极管的典型结构和工作原理示意图

(2) 耿氏二极管：Gunn 二极管通过大量电子从导带的高迁移率能谷运动到低迁移率能谷，造成器件宏观上的迁移率降低，形成负阻现象[图 7-62(a)]。Gunn 二极管一般由三个区域组成，两端为重掺杂 N 型区，中间是轻掺杂 N 型层，在器件两侧加偏压时，此轻掺杂层的电压梯度很大，形成偶极畴，进而导致器

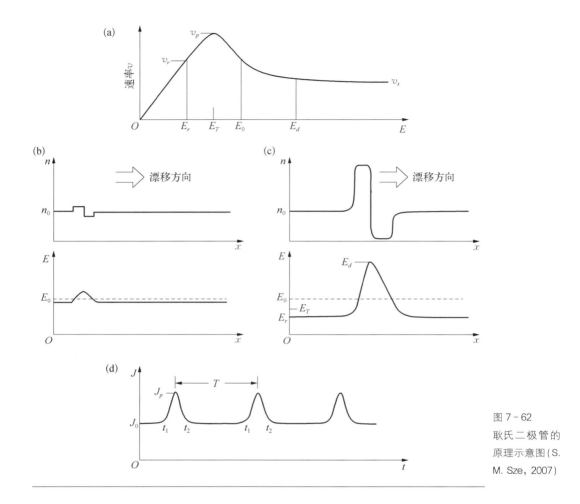

图 7 - 62
耿氏二极管的
原理示意图(S.
M. Sze, 2007)

件内部电场分布的变化;如图 7 - 62(b～c)所示,在外电场作用下,偶极畴会不断向阳极漂移并逐渐消失,且该过程不断重复,最终形成耿氏振荡[图 7 - 62(d)],相应的偏压范围处于负微分迁移率区域,通过选择合适的 Gunn 二极管中间层及其他外部条件,可以决定器件的振荡频率。

(3) 碰撞电离雪崩渡越时间二极管:IMPATT 二极管的基本结构如图 7 - 63 所示,通常由高场雪崩区和漂移区组成,在反向偏压下发生雪崩击穿,产生载流子渡越漂移区,进而在这两个过程中由载流子注入相位延迟和渡越时间延迟造成了电流与电压的相位差,由此产生动态微分负阻 (dI/dV)(图 7 - 63)。单独的 IMPATT

图 7 - 63
碰撞电离雪崩
渡越时间二极
管的原理示意
图(S. M. Sze,
2007)

p+	n	i(或v)	n+

二极管并不能表现出负阻特性，只有当其与可以调谐的谐振腔体进行匹配时，才能实现太赫兹频段的振荡，并产生最高的功率输出。典型的 IMPATT 二极管的结构分为单漂移区结构和双漂移区结构。

上述器件的截止工作频率均进入太赫兹频段，且具有构造相对简单、体积小、易集成、寄生效应小等特点，已成为太赫兹微系统中固态太赫兹源开发中关键的两端负阻器件。

2. 负阻器件的发展现状

RTD 是目前基波振荡频率最高的固态电子学器件，理论预测其振荡频率可达 2.5 THz，且具有体积小易集成、低功耗、可直接调制等优势，在太赫兹负阻振荡器应用研究中备受关注。目前太赫兹 RTD 所用的半导体材料主要有 InP 基 GaAs 和 GaN，其中 InP 基 GaAs 材料外延生长技术相较 GaN 材料成熟，制得器件的性能能够满足太赫兹源的开发要求，相应振荡源的单管室温频率已达到了 1.98 THz，接近理论预测，但受限于材料窄的可调禁带宽度，其输出功率仅到微瓦量级，限制了实际应用；相较而言，氮化物材料更高的电子漂移速率、可调禁带宽度及较小的介电常数，使得 GaN 基 RTD 器件的理论预测性能更优。但受限于材料的高缺陷密度和强极化效应，器件性能退化严重，2016 年开始才有室温负阻可重复的稳定器件报道，但器件性能相较 InP 基 RTD 很差，且远弱于理论预期，暂时还没有相应振荡源的相关报道。因此增强 RTD 太赫兹源的功率特性并实现系统应用是当前研究的难点和重点。

目前 GaAs/InP 基 Gunn 二极管发展成熟，被广泛应用于微波振荡源，早期 Gunn 二极管多采用垂直结构，受限于器件无法成畴的死区长度，其最高工作频率仅到 W 频段，为此后续提出了平面类 HEMT 结构，将 Gunn 二极管的频率范围扩展到了太赫兹低频段（≤500 GHz），功率略高于 RTD；对 GaN 基材料，因其更高的电子饱和速率和谷间能带差，理论仿真显示相应 Gunn 二极管的功率比 GaAs/InP 基高了两个数量级，但受限于氮化物缺陷等问题，目前还没有成熟 GaN 基 Gunn 二极管的实验报道。

相较而言，IMPATT 二极管是三者中输出功率最高的器件，得益于雪崩效应其在 W 频段的功率可达百毫瓦量级,但其工作频率覆盖的太赫兹频段是三者中最窄的,目前 Si、GaAs、InP 基材料体系的 IMPATT 发展较为成熟,广泛应用于雷达和预警系统。然而限制 IMPATT 二极管作为太赫兹信号源应用的关键是高噪声,由于工作在雪崩倍增状态,大量电子和空穴的无规则运动造成了过高的雪崩噪声。为此进行了 GaN 基 IMPATT 二极管的研究,因氮化物具有高击穿场强、高电子饱和速率及耐高温等优势,理论上可进一步提升器件的频率和功率特性,但受限于氮化物晶体质量及不成熟的 p 型掺杂,目前 GaN 基 IMPATT 二极管仍处在理论仿真阶段。

可见,上述三种两端负阻器件都是太赫兹微系统固态源领域的研究前沿,潜力巨大,因各自的物理机制不同,适用范围各有不同,需要根据实际应用需求进行选择。此外,研究表明 GaN 基材料体系在三种器件中都展现了更好的性能,因此相应器件氮化物技术的开发是当前的重要研究方向。

3. 负阻器件的设计方法

负阻器件的研制主要分为五个部分:材料结构设计、外延生长、器件结构设计、工艺制备和性能测试,需要根据上述不同负阻器件各自的基本原理,先进行材料和器件结构设计,再采用合适的工艺流程实现器件制备。本小节作者将以高功率 InP 基 RTD 器件设计为例,对半导体负阻器件的研制流程进行说明。

(1) 材料结构设计

通常采用 TCAD 软件进行材料结构及相应器件性能的仿真,由此来优化材料结构进而提高 RTD 器件负微分电阻区域的电压宽度和电流宽度,实现器件的高功率密度设计:第一,降低势垒层厚度可以展宽电子隧穿概率的半高宽,从而有效提高 RTD 器件的峰值电流密度,但同时也会使得器件的谷值电流密度增大,故优化设计势垒层厚度是提高器件峰值电流密度的有效方法之一;第二,增加势阱层 InGaAs 中 In 的组分可以有效降低势阱深度,同时可以有效降低共振隧穿能级的高度,进而降低峰值电压 V_p,降低 V_p 不仅有利于增大负微分电导区域的电压宽度,而且可以有效抑制集电区的 $\Gamma\text{-}L$ 散射;第三,优化隔离区的厚度可以有效增大 ΔV。 由此得到的 InP 基 RTD 的材料结构如图 7 - 64 所示,其中

势垒层 AlAs 和势阱层 In0.8Ga0.2As 的厚度分别设计为 1.5 nm 和 4.2 nm,发射极隔离层厚度设计为 20 nm 以增加 NDR 区域的电压宽度。

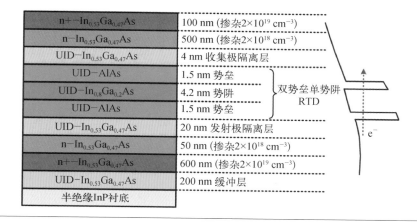

图 7 - 64
RTD 的材料结构 (Xiangyang Shi, 2017)

n+-In$_{0.53}$Ga$_{0.47}$As	100 nm (掺杂2×10^{19} cm^{-3})
n-In$_{0.53}$Ga$_{0.47}$As	500 nm (掺杂2×10^{18} cm^{-3})
UID-In$_{0.53}$Ga$_{0.47}$As	4 nm 收集极隔离层
UID-AlAs	1.5 nm 势垒
UID-In$_{0.8}$Ga$_{0.2}$As	4.2 nm 势阱
UID-AlAs	1.5 nm 势垒
UID-In$_{0.53}$Ga$_{0.47}$As	20 nm 发射极隔离层
n-In$_{0.53}$Ga$_{0.47}$As	50 nm (掺杂2×10^{18} cm^{-3})
n+-In$_{0.53}$Ga$_{0.47}$As	600 nm (掺杂2×10^{19} cm^{-3})
UID-In$_{0.53}$Ga$_{0.47}$As	200 nm 缓冲层
半绝缘InP衬底	

双势垒单势阱 RTD

e⁻

（2）外延生长

RTD 材料结构通过分子束外延（Molecular Beam Epitaxy，MBE）或金属有机化合物化学气相沉积法（Metal - Organic Chemical Vapor Deposition，MOCVD）生

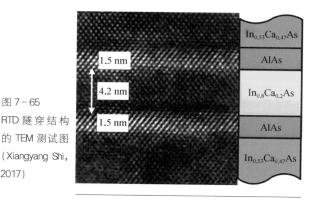

图 7 - 65
RTD 隧穿结构的 TEM 测试图（Xiangyang Shi, 2017)

长在半绝缘磷化铟（SI - InP）衬底上，外延样片表面粗糙度为 0.14 nm@5 μm×5 μm，通过透射电子显微镜（Transmission Electron Microscope，TEM）对外延片截面观测，如图 7 - 65 所示，其双势垒单势阱（Double Barrier Single Well，DBSW）界面清晰，生长厚度控制符合设计要求。

（3）器件结构设计

RTD 的器件结构按照形状可以分为台面型和平面型，在太赫兹应用中，为保证其高频特性，一方面器件的结区尺寸需要控制在微米量级，另一方面为了减小器件的高频寄生参量，设计为低寄生效应的平面空气桥结构，如图 7 - 66 所示。

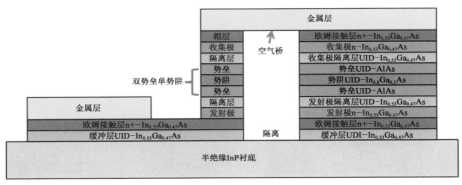

金属层		
帽层	空气桥	欧姆接触层n+-In$_{0.53}$Ga$_{0.47}$As
收集极		收集极n-In$_{0.53}$Ga$_{0.47}$As
隔离层		收集极隔离层UID-In$_{0.53}$Ga$_{0.47}$As
势垒		势垒UID-AlAs
势阱		势阱UID-In$_{0.8}$Ga$_{0.2}$As
势垒		势垒UID-AlAs
隔离层		发射极隔离层UID-In$_{0.53}$Ga$_{0.47}$As
发射极		发射极n-In$_{0.53}$Ga$_{0.47}$As

双势垒单势阱 对应 势垒/势阱/势垒

金属层

欧姆接触层n+-In$_{0.53}$Ga$_{0.47}$As

缓冲层UID-In$_{0.53}$Ga$_{0.47}$As

欧姆接触层n+-In$_{0.53}$Ga$_{0.47}$As

缓冲层UDI-In$_{0.53}$Ga$_{0.47}$As

隔离

半绝缘InP衬底

图 7 - 66
适用于太赫兹
频段的 RTD 器
件结构设计

（4）器件工艺制备

根据上述器件结构设计，进行制备工艺方案设计，其流程图如图 7 - 67 所示。本方案的优点在于通过普通接触式光刻、湿法刻蚀和在线 I-V 测试可以精确控制 RTD 结区面积并获得稳定空气桥。主要步骤如下。

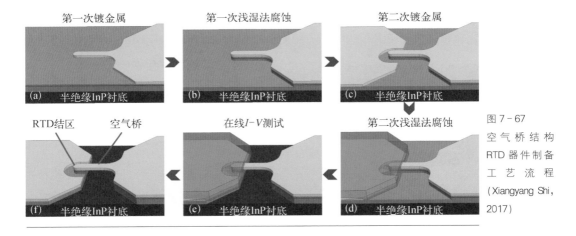

图 7 - 67
空气桥结构
RTD 器件制备
工艺流程
（Xiangyang Shi，
2017）

① 右电极欧姆接触：此过程需要通过电子束蒸发淀积 Ti/Au，以实现良好的欧姆接触。

② 浅湿法刻蚀：通过对样品进行浅湿法刻蚀，刻蚀至发射极的欧姆接触层，为后续左电极欧姆接触做准备；由于本步骤需要较为精确控制刻蚀深度，故需要合理配置刻蚀液的比例以确定合适的刻蚀速率，并采用台阶仪进行监控。

③ 左电极欧姆阶层：采用电子束蒸发 Ti/Au 实现与 n 型高掺杂的 InGaAs

实现发射极的欧姆接触。

④ 空气桥结构的制备（二次湿法刻蚀）：本步骤需要对空气桥下方的 InGaAs 进行湿法刻蚀，选择不会刻蚀 InP 衬底的刻蚀液，可将空气桥下方的 InGaAs 刻蚀掉即可获得空气桥结构，该步骤不仅可以形成 RTD 结区台面，而且可以实现左右电极的隔离，是制备 RTD 器件的关键。

⑤ 在线 I - V 特性测试：通过对上一步骤制备出来不同结区面积的 RTD 进行 I - V 特性测试，可以根据峰值电流来确定 RTD 结区的面积。

通过上述工艺流程，制备的空气桥结构 RTD 器件如图 7 - 68 所示，器件最小结区面积约为 3 μm²。

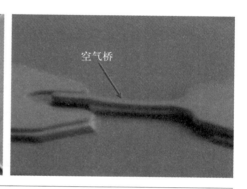

图 7 - 68
制备的空气桥结构 RTD 器件扫描电镜图（Xiangyang Shi，2017）

（5）性能测试

采用半导体分析仪和探针平台对制得的 RTD 器件进行片上直流测试，发射极隔离层厚度分别为 4 nm 和 20 nm，相应电流密度-电压（J - V）对比曲线如图 7 - 69 所示。随着发射极隔离层厚度从 4 nm 变化为 20 nm，其峰值电流密度从 555.9 kA/cm² 增加到 656.5 kA/cm²，说明该优化设计可以增加 J_p；而且，负阻区域的电压宽度 ΔV 也从 0.42 V 明显增加到了 0.78 V，这和发射极隔离层的分压差别有关，即 20 nm 发射极隔离层的分压明显大于 4 nm 发射极隔离层的分压，因此谷值电压 V_v 会明显增大，因此 ΔV 相应会明显增加，这有利于提升 RTD 振荡器的功率。此外，结合器件的直流特性，进行器件关键寄生参数的测试提取，可为后续 RTD 振荡器研究中器件的准确建模和振荡电路设计奠定基础。

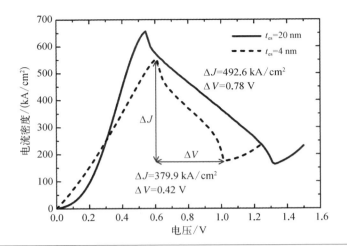

图 7 - 69
不同发射极隔
离层厚度 RTD
器件的 J - V
特 性 曲 线
(Xiangyang Shi,
2017)

7.4.2 基于两端负阻器件的太赫兹振荡器技术

太赫兹负阻振荡器是将具有负阻特性的有源器件(RTD、Gunn 二极管、IMPATT 二极管等)接入谐振回路中,在器件负阻特性条件下产生能量,其可以抵消回路中由于电感、电容、负载电阻等的正阻抗损耗,并将功率传给负载和输出端口网络,从而使振荡器自激产生稳定振荡信号输出,常见的太赫兹负阻振荡器电路结构如图 7 - 70 所示。对于太赫兹负阻振荡器,受到不同种类负阻器件物理效应及材料特性的限制,都存在着频率范围扩展、随着频率提高功率降低等问题,因此提升振荡器的功率和频率特性是研究的重点。为此,设计

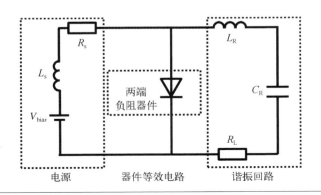

图 7 - 70
太赫兹负阻振
荡器电路结构
示意图

过程需要考虑负阻器件小信号等效电路模型的准确构建、减小谐振回路损耗的电路结构及参数设计、提升单管电学特性的负阻器件结构设计等，进而满足应用需求。

　　太赫兹负阻振荡器目前常用的半导体材料主要有 GaAs 基、InP 基及 GaN 基，因此振荡器的实现也采用相应的工艺技术，其中 GaAs 基和 InP 基器件工艺技术相对成熟，成本低，但相应振荡器的功率频率偏低；GaN 基器件工艺技术还处于开发阶段，成本高，但相应振荡器的频率和功率等特性较好，是当前的研究热点。因此，需要根据所开发负阻振荡器的材料体系及应用中频率、功率、功耗、噪声等指标的需求选择合适的制备工艺。

　　目前，重点研究的太赫兹负阻振荡器主要包括 RTD 太赫兹振荡器、Gunn 二极管太赫兹振荡器及 IMPATT 二极管太赫兹振荡器。下面分别介绍三种太赫兹振荡源的工作原理。

1. 共振隧穿二极管(RTD)太赫兹振荡源

　　RTD 太赫兹振荡器是三者中单管基波频率覆盖太赫兹频段最宽的，下面以缝隙天线 RTD 太赫兹振荡器为例分析其工作原理。RTD 振荡器的电路原理如图 7-71 所示，其中偏置电压使得 RTD 工作在负微分电阻区域，稳定电阻 R_e 抑制偏置电路的低频振荡，旁路电容 C_e 使得振荡射频信号短路到地，避免射频信号经过 R_e 发生损耗；L_b 为偏置电路电缆引入的电感，L 为设计的谐振电感，其与 RTD 器件的电容 C_{RTD} 共同决定电路的振荡频率，G_L 为负载电导，直流隔离电容(DC-block)为阻止直流信号进入负载电导的参数。

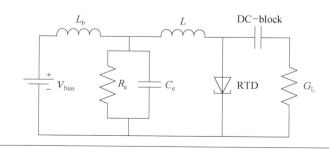

图 7-71
RTD 振荡器电路原理图

RTD 振荡器的射频等效电路如图 7 - 72 所示，其中 RTD 器件用器件电容 C_{RTD} 和压控电流源并联的大信号模型代替，压控电流源的数学表达式为 $i = f(v) = -av + bv^3$，电路中的电流方向标注于图 7 - 72，根据基尔霍夫电压定律，$i_1 + i_2 + i_3 - i = 0$。

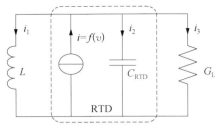

图 7 - 72
RTD 振荡器的射频等效电路原理图

即

$$\frac{1}{L}\int v\mathrm{d}t + C_{RTD}\frac{\mathrm{d}v}{\mathrm{d}t} + vG_L - (-av + bv^3) = 0 \qquad (7 - 50)$$

对时间 t 求导可写为

$$LC_{RTD}\frac{\mathrm{d}^2v}{\mathrm{d}t^2} + L(G_L + a - 3bv^2)\frac{\mathrm{d}v}{\mathrm{d}t} + v = 0 \qquad (7 - 51)$$

由此可推导出振荡信号为正弦波形式，可表示为 $v = V\cos(\omega t)$，其中 V 为信号幅度，ω 为振荡信号的角频率，$\omega = 1/\sqrt{LC_{RTD}}$，负载 G_L 消耗的瞬时功率为

$$P_L = v^2 G_L = [V\cos(\omega t)]^2 G_L \qquad (7 - 52)$$

可推导出负载消耗的平均功率为

$$P_{Lavg} = G_L\frac{V^2}{2} \qquad (7 - 53)$$

RTD 器件的瞬时功率为

$$P_{RTD} = -iv = av^2 - bv^4 \qquad (7 - 54)$$

由此推导出 RTD 器件的平均功率为

$$P_{RTDavg} = \frac{aV^2}{2} - \frac{3bV^4}{8} \qquad (7 - 55)$$

电路中 RTD 器件产生的功率和负载消耗的功率相等，即

$$\frac{aV^2}{2} - \frac{3bV^4}{8} = G_L\frac{V^2}{2} \qquad (7 - 56)$$

可推导出 V 的表达式为

$$V = 2\sqrt{\frac{G_{\mathrm{RTD}} - G_{\mathrm{L}}}{3b}} \tag{7-57}$$

因此,负载的平均功率可改写为

$$P_{\mathrm{Lavg}} = G_{\mathrm{L}} \frac{V^2}{2} = 2(G_{\mathrm{RTD}} - G_{\mathrm{L}}) \frac{G_{\mathrm{L}}}{3b} \tag{7-58}$$

当 $G_{\mathrm{L}} = G_{\mathrm{RTD}}/2$ 时,负载上的功率最大,可表示为

$$P_{\mathrm{max}} = \frac{G_n^2}{6b} = \frac{3}{16} \Delta I \Delta V \tag{7-59}$$

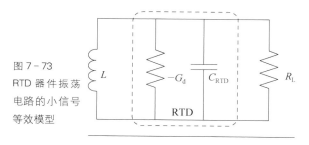

图 7 - 73
RTD 器件振荡
电路的小信号
等效模型

RTD 器件振荡电路的小信号等效模型如图 7 - 73 所示,其中 RTD 用并联的负微分电导($-G_{\mathrm{d}}$)和电容 C_{RTD} 代替,电路稳定振荡时,总的阻抗为零,即

$$2\pi f_0 C_{\mathrm{RTD}} - \frac{1}{2\pi f_0 L} = 0 \tag{7-60}$$

振荡频率 f_0 为

$$f_0 = \frac{1}{2\pi\sqrt{LC_{\mathrm{RTD}}}} \tag{7-61}$$

实际的缝隙天线 RTD 太赫兹振荡器由日本东京工业大学的研究团队开发,如图 7 - 74 所示,RTD 器件位于缝隙天线的中间,缝隙天线即可作为一个谐振器形成电磁波的驻波,又相当于天线把产生的振荡信号辐射出去,振荡条件要满足负微分电导的绝对值大于缝隙天线的辐射损耗电导,即 $G_{\mathrm{d}} > G_{\mathrm{L}}$。 振荡频率主要由图中的电感 L 和电容 C 决定,其中电感 L 主要源自天线,电容 C 主要源自天线和 RTD。

目前 RTD 太赫兹振荡源所采用的材料体系主要是 InP 基和 GaN,其中 InP 基 RTD 太赫兹源发展较为成熟,以上述日本东京工业大学研究团队的 InP 基 RTD 为代表,通过优化 RTD 的材料和器件隧穿结构设计及工艺制备方法,将单

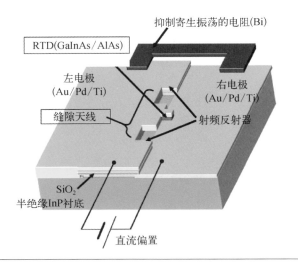

图 7 - 74
基于缝隙天线
RTD 太赫兹振
荡器的电路结
构 (N. Orihashi,
2005)

管室温频率提高到了 1.98 THz,接近理论预期的 2.5 THz,然而功率仅为 0.4 μW@
1.92 THz,低功率成为限制其实际应用的关键。为此,英国格拉斯哥大学研究团
队基于共面波导(Coplanar Waveguide,CPW)型 RTD 振荡器,并通过双路合成
在 284 GHz 频率下功率达到了 0.46 mW,如图 7 - 75 所示,目标是实现 1 mW@
300 GHz,进而实现其在高能效紧凑型超宽带短距离太赫兹无线通信系统中的
应用。对于 GaN 基 RTD 太赫兹源,理论预测其功率可以达到 mW 量级,虽然目
前实现了室温稳定的 GaN 基 RTD 器件,如图 7 - 76 所示,但其性能远未达到理
论预期,且弱于 InP 基 RTD,由于高性能稳定 RTD 器件的缺乏,目前尚未实现
振荡器研制,正处于器件开发和仿真研究阶段。

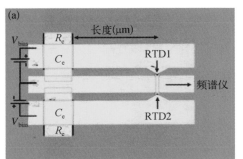
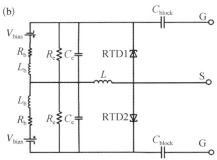

CPW 型 RTD 振荡器结构(a)及其等效电路(b)(E. Wasige, 2017)

图 7 - 75

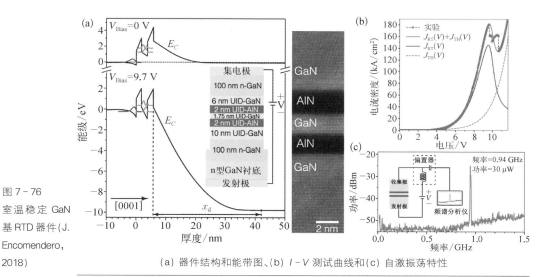

图 7－76
室温稳定 GaN
基 RTD 器件(J.
Encomendero,
2018)

（a）器件结构和能带图、(b) I－V 测试曲线和(c) 自激振荡特性

　　对于 RTD 太赫兹振荡器的实际系统应用研究,国际上有不少研究组进行了尝试,实现了基于 RTD 太赫兹振荡源的短距离无线通信系统及成像系统样机研制。2012 年,日本大阪大学报道了基于 RTD 发射和检测的 300 GHz 无线通信系统,如图 7－77 所示,其可实现最高 2.5 Gbps 数据传输;2016 年,日本东京工业大学研究组基于 RTD 发射实现了 490 GHz 无线通信系统,系统方案如图 7－78 所

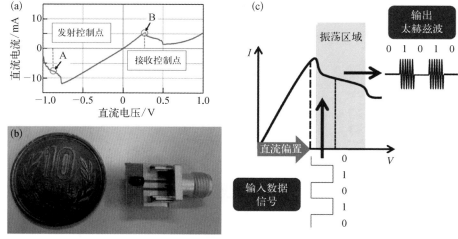

图 7－77
基于 RTD 发射
和检测的 300
GHz 无线通信
系统(T.
Nagatsuma,
2012)

（a）RTD 器件 I－V 测试曲线;(b) RTD 发射器实物图;(c) RTD 产生调制的振荡信号方案

示,当传输码率高达 30 Gbps 时,误码率为 1.3×10^{-3}。受限于 RTD 振荡器的低功率,以上系统的收发距离仅在几厘米量级,进一步说明突破 RTD 太赫兹振荡器功率限制是实现其实际应用的关键。在基于 RTD 的太赫兹成像系统研究方面,日本先锋株式会社在 2016 年报道了基于 RTD 产生及检测的 300 GHz 太赫兹成像系统,如图 7 - 79 所示,成像分辨力为 1 mm,随后为了得到深度维信息,又搭建了基于迈克耳孙干涉仪的干涉反射成像系统,得到在高度方向的分辨率为 3 μm,这

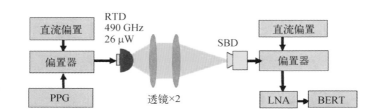

图 7 - 78
基于 RTD 发射的 490 GHz 无线通信系统(N. Oshima, 2016)

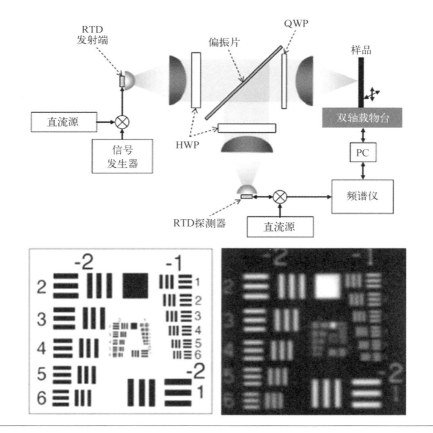

图 7 - 79
基于 RTD 产生及检测的 300 GHz 太赫兹成像系统及成像结果(T. Miyamoto, 2016)

是 RTD 振荡源在成像应用方面的初步尝试,为后续研究拓展了思路。

2. 耿氏二极管(Gunn Diode)太赫兹振荡源

以 Gunn 二极管最基本的渡越时间模式为例来说明其工作原理,在外电场作用下器件内部形成偶极畴,其会向阳极漂移并逐渐消失,同时会有一个电流脉冲流到器件的外围电路中,该过程如此不断重复,因此不断有电流脉冲产生相应的振荡频率,即

$$f = \frac{1}{\tau} = \frac{v_d}{L} \tag{7-62}$$

式中,v_d 为平均漂移速度;L 为漂移区域长度。研究表明,对于 InP 基 Gunn 二极管,当 nL 为 10^{12} cm^{-2} 时(n 为电子浓度),器件的工作效率最高;对于 GaN 基 Gunn 二极管,nL 要大于 10^{13} cm^{-2}。除了上述工作模式,Gunn 二极管还有猝灭偶极层、延迟畴、限制电荷积累等模式,可满足不同的应用需要。

当前 GaAs/InP 基 Gunn 二极管太赫兹振荡器发展比较成熟,相较 RTD,其基波振荡频率仅到太赫兹低频段($\leqslant$500 GHz),当前实验上 InP 基平面结构 Gunn 二极管的基波频率已达 307.5 GHz,功率为 28 μW,采用谐波,频率可提升到 1.2 THz,但输出功率仅几微瓦,且噪声影响明显,无法满足系统应用要求。对于 GaN 基 Gunn 二极管,受到材料晶体质量问题的影响,目前还尚未有成功研制的报道,因此虽然理论仿真性能优于 GaAs/InP 基 Gunn 二极管,但距实际应用还有一段距离。

3. 碰撞电离雪崩渡越时间(IMPATT)二极管太赫兹振荡源

IMPATT 二极管太赫兹振荡器电路示意图如图 7-80 所示,在 IMPATT 二极管两端加上反向直流偏置电压使其处于临界雪崩,再叠加交流电压,器件内部雪崩产生的空穴向 P$^+$ 区漂移,而电子注入 n 型漂移区,由于雪崩产生电子-空穴对需要的建立时间有限,使得输出端电流和电压之间总有 180° 的相移,形成动态负阻,当振荡电路的谐

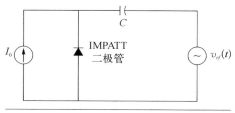

图 7-80
碰撞电离雪崩
渡越时间二极
管振荡器的电
路示意图

振频率和器件的谐振频率一致时可使器件的输出功率最大,而器件的最佳工作频率为

$$f = \frac{1}{T} = \frac{v_s}{2L} \qquad (7-63)$$

式中,L 为漂移区的长度;v_s 为空穴的饱和速度。由此可见,通过调谐 IMPATT 二极管振荡源电路的电容、电感等参数使其谐振频率与上述器件频率一致,可以获得大功率的太赫兹振荡源。

IMPATT 二极管太赫兹振荡器与其他两种太赫兹振荡器相比,其输出功率是最高的,但最高振荡频率是最低的,目前 Si 基、GaAs 基、InP 基 IMPATT 太赫兹振荡器的最高频率只到 144 GHz,但功率高达 100 mW,若采用 GaN 基材料,其理论仿真表明在 220 GHz 频率下输出功率可到 W 级;然而过高的雪崩噪声使其不宜用作振荡信号源,因此如何在提升其功率和频率特性的同时降低噪声成为研究的关键。

可见,三种基于不同两端负阻器件的太赫兹振荡器各有优劣,具体对比见表 7-5,可针对不同的应用要求进行选择,这三种太赫兹振荡源均具有体积小、易集成的特点,是太赫兹微系统开发的关键技术之一。

	频 率	功 率	噪 声
RTD	<2.5 THz	μW	较低
Gunn 二极管	≤0.5 THz	μW~mW	低
IMPATT 二极管	≤0.3 THz	百毫瓦	较高

表 7-5
三种太赫兹振荡器的性能对比

7.5 太赫兹信道微系统集成技术

太赫兹微系统技术是太赫兹技术未来发展的重要趋势,它突破了利用分立元器件组装成系统的传统思路,从材料、器件等微观层面出发,进行集成微系统的深度定制,代表着太赫兹系统向太赫兹微系统的转变。从技术层面来看,太赫兹微系统技术是太赫兹技术与微系统技术的深度融合,一方面通过微系统技术

促进太赫兹技术的微型化、集成化,加速太赫兹技术的应用;另一方面以太赫兹技术为牵引将电子器件向极高频、超高速的极限方向推进,促进化合物半导体和异构集成技术的发展。

太赫兹信道微系统集成技术是一个前沿研究方向。目前的主要技术路线有单片集成(System‑on‑Chip,SOC)、多芯片集成(多芯片模组和系统级封装等)以及异构集成(Heterogeneous Integration)等,并朝着进一步小型化、多功能化、集成化的方向发展。

7.5.1 信道单片集成

单片集成是太赫兹信道微系统集成的重点发展方向之一。单片集成把尽可能多的功能在同一种半导体工艺下设计制造出来,使得单颗芯片就成为子系统乃至系统,比如通过 CMOS、GaAs、InP 等工艺,将放大、混频、滤波、控制等射频前端基本功能模块集成在同一颗芯片上。

如图 7‑81 所示,德国 IAF 基于 GaAs 50 nm mHEMT 工艺制成 300 GHz 接收机;日本广岛大学基于 CMOS 工艺制成 300 GHz 速率高达 105 Gbps 的发

(a)
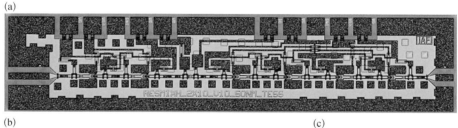

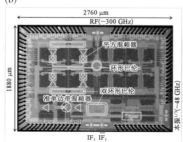
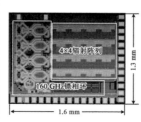
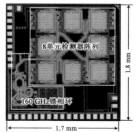

图 7‑81　(a) 德国 IAF 300 GHz GaAs 接收机;(b) 日本广岛大学 300 GHz CMOS 发射机;(c) 美国康奈尔大学 320 GHz SiGe 成像收发机等采用单片集成(含片上天线)(Tessmann A, 2011)

射机采用了单片集成；美国康奈尔大学基于 SiGe 工艺的 320 GHz 成像收发机芯片则连同天线一起集成，目前该方向依然是太赫兹信道微系统集成的一大重要发展方向。

通过单片集成方式将大部分功能实现到片上后，只需要将芯片封装后即可作为信道集成微系统使用。目前最常见、性能最好的方法是通过金属腔体波导＋波导探针＋键合线的方式将太赫兹信号引出到片外。不过，当频率高到一定程度时，也可以直接将波导探针集成在芯片上，从而省去了额外的波导探针和键合线。

信道单片集成避免了太赫兹信号在不同功能芯片之间的传递，在片内就可以完成传输，并且通过架构设计，仅保留射频输出、输入端口使用太赫兹频段与片外互连，而其他端口为信号容易引出的中频信号、控制信号等低频段信号，可以有效避免互连结构带来的插损、失配、加工难度、成本增加、可靠性降低等问题。目前，将天线与芯片一体集成也是一种发展趋势，进而完全消除了太赫兹频段芯片间的射频接口，可以极大地简化信道的系统集成难度。不过，信道单片集成的工艺唯一性，然而实际上并没有哪一种工艺适用于所有类型的功能模块，所以会牺牲某些功能模块的性能。

7.5.2 信道多芯片集成

多芯片集成，常见的是多芯片模组（Multi - Chip - Moduel，MCM）与系统级封装（System - in - Package，SIP），可通过划分不同功能模块，针对性地为每个模块选择性能最优的工艺，也可选择货架产品以降低开发成本和周期。多芯片集成是太赫兹频段信道微系统集成常见、最灵活的一种方式，有效地避免了单片集成度过高导致的成品率低与开发成本的问题。

对于频率相比较低的太赫兹频段，多芯片集成的信道集成微系统中常用键合线（Wire Bonding）、倒装焊（Flip Chip）、热孔（Hotvia）、TxV 通孔［穿透硅通孔（Through Silicon Vias，TSA）与穿透玻璃通孔（Through Glass Vias，TGV）］等集成工艺，但目前 TxV 主要还是应用在微波、毫米波频段，适用于太赫兹频段的材料、工艺还在研究中。D 波段也可采用常见的 QFN 塑封形式实现信道集成，

如欧盟 SUCCESS Project 项目研制的 120 GHz 与 140 GHz 雷达传感器
（图 7 - 82），但 QFN 应用于更高太赫兹频段目前还不成熟，达不到波导形式的
频率和性能。

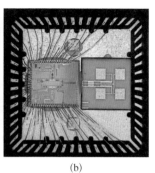

(a)　　　　　　　　　　　　　　　　　(b)

（a）KIT 研制的 120 GHz 传感器（Voinigescu S P，2017）；（b）Toronto 研制的 140 GHz 传感器
（Sarkas I，2012）

对于传统金属腔体波导信道集成形式，可以将一个单功能芯片封装成单
功能模块，然后将波导接口互连后组合系统，或者将多个芯片集成一个金属
腔体中以减小系统的尺寸，不过会提高腔体的加工复杂度。沿着金属腔体
波导信道集成的技术路线，美国 JPL 实验室、Nuvotronics 公司等进一步发展
了微机加工的 MEMS 技术、3D 打印技术等新型加工技术制作波导腔体，使其
加工精度、可加工结构、复杂度都得到了新突破，如图 7 - 83 所示。图 7 - 83（a）
为太赫兹 8×1 阵列成像射频前端工作于 340 GHz；图 7 - 83（b）为功放工作于
G 波段。

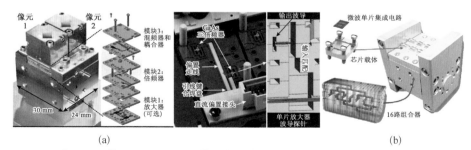

(a)　　　　　　　　　　　　　　　　　(b)

（a）美国 JPL 基于 MEMS 机加工技术实现的三维堆叠集成（Reck T，2015）；（b）美国
Nuvotronics 公司 Polystrata 工艺的集成放大器（Rollin J M，2015）

7.5.3 信道异构集成

单芯片集成和多芯片集成这两种技术路线,各有优点:单片集成具有精细尺度的互连、高性能等优势,而多芯片集成具有灵活、可以使用多种工艺、设计制造周期短等优势。但是它们又存在各自的局限性:单片集成主要局限性是受单工艺限制以及设计制造周期长,多芯片集成则存在互连尺度不够小、性能损失等缺点。然而,这两种技术路线各自优势在传统的技术框架下无法兼容,不能同时发挥出来。

近年来,为了突破现有技术体系的束缚,美国 DARPA 通过 DAHI(Diverse Accessible Heterogeneous Integration)、COSMOS(Compound Semiconductor Materials On Silicon)等一系列异构集成研发项目(如图 7 - 84 所示),以 NGC、Raytheon 等公司为代表,推动了这一新的系统集成技术的发展。欧洲 FBH、IHP、柏林工业大学等研究机构也紧随其后联合推动了欧盟主导的 Sci - Fab 异构集成项目。

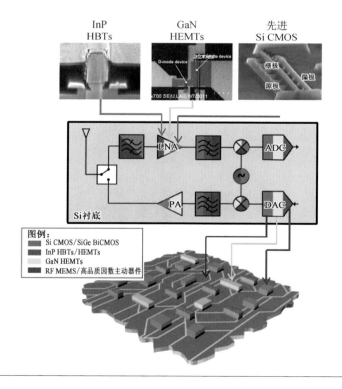

图 7 - 84
美国 DARPA 引领的以硅基 CMOS 作为载体,整合 InP、GaN、MEMS 等先进技术,兼具单片集成性能优势,又有兼容多芯片集成优势的新一代异构集成(DARRA, 2017)

从技术发展思路上看,美国与欧盟这一系列项目都是为了突破现有技术的瓶颈,融合单片集成和多芯片集成的各自优势。从技术特点上看,在单一芯片或基片上实现系统的全部功能,所有功能模块间的互连都是片内(可达亚微米),或者近似片内互连的尺度(微米级别),目前德国 FBH 基于微米级倒装技术的异构互连可工作到 500 GHz,在性能上已经具备了信道单芯片集成的优点。但是,通过信道异构集成,打破了单一工艺对功能模块无法实现性能最优的限制,这一点上又具有信道多芯片集成的优点。

异构集成也有多种可能的技术路线。目前,相对成熟的一种是美国 NGC 的基于芯片块(Chiplets)的技术,如图 7-85 所示。这种技术路线,通过极小尺寸的异构集成互连结构(几微米级的微凸点),在一个公共芯片(常用 CMOS 工艺)或基片上将芯片块(例如 InP 芯片、GaN 芯片)精密微组装连接为系统。这种方法比较灵活、且性能可以接近于单芯片集成,允许采用超过两种以上工艺的集成,使得各功能模块具有了分别选择最佳工艺来实现的自由度。合理选择不同的架构和单模块工艺,可以实现性能、成本、可靠性的折中优选,这预期是未来重

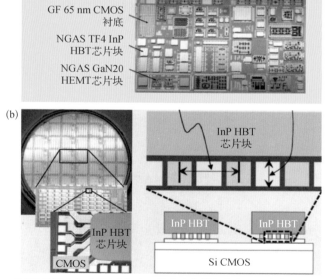

图 7-85
基于芯片块的异构集成技术
(Samanta K K, 2017)

(a) 65 nm CMOS 晶圆上集成了 InP 和 GaN 等化合物样品芯片;(b) 微米尺度的异构互连是核心技术

点研究的前沿方向之一。该技术途径需要解决微米尺度的异构互连、信号传输、可靠性等一系列关键技术问题。

异质集成的第二种技术路线是,首先选择一种作为集成平台的芯片(常用CMOS工艺),在制造流程中引入异构外延生长的工艺步骤,将化合物晶体管直接原位生长在平台芯片之上,从而实现器件级的异构集成。但是,这种技术路线对工艺要求非常高,由于外延生长工艺等技术挑战,离实用尚有较长距离。

异质集成的第三种技术路线采用衬底转移、晶圆键合等方式,将两种不同工艺的晶圆以晶圆级集成技术整合到一起,从而避免了晶圆切片后再集成时,太赫兹频段信号片外互连的问题,如图 7-86 所示,欧盟 Sci-Fab 项目集成 SiGe 和 InP 就是采用这种技术路线。图中 M1、M2、M3、TM1、TM2、G1、G2、Gd 为金属编号。

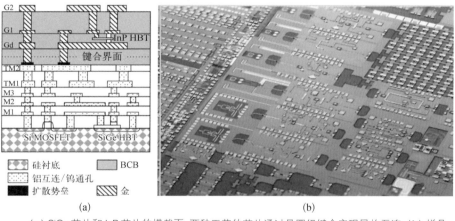

图 7-86
Sci-Fab 基于晶圆级的异构集成技术(Rollin J M, 2016)

(a) SiGe 芯片和 InP 芯片的横截面,两种工艺的芯片通过晶圆级键合实现异构互连;(b) 样品照片

对于信道异构集成的这三种技术路线,基于芯片块的技术发展相对较快,目前更进一步向 IP 复用的技术方向发展。2016 年底,DARPA 启动了 CHIPS (Common Heterogeneous Integration and IP Reuse Strategies)项目招标,旨在提高国防军用芯片开发中的芯片或 IP 模块化程度与可复用程度,通过制定通用芯片接口与开发可复用的 IP,降低成本、缩短开发周期并减小风险。

异构集成技术是一个快速发展前沿研究方向,然而,目前信道异构集成的大部分工作频段都在微波、毫米波频段，未来随着研究的深入，该技术将在太赫兹频段具有更加广泛的应用。

参考文献

［1］ Mehdi I, Siles J V, Lee C, et al. THz Diode Technology: Status, Prospects, and Applications［J］. Proceedings of the IEEE, 2017, 105(6): 990 - 1007.

［2］ Bishop W L, Meiburg E R, Mattauch R J, et al. A micron-thickness, planar Schottky diode chip for terahertz applications with theoretical minimum parasitic capacitance［C］//IEEE International Digest on Microwave Symposium. IEEE, 1990: 1305 - 1308.

［3］ Siegel P H, Smith R P, Graidis M C, et al. 2.5-THz GaAs monolithic membrane-diode mixer［J］. IEEE Transactions on Microwave Theory and Techniques, 1999, 47(5): 596 - 604.

［4］ Bulcha B T, Hesler J L, Drakinskiy V, et al. Design and Characterization of 1.8 - 3.2 THz Schottky-based Harmonic Mixers［J］. IEEE Transactions on Terahertz Science and Technology, 2016, 6(5): 737 - 746.

［5］ Zhang Y, Qiao S, Liang S, et al. High Electron Mobility Transistor-based Terahertz Wave Space External Modulator. U. S. Patent 9,590,739［P］. 2017 - 3 - 7.

［6］ Cywiński G, Szkudlarek K, Kruszewski P, et al. Low frequency noise in two-dimensional lateral GaN/AlGaN Schottky diodes［J］. Applied Physics Letters, 2016, 109(3): 033502(1 - 5).

［7］ Hwang J H, Lee K J, Hong S M, et al. Balanced MSM - 2DEG Varactors Based on AlGaN/GaN Heterostructure With Cutoff Frequency of 1.54 THz［J］. IEEE Electron Device Letters, 2017, 38(1): 107 - 110.

［8］ Bruston J, Smith R P, Martin S C, et al. Progress towards the realization of MMIC technology at submillimeter wavelengths: A frequency multiplier to 320 GHz［C］// 1998 IEEE MTT-S International Microwave Symposium Digest (Cat. No. 98CH36192). IEEE, 2002, 2: 399 - 402.

［9］ Erickson N R, Narayanan G, Grosslein R M, et al. Monolithic THz Frequency Multipliers［C］//Twelfth International Symposium on Space Terahertz Technology, 2001.

［10］ Chang K, Sun C. Millimeter-Wave Power-Combining Techniques［C］//IEEE Transactions on Microwave Theory and Techniques, 1983, 31(2): 91 - 107.

［11］ Park H C, Daneshgar S, Griffith Z, et al. Millimeter-Wave Series Power

Combining Using Sub-Quarter-Wavelength Baluns[J]. IEEE Journal of Solid-State Circuits, 2014, 49(10): 2089 - 2102.

[12] Gritters D, Brown K, Ko E. 200 - 260 GHz solid state amplifier with 700 mW of output power[C]//2015 IEEE MTT-S International Microwave Symposium. IEEE, 2015: 1 - 3.

[13] Cetindogan B, Ustundag B, Turkmen E, et al. A D-band SPDT switch utilizing reverse-saturated SiGe HBTs for dicke-radiometers[C]//2018 German Microwave Conference (GeMiC). IEEE, 2018: 47 - 50.

[14] Turkmen E, Burak A, Caliskan C, et al. A SiGe BiCMOS Bypass Low-Noise Amplifier for X-Band Phased Array RADARs[C]//2018 Asia-Pacific Microwave Conference (APMC). IEEE, 2018: 222 - 224.

[15] Murakami H, Uchida N, Inoue R, et al. Laser Terahertz Emission Microscope[J]. Proceedings of the IEEE, 2007, 95(8): 1646 - 1657.

[16] Orihashi N, Suzuki S, Asada M. One THz harmonic oscillation of resonant tunneling diodes[J]. Applied Physics Letters, 2005, 87(23): 233501.

[17] Wasige E, Alharbi K H, Al-Khalidi A, et al. Resonant tunnelling diode terahertz sources for broadband wireless communications[J]. Proceedings of the SPIE, 2017, 10103: 101031J.

[18] Encomendero J, Yan R, Verma A, et al. Room temperature microwave oscillations in GaN/AlN resonant tunneling diodes with peak current densities up to 220 kA/cm^2[J]. Applied Physics Letters, 2018, 112(10): 103101.

[19] Song H J, Ajito K, Muramoto Y, et al. 24 Gbit/s data transmission in 300 GHz band for future terahertz communications[J]. Electronics Letters, 2012, 48(15): 953 - 954.

[20] Oshima N, Hashimoto K, Suzuki S, et al. Wireless data transmission of 34 Gbit/s at a 500-GHz range using resonant-tunnelling-diode terahertz oscillator [J]. Electronics Letters, 2016, 52(22): 1897 - 1898.

[21] Dobson J. Imagining the modern city: Miyamoto [chūjō] yuriko in moscow and london, 1927 - 1930[J]. Japan Forum. Routledge, 2016, 28(4): 486 - 510.

[22] Tessmann A, Massler H, Lewark U, et al. Fully Integrated 300 GHz Receiver S-MMICs in 50 nm Metamorphic HEMT Technology[C]//2011 IEEE Compound Semiconductor Integrated Circuit Symposium (CSICS). IEEE, 2011: 1 - 4.

[23] Baker R J A, Hoffman J, Schvan P, et al. SiGe BiCMOS linear modulator drivers with 4.8-V pp differential output swing for 120-GBaud applications[C]//2017 IEEE Radio Frequency Integrated Circuits Symposium (RFIC). IEEE, 2017: 260 - 263.

[24] Sarkas I, Girma M G, Hasch J, et al. A Fundamental Frequency 143 - 152 GHz Radar Transceiver with Built-In Calibration and Self-Test [C]//2012 IEEE Compound Semiconductor Integrated Circuit Symposium (CSICS). IEEE, 2012: 1 - 4.

[25] Reck T, Jung-Kubiak C, Siles J V, et al. A Silicon Micromachined Eight-Pixel

Transceiver Array for Submillimeter-Wave Radar[J]. IEEE Transactions on Terahertz Science and Technology，2015，5(2)：197-206.

[26]　Rollin J M，Miller D，Urteaga M，et al. A Polystrata® 820 mW G-Band Solid State Power Amplifier[C]//2015 IEEE Compound Semiconductor Integrated Circuit Symposium (CSICS). IEEE，2015：1-4.

[27]　Samanta K K. Pushing the envelope for heterogeneity：multilayer and 3-D heterogeneous integrations for next generation millimeter-and submillimeter-wave circuits and systems[J]. IEEE Microwave Magazine，2017，18(2)：28-43.

[28]　施敏，李明逵.半导体器件物理与工艺[M].王明湘,赵鹤鸣,译.3 版.苏州：苏州大学出版社,2014.

[29]　杨晓帆.基于平面肖特基二极管的太赫兹分谐波混频器研究[D].成都：电子科技大学,2012.

[30]　钟伟.基于肖特基势垒二极管的 220 GHz 倍频技术研究[D].成都：电子科技大学,2014.

[31]　蒋均.基于肖特基二极管太赫兹高次倍频源关键技术研究[D].北京：中国工程物理研究院,2017.

[32]　陈哲.固态太赫兹高速无线通信技术[D].成都：电子科技大学,2017.

[33]　沈川.毫米波高功率合成放大技术研究[D].成都：电子科技大学,2010.

[34]　施敏,伍国珏.半导体器件物理[M].耿莉,张瑞智,译.3 版.西安：西安交通大学出版社,2008.

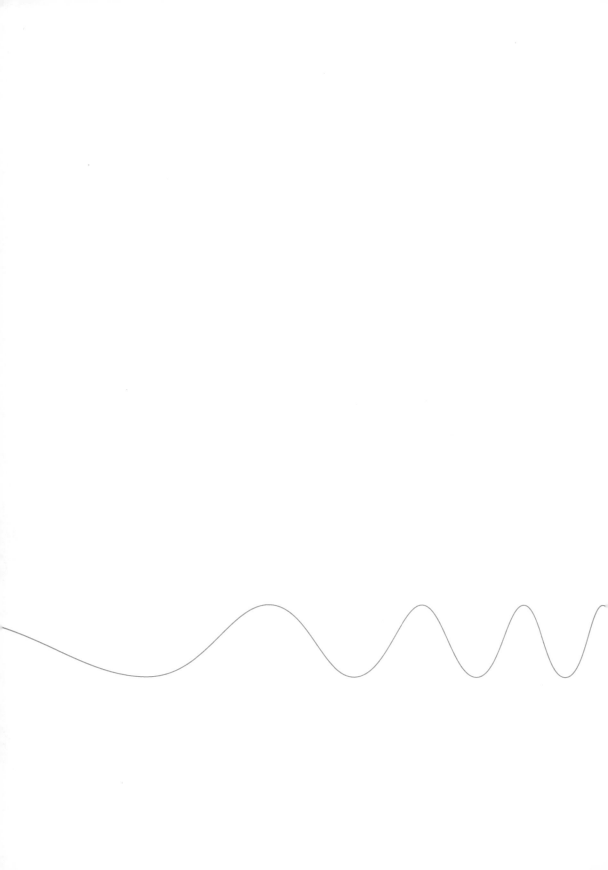

太赫兹雷达与通信
技术发展展望

8.1 太赫兹雷达技术发展展望

大气吸收一直是制约太赫兹雷达应用的一个重要因素,地面的远程应用难以在短时间内实现,未来一段时间的研究主要将集中于地面近程应用和空间的中远程应用。概括来讲,在技术上,太赫兹雷达正在以下几个方面进行进一步的研究和发展。

在提高分辨力方面,目前太赫兹雷达的成像分辨力已达到毫米甚至亚毫米量级,分辨力提升的研究主要集中于两种途径:一种方法是提升雷达的工作频率和工作带宽,典型的频率由 0.14 THz、0.22 THz、0.34 THz 提升到 0.67 THz、1.5 THz 和 2.5 THz,带宽也由几个吉赫兹提升至数十吉赫兹甚至百吉赫兹,但是由于高频段的太赫兹器件,特别是固态电子学器件水平的限制,相应的雷达系统开发难度较大;另一种方法是结合新的成像体制,使分辨力接近衍射成像极限,达到与波长可比拟的成像分辨力,例如,目前主动式安检成像中普遍采用的全息成像算法、用于无损检测的层析成像算法等;在生物医学成像中,也有研究者通过针尖、微孔、相位干涉等技术进一步提升太赫兹近场成像的分辨力,从而突破衍射极限,实现百分之一甚至千分之一波长的分辨力。

在提高作用距离方面,主要集中于提升太赫兹雷达单元器件的性能。包括:① 更高功率的太赫兹辐射源,例如电子学的太赫兹固态功率放大器、电真空放大器和功率合成技术等;② 更高灵敏度的太赫兹检测器,例如高性能太赫兹肖特基二极管混频器、场效应管检测器、超导隧道结混频器等;③ 更低损耗的太赫兹传输器件和更大增益的太赫兹天线等。同时,也在探索新体制的雷达探测技术,如太赫兹单光子探测雷达等。

在新的雷达成像方法方面,近年来出现的孔径编码雷达和稀疏 MIMO 雷达是重要的发展方向,DAPAR 2014 年发布的 ASTIR 计划致力于开发不依赖于目标和雷达运动的太赫兹成像技术,颠覆了以往的雷达成像方式。国内东南大学、国防科技大学等研究了太赫兹孔径编码技术实现太赫兹新体制成像。电子科技大学在新的太赫兹成像技术方面也开展了一系列的研究。欧盟的 TeraSCREEN 计划开发太赫兹稀疏 MIMO 阵列以便将人体安检成像提升至视频帧率,中国工程物理研究院微系统与太赫兹研究中心也先后设计了 0.14 THz、0.34 THz 稀疏 MIMO 线阵,在基本不影响成像分辨力的前提下大大降低了阵列数量和系统复杂度,并结合合成孔径雷达(Synthetic Aperture Radar,SAR)成像技术,对太赫兹 MIMO‐SAR 进行了先期探索。目前实验表明,线阵的成像速度仍然难以满足很多场合对成像速度的要求,将太赫兹线阵进一步扩展为面阵将是太赫兹快速成像技术的发展重点之一,同时由于太赫兹信道的技术成熟度和成本问题,阵列的稀疏化设计将是太赫兹阵列走向应用的一个重要研究方向。

在应用方面,随着太赫兹科学技术的持续研究,太赫兹雷达将有望在如下领域获得应用。

(1)目标探测与末制导

太赫兹雷达自诞生以来一直追求在目标探测上的应用。但是由于受到大气衰减的制约,太赫兹雷达的中远距离探测应用预计主要在空间目标探测方面。美国早在 1992 年的战略防御倡议(星球大战计划)中就探索了太赫兹雷达在动能武器中的应用,并提出太赫兹相控阵、超导混频等技术设想,在后来的太赫兹电子学计划中又明确寻求"太赫兹技术在空间监视、导弹预警等领域的应用"。空间目标探测的另一应用场景为反导拦截,太赫兹主动雷达导引头通过独立或与红外复合,可作为弹头识别的有效手段:主动探测体制可有效探测冷弹头;二维高分辨细微结构成像可实现真假弹头识别甚至目标部位识别;弹头的微动在太赫兹频段的显著微多普勒也可从另一维度识别真假弹头。此外,天基太赫兹雷达能够探测空间碎片并进行成像,得到其类型和轨道信息,从而为航天器的安全提供保障。

太赫兹雷达在中近距离的地面目标探测、末制导及引信方面也有广阔的应用前景。美国 2012 年启动的 ViSAR 计划旨在通过机载太赫兹雷达,在 5～10 km 的距离上实现对地面机动目标的高帧率成像,从而解决激光雷达无法穿透云层和微波雷达成像帧率过低的问题。在末制导与引信方面,由于测角和测距精度高,引导信息更加精准;具备近距离快速成像和微多普勒测量能力,支持目标及其部位识别;功率小、大气衰减严重,因此天然具备抗干扰能力;对沙尘烟雾有穿透性,可对激光制导形成有利补充。

(2) 安检反恐应用

太赫兹波的独特性质使其可用于解决通关人员快速检测,人体携带危险品远程预警等安检和反恐难题,具有广阔的应用前景。首先,太赫兹波可兼顾对非极性物质良好的穿透性和较高的成像分辨力,可实现对人体和包裹隐藏的金属/非金属物品的检测;其次,太赫兹光子能量低至 1 meV 量级,远小于人体皮肤的电离损伤阈值,具有较高的安全性;最后,非接触式快速检测可大幅提升通过率,提升用户体验并避免隐私问题。目前,以美国 L3 的 Provision 为代表的门式安检仪还工作于毫米波频段,分辨力受限,且需要检测目标主动配合。国内外的相关研究机构正在开发阵列式太赫兹安检系统,配合阵列稀疏技术、合成孔径、编码孔径等技术,在成像分辨力、成像速度、系统成本等方面已逐步取得突破。随着技术的进步,无停留、远距离太赫兹安检系统将成为大流量安检和反恐预警的有效解决方案。

(3) 无人驾驶汽车雷达

毫米波雷达一直是无人驾驶汽车雷达的一个重要技术途径,其具有易集成、全天候等优势,与激光雷达的高分辨能力形成优势互补,可有效实现对车辆周围环境,包括路面状况,周围障碍物与车辆、行人运动状态等的精确有效感知。汽车雷达的频段已从最初的 24 GHz 提升至 77 GHz,120 GHz 频段的研制也已提上日程,逐步跨入太赫兹频段。太赫兹雷达具有毫米波雷达和激光雷达的综合优势,相比于毫米波雷达,太赫兹雷达在分辨力和小型化上更具优势,有望实现与激光雷达相当的效果,且可兼顾在烟雾、下雨等复杂气象条件下的传感问题,随着太赫兹在成本、阵列、射频干扰等问题的解决,有望成为汽车主动安全和无人驾驶的传感利器。

(4) 气象观测

太赫兹辐射计载荷已在风云系列等多个气象卫星载荷上应用。近年来,随着太赫兹器件技术的发展,太赫兹测云雷达的研究已逐步开展,国际上,200 GHz、215 GHz、225 GHz 雷达已被用来对薄云、粒子、降雪过程进行监测研究,国内航天五院、北京理工大学、中国工程物理研究院等开展了太赫兹测云雷达技术和云粒子散射特性的研究。相比于毫米波雷达,天基太赫兹雷达可更准确地提供云粒子特性,同时星载平台避免了太赫兹波近地面大气衰减严重问题。太赫兹云遥感雷达目前尚需突破大功率太赫兹源、高增益反射面天线、气象目标全极化信息获取、云粒子特性与气象参数反演等关键技术。

(5)生命体征检测

太赫兹雷达对微多普勒的敏感性使其在非接触式生命信号监测方面具有非常广阔的前景。太赫兹微多普勒雷达可实现对目标人体的非接触甚至远程监测,一方面可有效避免接触式检测设备的局限性,实现对大面积烧烫伤病人、婴幼儿等的检查;另一方面可对特定人群实现隐蔽式监控,例如特定人群的呼吸和心跳进行监控排查等。同时,该技术还可在军事上用于地面战场的士兵心跳呼吸监控,使指挥中心及时掌握战场伤亡情况从而为下一步作战计划提供参考。目前 120 GHz、228 GHz 太赫兹生命信号监测雷达已经问世并在进行室内实验。

(6)全尺寸目标 RCS 缩比测量应用

对飞机、军舰等大尺寸军事目标的 RCS 测量是研究作战目标的重要内容,但对全尺寸目标的测量往往费时费力,缩比测量是解决这一问题的有效途径,可节约测量成本,提高测量效率。根据缩比定理,微波频段大型目标 RCS 的缩比测量一般落在太赫兹低频段,太赫兹低频段大型目标 RCS 的缩比测量一般落在太赫兹高频段。若利用 1 THz 对目标在 X 波段的 RCS 进行缩比测量,则缩比系数可达 100,即只需对目标 1/100 的缩小模型进行测量即可。

总之,太赫兹雷达作为一项基于光电交叉学科的新兴技术有着重要的学术和应用价值,尽管取得了很多重要的成果但仍不够成熟,需要国内外同行进一步深入研究,充分利用这一频段资源,填补微波与红外之间的空白,最终推动太赫兹雷达技术发展并促进其在众多领域的重要应用。

8.2　太赫兹通信技术发展展望

纵观近几年来太赫兹无线通信技术的发展历程及取得的成果,可以看出,太赫兹无线通信正在往更高频段、更高通信速率、更高频带利用率方向发展,并一步步地往工程化、实用化方面靠拢。

具体来说,在系统整体技术路线方面,最初的太赫兹通信系统主要采用光学技术和光电混合技术,近几年来的太赫兹通信系统主要采用的是全固态电子学技术,将调制器、解调器、混频器、倍频器、滤波器等器件集成为 MMIC、TMIC 芯片,使得通信系统更紧凑、更轻便、更低功耗,电子学的实现将是一个重要发展趋势。同时,光电结合太赫兹通信也将向深层次发展,目前的光电结合技术手段只是在发射机和接收机的不同环节分别采用光子学和电子学实现,这是一种简单的结合,只在一些特殊场合有价值。而深度的光电结合,包括多种思路,比如从物理机理出发,从微纳层面把量子物理和电磁物理结合起来研究新的室温太赫兹直接产生与调制源,以及相应的检测器和解调器,比如基于微纳技术实现异质异构集成的光电融合太赫兹微系统等,这样的太赫兹系统既具有高速性能,又具有室温工作、小巧和易于集成等优势,将是一个重要的研究方向。

在频段方面,最初的太赫兹通信系统主要使用 120 GHz、140 GHz 频段,如日本采用的 120 GHz 频段、加拿大多伦多大学采用的 140 GHz 频段。近几年来,随着太赫兹固态半导体技术的进步,太赫兹通信系统逐渐开始采用 220 GHz、300 GHz、340 GHz、625 GHz 频段,正在由太赫兹低端频段往太赫兹中端频段前进,如德国 IAF 的 220 GHz、德国 PTB 和日本 NTT 的 300 GHz、贝尔实验室的 625 GHz 等。中国工程物理研究院微系统与太赫兹研究中心也相继研究了 140 GHz、340 GHz 的太赫兹通信系统。

在通信速率方面,最初的太赫兹无线通信系统的数据传输速率都在 10 Gbps 以内,如加拿大多伦多大学的 4 Gbps 通信、日本 NTT 的 10 Gbps 通信等。近几年来,太赫兹通信系统的数据传输速率得到了极大的提高,已经可以达到 20 Gbps(或双向 10 Gbps)、25 Gbps、28 Gbps、30 Gbps 及 40 Gbps 以上。

在提高频带利用率方面,最初的太赫兹通信系统主要采用光强调制、OOK 调制、ASK 调制等最简单、最低效的调制方式。近几年来,大家已经开始研究更高阶的调制方式,如 BPSK、QPSK 等,基于数字高阶调制解调的太赫兹通信系统近几年也开始出现,如 16 - QAM、64 - QAM、256 - QAM。但是,由于现有数字器件的水平限制,高速情况下的数字信号采集与处理十分困难,因此基于数字调制的太赫兹通信系统的实时数据传输速率都还相对较低。

在系统实用化方面,最初的太赫兹通信系统基本都是原理演示样机,主要是实现了数据的传输,完成眼图测试等。近几年来,太赫兹无线通信系统已经往实用化方向前进了很多,例如,日本 2012 年完成了双向 10 Gbps 数据链与 10 GbE 的无缝连接,这就使得在具备 10 GbE 的电脑等设备终端上直接连接太赫兹通信系统进行高速的太赫兹无线通信成为可能。再者,近几年来,美国、德国等国的研究机构已经开始对太赫兹室内信道模型、室外信道模型等进行研究,并取得了初步研究成果,这些研究结果将进一步指导太赫兹通信系统设计、太赫兹通信协议设计,并将太赫兹通信系统往实用化方向推进。

太赫兹通信能否广泛应用还取决于太赫兹通信相关理论和技术的研究能否取得进一步突破,包括以下一些重要问题。① 器件功率和效率的突破。从产生和检测来说,太赫兹"间隙"尽管已初步填补了,但源的功率低、能量转换效率低等问题还远远未解决。例如,能否把电磁场理论和量子理论结合起来,把电子学与光子学结合起来,把太赫兹科学与微纳技术结合起来,形成太赫兹物理的新理论,出现新的小巧、易于集成、大功率、高效率、室温工作的太赫兹源和高灵敏度的检测器件? 现有的光电变换太赫兹源和微波倍频太赫兹源实现均比较复杂,能否出现期待的新型全固态、室温、高效率、大功率直接振荡型太赫兹源,并可进行复杂体制的直接高速调制? ② 加载宽带复杂调制波形,进行信道复用,并提高处于复杂环境下(不同气候条件,室内和楼群等复杂传播条件)的太赫兹信道传输特性。③ 太赫兹通信的新体制和新的信号处理方法等。

太赫兹通信尽管还没有进入实际应用阶段,但可以相信太赫兹通信的应用已并不遥远。太赫兹高速无线通信的主要应用领域如下。

(1)空间通信

包括天-天高速通信与组网、天-地高速数传(采用太赫兹低频段大气窗口)等,由于空间传输没有大气衰减问题,比微波通信要求的功率小,更易实现小型化,而精确跟瞄比激光要求低,因此可预期空间通信将是太赫兹高速无线通信最主要的应用之一。

（2）地面高速通信与组网

如地面点对点高速传输（代替光纤入户的"最后一公里"无线传输、楼宇间通信、不便铺设电缆的特定点对点通信等）、地面超高速组网（新一代移动无线通信、无线接入、无线下载、无线个域网、器件无线互连、机器无线互联）等。由于这类应用需求十分广泛，且通信距离不是很远（从厘米到千米范围，大气衰减的影响几乎可以忽略），但通信速率要求很高（从吉位每秒到百吉位每秒），无疑也将会是太赫兹高速无线通信最主要的应用之一。

（3）穿透等离子体通信与测控

高速飞行的临近空间飞行器以及飞行器重返大气层时都会产生不同程度的等离子体，造成无线电信号中断，当载波频率超过等离子体碰撞频率（几十吉赫兹），即采用太赫兹无线通信可解决该问题。

（4）安全和保密通信

如宽带扩频、跳频、跳时通信（几十吉赫兹到百吉赫兹的频率扩展带宽），可应用于战术级区域保密通信与组网、航空编队通信等。

8.3 太赫兹雷达通信一体化技术

雷达和通信系统在原理上均是通过电磁波的发射和接收过程实现信息的获取或者传输，从架构上说，两者在频段、天线、发射机、接收机及信号处理器均会出现重叠，通过合理的设计，可以实现一定程度的资源共享。目前，雷达通信一体化在微波频段的应用已逐步出现，太赫兹雷达通信一体化技术也将是一个重要的研究方向。

太赫兹雷达通信的一体化主要包括以下几点。

（1）太赫兹雷达通信信号一体化。太赫兹雷达与通信信号可同时或分时实现一体化，同时是指通过一种信号体制，在对目标进行探测的同时，实现信息的高效传输，例如随机多元码脉位调制和脉间二相码调制的混合波形等；分时则是在雷达脉冲发射的间隙进行信息的传输。

（2）太赫兹雷达通信硬件一体化。通过太赫兹综合射频系统，将雷达、通信等多种功能集成在一起,利用一个共用的分布式微阵列(含微天线、微信道、微处理等)一体化硬件架构来完成各种不同的功能,微阵列可以采用多个波束实现雷达、通信等功能,每个波束的方位角、俯仰角、波束宽度、形状和功率都可以单独控制,从而实现功能覆盖、空域覆盖。

(3)太赫兹雷达通信软件一体化。研究基于高速并行实时处理的雷达通信一体化信号产生与处理算法(包括人工智能等新技术),高效控制不同的微阵列波束实现不同的功能,同时,对大带宽的太赫兹射频信道进行频谱资源管理和信号体制管理,使雷达通信一体化性能达到最优。

太赫兹雷达通信一体化目前还在概念阶段,其未来发展还依赖于应用场景的牵引,以及太赫兹射频芯片技术、超宽带处理技术、太赫兹微系统技术等,将是集成现代材料学、微纳电子学、微纳光子学、微纳机械技术、认知无线电技术,以及计算机硬件和软件的多学科综合技术。

参考文献

［1］ 李健.24 GHz 调频连续波雷达信号处理技术研究[D].南京:南京理工大学,2017.
［2］ 张慧,余英瑞,徐俊,等.77 GHz 车载毫米波中远距雷达天线阵列设计[J].强激光与粒子束,2017,29(10):48-51.
［3］ 黄源水.基于毫米波雷达的前向防撞报警系统[J].机电技术,2017,40(1):80-82.
［4］ 鲍迎.小型化 24 GHz FMCW 汽车防撞雷达[D].杭州:浙江大学,2011.
［5］ 王泓然.太赫兹频段云粒子散射建模及雷达系统分析[D].北京:北京理工大学,2015.
［6］ 王宏强,邓彬,秦玉亮.太赫兹雷达技术[J].雷达学报,2018,7(1):1-21.
［7］ 张健,邓贤进,王成,等.太赫兹高速无线通信:体制、技术与验证系统[J].太赫兹科学与电子信息学报,2014,12(1):1-13.

索引